RUANJIAN XIANGMU KAIFA
YU GUANLI YANJIU

# 软件项目开发
## 与管理研究

主　编　　孙　挺　　汪文彬　　王中华
副主编　　焦小刚　　谢明山　　朱旭东

中国水利水电出版社
www.waterpub.com.cn

## 内 容 提 要

本书以软件项目开发与管理为出发点,分别从不同角度对软件项目的具体管理进行了探讨,内容涉及软件项目的可行性及需求分析、软件工程标准、软件开发环境、进度控制、成本管理、风险管理、质量与度量、人力资源与团队建设、软硬件资源管理、项目配置、项目收尾与验收管理。在本书的最后一章中还对软件项目管理新技术与新进展的相关内容展开了探讨。

**图书在版编目(CIP)数据**

软件项目开发与管理研究 / 孙挺,汪文彬,王中华
主编. -- 北京 : 中国水利水电出版社,2014.6(2022.10重印)
 ISBN 978-7-5170-2191-9

Ⅰ.①软… Ⅱ.①孙… ②汪… ③王… Ⅲ.①软件开
发—项目管理—研究 Ⅳ.①TP311.52

中国版本图书馆CIP数据核字(2014)第136905号

策划编辑:杨庆川  责任编辑:杨元泓  封面设计:崔 蕾

| | | |
|---|---|---|
| 书　　名 | **软件项目开发与管理研究** | |
| 作　　者 | 主 编 孙挺　汪文彬　王中华 | |
| | 副主编 焦小刚　谢明山　朱旭东 | |
| 出版发行 | 中国水利水电出版社 | |
| | (北京市海淀区玉渊潭南路1号D座 100038) | |
| | 网址:www.waterpub.com.cn | |
| | E-mail:mchannel@263.net(万水) | |
| | 　　　　sales@mwr.gov.cn | |
| | 电话:(010)68545888(营销中心)、82562819(万水) | |
| 经　　售 | 北京科水图书销售有限公司 | |
| | 电话:(010)63202643、68545874 | |
| | 全国各地新华书店和相关出版物销售网点 | |
| 排　　版 | 北京鑫海胜蓝数码科技有限公司 | |
| 印　　刷 | 三河市人民印务有限公司 | |
| 规　　格 | 184mm×260mm　16开本　25印张　640千字 | |
| 版　　次 | 2014年10月第1版　2022年10月第2次印刷 | |
| 印　　数 | 3001-4001册 | |
| 定　　价 | 82.00元 | |

# 前　言

尽管当前新一代的软件技术、过程和方法的发展非常迅速,但是软件产业作为知识和人力密集的发展模式,其管理人员、技术、资源以及风险的方法和技能对软件项目的成本有着不可替代的作用。随着软件项目规模越来越大,复杂程度越来越高,项目失败的概率也随之增长,为了解决这一行业性难题,软件界一直在寻找一个全面、清晰且可行的软件项目管理办法。

良好的软件项目开发与管理,能很好地将个人的开发能力转化成企业的开发能力,而企业的软件开发能力越高,就表明该企业的软件生产越趋向于成熟,软件质量将会得到保证。也就是说,可以通过提高项目开发与管理水平,来提高软件产品的质量。此外,处于当前买方市场形势下,软件项目经理常常要面临很多问题,如客户的强势、需求的多变、资源的匮乏等,技术难度过高、销售人员夸大承诺,以及难以协调的外包方等也是软件项目开发过程中经常出现的不可控因素。在这种复杂多变的情况下,为了提高盈利能力,利用有限的资源,按预定的成本、进度、质量顺利地执行并完成,就需要对软件项目实行全面的、系统的、规范化的管理,实现软件技术与项目管理的完美结合。

软件工程是一门集技术科学、人文科学与实验科学于一体的、交叉的应用科学,管理方案则是管理人员根据经验(判断力)、事实和原理做出决策。因此,在进行软件项目管理时,应该联系实际、勤于思考、精心策划、勇于实践、及时总结,力求找出符合我国民族特点、文化背景和企业实际的开发和管理细则,更好地促进我国软件产业的进步。

本书共12章,第1章作为基础,论述了软件、软件工程、项目、软件项目、软件项目管理等相关知识点;第2章和第3章分别对软件项目的可行性及需求分析进行了探讨;第4～11章分别从不同角度对软件项目的具体管理进行了探讨,内容涉及软件工程标准、软件开发环境、进度控制、成本管理、风险管理、质量与度量、人力资源与团队建设、软硬件资源管理、项目配置、项目收尾与验收管理,从而对软件项目管理有了一个更加深入的认识;第12章为软件项目管理新技术与新进展的相关内容,本书仅针对当前流行的外包软件项目管理、净室软件工程、敏捷软件开发管理、面向服务的软件工程展开讨论。

本书的取材来源非常广泛,除了编者自身的研究成果和实践经验以外,同时还参考了大量有价值的文献与资料,吸取了许多人的宝贵经验,恕在此不一一列举,详细可参见本书后面的参考文献,编者在此对这些参考文献的作者表示真诚的感谢。同时感谢中国水利水电出版社编辑在本书出版过程中所给予的支持和帮助。相信本书的出版一定会对我国软件项目管理水平的提高起到一定的推动及促进作用。

由于时间仓促,加之编者水平有限,且软件项目开发和管理领域所涉及的知识点颇多,综合性很强,学科面宽,相关技术发展日新月异,在内容的编写和安排等方面难免存在不妥之处,恳请读者及专家不吝赐教,以便改正和提高。

编者

2014 年 4 月

# 目　　录

# 第1章　软件开发与管理概述

## 1.1　软件与软件工程

作为信息技术有力支撑的软件,在功能和应用范围上发生了很大的变化,其功能日益强大,应用领域日益扩展,这些变化对软件的开发模式和开发思想产生了巨大的影响。在优秀软件的开发过程中,良好的设计和良好的实现是两个不可缺少的核心因素。

### 1.1.1　软件

计算机系统是通过运行程序来实现各种不同的应用。把完成各种不同功能的程序,包括用户为自己的特定目的编写的程序、检查和诊断计算机系统的程序、支持用户应用程序运行的系统程序、管理和控制计算机系统资源的程序等通常称为软件。其中,程序是按事先设计的预定功能和性能要求编写的指令序列;数据是使程序能正常操纵信息的数据结构;文档(Document)是与程序开发、维护和使用有关的技术数据和图文材料。

国内外一些专家认为:软件包括程序及开发、使用、维护程序所需的文档,由应用程序、系统程序、面向用户的文档及面向开发者的文档构成,即软件＝程序＋文档。

软件(Software)更为全面准确的定义应当包括程序、数据、相关文档的完整集合和完善的售后服务,即软件＝程序＋数据＋文档＋服务。

软件是信息化的核心,信息、物资和能源已经成为人类生存和发展的重要保障,信息技术的快速发展为人类社会带来了深刻的变革。软件产业关系到国家信息化和经济发展、文化与系统安全,体现了一个国家的综合实力。

#### 1.软件的特点

软件与硬件有完全不同的特征,主要表现在如下几个方面。

①软件是一种逻辑实体,具有抽象性。与硬件不同,软件不是一个具体的物理实体,没有明显的物理形态。软件没有明显的制造过程,开发过程中不需要对实体进行制造和加工,但是软件同样具有设计、实施和维护的生产过程,它通过人们的智力活动,把知识和技术转化成信息。软件一旦开发成功,就可以进行大量复制,因此有著作权的问题,我国已立法对著作权加以保护。

②软件不是物理实体,不会磨损和老化,但会有过时或出现不适应硬件发展的现象。这是由于软件对计算机硬件具有依赖性,常常受到计算机系统的限制,甚至依赖于硬件的配置。为了解决这个问题,需要提高软件的适应性、可移植性以及为软件制定通用的接口标准。

③软件成本相当昂贵。软件的研制工作需要投入大量的、复杂的、高强度的脑力劳动,因此需要较高的成本。在近40年的时间里,软件成本与硬件成本发生了戏剧性的变化,软件从占总开销的百分之十几到了现在占绝大部分,并且并非所有在软件开发上的花费都可以获得成果。

④软件维护困难。软件开发过程的进展时间长,情况复杂,软件质量也较难评估,软件维护

意味着修改原来的设计,使得软件的维护很困难甚至无法维护。

⑤软件对硬件的依赖性很强。硬件是计算机系统的物质基础,由于技术的进步,硬件的发展很快,为了适应硬件的变化,必然要求软件随之变化,然而软件生产周期长,开发难度大,这就使得软件难以及时跟上硬件的应用,往往是出现了新的硬件产品,却没有相应的软件与之配合。因此,许多软件必须不断地升级、修改或者维护。

⑥软件对运行环境的变化敏感。软件对运行环境的变化也很敏感,特别是对与之协作的软件或者支撑它运行的软件平台的变化很敏感,其他软件一个很小的改变,往往会引起软件的一系列改变。

⑦软件的复杂性。软件是复杂的,它来自于多个方面,有时来自它所反映的实际问题的复杂性,有时来自它本身的结构复杂性和算法复杂性,有时甚至来自社会因素的影响。

以上特点使得软件开发进展情况较难衡量,软件开发质量难以评价,产品的生产管理、过程控制及质量保证都相当困难。

2.软件的分类

随着计算机软件复杂性的增加,在某种程度上很难对软件给出一个通用的分类,但是可以从不同的角度,按照特定的方法对软件进行归类

(1)按照软件功能分类

①系统软件:能与计算机硬件紧密配合在一起,使计算机系统各个部件与相关的软件和数据协调、高效地工作的软件。例如,操作系统、数据库管理系统、设备驱动程序以及通信处理程序等。系统软件的工作通常伴随着频繁地与硬件交往、大量地为用户服务、资源的共享与复杂的进程管理,以及复杂数据结构的处理。系统软件是计算机系统必不可少的一个组成部分。

②支撑软件:是协助用户开发软件的工具性软件,其中包括帮助程序人员开发软件产品的工具,也包括帮助管理人员控制开发的进程的工具。具体实例如表 1-1 所示。

表 1-1　支撑软件实例

| 支撑软件类别 | 软件举例 |
| --- | --- |
| 一般类型的支撑软件 | 文本编辑程序、表格编辑器等 |
| 支持实现的支撑软件 | 软件界面开发程序 |
| 支持测试的支撑软件 | 各类软件测试工具 |
| 支持需求分析的支撑软件 | 关系数据库系统一致性检验程序等 |
| 支持管理的支撑软件 | 软件开发过程各阶段的管理软件和文档生成器等 |
| 支持设计的支撑软件 | 图像处理软件、图形软件包等 |

③应用软件:是在特定领域内开发的,针对特定目的服务的一类软件。现在几乎所有的经济领域都使用了计算机,为这些计算机应用领域服务的应用软件种类繁多,其中商业数据处理软件是占比例最大的一类,而工程与科学计算软件则是另一大类,其性质属于数值计算问题。同时,应用软件还包括计算机辅助设计/计算机辅助制造(CAD/CAM)、系统仿真、智能产品嵌入软件(如汽车油耗控制、仪表盘数字显示、制动系统),以及人工智能软件(如专家系统、模式识别)等,此外,在事务管理、办公自动化、中文信息处理、计算机辅助教学(CAI)等方面的软件也得到了迅

速发展,产生了惊人的生产效率和巨大的经济效益。

（2）按照软件规模分类

根据开发软件所需的人力、时间以及完成的源程序行数,可划分为下述 6 种不同规模的软件,如表 1-2 所示。

表 1-2　软件规模的分类

| 类别 | 人员数 | 研制时间 | 产品规模（源程序行数） |
|------|--------|----------|------------------------|
| 微型 | 1 人 | 1～4 周 | 0.5 k |
| 小型 | 1 人 | 1～6 月 | 1～2 k |
| 中型 | 2～5 人 | 1～2 年 | 5～50 k |
| 大型 | 5～20 人 | 2～3 年 | 50～100 k |
| 甚大型 | 100～1 000 人 | 4～5 年 | 1 M(1 000 k) |
| 极大型 | 2 000～5 000 人 | 5～10 年 | 1～10 M |

①微型软件:指一个人在几天之内完成的、程序不超过 5 百行语句,且仅供个人使用的软件。通常这类软件没有必要做严格的分析,也不必要有完整的设计、测试资料。

②小型软件:一个人半年之内完成的 2 千行以内的程序。常常是一些小规模的课题。这种程序一般没有与其他程序的接口。但必需要按一定的标准化技术、正规的资料书写以及定期的系统审查,只是没有大题目那样严格。

③中型软件:5 人以内在一年多时间里完成的 5 千至 5 万行的程序。中型软件开始出现了软件人员之间、软件人员与用户之间的联系、协调的配合关系问题。因而计划、资料书写以及技术审查需要比较严格地进行。在开发中使用系统的软件工程方法是完全必要的,这对提高软件产品质量和程序人员的工作效率有着很重要的作用。

④大型软件:5～10 人在两年多的时间里完成的 5 万至 10 万行的程序。参加工作的软件人员需要按二级管理,录入划分成若干小组,每组 5 人以下为好。在任务完成过程中,人员调整往往不可避免,因此会出现对新手的培训和逐步熟悉工作的问题。对于这样规模的软件,采用统一的标准,实行严格的审查是绝对必要的。由于软件的规模庞太以及问题的复杂性,往往在开发的过程中出现一些事先难于做出估计的不测事件。

⑤甚大型软件:100 到 1 000 人参加用 4 至 5 年时间完成的具有一百万行程序的软件项目。这种甚大型项目可能会划分成若干个子项目,每一个子项目都是一个大型软件。子项目之间具有复杂的接口。例如,实时处理系统、远程通信系统、多任务系统、大型操作系统、大型数据库管理系统等。可以想象,这类问题如果没有软件工程方法的支持,它的开发工作是十分困难的。

⑥极大型软件:2 000～5 000 人参加,10 年内完成的 1 000 万行以内的程序。这类规模的软件很少见,一般应用于军事指挥、弹道导弹防御系统等。

（3）按照软件服务对象的范围分类

按软件服务对象的范围,可将软件分为面向部分客户的项目软件和面向市场的产品软件。

①项目软件:也称定制软件,是受某个特定客户（或少数客户）的委托,由软件开发机构在合同的约束下开发出来的软件。

②产品软件:是面向市场需求,由软件开发机构开发出来后直接提供给市场,或是为千百个

用户服务的软件，如办公处理软件、财务处理软件和一些常用的工具软件等。

（4）按软件使用的频度分类

按使用的频度，可将软件分为使用频度低的软件，如用于人口普查、工业普查的软件，以及使用频度高的软件，如银行的财务管理软件等。

（5）按软件工作方式分类

按软件工作方式的不同，可将软件划分为实时处理软件、分时软件、交互式软件和批处理软件。

①实时处理软件。指在事件或数据产生时，立即给予处理，并及时反馈信号，控制需要监测和控制的过程的软件。这类软件的工作主要包括数据采集、分析、输出三部分，其处理时间是有严格限定的，如果在任何时间超出了这一限制，都将造成事故。

②分时软件。允许多个联机用户同时使用计算机。系统把处理器的时间轮流分配给各联机用户，使各用户都感到只是自己在使用计算机的软件。

③交互式软件。能实现人机通信的软件。这类软件接收用户给出的信息，但在时间上没有严格的限定，这种工作方式给予用户很大的灵活性。

④批处理软件。把一组输入作业或一批数据以成批处理的方式一次运行，按顺序逐个处理的软件，属于最传统的工作方式。

（6）按软件可靠性的要求分类

有些软件对可靠性的要求相对较低，软件在工作中偶尔出现故障也不会造成不良影响。但也有一些软件对可靠性要求非常高，一旦发生问题就可能造成严重的经济损失或人身伤害。因此，这类软件特别强调软件的质量。

### 1.1.2 软件工程

软件工程是针对 20 世纪 60 年代的"软件危机"而提出的，自这一概念提出以来，围绕软件项目，开展了有关开发模型、方法以及支持工作的研究。

软件工程作为开发和维护软件的一门工程学科，是以计算机理论及其他相关学科为理论指导，采用工程的概念、原理、技术和方法来开发与维护软件，把经实践证明的、科学的管理技术和当前先进的技术方法结合起来，从而经济地开发出高质量的软件并有效地维护的过程。

人们曾经给软件工程下过多种定义，下面给出两个典型的定义。

1968 年在第一届 NATO 会议上曾经给出了软件工程的一个早期定义："软件工程就是为了经济地获得可靠的且能在实际机器上有效地运行的软件，而建立和使用完善的工程理论。"这个定义不仅指出了软件工程的目标是经济地开发出高质量的软件，而且强调了软件工程是一门工程学科，它应该建立并使用完善的工程原理。

1999 年 IEEE 进一步给出了一个更全面更具体的定义："软件工程是：①把系统的、规范的、可度量的途径应用于软件开发、运行和维护过程，也就是把工程应用于软件；②研究①中提到的途径。"

后来尽管又有一些人提出了许多定义，但主要思想都是强调在软件开发过程中应用工程化原则的重要性。从这些定义中可以看出，软件工程包括以下两方面的重要内容：

①软件工程是工程概念在软件领域里的一个特定应用。与其他工程一样，软件工程是在环境不确定和资源受约束的条件下，采用系统化、规范化、可定量的方法进行有关原则的实施和应

用,这些原则一般是以往经验的积累和提炼,经过实践检验并证明是正确的。因此,软件工程师需要选择和应用适当的理论、方法和工具,同时还要不断探索新的理论和方法解决新的问题。

②软件工程涉及软件产品的所有环节。人们往往偏重于软件开发技术,忽视软件项目管理的重要性。统计数据表明,导致软件项目失败的主要原因并不是采纳的技术和工具,而是由于不适当的管理造成的。

**1. 软件工程目标**

软件工程是一门工程性学科,其目的是采用各种技术上和管理上的手段组织实施软件项目,成功地建造软件系统。项目成功的几个主要目标是:

①付出较低的开发成本,在规定的时限内获得功能、性能方面满足用户需求的软件;②开发的软件移植性较好;③易于维护且维护费用较低;④软件系统的可靠性高。

在实际开发的过程中,要同时满足上述几个目标是非常困难的。这些目标之间有些是互补关系,有些是互斥关系,如图 1-1 所示。因此在解决问题时,要根据具体情况,必要时牺牲某个目标以满足其他优先级更高的目标,只要保证总体目标满足要求,软件开发就是成功的。

可见,软件工程所追求的目标是:多、快、好、省。

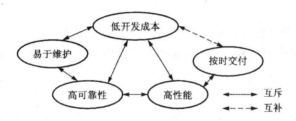

**图 1-1　软件工程的目标**

**2. 软件工程研究的内容**

软件工程有方法、工具和过程三个要素。软件工程方法就是研究软件开发是"如何做"的;软件工具是研究支撑软件开发方法的工具,为方法的运用提供自动或者半自动的支撑环境,软件工具的集成环境,又称为计算机辅助软件工程(Computer Aided Software Engineering,CASE);软件工程过程则是指将软件工程方法与软件工具相结合,实现合理、及时地进行软件开发的目的,为开发高质量软件规定各项任务的工作步骤。

软件工程是一门边缘学科,涉及的学科多,研究的范围广。归结起来软件工程研究的主要内容有软件开发方法和技术、软件开发工具及环境、软件管理技术、软件规范(国际规范)等方面,本书主要讲述软件开发技术和软件工程管理。

(1)软件开发技术

软件开发技术主要讨论软件开发的各种方法及工作模型。其中,开发方法包括面向过程的结构化开发方法、面向数据结构的开发方法和面向对象的开发方法;工作模型包括多方面的任务,如软件系统需求分析、总体设计,以及如何构建良好的软件结构、数据结构和算法设计等,同时讨论具体实现技术。软件工程工具为软件工程提供了支持,计算机辅助软件工程 CASE 为软件开发建立了良好的工程环境。

（2）软件工程管理

软件工程管理是指对软件工程的全过程进行控制管理，包括质量管理、软件工程经济学、成本估算、计划安排等内容，软件工程化与规范化使得各项工作有章可循，以保证软件生产率和软件质量的提高。软件工程标准可分为 4 个层次：国际标准、行业标准、企业标准和项目规范。

随着软件事业的发展，软件工程所研究的内容也在不断地发生变化。

### 3. 软件工程的基本准则

自从 1968 年提出"软件工程"这一术语以来，研究软件工程的专家学者们陆续提出了许多关于软件工程的准则或信条。美国著名的软件工程专家 Boehm 综合这些专家的意见，并总结了 TRW 公司多年开发软件的经验，于 1983 年提出了软件工程的 7 条基本原理。

（1）用分阶段的生命周期计划严格管理

把软件生命周期划分成若干个阶段，并相应地制定出切实可行的计划，然后严格按照计划对软件的开发与维护工作进行管理。不同层次的管理人员都必须严格按照计划各尽其职地管理软件开发与维护工作，绝不能受客户或上级人员的影响而擅自背离预定计划。其中计划包括 6 类：项目概要计划、里程碑计划、项目控制计划、产品控制计划、验证计划和运行维护计划。

（2）坚持进行阶段评审

统计结果显示大部分错误是设计错误，大约占 63%；错误发现得越晚，改正错误付出的代价就越大，相差大约两到三个数量级。因此，软件的质量保证工作不能等到编码结束之后再进行，应坚持进行严格的阶段评审，以便尽早发现错误。

（3）实行严格的产品控制

变更需求是让开发人员很头痛的一件事。但实践告诉我们，需求的改动往往是不可避免的。这就要求我们采用科学的产品控制技术来顺应这种要求。其中主要是实行基准配置管理（又称为变更控制），即凡是修改软件的建议，尤其是涉及基本配置的修改建议，都必须按规定进行严格的评审，评审通过后才能实施。这里的"基准配置"指的是经过阶段评审后的软件配置成分，及各阶段产生的文档或程序代码等。当需求变更时，其他各个阶段的文档或代码都要随之相应变化，以保证软件的一致性。

（4）采用现代程序设计技术

现代程序设计技术就是结构化技术，包括结构化分析、结构化设计、结构化编码和结构化测试。采用先进的技术不仅可以提高软件开发和维护的效率，而且可以提高软件产品的质量。

（5）结果应能清楚地审查

软件是一种看不见、摸不着的逻辑产品。软件开发小组的工作进展情况可见性差，难于评价和管理。为更好地进行管理，应根据软件开发的总目标及完成期限，尽量明确地制订开发小组的责任和产品标准，从而使所得到的标准能清楚地审查。

（6）开发小组的人员应少而精

开发人员的素质和数量是影响软件质量和开发效率的重要因素，应该少而精。事实上，高素质开发人员的工作效率比低素质开发人员的工作效率要高几倍到几十倍，开发工作中犯的错误也要少得多；当开发小组为 $N$ 人时，可能的通信信道为 $N(N-1)/2$，可见随着人数 $N$ 的增大，通信开销将急剧增大。

（7）承认不断改进软件工程实践的必要性

要积极主动地采纳新的软件技术，注意不断总结经验，改进开发的组织和过程，有效地通过过程质量的改进提高软件产品的质量。

上述 7 条原理是在面向过程的程序设计时代提出来的，但是在目前出现了面向对象程序设计的时代仍然有效。还有一条基本原理在软件的开发和管理中特别重要，需要补充进去，作为软件工程的第 8 条基本原理，即二八定律。

对软件项目进度和工作量的估计：一般人主观上认为已经完成了 80％，但实际上只完成了 20％。对程序中存在问题的估计：80％ 的问题存在于 20％ 的程序之中。对模块功能的估计：20％ 的模块实现了 80％ 的功能。对人力资源的估计：20％ 的人解决了软件中 80％ 的问题。对投入资金的估计：企业信息系统中 80％ 的问题，可以用 20％ 的资金来解决。在软件开发和管理的历史上有无数的案例都验证了二八定律。所以软件工程发展到今天，可以认为它的基本原理共有 8 条。

**4. 软件工程管理**

软件工程管理就是对软件工程各阶段的活动进行管理。软件工程管理的目的是为了能按预定的时间和费用，成功地生产出软件产品。软件工程管理的任务是有效地组织人员、按照适当的技术、方法，利用好的工具来完成预定的软件项目。软件工程管理的内容包括软件费用管理、人员组织、工程计划管理、软件配置管理等方面内容。

（1）费用管理

一般来讲，开发一个软件是一种投资，人们总是期望将来获得较大的经济效益。从经济角度分析，开发一个软件系统是否划算，是软件使用方决定是否开发这个项目的主要依据。需要从软件开发成本、运行费用、经济效益等方面来估算整个系统的投资和回报情况。

软件开发成本主要包括开发人员的工资报酬、开发阶段的各项支出。软件运行费用取决于系统的操作费用和维护费用，其中操作费用包括操作人员的人数、工作时间、消耗的各类物资等开支。系统的经济效益是指因使用新系统而可以节省的费用和增加的收入。

由于运行费用和经济效益两者在软件的整个使用期内都存在，总的效益和软件使用时间的长短有关，所以，应合理地估算软件的寿命。一般在进行成本/效益分析时，通常假设软件使用期为 5 年。

（2）人员组织

软件开发不是个体劳动，需要各类人员协同配合、共同完成工程任务，因而应该有良好的组织和周密的管理。

（3）工程计划管理

软件工程计划是在软件开发的早期确定的。在软件工程计划实施过程中，需要时应对工程进度作适当的调整。在软件开发结束后应写出软件开发总结，以便今后能制订出更切实际的软件工程计划。

（4）软件配置管理

软件工程各阶段所产生的全部文档和软件本身构成软件配置。每当完成一个软件工程步骤，就涉及软件工程配置，必须使软件配置始终保持其精确性。软件配置管理就是在系统的整个开发、运行和维护阶段内控制软件配置的状态和变动，验证配置项的完全性和正确性。

# 1.2　项目与软件项目

## 1.2.1　项目

自从人类诞生,项目便以各种形式出现,不同领域的项目,如工程建设项目、水利项目、工业改造项目、科研项目;有不同时代的项目,如修建长城、建造故宫、南水北调、西气东输;有不同国家的项目,如建造金字塔、阿波罗登月、人类基因工程;有不同组织实施的项目,如国家的大型基建项目、企业的设备改造项目、个人的科研项目等。那么,项目的定义究竟是什么呢?

### 1. 项目的定义

根据美国项目管理协会(PMI)的定义:项目是为完成某一独特的产品或服务所做的一次性努力。从这个定义可以知道,项目一般要涉及一些人员以及由这些人员参与的为达成某个目的所采取的一系列活动。从根本上说,项目就是一系列的相关工作。

中国项目管理研究委员会对项目的定义是:项目是一个特殊的将被完成的有限任务。它是在一定时间内,满足一系列特定目标的多项相关工作的总称。根据这个定义,项目实际包含3层含义。

①项目是一项有待完成的任务,有特定的环境和要求。

②任务要满足一定性能、质量、数量和技术指标等要求。

③在一定的组织机构内,利用有限资源(人力、物力、财力等),在规定的时间内(指项目有明确的开始时间和结束时间)为特定客户完成特定目标的阶段性任务。

### 2. 项目的特性

无论项目的规模大小、复杂程度、性质差异是如何的不同,都会存在一些相同之处。例如,项目一般都有明确的起止时间、预定目标,都需要经费和人力资源,都需要项目的参与人员为达成预定的目标而共同努力工作。这样的项目就具有如下一些基本特性:

①项目的一次性。又称为单件性,每个项目都具有明确的开始和结束的时间与标志,一次任务完成之后,不会再有与此完全相同的另一任务,这是与日常工作或常规任务的不同之处,与那些不断重复的任务和活动并不是一般意义上的项目。所以没有完全照搬的经验可以利用。

②项目的独特性。每个项目都有属于自己的一个或者几个预定的、明确的目标。在一个项目中所产生的产品和服务,与已经完成的产品和服务是有一定差异的,项目既可以是以前工作的延续,也可以是新的工作的开始。项目一般都有明确的时间期限、费用、性能、质量等方面的要求。

③项目的生命期。项目存在一个从开始到结束的过程,我们称之为项目的生命期。通常,将项目的生命期分成若干阶段,即项目启动阶段、项目计划阶段、项目实施阶段和项目收尾阶段。

④项目的组织性。项目的完成需要一定人员的参与,存在许多的项目受益人和执行人。项目一般都有一个或几个项目发起人或者客户,并由发起人提供有关项目的方向和资助。在项目过程中,参与的组织和人员可以有多个,但必须按照一定的规则(例如合同、协议、分工等)进行组

织,这些参与到项目中的成员,在项目过程中是可以替换的。实际上,在项目完成后,项目的组织将会自动解散。

⑤项目的资源消耗性。项目的完成需要使用一定的资源,这些资源的类型和来源是多种多样的,包括了诸如人力资源、经费、硬件设施、工作规程、软件配置以及项目过程中所需要使用到的其他东西。这些资源既可以来自于组织内部,也可以来自于组织外部。

⑥项目的目标冲突性。每个项目都会在项目实施的范围、时间、成本等方面受到一定的制约,这种制约在项目管理中称之为三约束。为了取得项目的成功,必须同时考虑范围、时间、成本三个主要因素,而这些目标不总是一致的,往往会出现冲突,如何取得彼此之间的平衡,也是影响项目成功的重要因素。如图1-2所示。

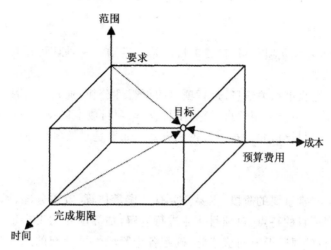

**图1-2　项目管理三约束**

⑦项目后果的不确定性。每个项目都是唯一的,通常很难确定定义项目的目标或准确地估算出所需要的时间和经费,还有在项目过程中难以预见的技术、规模等因素,这些都会给项目的实施带来一些风险。可能导致项目失败,所以说优秀的项目经理和科学的管理是项目成功的关键。

**3. 项目的生命周期**

如图1-3所示,项目从开始到结束,一般都要经历几个阶段,包括准备和启动阶段、计划阶段、实施阶段和结束阶段,称之为项目的生命周期。在项目的生命周期内,首先项目诞生,项目经理被选出,项目成员和最初的资源被调集到一起,工作程序安排妥当,这时候表现为项目的"慢开始";然后,工作开始进行,各类要素迅速运作,此时项目"快速增长";接着项目成果开始出现,一直持续到项目的结束;项目的最后表现为"慢结束"。项目以"慢—快—慢"的进展方式朝向目标是普遍的现象,这主要是项目生命周期各阶段资源分布的变化所导致的。在项目的开始阶段需要的工作量较少,这时候项目正在建立,处于项目的选择期。如果项目确定下来,则随着计划的进行,活动增加,项目的正式工作开始进行,工作进行到一定程度时,工作量达到峰值。当项目快到结束时,工作量减少,最后项目完成时,也就不存在工作量了。

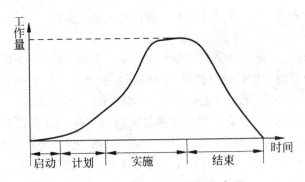

图 1-3　项目的生命周期示意图

(1)准备和启动项目

项目正式被立项,并成立项目组,宣告项目开始。启动是一种认可过程,用来正式认可一个新项目或新阶段的存在。

这一阶段一般是先收集相关信息,进行项目的可行性分析;通过可行性分析后,会正式提交项目申请书,项目申请书中会说明项目目标、项目收益、项目成本以及如何建立项目组等;项目申请书被批准后,会建立项目组,并宣布项目正式启动。如果是对外项目,则需要涉及投标、谈判和签订合同等工作内容。

(2)项目的计划

项目计划阶段是非常重要的阶段,主要任务有工作量估算、资源分配、风险识别和计划书的编制等。一般会根据项目的特点,对项目作业进行分解,估算项目的工作量;确定和落实项目所需的资源;识别出项目的风险及其对应措施;确定各个阶段性要递交的成果及其验收标准;最后确定项目具体的、整体的实施方案,写成文档。

在软件项目中,设计阶段介于计划和实施阶段之间。概要设计或系统架构设计可以纳入项目计划阶段,概要设计完成之后,才能进行工作量的估算;而详细设计或程序设计可以纳入项目实施阶段。

(3)项目的实施和监控

项目实施阶段就是项目计划的执行阶段,也就是根据项目实施的具体方案去完成各项任务。这一阶段的主要活动有:实施计划、进度控制、费用控制、质量控制、变更控制、合同管理和现场管理等。项目实施阶段根据项目特点,还可以继续细分出子阶段,然后完成各个子阶段的任务,并对这些阶段性成果进行检验,确保达到预先定义的技术要求和质量要求。

执行阶段中监控是非常重要,需要随时掌握项目的进展情况,了解有什么问题需要解决,有没有新的需求或需求是否发生变化等。如果发现项目偏离计划,就需要采取措施,纠正项目出现的偏离,使项目回到正常的轨道上。如发现有利于项目管理的方法,应及时通报各部门加以应用,以提高项目管理的整体水平。具体项目的监控包括以下几方面。

①收集项目度量数据,对监控指标的数据进行分析。

②协调项目组各方的关系,促进项目组的合作。

③向客户、项目组和上级汇报项目的状况。

④保持和客户有良好的沟通,及时获得客户的反馈。

（4）项目的总结验收

在完成项目的各项任务和达到了项目的总体目标之后，项目即将结束，应该开始安排项目验收，并进行项目决算。主要活动有：范围确认、质量验收、费用结算与审计、项目资料与验收、项目交接与清算、项目审计、项目评估。

项目验收主要是根据合同所规定的范围及有关标准对项目进行系统验收，以确定项目是否真正达到竣工验收标准，各项指标是否达到合同要求，并是否可交付使用。

不管项目是否通过验收，一般都会对项目实施过程中所产生的各种文档、技术资料等进行整理，了解哪些地方做得很好，哪些地方需要提高，分析项目实施过程中的得与失，以积累项目管理的经验，最终提交项目总结报告。除此之外，还应对项目组成员的绩效进行评价，交给相应的技术管理部门和人事部门。

所有项目的生命周期都可以分为上述几个阶段，但不同类型的项目其生命周期的具体表现不同。如软件项目，可分为需求分析、设计、实现、测试和维护等阶段。

## 1.2.2  软件项目

### 1.软件项目的产生与概念

可以理解软件项目为：解决信息化需求而产生的，与计算机软件系统的开发、应用、维护与服务等相关的各类项目。一个软件项目一旦确立，就需要实施者全面考虑如何利用有限的资源在规定的时间内，去实现它，达到客户的最终要求。无论由于什么原因产生的软件项目，其目标都是一致的——为最终用户服务。

市场的需要是各类软件项目产生的根本。例如，企业信息化、政府信息化、社会信息化等工作产生了许许多多的软件项目需求；企业信息化提出了各类财务管理、人力资源管理、库存管理、商品进销存管理等业务处理软件，以及目前盛行的 ERP 软件、CRM（客户关系管理）软件、SCM（供应链管理）软件等综合性集成化管理软件等；政府信息化提出了各类"金字"工程项目、协同办公软件、应急联动处理等软件项目；社会信息化提出了医疗信息化、教育信息化、社区服务信息化、金融信息化等与软件开发相关的项目。

由此可见，软件项目可能是由信息化的需要而产生的，同时，也可能是由 IT 企业根据市场情况和趋势分析，从市场利益出发，研究投资的机会，自己选择一定的软件项目进行开发，然后再投入市场进行销售。例如，某企业根据商业信息化发展的需要，进行 RFID 识别软件项目的开发，然后再把产品投入市场，与其他现有商业信息化软件进行系统整合。

### 2.软件项目分类

通常根据软件项目的目标与工作内容，可将软件项目划分为以下几类。

（1）定制软件系统开发项目

定制软件系统是指针对某一特定用户的个性化需求而设计实现的软件系统。绝大多数中国本土软件企业都是开发这类定制软件系统，这些企业发展到一定规模就会遇到市场、研发、资金等各个方面难以逾越的瓶颈。许多这类企业都希望通过定制软件系统的开发形成通用软件产品，但是成功的却非常少。提供通用软件产品的软件企业则可以轻松承接、实现定制软件系统。

(2)通用软件产品开发项目

所谓通用软件主要是指那些满足某一客户群体的共同需求的软件产品。通用软件产品包括：

①开发平台与工具，如.NET等。

②嵌入式软件，如手机游戏等。

③系统软件，如Windows、Linux、UNIX操作系统。

④通用的商业软件，如用友的财务软件等。

⑤行业专用软件产品，如服装CAD设计软件、建筑工程概预算软件等。

中国本土软件企业做通用软件产品的较少，绝大多数本土通用软件产品是通用商业软件。近几年在国家的大力支持下，一些系统软件产品逐步成长起来，如红旗Linux。而最具实力的中国本土软件企业也是这些提供通用软件产品的软件企业，如华为、用友等。

(3)软件实施项目

这类项目是指在成熟产品（自有或第三方产品）的基础上，进行一些二次开发以实现客户个性化的需求，二次开发可能涉及编码也可能不涉及编码。

ERP实施项目是典型的软件实施项目。国外ERP软件进入中国已经十多年，中国本土的ERP软件开发与实施也有十多年的历史。ERP项目一般涉及三个子项目：咨询、采购和实施。咨询主要是管理咨询，这一阶段对企业的现有组织架构、业务流程等进行分析，并提出改进方案。采购主要是对ERP软件进行选型、合同签订和购买等。实施则是依据咨询方案，在所购买的ERP软件系统上进行客户化的工作。

SAP、Oracle是国际上著名的ERP软件提供商，他们可以对其产品进行咨询和实施。但选购SAP、Oracle等ERP产品的客户，多数会请专业的咨询公司，如国际著名的咨询公司安达信等做咨询和实施。国内在ERP咨询、实施项目上比较成功的是汉普，但汉普已于2002年被联想收购。

用友软件、和佳软件是国内ERP软件系统提供商，国内的ERP系统一般都是由软件系统提供商实施，因为实施过程需要修改很多代码，而这些软件没有成熟、标准的二次开发接口。

(4)软件服务项目

随着软件应用的普及，软件服务项目越来越多。一般情况下，软件的免费维护期为一年，一年之后用户需要与厂商签订维护与服务合同，这便是软件服务项目合同。国外原厂家的服务收费昂贵，所以很多用户与国内企业签订国外软件产品的服务合同。现在，一些大的集团企业将企业的IT服务外包，包括服务器维护、网络维护和软件维护。但是，软件服务项目还没有受到IT企业的足够重视，业内还缺少这类项目的实施、收费、评估标准以及实施规范。

因为这几类软件项目的项目生命周期不同，在立项、需求、设计、编码、测试、销售、售后服务等各个方面所采用的策略、方法与管理都是不同的。

3.软件项目的特征

软件项目是以软件为产品的项目，软件产品的特质决定了软件项目管理和其他领域的项目管理有不同之处。软件项目产品的特点主要有：

(1)抽象性

软件是脑力劳动的结果，是一种逻辑实体，具有抽象性。在软件项目的开发过程中没有具体的物理制造过程,因而不受物理制造过程的限制,其结束以软件产品交付用户为标志。软件一旦研制成功,就可以大量复制,因此软件产品需要进行知识产权的保护。

（2）缺陷检测的困难性

在软件的生产过程中,检测和预防缺陷是很难的,需要进行一系列的软件测试活动以降低软件的错误率。但即使如此,软件缺陷也是难以杜绝的。这就像一些实验科学中的系统误差,只能尽量避免,但不能够完全根除。

（3）缺乏统一规则

作为一个学科,软件开发是年轻的,还缺乏有效的技术,目前已经有的技术还没有经过很好的验证。不可否认,软件工程的发展带来了许多新的软件技术,例如软件复用、软件的自动生成技术,也研制出了一些有效的开发工具和开发环境,但这些技术在软件项目中采用的比率仍然很低,直到现在,软件开发还没有完全摆脱手工艺的方式,也没有统一的方法,否则它早已通过装配生产线实现了。具有不同经验和学科教育背景的人们为软件开发的方法论、过程、技术、实践和工具的发展做出了贡献,这些多样性也带来了软件开发的多样性。

（4）高度的复杂性

软件的复杂性可以很高。有人甚至认为,软件是目前为止人类所遇到的最为复杂的事物。软件的复杂性可能来自实际问题的复杂性,也可能来自软件自身逻辑的复杂性。

## 1.3 软件项目管理

从 20 世纪 70 年代开始,项目管理作为管理学的一个重要分支,对项目的实施提供了一种有效的组织形式,改善了项目过程中的计划、组织、执行和控制方法,得到了广泛的重视和应用。在本世纪中,随着项目管理职业化进程的开展项目管理显得更为重要。软件项目作为项目一个分支,通常为了确保软件项目开发成功,就必须对软件开发项目的工作范围、可能遇到的风险、需要的资源、要实现的任务、经历的里程碑、花费的工作量,以及进度的安排等都要做到心中有数。而软件项目管理便可提供这些信息。任何技术先进的大型项目的开发,如果没有一套科学的管理方法和严格的组织领导,都不可能取得成功的。即使是在管理技术较成熟的发达国家中也都是如此,在我国管理技术不高、资金比较紧缺的情况下,重视大型软件项目开发的管理方法及技术就十分重要。

### 1.3.1 软件项目管理的特征

软件是对物理世界的一种抽象,逻辑性的、知识性的产品,一种智力产品。软件最突出的特征就是需求变化频繁、内部构成复杂、规模越来越大、度量困难等,这些特征使得软件管理具有自身独特的特点,

1. 软件项目是设计型项目

设计型项目与其他类型的项目完全不同,且设计型项目要求长时间的创造和发明,需要许多技术非常熟练的、有能力合格完成任务的技术人员。开发者必须在项目涉及的领域中具备深厚和广博的知识,并且有能力在团队沟通和协作中有良好的表现。设计型项目同样也需要用不同的方法来进行设计和管理。

2.软件过程模型

在软件开发过程中,会选用特定的软件过程模型,如瀑布模型、原型模型、迭代模型、快速开发模型和敏捷模型等。选择不同的模型,软件开发过程会存在不同的活动和操作方法,其结果会影响软件项目的管理。例如,在采用瀑布模型的软件开发过程中,对软件项目会采用严格的阶段性管理方法;而在迭代模型中,软件构建和验证并行进行,开发人员和测试人员的协作就显得非常重要,项目管理的重点是沟通管理、配置管理和变更控制。

3.需求变化频繁

软件需求的不确定性或变化的频繁性使软件项目计划的有效性降低,从而对软件项目计划的制定和实施都带来了很大的挑战。例如,人们采用极限编程的方法来应对需求的变化,以用户的需求为中心,采用短周期产品发布的方法来满足频繁变化的用户需求。

需求的不确定性或变化的频繁性还给项目的工作量估算造成很大的影响,进而带来更大的风险。仅了解需求是不够的,只有等到设计出来之后,才能彻底了解软件的构造。另处,软件设计的高技术性,进一步增加了项目的风险,所以软件项目的风险管理尤为重要。

4.人力成本

项目成本可以分为人工成本、设备成本和管理成本,也可以根据和项目的关系分为直接成本和间接成本。软件项目的直接成本是在项目中所使用的资源而引起的成本,由于软件开发活动主要是智力活动,软件产品是智力的产品,所以在软件项目中,软件开发的最主要成本是人力成本,包括人员的薪酬、福利、培训等费用。

5.难以估算工作量

虽然前人已经对软件工作量的度量做了大量研究,提出了许多方法,但始终缺乏有效的软件工作量度量方法和手段。不能有效地度量软件的规模和复杂性,就很难准确估计软件项目的工作量。对软件项目工作量的估算主要依赖于对代码行、对象点或功能点等的估算。虽然上述估算可以使用相应的方法,但这些方法的应用还是很困难的。例如,对于基于代码行的估算方法,不仅因不同的编程语言有很大的差异,而且也没有标准来规范代码,代码的精炼和优化的程度等对工作量影响都很大。基于对象点或功能点的方法由于没有统一的、标准的度量数据供参考,也不能适应快速发展的软件开发技术。

6.以人为本的管理

软件开发活动是智力的活动,要使项目获得最大收益,就要充分调动每个人的积极性、发挥每个人的潜力。要达到这样的目的,不能靠严厉的监管,也不能靠纯粹的量化管理,而是要靠良好的激励机制、工作环境、氛围、人性化的管理等,即一切以人为本的管理思想。

### 1.3.2 软件项目管理的重要性

#### 1. 软件项目的失控

软件失控项目是由于在创建系统所需软件时遭遇到困难,从而导致开发时间或费用大大超出可控制范围的项目。

对于失控项目,《软件开发的滑铁卢》一书中是这样定义的:"如果所用时间是预计时间的两倍以上或费用超出预算两倍以上的项目为失控项目。"

五大咨询机构之一 KPMG 在 1995 年定义"软件失控项目是显著未能实现目标和(或)至少超出原定预算 30% 的项目。"

导致软件项目失控的几个常见的原因有:

(1)需求不明确

通常人们认为改变软件比改变硬件容易,因此对需求一再改变,大多数改变了的需求在软件中体现了出来,这也正是产生软件缺陷的一个重要原因。项目需求是软件项目失控问题中最主要的原因,一旦有失败,在故障的核心总能发现需求问题,这是我们经常遇到的。一方面,由于需求方软件知识缺乏,一开始自己也不知道要开发什么样的系统,因而不断地提出和更改需求,使得实现方一筹莫展。另一方面,实现方由于行业知识的缺乏和设计人员水平的低下,不能完全理解客户的需求说明,而又没有加以严格的确认,经常是以想当然的方法进行系统设计,结果是推倒重来。具体地说,需求问题主要有下面几种情形:

- 需求过多,大型项目比小型项目更容易失败。
- 需求模棱两可,不能确定需求的真实含义。
- 需求不完整,没有足够的信息来创建系统。
- 需求不稳定,用户无法决定他们真正想要解决的问题。

因此,需求分析必须注重双方理解和认识的一致,逐项逐条地进行确认。

(2)不充分的计划和过于乐观的评估

①开发计划不充分。

没有良好的开发计划和开发目标,项目的成功就无从谈起。开发计划的不充分主要反映在以下几个方面:

- 开发计划没有指定里程碑或检查点,也没有规定设计评审期。
- 开发计划没有规定进度管理方法和职责,导致无法正常进行进度管理。
- 每个开发阶段的提交结果定义不明确,中间结果是否已经完成、完成了多少模糊不清,以致项目后期堆积了大量工作。
- 工作责任范围不明确,工作分解结构(WBS)与项目组织结构不明确或者不相对应,各成员之间的接口不明确,导致有一些工作根本无人负责。

②过于乐观的估计。

对软件开发工作量的估计是一项很重要的工作,必须综合开发的阶段、人员的生产率、工作的复杂程度及历史经验等因素将定性的内容定量化。对工作量的重要性认识不足是最常见的问题。再者,软件开发经常会出现一些平时不可见的工作量,如人员的培训时间、各个开发阶段的评审时间等,经验不足的项目经理经常会遗漏。同时,还有如下一些原因也是很典型的:

· 设计者过于自信或出于自尊心问题,对一些技术问题不够重视。

· 出于客户和公司上层的压力在工作量估算上予以妥协。例如,客户威胁要用工数更少的开发商,公司因经营困难必须削减费用、缩短工期,最后只能妥协,寄希望于员工加班。

· 过分相信经验。由于有过去的成功经验,没有具体分析就认为这次项目估计也差不多,却没有想到这次项目有可能规模更大、项目组成员更多且素质差异很大,或者项目出自一个新的行业。

（3）新技术

有些时候作为解决软件问题的手段而受到青睐的新技术,不是某些问题的解决方案,而是导致问题的原因。采用新技术而导致项目可能出现问题的原因有以下几点：

· 技术不具有要求的功能性,不是现在不能,而是技术本身的限制导致了它永远不能。

· 技术是错误的解决方案,技术是新技术,并不意味着它适用于你所试图解决的所有问题。

· 技术无法扩展,所有新技术都有限制,在项目使用新技术之前完全了解新技术的限制很重要。

（4）性能问题

开发出的系统无法快速地运行以便及时地满足用户的需求,在软件工程领域,这种问题被称为性能问题。在计算机技术发展的早期,经常能够发现软件开发商用一半时间编程,然后用另一半时间来使软件运行得更快一点。机器时间很珍贵,机器与现在的相比非常慢,而好的程序员应该不仅会编程,而且要会优化程序。随着性价比越来越高的计算机的出现,大家都认为花费时间优化程序的程序员是在浪费时间,而程序员新手被告知要专注于质量的其他方面,不要在效率上花太多时间,因为硬件速度相当快,已经不需要更为精细的软件解决方案了。但是,由于实时性不能满足（即性能问题不能满足）而导致的失败使我们认识到,我们可能低估了系统效率的重要性,软件领域可能过分依赖于硬件了。

（5）管理方法缺乏或不恰当

管理在软件项目中是一个极为重要的概念,不管怎样,有了合适的管理总可以避免很多技术障碍,能够改进计划或者稳定需求。

（6）团队组织不当

①项目组织过小。

每个软件开发组织都希望以最少的成本完成项目,因而项目组织过小成为许多项目都会面临的问题。另外,有些软件开发组织对项目提供分配好的技术人员,而这些技术人员的水平达不到特定项目的要求。

②缺少资深人员。

项目团队缺少资深人员,导致设计能力不足,这是项目失败的原因之一。一方面,由于对技术问题的难度未能正确评价,将设计任务交给了与要求水平不相称的人员,造成设计结果无法实现。另一方面,随着资源外包现象的日益普遍,一些开发组织常因工期紧张而将中标项目的某些部分转包给其他协作组织,而不对这些组织的设计能力仔细评价。如果碰巧其设计能力不足,则便会对整个项目造成影响。

（7）人际因素

①开发商和客户。

开发商是软件产品的提供者,客户是软件产品的使用者,两者之间应是一种公平交易的关系,但这种关系很容易被扭曲。开发商为得到订单,可能放弃原则,甚至被迫接受超越操作范围的目标。开发商的让步却使得客户认为其潜在能力还很大,为了不使自己被欺骗,客户可能会提出更苛刻的要求。开发商和客户之间这种扭曲的关系使得项目尚未启动就已经注定其中的高风险。

②销售人员和技术人员。

销售人员为提高其工作效益,经常迫于客户的压力而答应客户的许多要求,也可能由于对于技术不了解而随意答应客户的一些要求,但其中某些要求在技术人员看来是无法满足的。从客户的角度来看,客户会认为是技术人员没有尽力,导致技术人员非常被动,从而把怨气发到销售人员身上,使得两者之间出现矛盾。销售人员和技术人员的矛盾必然会给软件项目带来巨大的灾难。

③项目管理者和开发人员。

项目管理者和开发人员应该相互团结,相互帮助,共同解决问题。但许多项目管理者把这种关系扭曲成了管理与被管理的强制性关系,用各种规章制度和管理方法来强迫开发人员,把自己放到了开发人员的对立面,这样必然导致开发人员的积极性不能充分发挥。

**2.软件项目管理的作用**

以上提到的各种导致软件项目失控的问题究其原因主要有:

(1)项目计划执行不到位

项目管理的主要依据是各种工作进度计划。制订科学、合理的进度计划,并保证计划的执行是实现项目目标的根本。由于项目经理对计划认识的不足,制订的计划往往不够严谨,随意性很大,可操作性差,在实施中无法遵循,这就失去了计划的指导和监督作用。另外,有些项目开发中缺乏贯穿全程的详细项目计划,甚至采取每周制定下周工作计划的逐周制订项目计划的方式,这实质上是使项目失控合法化的一种表现。对于项目进度检查和控制不足,也不能维护项目计划的严肃性。

(2)项目管理意识淡薄

项目开发和项目管理是两个不同性质的工作。前者侧重于技术,而后者侧重于管理。在 IT 企业中,特别是一些中小型 IT 企业中,项目经理通常由技术骨干兼任,他们往往习惯关注技术开发,而忽视项目管理工作。这就会造成疏忽项目计划的制订、上下左右的沟通、专业资源的分配、项目组织的调整、开发成本的控制、项目风险的分析等。由于忽视了项目管理的各项工作,必然会出现项目失控的危险。

(3)项目成本控制考虑不足

项目管理的核心任务是在范围、成本、进度、质量之间取得平衡。在国内,很多 IT 企业没有建立专业工程师的成本结构及运用控制体制,因而,无法确立和实现项目的成本指标、考核方式和控制措施,导致公司与项目经理之间的责任不清。有些项目经理缺乏成本控制的经验,不计成本地申请资源,而造成投资过大,使项目面临失败的危险。

(4)项目管理制度欠缺

做好管理,必须要有制度,项目管理也必须要有规范化的项目管理制度,并且这些制度必须是切实可行的,是因企业、因项目而异的。但在一些软件开发企业中,或者没有项目管理的制度,仅凭个人经验来实施项目管理;或者是照搬教条,直接复制其他单位的现成制度,而实际上却无法实施,结果不仅实际的项目管理无法实施,而且也使项目的监控和支持难以落实。

(5)项目风险防范意识不足

任何项目都会或多或少地存在风险。市场竞争激烈和市场成熟度的不足,是导致软件开发项目恶性竞争的主要风险。

可见,影响一个项目成败的因素很多,一个好的项目管理虽然不一定能够保证项目成功完成,但差的或不适当的项目管理却一定会导致项目失败。随着软件系统规模的增大、复杂性的增加,项目管理在项目实施中将会发挥越来越重要的作用。

### 1.3.3 软件项目管理的主要活动

通常为了确保软件项目开发成功,必须对软件开发项目的工作范围、可能遇到的风险、需要的资源、要实现的任务、经历的里程碑、花费的工作量,以及进度的安排等都要做到心中有数。而软件项目管理便可提供这些信息。任何技术先进的大型项目的开发,如果没有一套科学的管理方法和严格的组织领导,都不可能取得成功的。即使是在管理技术较成熟的发达国家中也都是如此,在我国管理技术不高、资金比较紧缺的情况下,重视大型软件项目开发的管理方法及技术就显得十分重要。

软件项目管理的对象是软件工程项目,因此软件项目管理涉及的范围将覆盖整个软件工程过程。软件项目管理的主要活动有:

#### 1.软件可行性分析

软件可行性分析是指从技术、经济和社会等方面对软件开发项目进行估算,避免盲目投资,损失降低到最小。

#### 2.软件项目的成本估算

在开发前估算软件项目的成本,以减少盲目工作。软件项目的成本估算,重要的是项目所需资源的估算。软件项目资源估算是指,在软件项目开发前,对软件项目所需的资源的估算。软件开发所需的资源,一般采用"金字塔",如图1-4所示。

**图1-4 软件开发所需的相关资源**

(1)人力资源

在考虑各种软件开发资源时,人是最重要的资源。在安排开发活动时必须要考虑人员的技术水平、专业、人数等,以及在开发过程中各阶段对各种人员的需求,如图1-5所示,可按照Put-nam-Norden曲线来安排。

(2)软件资源

软件在开发期间使用了许多软件工具来帮助软件的开发。因此软件资源实际就是软件工具

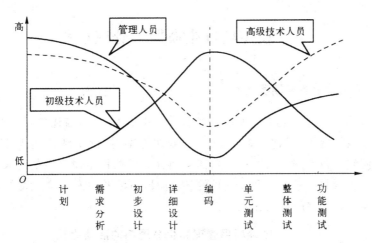

图 1-5 Putnam-Norden 曲线

集,主要软件工具分为业务系统计划工具集、项目管理工具集、支援工具、分析和设计工具、编程工具、组装和测试工具、原型化和模拟工具、维护工具、框架工具等。

（3）硬件资源

所谓硬件是指软件开发项目过程中投入使用的工具。在计划软件项目开发时,主要考虑三种硬件资源,包括宿主机（软件开发时使用的计算机及外围设备）、目标机（运行已开发成功的软件的计算机及外围设备）和其他硬件设备（专用软件开发时需要的特殊硬件资源）。

（4）软件复用性及软件部件库

一般为了促成软件的复用,以提高软件的生产率和软件产品的质量,应该建立可复用的软件部件库。软件复用性及软件部件库的建立通常是易被人们所忽略的重要环节。

**3. 软件生成率和软件项目质量管理**

影响软件生产率的五种因素:人、问题、过程、产品和资源,对这几大因素进行详细分析,在软件开发时,使其更好地进行软件资源配置。

软件项目的质量管理也是软件项目开发的重要内容,对于影响软件质量的因素和质量的度量都是质量管理的基本内容。

**4. 软件计划及软件开发人员的管理**

开发软件项目的计划涉及实施项目的各个环节,具有全局性质。计划的合理性和准确性直接关系着项目的成败。

软件开发的主体是软件开发人员,对软件开发人员的管理十分重要,它会影响到如何发挥最大的工作效率和软件项目能否开发成功。

# 1.4　软件项目生命期与管理过程

### 1.4.1　软件项目的生命周期概述

通常一个项目的生命周期主要用来定义该项目的开始和结束，描述项目从开始到结束所经历的各个阶段。大致将项目分为"识别需求、提出解决方案、执行项目、结束项目"4 个阶段。实际工作中根据不同领域或不同方法再进行具体的划分。但项目生命周期的定义中通常要包含：在每个阶段所需要进行的技术工作和在项目的各个阶段所涉及的人员等。表 1-3 所示为软件项目管理和生命周期的活动之间的对比示意。

**表 1-3　软件项目管理和生命周期的活动比较**

| 项目管理 | 项目启动 | | 计划阶段 | 监控阶段 | 项目结束 | | 客户服务和系统维护 |
|---|---|---|---|---|---|---|---|
| **软件开发生命周期** | 概念或愿景 | 需求分析和定义 | 设计 | 实施（编程和单元测试） | 系统集成和测试 | 系统安装 | 维护或支持 |
| 说明 | 项目活动<br>·收集数据<br>·识别项目需求<br>·确定项目范围<br>·制定初步 WBS<br>·资源估计<br>系统开发活动<br>·定义产品需求<br>·可行性分析<br>·定义产品范围<br>·规划系统架构 | 项目活动<br>·建立项目团队<br>·制定详细 WBS<br>·项目路径网络分析<br>·预算和进度估计<br>·写项目计划<br>·签订目合同书<br>系统开发活动<br>·产品需求确定<br>·完成系统架构设计 | | 项目活动<br>·建立项目组织<br>·建立和执行工作任务<br>·指导、监督和控制项目<br>系统开发活动<br>·完成详细设计<br>·设计书签发<br>·构建系统<br>·执行单元、系统和集成测试 | 项目活动<br>·实施技术和财务审核<br>·获取客户认可<br>·准备项目移交<br>·评估和记录结果<br>系统开发活动<br>·安装和测试系统 | 项目活动<br>·项目移交 | 项目活动<br>·制定客户调查，计划<br>·跟踪客户<br>·客户服务<br>系统开发活动<br>·操作系统<br>·系统技术支持<br>·维护和升级 |

### 1.4.2　软件项目生命周期划分模型

软件项目生命周期目前还没有完全统一的描述，既可能很简单，也可能较复杂，但多数软件项目的生命周期有着共同的特征。对于典型的软件项目，项目的生命周期可以从不同的角度进行认识：从项目承担方看，项目是从接到合同正式开始的，到完成规定工作结束；而从客户的角度看，项目是从确认有需求开始，到使用项目的成果实现商务目标结束，生命周期的跨度要比前者大。如图 1-6 所示，无论从哪个角度分析，软件项目的生命周期都包括了识别、设计、实施和评估4 个基本阶段。

在软件项目管理中，常采用原型模型、瀑布模型和螺旋模型 3 种过程框架为项目生命周期的划分方法。

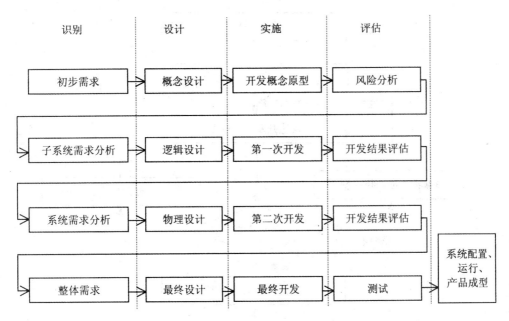

| 识别 | 设计 | 实施 | 评估 |
|------|------|------|------|

**图 1-6 典型软件项目开发的生命周期**

1.原型模型

20 世纪 80 年代初,原型(Prototype)法在总结和归纳结构化分析与设计方法开发软件项目的基础上,改进结构化系统分析与设计的过于繁琐、开发周期长、见效慢等缺点,借助第 4 代程序开发语言而产生的一种项目开发方法。这种方法一反结构化分析与设计方法那样逐步调查、整理文档、分析、设计、编码以及每个阶段都进行确认的过程,一开始就借助先进的软件开发工具根据用户提出的软件需求定义,快速建立一个软件系统的"原型",向用户展示待开发软件的全部或者部分功能,在征求用户对原型软件的意见后,反复进行修改、完善、提高和确认,最终实现项目的目标。原型法是当前软件项目开发的重要方法之一,其基本过程如图 1-7 所示。

原型法的特点是:

①采用模拟的手段,缩短了用户和系统分析、设计人员之间的距离。

②直观、形象,更多地遵循了人们认识事物的规律,因而更容易被人们接受。

③在整个系统开发过程中反馈是及时的,标准是统一的,可及时地暴露问题,确保系统实现的正确性。

④充分利用了新一代的软件工具,使得系统开发和运行的效率都大大提高。

原型法的应用要以一定的软件环境为支撑,主要包括:

①要有一套完整的程序生成软件。

②要有一个方便灵活的关系数据系统。

③要有一个可以快速抽象或能够容易提炼的原型。

④要有一个与数据库对应的、灵活方便的数据字典。

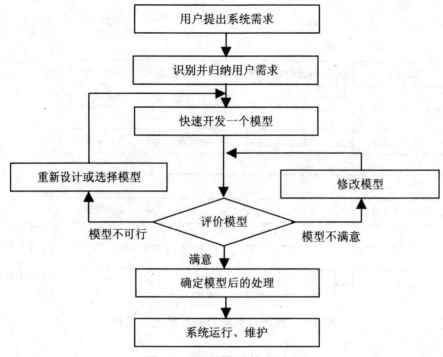

**图 1-7　原型模型基本过程**

2.瀑布模型

美国 Winston Royce 向 IEEE WESCON(Royce,Winston 1970)提交的一篇名为《管理大规模软件系统的开发》的论文中首次提出瀑布模型这一概念。这篇文章以其在管理大型软件项目时学到的经验为基础,抽象出了具有深刻见解而又简洁的软件管理方法。由于这种方法是从一个阶段成瀑布流入下一个阶段,所以这个模型就称为"瀑布模型"。瀑布模型有很多的变化,所包括的阶段可以用图 1-8 表示。

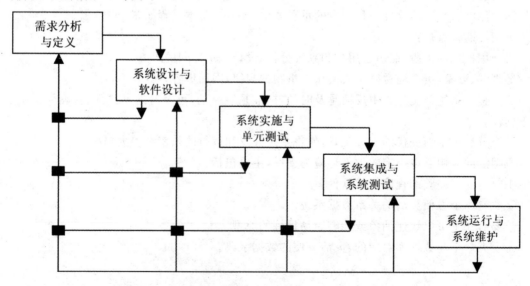

**图 1-8　软件开发瀑布模型以及不同阶段之间的交互**

（1）需求分析与定义

通过与用户的接触和交流,确定系统的目标、服务和约束条件,然后采用一种用户与开发人员都能理解的方式来进行需求定义。

（2）系统设计与软件设计

系统设计是将用户的需求分解成硬件和软件需求,并建立系统的整体结构模型。软件设计则包括表述软件系统的功能,从而可以把它们转换成一个或者多个可执行的程序。

（3）系统实施与单元测试

在这个阶段,软件设计将被实现成为一系列的程序或者程序单元。单元测试包括测试每个单元,看它是否满足设计的要求。

（4）系统集成与系统测试

这一阶段是把单个的程序单元或者程序集成为一个完整的系统,从而确保满足用户的需求。经过测试后,软件系统就可以交付给最终用户。

（5）系统运行与系统维护

一般来说,这是软件生命周期中最长的一个阶段。系统安装后就进入应用阶段。维护包括纠正生命周期早期没有发现的错误,提高系统单元的性能,并且当发现新需求时进行适当的修改以提高系统的服务性能。

在实际的过程开发阶段会有重叠并且在不同阶段之间会有相关信息的交互。例如,设计阶段,可以出现再次明确需求的问题;在编码阶段,又可能发现设计的问题等。软件过程不再是一个简单的线性模型,而是包括一系列交互和反馈的开发活动。

一个包括频繁交互和反馈活动的过程很难确定整个项目计划和报告时所采用的管理检查点。因此,经过少量的交互后,就应该冻结一部分的开发活动(如需求定义),以便继续进行后面的开发活动,存在的问题可以遗留下来也可以在后期予以解决。这种冻结行为可能导致开发出来的系统与用户的需求有一定的差距,不完全是用户想要的。当设计阶段的问题在实施阶段没有得到有效解决时,就会导致软件开发的失败。

软件的测试阶段是开发周期的最后确认阶段,尽管在这个阶段前已经集成了整个系统,但开发人员仍需努力说服用户:这个系统满足用户的需求。然而对软件系统的检验(Verification)与确认(Validation)工作应该在更早阶段的活动中进行,而且,在检验与确认过程中,信息往往也被反馈到生命周期的更早阶段中。

检验主要是检查所设计的产品是不是满足项目计划书中用户的需求定义;而确认则主要是检验开发出来的产品所提供的功能是不是用户想要的。

在生命周期的运行与维护阶段,信息也可能被反馈到以前的各个阶段,如图1-9所示。在软件的运行阶段,还会发现系统原始需求定义中没有发现的错误与缺陷、程序设计的错误和不足,而且用户可能会提出新的功能要求。为了保持软件的有用性,修改是必要的,即进行"必须的"软件维护。维护可能包括需求、设计和实施内容的改变,并且能明确将来系统测试的要求。开发过程或者阶段的某个部分在软件维护阶段是会不断地重复的。

软件项目管理中减少软件开发的总成本是其主要目标,故应该将成本平均到软件开发过程的每个阶段。然而在传统的"瀑布模型"里,开发成本并未被分解,甚至随应用规模、开发组织和开发方法的不同,成本差别也很大。成本也是敏感的商业秘密,只有少部分的开发组织愿意公布成本信息,因此,在软件行业里,很难获得一个全面的开发成本的总体构成描述。

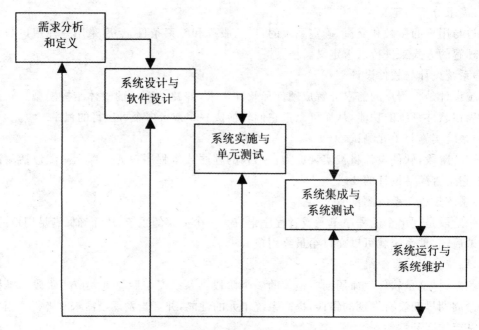

**图 1-9　带反馈的软件生命周期**

瀑布模型的生命周期很多方面都与实际的软件过程活动不一致。这个模型的一部分问题就是,它没有认识到软件过程重复的作用问题。另外一个不足是它提倡在开发过程的早期阶段冻结需求定义,这样就可能导致开发出来的系统与用户实际需求有所不同。

3.螺旋模型

由于软件项目自身特有的一些特性,有效的管理依靠采用正确的过程模型,这个模型通过文档、报告和审核使项目中的这些过程变得可见。这主要是由于采用了一种称为"面向交付"的模型,在该模型里软件开发过程被划分为多个阶段,并且如果在一个阶段交付了相应的文档或者产品,就可以认为该阶段已经完成了。

"面向交付"模型中瀑布模型是应用最为广泛的。表 1-4 列出的为该模型划分的阶段和各个阶段应该产生的交付文档。

**表 1-4　瀑布模型产生的文档**

| 活动 | 输出文档 |
| --- | --- |
| 需求分析 | 可行性研究报告<br>概要需求说明 |
| 需求定义 | 需求就说明书 |
| 系统说明书 | 功能说明书<br>验收测试说明书<br>用户手册草案 |
| 结构设计 | 结构设计说明书<br>系统测试说明书 |

续表

| 活动 | 输出文档 |
|------|----------|
| 用户接口设计 | 用户接口说明书 |
| | 集成测试说明 |
| 详细设计 | 设计说明书 |
| | 单元测试说明 |
| 编码 | 程序代码 |
| 单元测试 | 单元测试结果报告 |
| 模块测试 | 模块测试结果报告 |
| 集成测试 | 集成测试结果报告 |
| | 最终用户手册 |
| 系统测试 | 系统测试结果报告 |
| 验收测试 | 最终系统 |
| | 系统验收报告 |

面向文档的瀑布模型已经被许多政府机构和大型软件开发商作为一种通用标准。尽管在实施过程中存在一定的困难,但还不能简单地把它抛弃掉,需要一个有所提高的管理模型来避免瀑布模型的不足。目前,比较好的一种替代办法是由 Boehm 于 1988 年提出的"基于风险"的螺旋模型。螺旋模型大致如图 1-10 所示。

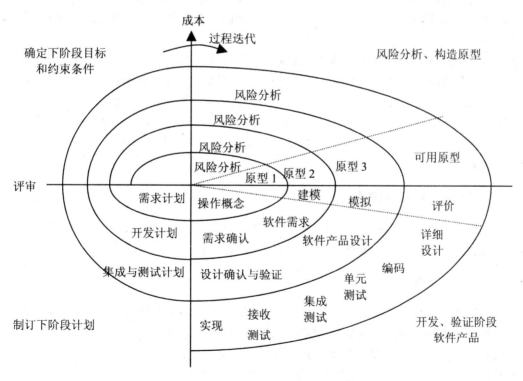

图 1-10 螺旋模型

螺旋模型主要由 4 个部分组成:需求定义、风险分析、实现和评审。实际上,螺旋模型就是由上述 4 个部分组成的迭代模型,软件开发的过程每迭代一次,螺旋线就增加一周,系统就产生一个新的版本,而软件开发的时间和成本又有新的投入。在理论上,软件开发过程可以沿螺旋线无限连续进行下去,但在实践过程中,必须减少迭代次数,尽快获得满足用户需求的软件产品,否则软件开发的时间和成本将无法控制,最终的结果可能是项目的失败。

Boehm 的这个螺旋模型中,最显著的特点是在每个固定阶段对项目的风险进行评估。在每次循环之前,进行最初的风险分析;而在一个阶段循环的最后是复审评估过程,评价该风险是否会转入下一个周期中。

风险是一个很难精确定义的概念。在螺旋模型中对风险的理解可以简化成那些可能出错的事物。例如,当采用一种新的程序开发语言时,风险可能是没有该语言的最合适的编译器,或者缺乏熟练掌握该语言工具的软件工程师。风险实际上是信息不充分的结果,并且可以通过一系列的行动来发现那些可以减少不确定性的信息或者寻求解决的措施来规避或者减少风险的损失。在上面的例子中,可以通过市场调研发现是否可以得到那种编译器,是否可以招聘和培训适当的软件工程师。如果没有发现合适的系统和人员,那么就得改变采用新编程语言的计划。

螺旋模型是从提炼目标(如产品的性能、功能等)开始的,然后就枚举实现这些目标的可选方案和每种方案的约束条件,并且根据目标对每个可选方案进行再次评估,这样就可能经常发现项目风险的根源,下一步就是通过项目活动(如更详细的分析、建立原型、模拟等)来评估和规避这些风险。

风险评估完成以后,就为该系统选择一个合适的开发模型。例如,在项目的主要风险是用户接口风险时,选择不断演变的原型法是合适的;如果项目的主要风险是子系统集成风险,那么瀑布模型可能最合适。

实际上,在螺旋模型生命周期的某个阶段(或者整个阶段)不需要采用单一的模型。螺旋模型中也概括了其他的过程模型。例如,原型法可以用在螺旋模型里来解决需求提炼的问题,然后可以用传统的瀑布模型进行软件的开发,而采用面向重用的方法来实现系统的用户接口等。

由风险所驱动的软件过程方法可以与其他开发模型(如原型法)结合使用,通过明确和评价风险,就可以为该系统选择最合适的开发模型。实际上,对同一系统的不同部分或不同阶段可以采用不同的模型。

### 1.4.3 软件项目各周期任务

通常可将一般的软件项目开发过程详细划分为如图 1-11 所示的 6 个主要阶段,即项目开发准备阶段、调查研究阶段、项目分析阶段、项目设计阶段、项目实施阶段、维护与评价阶段。

#### 1. 项目开发准备阶段

若现行的软件系统已不能满足或适应企业的发展和开发新业务的需要时,公司领导提出开发新软件系统的要求,此时,就需要公司管理咨询人员(或者负责信息化工作的人员)先进行初步调查,确定是否进行立项,制定出新软件系统的开发计划。该阶段虽然不属于项目的分析与设计,但确实是一个不可或缺的重要阶段,它往往对项目开发的成败起着至关重要的作用。

#### 2. 调查研究阶段

这一个阶段需要采取各种各样的方式进行调查研究,明确目前系统的界限、组织分工、业务

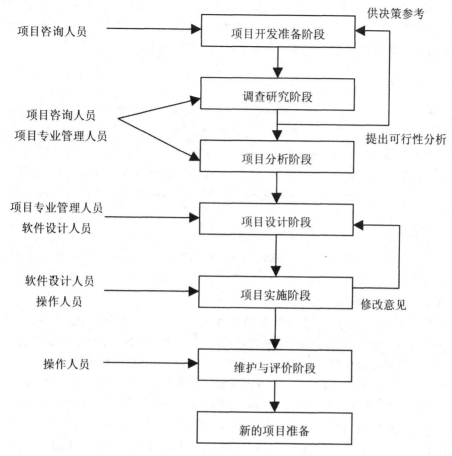

**图1-11　软件项目的开发过程**

流程、资源状况及薄弱环节,需要绘制现行项目的有关图表。

在掌握充分资料的基础上,与用户或公司协商讨论,提出初步的系统目标和项目计划,必要时要提出对用户业务流程进行重组的建议。针对用户的情况和要达到的目标进行新系统开发的可行性研究,并提交可行性研究报告。

3. 项目分析阶段

这一阶段也是新系统的逻辑设计阶段,管理人员和系统分析人员使用一系列的图表工具构造出独立于任何物理设计的系统逻辑模型,并与文字说明、图表、流程、规范等共同组成系统的逻辑说明书。项目分析阶段是项目开发中非常重要的一环,其中大部分工作需要管理人员和分析人员共同完成,需要对现行系统中不能适应新项目要求的部分进行处理,必要时要对企业的资产和业务流程及管理方式进行优化和重组。因此系统分析阶段是新系统设计方案的优化过程。

4. 项目设计阶段

本阶段是新系统的物理设计阶段,将根据新系统的逻辑模型进行物理模型的设计,具体地选择一个物理的计算机信息处理系统。这个阶段要求具体地进行计算机过程和人工过程的各种详细设计,除选择合理的硬件、软件,进行代码、输入界面、输出界面、文件、数据存储处理外,还要进行程序模块和处理过程(处理逻辑)的设计等。对于一些高级的应用系统,往往还需要进行经济管理模型和决策模型的设计工作。这一阶段模块化是其关键所在。

**5.项目实施阶段**

为了保证程序调试和系统调试的顺利进行,硬、软件人员首先要进行计算机设备的安装和调试工作。为了搞好系统的操作、测试和运行管理工作,系统分析人员需要对操作人员进行培训,编制系统设计文档、使用手册和有关说明书,此外,程序员还要进行程序集成和调试。

本阶段还要进行各种文件和数据库的建立,需要大量人力投入到数据收集、整理和录入工作中。系统调试和转换也是十分艰巨的任务,通常在试运行后即可交付正式使用。

**6.维护与评价阶段**

由于系统本身的复杂性,决定了在调试工作结束后还不能马上转入正常运行,需要一段修改、完善和验证的时间。这期间的修改内容是多方面的,可以是系统的处理逻辑、程序、文件、数据,甚至包括某些设备和组织的变动。

评价系统的优劣,主要是指系统的工作质量和经济效益。例如,输出信息的准确性、系统的可靠性和运行质量、系统的开发费用、使用维护费用、经济效益,以及工作效率的提高和服务质量的改善等。这些不同的指标综合体现在用户的满意程度——可接受性上。

维护和评价工作需要反复进行多次,才能对新系统做出客观公正的评价分析报告。

经过以上各个工作阶段,新系统代替原系统进入正常运行。但是系统的环境是不断变化的,为了使系统能够适应环境而具有较强的生命力,就必须经常进行小量的维护评价工作。当这个系统运行到不再适于系统的总体目标时,有关部门又会提出新的系统开发要求,便开始了另一个新的系统生命周期。

新系统开发的各个阶段中,最关键的是系统分析阶段,其主要成果是完成系统的总体设计,是新系统开发的重要依据。但是工作量最大,投入人力、物力、财力最多,花费时间最长的,目前还是实施阶段。

### 1.4.4 软件项目管理的过程

为保证软件项目获得成功,必须清楚其工作范围、要完成的任务、需要的资源、需要的工作量、进度的安排以及可能遇到的风险等。软件项目的管理工作在技术工作开始之前就应开始,而在软件从概念到实现的过程中继续进行,且只有当软件开发工作最后结束时才终止。如图1-12所示,管理的过程分为如下几个步骤:

(1)启动软件项目

启动软件项目是指必须明确项目的目标和范围、考虑可能的解决方案以及明确技术和管理上的要求等,这些信息是软件项目运行和管理的基础。

(2)制订项目计划

软件项目一旦启动,就必须制订项目计划。计划的制订以下面的活动为依据:

①估算项目所需要的工作量。

②估算项目所需要的资源。

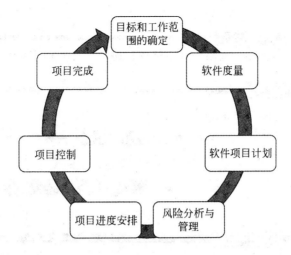

**图 1-12 软件项目管理的全过程**

③根据工作量制订进度计划,继而进行资源分配。

④做出配置管理计划。

⑤做出风险管理计划。

⑥做出质量保证计划。

(3)跟踪及控制项目计划

在软件项目进行过程中,严格遵守项目计划。对于一些不可避免的变更,要进行适当的控制和调整,但要确保项目计划的完整性和一致性。

(4)评审项目计划

对项目计划的完成程度进行评审,并对项目的执行情况进行评价。

(5)编写管理文档

项目管理人员根据软件合同确定软件项目是否完成。项目一旦完成,则检查项目完成的结果和中间记录文档,并把所有的结果记录下来形成文档并保存。

软件项目管理的内容涉及上述软件项目管理过程的方方面面,概括起来主要有如下几项:

①软件项目需求管理。

②软件项目估算与进度管理。

③软件项目配置管理。

④软件项目风险管理。

⑤软件项目质量管理。

⑥软件项目资源管理。

一个好的软件开发过程应是一个闭环系统,系统的各个阶段都对前一阶段产生的软件工作产品产生反馈,所有工作产品在整个项目过程中都可能得到修正,图 1-13 所示是软件开发项目一般过程。

无论何种软件项目都应该先做软件项目计划,但并不只是在项目开始时做软件项目计划。软件项目计划工作贯穿项目从开始至项目结束的整个过程。计划不是不变的,而是随着项目的进行不断细化调整的。

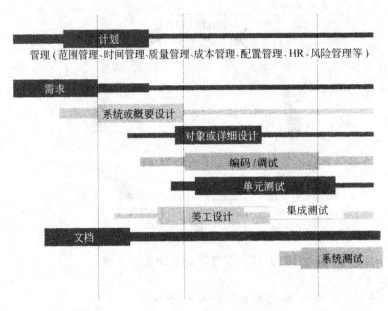

**图 1-13　软件开发过程**

　　软件项目的管理也是贯穿项目整个过程,除了项目管理的各个方面,软件的配置管理是不可缺少的,同样贯穿软件项目的整个过程。

　　启动项目后,就可以开始正式的需求调研、分析等工作,但需求的管理也将贯穿项目整个过程。

　　系统/概要设计在需求分析的过程中开始后,在需求分析的过程中,根据客户的需求、项目的成本、现有技术资源和系统的发展要求,系统分析员在头脑中不断调整系统的总体解决方案,形成初步的系统设计方案。

　　接下来的对象/详细设计可能会在系统设计阶段开始,编码也会在对象/详细设计阶段,甚至更早的阶段开始,如使用分析建模工具,在分析设计阶段就会自动生成部分代码,而这些辅助设计工具也正致力于生成更多的自动代码,使软件开发更专注于分析与设计。

　　测试从需求分析阶段就会开始写测试用例,而单元测试在编码阶段开始,最好是一开始编码就进行测试。集成测试不应过早开始,在较早阶段也不应进行过于频繁的系统集成与测试。在定制软件系统开发项目中,系统测试常常被忽略或不能得到应有的重视,这会造成系统实施的失控。

　　随着软件应用的普及与深入,界面的美观、友好已经成为用户评判软件的一个不可缺少的因素,目前几乎所有的软件系统都涉及界面的美工设计,包括控制软件系统、嵌入式软件系统等。可以说美观、友好的界面是比功能、性能等更早影响用户决策的因素。美工设计在系统设计阶段或需求分析阶段就开始了,这一活动也一样会贯穿整个软件开发过程。美工设计的变更可能比需求、设计等的变更频繁。此外,从项目启动到结束每个阶段都有对应的文档要撰写、审核及审定。

# 第 2 章　软件项目的可行性研究

## 2.1　问题定义与可行性研究

### 2.1.1　问题定义

**1.问题定义的任务**

弄清楚用户需要解决的问题根本所在,及项目所需的资源和经费。

**2.问题定义的内容**

①问题的背景,弄清楚待开发系统现在处于什么状态,为什么要开发它,是否具备开发条件等问题。

②提出开发系统的问题要求以及总体要求

③明确问题的性质、类型和范围。

④明确待开发系统要实现的目标、功能和规模。

⑤提出开发的条件要求和环境要求。

以上主要内容应写在问题定义报告(或系统目标和范围说明书)中,作为这一阶段的"工作总结"。

**3.问题定义所需时间**

①当系统要求较少并且不太复杂时,1～2天就可以完成。

②当系统要求比较大并且内容复杂时,就要组织一个问题定义小组,花费1～2周的时间。

**4.问题定义的步骤**

①系统分析员要针对用户的要求做详细的调查研究,认真听取用户对问题的介绍;阅读问题相关的资料,必要时还要深入现场,亲自操作;调查开发系统的背景;了解用户对开发的要求。

②与用户反复讨论,以使问题得到进一步清晰化和确定化。经过用户和系统分析员双方充分协商,确定问题定义的内容

③写出双方均认可的问题定义报告。

### 2.1.2　可行性研究

可行性是项目能否取得成功的可能性。当我们在着手做任何一件工作以前,必须明确工作的性质、任务,制订完成任务的计划,这是非常必要的。可行性分析和研究就是研究问题是否有解。在开发一个基于计算机的系统时,会受到时间和资源上的限制。因此,在一个新项目开发之

前,应该根据客户提供的时间和资源条件进行可行性分析研究,从而避免人力、物力及财力上的浪费。

同样的,对于软件产品的开发,显然也应该解决好这样类似的问题,明确该软件产品开发的任务,以及完成任务的价值,从而制订出完成任务的计划。那么可行性研究就是制订软件系统的计划的第一步。

### 1. 可行性研究的目的

可行性分析的目的是用最小的代价在尽可能短的时间内确定问题是否能够解决。其目的不是解决问题,而是确定问题是否值得去做,研究在当前条件下,开发新系统是否具备必要的资源和其他条件,关键和技术难点是什么,问题能否得到解决,怎样达到目的等。

可行性分析的结论有3种情况。

①可行:可以按计划进行开发。

②基本可行:对项目要求或方案进行必要修改以后,仍然可以进行开发。

③不可行:不能进行立项或终止项目。

### 2. 可行性研究的任务

可行性研究是项目启动阶段的关键活动,其目的是用最小的代价,在尽可能短的时间内研究并确定客户提出的问题是否有可行的解决办法。

概要地讲,可行性分析的任务包括:用户调查、问题定义、推荐可行方案、草拟开发计划。具体如下:

①初步确定项目的规模和目标。可行性研究需要和用户调查结合起来,实践中,有时把这个阶段的活动成为"调研",要对业务现状和用户要求进行客观的调查、核对和分析,核实项目规模和目标,同时列出项目的约束和限制。

②建立逻辑模型。简要地对用户业务进行分析,抽象出该系统的逻辑结构。

③推荐可选方案。从逻辑模型出发,探索出若干种可供选择的系统实现方案,对每种方案进行可行性研究。调查中要借助模型与用户进行探讨和交换意见,确保分析师的理解同系统的实际情况与用户的要求相吻合,这是整个软件工程活动的基石。

④初步拟定项目计划。根据对系统的初步了解,确定行动计划。

⑤编写可行性报告。将与用户达成一致的认识编写成文档,《软件开发任务说明书》和《项目初步计划》是两个里程碑性质的成果,是《可行性分析报告》的主要内容。

### 3. 可行性研究的内容

可行性研究是项目启动阶段的关键活动,其目的是用最小的代价,在尽可能短的时间内研究并确定客户提出的问题是否有可行的解决办法。

在进行软件可行性研究时,必须分析几种主要的可供选择解决方法的利弊,以及系统完成后所能带来的效益是否大到值得投资开发这个系统的程度。在对每种解决方案进行可行性研究时,可从经济、技术、社会因素3个方面考虑。

(1)经济可行性

经济可行性的研究主要是对开发和运行系统的成本和它所产生的效益进行比较,从而确定是否值得投资该项目,即希望尽可能以最少的成本开发出具有最佳经济效益的软件产品。成本效益分析包括如下内容。

①确定估计系统的成本及效益。软件的开发成本主要指开发软件所需的费用支出。例如,基本建设投资和设备购置费用、各种软件的费用、市场调查费用、培训费用、产品宣传费用,其他一次性支出及非一次性支持费用。整个系统的经济效益包括开支的减少、速度的提高和管理方面的改进、一次性收益、价值的增加、非一次性收益、不可定量的收益等。

②评价成本效益。成本效益分析是确定软件系统有无经济价值的关键。在进行软件开发时,将来的收益和现已消耗的成本不能直接进行比较,必须考虑货币的时间效益,即在度量经济效益时,要充分考虑现金流问题,对于有利润的项目还要考虑其回报时间和回报率等。此外,在进行成本效益分析的过程中,还要考虑投资项目的风险。在某限制范围内,对风险各种结果的概率和严重程度进行量化,通过增加开发费用或风险附加费来计算软件的开发成本和将来的效益。

(2)技术可行性

技术可行性是指设备条件、技术解决方案的使用性和技术资源的可用性度量。进行技术研究的目的是说明为完成系统功能,达到系统性能指标需要采取的技术,以及所存在技术风险,并且判定这些技术问题对于成本的影响。即在决定采用何种方法和工具时,必须考虑设备条件,选择实用的,易于开发人员掌握的。技术可行性研究要考虑以下两个方面的因素。

①时间。在已具备的技术条件下,项目能否在规定的时间内实现其需求说明中的功能。如果在项目开发过程中遇到难以解决的技术问题,就容易造成项目的拖延或失败。

②性能。若在开发前期对于软件的性能估计不足,就会大大降低其实用价值,可见对于工程进行技术可行性评价是必须引起高度重视的,一旦评估出现偏差,就可能产生灾难性的后果。

在进行技术可行性分析时,模型化方法(包括数学模型和物理模型)是一种有效的方法。首先通过对目标系统的分析来建立模型,并对模型的特性进行评价,将它与实际的或期望的系统特性做比较。模型要能体现待评估系统的各种行为和特性,突出表现与现实问题最相关的因素,并在进一步的分析中,逐步引入系统中的其他元素。对于复杂的模型则可以先分解为一组相对简单的模型,其中一个模型的输出是另一个的输入。对特定系统元素的评估应当独立于其他元素。最后,通过对模型进行一系列的试验,使其尽可能的接近系统的最终目标。

(3)社会可行性

社会因素的可行性主要包括用户、法律和政策 3 个方面的因素。

①用户方面的可行性。在用户组织内,现有的管理制度、人员素质、操作方式等是否可行。

②法律方面的可行性。其涉及的面比较广,它包括合同、要开发的项目是否存在任何侵权、责任,以及其他一些技术人员常常不了解的问题,必要时还需要聘请法律顾问来参与项目的评价。

③政策方面的可行性。在进行市场调查和预测的过程中,还要对相关产业的政策进行研究,论证项目投资建设的必要性。

可行性研究最基本的任务是对软件开发的后续工作提出建议。如果问题没有可行的解,则应停止该项开发项目,以避免时间、资源、人力上的浪费。如果问题值得解,则应选择一个较好的解决方案,并为该工程制定一个初步的计划。

4.可行性研究的过程

可行性研究实质上就是要进行一次大大压缩和简化了的系统分析和设计过程,也就是在较高层次上以抽象的方式抽象出项目的逻辑结构,建立逻辑模型,依据逻辑模型,经过全面的考虑和设计,给出若干种可供选择的解决方法,对每种解决方法都要研究它的可行性。可行性研究的过程如图 2-1 所示。

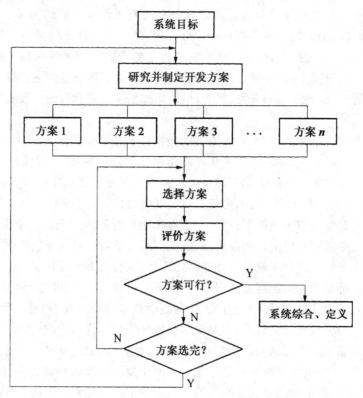

**图 2-1 可行性研究过程**

(1)确定项目规模和目标

分析员通过对有关人员进行调查访问,并仔细阅读和分析有关的材料,对项目的规模和目标进行定义和确认,清晰地描述项目的一切限制和约束,确保分析员正在解决的问题就是目前需要解决的问题。

(2)研究目前正在运行的系统

正在运行的系统可能是一个旧的计算机系统,其内的某些功能不适应现在的需求,需要开发一个新的计算机系统来代替该系统。研究目前正在运行的系统是目标系统信息的重要来源,如研究它的基本功能,存在什么问题,运行现有系统需要多少费用,对新系统有什么新的功能要求,新系统运行时能否节省使用费用等。

应该收集、研究和分析现有系统的文档资料,实地考察现有系统,并访问相关人员,然后在此基础上,描绘现在系统的高层系统流程图,与有关人员一起审查该系统流程图是否正确。

(3)建立新系统的高层逻辑模型

根据对现有系统的分析研究,逐渐明确新系统的功能、处理流程以及所受的约束,然后建立新系统的高层逻辑模型,使用数据流图和数据字典描述数据在系统中的流动和处理情况。注意,该阶段不是软件需求分析阶段,不是完整、详细的描述,只是概括地描述高层的数据处理和流动。

(4)进一步定义问题

可行性研究的前 4 个步骤实质上构成了一个循环,定义问题,分析问题,导出一个试探性的解,在此基础上再次定义问题,再一次分析这个问题,修改这个解,继续这个循环过程,直到提出的逻辑模型完全符合系统目标。

(5)导出和评价各种方案

分析员建立了新系统的高层逻辑模型之后,要从技术角度出发,提出实现高层逻辑模型的不同方案,即导出若干较高层次的物理解法,然后根据技术可行性、经济可行性、社会可行性进行评估,最终得到可行的解决方法。

(6)推荐可行的方案

根据上述可行性研究的结果,选择可行方案,进行成本/效益分析,决定该项目是否值得开发,给出具体的开发解决方案,并且说明该方案可行的原因和理由。

(7)草拟开发计划

为所推荐的方案草拟一份开发计划,该计划除了除了制定工程进度表之外,还应该估计对各类开发人员和各种资源的需要情况,指明什么时候使用以及使用多长时间。此外,还应该估计系统生命周期每个阶段的成本。最后应该给出下一个阶段,也就是需求分析阶段的详细进度表和成本估计。

(8)编写可行性研究报告提交审查

将上述可行性研究过程写成相应的文档,即可行性研究报告,并请用户和使用部门仔细审查,从而决定该项目是否进行开发,是否接受可行的实现方案。

在进行软件开发时,对项目进行可行性论证能有效避免项目开发的盲目性。可行性研究必须为软件开发决策提供有价值的依据,因此软件可行性分析最根本的任务就是对以后的行动方针提出建议。

5. 成本/效益分析

通常,人们投资一个项目的目的是为了获得更大的效益。软件项目的开发同样也是一种投资,期望获得更大的经济效益。但任何一项投资都具有一定的风险,如何才能降低投资风险,这就需要软件的可行性研究阶段,对软件项目进行成本/效益分析。成本/效益分是可行性研究的一项重要内容,是客户组织负责人从经济角度判断是否值得继续投资该工程的主要依据。

(1)成本估计

成本估计是一种粗略的方法,不能精确的表达出各种数据,因此在使用成本估计时,应该使用几种不同的估计技术,以便相互验证。下面介绍 3 种常用的估计技术。

①代码行技术。

代码行技术是一种比较简单的定量估算方法。使用这种方法,需要把开发每个软件功能的成本和实现这个功能需要用的源代码行数联系起来。通常根据经验和历史数据估计实现一个功能需要的源程序行数。这个方法用于有以往开发类似工程的历史数据可供参考时,显得非常有效。

用每行代码的平均成本乘以估计出源代码的行数,就可以确定软件的成本。每行代码的平均成本主要取决于软件的复杂程度和工资水平。

为了使得对程序规模的估计值更接近实际值,可以由多名有经验的软件工程师分别做出估计。每个人都估计程序的最小规模($a$)、最大规模($b$)和最可能的规模($m$),分别算出这 3 种规模的平均值 $\overline{a}$、$\overline{b}$ 和 $\overline{m}$ 之后,再用下式计算程序规模的估计值:

$$L = \frac{\overline{a} + 4\,\overline{m} + \overline{b}}{6}$$

②任务分解技术。

使用任务分解技术需要先将软件开发工程分解为若干个相对独立的任务,分别估计每个单独的开发任务的成本,然后进行累加就可以得出软件开发工程的总成本。估计每个任务的成本时,通常应先估计出该项任务需要用到的人力(以每人每月为单位),再乘以每人每月的平均工资就可以得出每个任务的成本。

任务分解技术最常用的办法是按开发阶段划分任务。如果要进行成本估计的软件系统是由若干个子系统组成且很复杂,则可以把每个子系统再按开发阶段进一步划分成更小的任务。

当然,应该针对每个开发工程的具体特点,并且参照以往的经验尽可能准确地估计每个阶段实际需要使用的人力(包括书写文档需要的人力)。典型环境下各个开发阶段需要使用的人力的百分比大致如表 2-1 所示。

表 2-1    典型环境下各个开发阶段需要使用的人力的百分比

| 任　　务 | 人　力(%) |
| --- | --- |
| 可行性研究 | 5 |
| 需求分析 | 10 |
| 设计 | 25 |
| 编码和单元测试 | 20 |
| 综合测试 | 40 |
| 总计 | 100 |

③自动估计成本技术。

自动估计成本的软件工具可以减轻人的劳动,还可以使估计的结果更客观。但是,要采用这种技术必须以有长期搜集的大量历史数据为依据,并且还需要有良好的数据库系统支持。

(2)成本/效益分析方法

系统的经济效益等于因使用新系统而增加的收入与使用新系统可以节省的运行费用之和。因为运行费用和经济效益两者存在于软件的整个生命周期内,且总的效益和生命周期的长度有关,因此应该合理地估计软件的寿命。虽然许多系统在开发时预期生命周期长达 10 年以上,但是时间越长,系统被废弃的可能性也越大。出于安全的考虑,在进行成本/效益分析时一律假设生命周期为 5 年。

比较新系统的开发成本和经济效益,能够从经济角度判断这个系统是否值得投资,但是,投资是现在进行的,效益是将来获得的,不能仅简单地比较成本和效益,还应该考虑货币的时间价值。

①货币的时间价值。

货币的时间价值即用利率的形式表示货币的时间价值。假设年利率为 $i$,如果现在存入 $P$

元,则 $n$ 年后可以得到的钱数为:

$$P = \frac{F}{(1+i)^n}$$

该公式求出的就是 $P$ 元钱在 $n$ 年后的价值。反之,如果行年后能收入 $F$ 元钱,那么这些钱的现在价值是:

$$F = P(1+i)^n$$

②投资回收率。

通常用投资回收期来衡量一项开发工程的价值。所谓投资回收期就是使累计的经济效益等于最初投资所需要的时间。显然,投资回收期越短表明获得利润的时间越早,当然这项工程也越值得投资。但是,投资回收期仅仅是一项经济指标,为了更加准确的衡量一项开发工程的价值,还应该考虑其他经济指标。

③纯收入。

衡量工程价值的另一项经济指标是该工程的纯收入,也就是在整个生命周期之内系统的累计经济效益(折合成现在值)与投资之差。如果纯收入为零,则工程的预期效益既没有损失又没有利润,但是任何工程的开发都存在一定的风险,因此从经济角度来分析,这项工程是不值得投资的。如果纯收入小于零,那么这项工程显然更不值得投资。

④投资回收率。

把资金存入银行或贷给其他企业都能够获得相应的利息,通常用年利率衡量利息多少。类似地也可以用该方法来计算投资回收率,以此衡量投资效益的大小,然后把它和年利率相比较。在衡量工程的经济效益时,它是最重要的参考数据。

已知现在的投资额,并且已经估计出将来每年可以获得的经济效益,那么在软件的使用寿命给定之后,应该怎样计算投资回收率呢?此时可以假设把投资额相等数量的资金存入银行,每年年底从银行取回的钱就是系统每年预期可以获得的效益。当时间等于系统寿命时,正好把存入银行中的存款全部取光,那么,这个年利率就等于投资回收率。根据上述条件可以得到下面的方程式:

$$P = \frac{F_1}{(1+j)} + \frac{F_2}{(1+j)^2} + \cdots + \frac{F_i}{(1+j)^n}$$

公式中,$P$ 是当前的投资额;$F_i$ 是第 $i$ 年年底的效益($i=1,2,\cdots,n$);$n$ 是系统的使用寿命;$j$ 是投资回收率。

解出这个高阶代数方程即可求出投资回收率。

6. 可行性分析报告

可行性研究报告又被称为可行性分析报告,是可行性研究阶段的一个结论性文档,标志着软件过程中的一个里程碑。可行性分析报告除了前言部分对项目背景和可行性分析的前条件描述以外,核心内容主要是通过逻辑模型和物理模型对原有系统或用户业务的表述,以及通过模型对新系统的若干可行解决方案的表述、可行性分析的结论和草拟的项目开发计划等。可行性分析报告完成以后,要提交审查,并作为下一步活动的依据。

可行性研究是一个较高层的、较抽象的系统分析和设计过程,可行性研究的结果可作为系统规格说明书的一个附件。可行性研究报告有多种形式,下面介绍一个具有普遍性的可行性研究报告目录参考格式。

　　a.引言

　　a.1 编写目的

　　a.2 背景

　　a.3 参考资料

　　b.管理

　　b.1 重要的发展

　　b.2 注解

　　b.3 建议

　　b.4 效果

　　c.方案选择

　　c.1 选择系统配置

　　c.2 选择方案的标准

　　d.系统描述

　　d.1 缩写词

　　d.2 各个子系统的可行性

　　e.成本－效益分析

　　e.1 成本估算

　　e.2 收益分析

　　e.3 投资回收周期

　　e.4 敏感性分析

　　f.技术风险评价

　　g.社会因素方面的可行性

　　g.1 法律方面的可行性

　　g.2 使用(操作)方面的可行性

　　h.其他(结论)

对于一个软件工程项目的可行性研究,除要在充分调查和具体分析的基础上写出书面报告外,还必须有一个明确的结论。软件工程可行性研究的结论有以下几种。

　　①可以进行开发。

　　②需要等待某些条件确定后才能开发。

　　③需要等待开发目标进行某些修改后才能进行开发。

　　④不能进行开发。

可行性研究的目的就是保证有明显的经济效益和较低的技术风险,且一定不要涉及各种法律问题,或存在其他更合理的系统开发方案,否则还需要做进一步的研究。

**7.可行性研究的意义**

可行性研究是所有工程项目在开始前必须进行的一项工作。在项目正式开发之前,先投入一定的精力,通过一整套准则,从经济、技术、社会等方面对项目的必要性、可能性、合理性,以及项目将面临的重大风险进行分析和评价,得出项目是否可行的结论。

可行性研究可以帮助决策者对软件工程项目的启动与否进行科学决策,也可以保证软件项目"又好又快又省"地顺利进行,有利于提高经济效益,掌握关键和技术难点,找出主要解决办法,降低开发风险等,因此,具有重大的经济意义和现实意义。

### 2.1.3　软件项目的可行性分析

软件项目的可行性分析就是从技术、经济、社会和人员等方面的条件和情况进行调查研究,对可能的技术方案进行论证,以最终确定整个项目是否可行。对软件项目进行可行性分析包括很多方面的内容:技术可行性分析、经济可行性分析、运行环境可行性分析以及其他方面的可行性分析等。

1.技术可行性分析

技术可行性是指在现有的实际技术条件以及产品条件限制下,能否达到用户所提出的要求,所需要的物理资源是否具备、是否能够得到。技术可行性需要确认的是:项目准备采用的技术是先进的、成熟的,能够充分满足用户在应用上的需要,并足以从技术上支持系统的成功实现。

在进行技术可行性分析时,一般应当考虑以下几个问题:

(1)进行项目开发风险的评估

开发风险的评估的主要工作是在给定的限制范围和时间期限内,能否开发出预期软件,并实现必需的功能和性能;对于超过自己技术能力或者时间安排可能会有冲突的任务,不能盲目地"接单",以免到时因无法按时完成而赔偿对方损失,并使企业名誉受损。这一阶段的可行性分析的目的是找出风险,评价风险的大小,分析能否有效控制和缓解风险。

(2)资源分析

要分析技术团队能否建立,是否存在人力资源不足、技术能力欠缺等问题;另外,是否可以在人才市场上或通过培训获得所需熟练技术人相关技术的发展趋势和当前所掌握的技术是否支持该项目的开发,市场上是否存在支持该技术的开发环境、开发平台和相关工具。

(3)技术分析

技术分析主要是分析当前可续技术是否支持系统开发的各项活动。在技术分析过程中,分析员收集系统的性能、可靠性、可维护性和生产率等方面的信息,分析实现系统功能、性能所需的技术、方法、算法或过程,从技术角度分析可能存在的风险,以及这些技术问题对成本的影响。

技术可行性往往决定了项目的方向,一旦开发人员在评估技术可行性分析时估计错误,将会出现严重的后果,造成项目根本上的失败。

2.经济可行性分析

进行开发成本的估算以及了解取得效益的评估,确定要开发的项目是否值得投资开发,这些即为经济可行性研究的内容。对于大多数系统,一般衡量经济上是否合算,应考虑一个底线,经济可行性研究范围较广,包括成本/效益分析、长期公司经营策略、开发所需的成本和资源以及潜在的市场前景。经济可行性主要进行成本效益分析,从经济的角度确定系统是否值得开发。

(1)成本分析

进行经济可行性分析,首先要估计成本,并以项目成本是否在项目资金限制范围内作为项目的一项可行性依据。项目成本包括开发成本与维护成本。系统开发成本包括:设备(如各种硬件/软件及辅助设备的购置、运输、安装、调试、培训费等),机房及附属设施(如电源动力、通信和公共设施费),软件开发费用等。维护成本包括:系统维护费(如软件、设备、网络通信),系统运行费用(如人员费用、易耗品、办公费用)等。

需要注意的是:在费用估计时,切忌估计过低,例如,只计算主机费用,不计算辅助设备的费用;只计算开发费,不计算维护费;只计算一次性投资,不计算经常性开支。如果成本估计过低,将会产生结论性错误,影响软件项目的建设。

(2)效益

可将效益分为经济效益和社会效益。经济效益包括使用基于计算机的系统后可增加的收入和可节省的运行费用(如操作人员数、工作时间、消耗的物资等)。在进行成本效益分析时通常只统计 5 年内的经济效益。社会效益是指使用基于计算机的相关软件后对社会产生的影响(如提高了办事效率、使用户满意等),通常社会效益只能定性地估计。而经济效益通常可用货币的时间价值、投资回收期和纯收入来度量。

(3)货币的时间价值

在进行成本效益分析时,通常要对投入的成本与累计的经济效益进行比较。然而,开发成本是在系统交付前投入的,而累计的经济效益是在系统交付后的若干年(如 5 年)内得到的。由于货币贬值等因素,若干年后的 $P$ 元钱不能等价于开发时的 $P$ 元钱,因此要考虑货币的时间价值。

通常可以用年利率来表示货币的时间价值。设银行储蓄的年利率为 $i$,现在存入钱为 $P$,在 $n$ 年后可得到的钱为 $F$,则

$$F = P(1+i)^n$$

通过上述公式可知,$n$ 年后得到的 $F$,折合成现在的钱 $P$ 的公式为:

$$P = \frac{F}{(1+i)^n}$$

例如,一个基于计算机的系统使用后,每年产生的经济效益为 10 万,如果年利率为 5%,那么,5 年内累计的经济效益折合成现在的价值为:

$$P = \frac{10}{1.05} + \frac{10}{1.05^2} + \frac{10}{1.05^3} + \frac{10}{1.05^4} + \frac{10}{1.05^5} = 43.2948$$

因此,成本效益分析时,该系统的累计经济效益是 43.2948 万,而不是 50 万。

(4)投资回收期

投资回收期是指累计的经济效益正好等于投资数(成本)所需的时间。投资回收期通常是用于评价开发一个工程的价值的重要经济指标,显示了需要多长时间才能收回最初的投资数。显然,投资回收期越短越好。

(5)纯收入

纯收入是另一个重要的经济指标,指出了若干年内扣除成本后的实际收入。

纯收入=累计经济效益-成本

从经济角度看,当纯收入大于零时,该工程值得投资开发;当纯收入小于零时,该工程不值得投资(除非它有明显的社会效益);当纯收入等于零时,通常也不值得投资,因为开发一个项目都存在一定的风险,在承担这些风险后仍不能得到经济的回报,那么,这种项目也不值得投资。显然,纯收入越大越好。

3.环境可行性分析

软件项目的可行性分析不同于一般的项目可行性分析,软件项目的产品大多数是一套需要安装并运行在用户单位的软件、相关说明文档、管理与运行规程。只有软件正常使用,并达到预期的技术(功能、性能)指标、经济效益和社会效益指标,才能称为软件项目开发是成功的。

而运行环境是制约软件在用户单位发挥效益的关键。因此,需要从用户单位企业的管理体制、管理方法、规章制度、工作习惯、人员素质甚至包括人员的心理承受能力、接受新知识和技能的积极性等、数据资源积累、硬件(包含系统软件)平台等多方面进行评估,以确定软件系统在交付以后,是否能够在用户单位顺利运行。

但在实际项目中,软件的运行环境往往是需要再建立的,这就为项目运行环境可行性分析带来不确定因素。因此,在进行运行环境可行性分析时,可以重点评估是否可以建立系统顺利运行所需要的环境以及建立这个环境所需要进行的工作,以便可以将这些工作纳入项目计划之中。

软件项目的可行性研究除了上述介绍的技术、经济和环境可行性分析外,还包括了诸如法律可行性、社会可行性等方面的可行性分析。例如,研究要开发的项目是否存在任何侵犯、妨碍等责任问题,要开发项目的运行方式在用户组织内是否行得通,现有管理制度、人员素质和操作方式是否可行,这些即为社会可行性研究的内容。

社会可行性所涉及的范围也比较广,它包括合同、责任、侵权、用户组织的管理模式及规范,其他一些技术人员常常不了解的陷阱等。特别是在系统开发和运行环境、平台和工具方面,以及产品功能和性能方面,往往存在一些软件版权问题,是否能够购置所使用环境、工具的版权,有时也可能影响项目的建立。

此外,在可行性分析方面,还包括了项目实施对社会环境、自然环境的影响,以及可能带来的社会效益分析。

总之,项目的可行性分析主要包括上述几个方面的内容,但是,对于具体的项目应该根据实际情况选取重点进行可行性研究分析。

可行性研究最根本的任务是对以后的行动方针提出建议。如果问题没有可行的解,分析员应该建议停止这项开发工程,以避免时间、资源、人力和金钱的浪费;如果问题值得解,分析员应该推荐一个较好的解决方案,并且为工程制定一个初步的计划。

## 2.2　项目招标与立项

### 2.2.1　项目招标

通常,采用招投标方式来确定开发方或软件提供商,是大型软件项目普遍采用的一种形式。项目招投标包括对应的两个方面:对于用户单位来说,就是招标;对于开发单位来说,就是投标。具体地说,软件项目招标是指招标人(用户单位)根据自己的需要,提出一定的标准或条件,向潜在投标商发出投标邀请的行为;而投标是指投标人(软件开发单位或者软件提供商、代理商)应招标人的邀请,根据招标公告和其他相关文件的规定条件,在规定的时间内向招标人应标的行为。项目招投标的最终结果是双方签订开发合同。

1. 项目招投标的工作流程

一般项目招投标的工作主要包括：准备、招标、投标、开标、评标与定标等几个阶段。

(1)准备

在准备阶段，软件用户单位要对招投标活动的整个过程做出具体安排，内容包括：

①制订总体方案。主要是指对招标工作做出总体安排，包括确定招标项目的实施机构和项目负责人、相关责任人、具体的时间安排、招标费用测算、采购风险预测及相应措施等。

②项目综合分析。对要招标的项目，应从资金、技术、人员、市场等几个方面对软件项目进行全方位的综合分析，为确定最终的需求、采购方案及其清单提供依据。

③确定招标方案。也就是对软件项目的具体技术要求确定出最佳的方案，包括软件项目所涉及产品和服务的技术规格、数据标准及主要商务条款，以及项目的采购清单等。对有些较大的软件项目，在确定建设、采购方案和清单时，还有必要对项目进行分包。

④编制招标文件。招标文件按招标的范围，可分为国际招标书和国内招标书。国际招标书要求有两种版本，按国际惯例以英文版本为准。考虑到我国企业的外语水平，标书中常常特别说明，当中英文版本产生差异时，以中文版本为准。按照软件项目的标的物划分，又可将招标文件分为3大类：软件开发类、软件维护类和软件服务类，或者同时其中的几类。

⑤组建评标委员会。评标委员会由招标人负责组建，应该由招标单位的代表及其技术、经济、法律等有关方面的专家组成，总人数一般为5人以上单数，其中专家不得少于2/3，与投标人有利害关系的人员不得进入评标委员会。另外，《政府采购法》及财政部制订的相关配套办法对专家资格认定、管理、使用有明文规定。因此，政府软件项目需要招标的，专家的抽取须按其规定。在招标结果确定前，评标委员会成员名单应保密。

⑥邀请有关人员。主要是邀请有关方面的领导和来宾参加开标仪式，以及邀请监理单位派代表进行现场监督。这也是确保招标过程"公开、公平、公正"的要求。

以上这些具体的准备工作可以由软件用户单位自己来组织，也可以委托给专业的招标代理公司来做。例如，各政府机关、事业单位、高校、研究机构、医院等，甚至必须由专门的招标代理公司来组织。

(2)招标

招标阶段是指招标人发布招标公告吸引投标人应标的过程。其主要的流程包括：

①招标公告的发布(投标邀请函)。公开招标应当发布招标公告(邀请招标应该发布投标邀请函)。招标公告必须在指定报刊、网络等媒体上发布，并且有一定的时间要求。招标公告发布或投标邀请函发出之日到提交投标文件截止之日，一般不得少于20天。

②资格审查。招标人可对有兴趣投标的投标人进行资格审查。资格审查的办法和程序可在招标公告(或投标邀请函)中注明，或通过指定报刊、媒体发布资格预审公告。

③发售招标文件。在招标公告(或投标邀请函)规定的时间、地点向有意向投标，并且经过审查符合资格要求的单位发售招标文件。

④招标文件的澄清与修改。对已售出招标文件需要进行澄清或者非实质性修改的，招标人应当在提交投标文件截止日期15天前，以书面形式通知所有招标文件的购买者。

(3)投标

这一阶段主要是指投保人从公开的报刊、网络等媒体上看到招标公告，或接收到投标邀请书

后,准备相关材料,向招标机构投出标书的过程。具体过程如下:

①编制投标文件。投标人应按照招标文件的规定编制投标文件,投标文件应载明的事项有:投标函;投标人资格、资信证明文件;投标项目方案及说明;投标价格;投标保证金或者其他形式的担保;招标文件要求具备的其他内容。

②投标文件的密封和标记。投标人对编制完成的投标文件必须按照招标文件的要求密封、标记。这一过程非常重要,经常发生有因密封或标记不规范而被拒绝接受投标的例子。

③送达投标文件。投标文件应在规定的截止时间前密封送达投标地点。招标人对在提交投标文件截止日期后收到的投标文件,应不予开启并退还。招标人应当对收到的投标文件签收备案。投标人有权要求招标人或者招标投标中介机构提供签收证明。

④投标人可以撤回、补充或者修改已提交的投标文件,但是,应当在提交投标文件截止日之前书面通知招标人,撤回、补充或者修改也必须以书面形式进行。

(4)开标

①开标。由工作人员开启投标人递交的投标文件(须在确认密封完好无损且标记规范的情况下)。开标应按递交投标文件的逆序进行。

②唱标。由工作人员按照开标顺序唱标,唱标内容须符合招标文件的规定。唱标结束后,主持人须询问投标人对唱标情况有无异议,投标人可以对唱标作必要的解释。

③监督方代表讲话。由监督方代表或公证机关代表公开报告监督或公证情况。

④相关工作人员需通知投标人评标的时间安排和询标的时间、地点,并对整个招标活动向有关各方提出具体要求。开标应当作好记录,存档备查。

(5)评标

通过招标人召集评标委员会,向评标委员会移交投标人递交的投标文件。评标应当按照招标文件的规定进行。评标由评标委员会独立进行,具体程序如下:

①审查投标文件的符合性。主要是审查投标文件是否完全响应了招标文件的规定,要求必须提供的文件是否齐备,以判定各投标方投标文件的完整性、符合性和有效性。

②对投标文件的技术方案和商务方案进行审查,例如,技术方案或商务方案明显不符合招标文件的规定,则可以判定其为无效投标。

③询标。评标委员会可以要求投标人对投标文件中含义不明确的地方进行必要的澄清,但澄清不得超过投标文件记载的范围或改变投标文件的实质性内容。

④综合评审。按照招标文件的规定和评标标准、办法对投标文件进行综合评审。

⑤评标结论。评标委员会根据综合评审和比较情况,得出评标结论,评标结论中应具体说明收到的投标文件数、符合要求的投标文件数、无效的投标文件数以及无效的原因、评标过程的有关情况、最终的评审结论等,并向招标人推荐1~3个中标候选人。

(6)定标

所谓定标就是根据评标的结果,最终确定中标单位并签订合同的过程。具体过程如下:

①招标人审查评标委员会的评标结论。它包括评标过程中的所有资料,即评标委员会的评标记录、询标记录、综合评审和比较记录、评标委员会成员的个人意见等。

②定标。招标人按照招标文件规定的定标原则,在规定时间内从评标委员会推荐的中标候选人中确定中标人,中标人必须满足招标文件的各项要求,且其投标方案为最优。

③中标通知。招标人在确定中标人后,应将中标结果书面通知所有投标人。

④签订合同。中标人按照中标通知书和招标文件的规定，与投标人签订合同。

2.招标书的主要内容

可大致将招标书的内容分为3大部分：程序条款、技术条款和商务条款，包含以下主要内容：

(1)招标公告(投标邀请函)

这部分内容主要是招标人的名称、地址、联系人及联系方式等，招标项目的性质、数量，招标项目的地点和时间，对投标人的资格要求，获取招标文件的办法、地点和时间，招标文件售价，投标时间、地点及需要公告的其他事项。

(2)投标人须知

由招标机构编制，说明本次招标的基本程序，包括投标者应遵循规定和承诺的义务；投标文件的基本内容、份数、形式、有效期和密封，以及投标其他要求；评标的方法、原则、招标结果的处理、合同的授予及签订方式、投标保证金。

(3)技术要求及附件

这一部分是招标书中最重要的部分，包括招标编号，软件项目名称及其数量，交货日期，软件用途与技术要求，技术文档的种类、份数和文种，培训及技术服务要求，安装调试要求，人员培训要求，验收方式和标准，报价与付款方式。

(4)投标书格式

投标书是由招标公司编制，投标书格式是对投标文件的规范要求。其中包括投标方授权代表签署的投标函，说明投标的具体内容和总报价，并承诺遵守招标程序和各项责任、义务，确认在规定的投标有效期内，投标期限所具有的约束力。

(5)投标保证书

投标保证书是投标有效的必检文件，一般采用支票、投标保证金或银行保函。

(6)合同条件

合同条件同样也是招标书中的重要内容。这部分内容是双方经济关系的法律基础，因此，对招投标方都很重要。由于项目的特殊要求需要提供补充合同条款，如支付方式、售后服务、质量保证、主保险费用等特殊要求，在标书技术部分专门列出。但这些条款不应过于苛刻，更不允许(实际也做不到)将风险全部转嫁给中标方。

(7)投标企业资格文件

这部分要求投标人提供企业许可证，以及其他资格文件，如 ISO 9001、CMM 证书、软件开发的资质级别证书，以及最近几年的业绩证明等。

### 2.2.2　项目立项

定制项目通常都是由销售人员提出，但是否能够立项应有研发人员参与决策。立项决策主要考虑三个方面的因素：需求、利润和新市场。

如果是为了获取合理的利润，那么需要考虑要开发的软件需求是否是本企业熟悉的业务。如果是企业熟悉的业务，有可参考的设计或可重用的代码，那么开发的风险会大大降低。如果是不熟悉的业务，也没有可参考的设计与可重用的代码，那么在立项决策时应仔细分析项目风险、可行性之后再做决策。

获取合理利润是承接定制项目的最主要目标，但是如果项目估算失误、可行性分析不足，或是项目失控,都可能无法获得预期效益。绝大多数软件企业会有一个利润的基线要求,如毛利低于 30% 则不能立项等。

　　某些时候,企业为了进入新的市场,可能会承接利润很低甚至没有利润的定制项目。这时候选择项目应该按照产品立项来考虑,但在项目计划时却要保证首先按照客户的质量、进度要求完成项目。

　　定制项目立项一般只是确定是否需要成立一个项目小组开始售前跟进,这个阶段,对于项目的许多方面还不能最终确定。但如果决定售前跟进,也需要有市场费用投入、技术人员介入等,因此立项也是必要的。

　　通常立项的具体表现形式,就是在市场调研的基础上,分析立项的必要性,看是否有市场前景,分析立项的可能性,看是否有能力实现,并具体列出系统的功能、性能、接口和运行环境等方面的需求,当前客户群和潜在客户群的情况以及投入产出的分析。然后再编写立项建议书,并对它进行评审,评审通过后才算正式立项。

　　立项就是决策,IT 企业的高层人员,一般都要参加立项建议书的评审工作,并发表意见。如果立项正确,将对企业的发展起到促进作用。编写立项建议书的目的是在某种程度上代替开发合同或用户需求报告,作为软件策划的基础。

　　通常定制项目签订合同是项目开发立项的标志,关于软件项目合同后面会作介绍。

　　一般情况下,定制项目立项报告需要包括以下内容:

①项目名称。

②合同信息。

③项目范围描述。

④项目目标(包括客户的目标及本企业的目标)。

⑤将要开发的软件系统的描述。

⑥最终交付成果。

⑦质量、成本、进度等要求。

⑧项目计划。

⑨相关人员与职责。

　　立项评审是企业合理控制投入、选择项目的关键活动。一些企业对不同类型的项目立项制定不同的立项流程和相关标准。一般立项评审要组织正式的会议,由企业高层或高级主管主持,评审委员由市场、研发、财务各个部门的人员组成。立项评审会议上,一般由项目申请人介绍项目,评委提问,然后共同讨论,最后做出决定。

　　立项不仅是市场人员的工作,需要技术人员的密切配合。在立项的过程中,技术人员要参与项目的技术可行性分析、项目范围确定、项目进度估算、项目预算等,在立项活动中,技术人员有责任指出不可行的项目。

　　立项活动中,项目预算直接影响立项决策。项目预算中研发人员主要参与研发成本的估算,但项目预算不仅仅包括研发成本的估算。

　　研发成本主要包括以下几项:

①人力成本。

②开发工具,包括硬件和软件。

③项目实施与维护费用。

④管理成本。

人力成本估算与项目工作量估算直接相关。在进行项目工作量估算时需要考虑关键技术问题是否已经解决,为了尽可能估算准确,最好基于任务分解进行估算,同时要考虑任务与工作量估算的现实性,其次还应考虑风险发生的可能性。

## 2.3 软件项目范围

### 2.3.1 软件项目范围管理

做过项目的人可能都会有这样的经历:一个项目做了很久,可是好像总做不完,用户总是有新的需求要项目开发方来做。实际上,这涉及一个"范围管理"的概念。项目中哪些该做,哪些不该做,做到什么程度,都是由"范围管理"来决定的。做到什么程度,都是由"范围管理"来决定的。

通常,这里范围的概念包含两方面,一方面是产品范围,即产品或服务所包含的特征或功能,另一方面是项目范围,即为交付具有规定特征和功能的产品或服务所必须完成的工作。项目范围对项目的影响是决定性的。项目只有完成项目范围中的全部工作才能结束,因此一个范围不明确或干系人对范围理解不一致的项目不可能获得成功。范围不明确最可能的后果是项目的范围蔓延,项目永远也做不到头;对范围的理解不一致的结果往往是项目组的工作无法得到其他干系人的认可。对于软件项目来说,这两种情况是非常普遍的。需求不明确的系统总会产生新的需求,开发团队只知道每天工作,但不知道哪一天才能完成工作;需求理解的偏差则会造成严重的系统缺陷,用户不接受一个没有满足要求的软件系统,开发团队只好花费大量的工作对已经完成的系统进行返工。

项目范围管理是指对项目包括什么不包括什么的定义和控制的过程,这个过程用于确保项目团队和利益相关者对作为项目产品以及生产这些产品所用到的过程有一个共同的理解。而项目管理最重要同时也是最难的就是确定项目范围。

在项目前期做好范围的定义工作将对整个软件项目带来巨大的帮助,反之若范围定义不清晰,则可能对项目造成灾难性的后果。对于软件项目来说,由于不确定性较大,故在项目中后期的范围变更控制工作也很多,范围控制的好坏对顺利实现项目目标也有较大的影响。

美国项目管理学院(PMBOK2004)定义的项目范围管理包括以下几个过程:

①范围规划——制定项目范围管理计划,记载如何确定、核实与控制项目范围,以及如何制定与定义工作分解结构(WBS)。

②范围定义——制定详细的项目范围说明书,作为将来项目决策的根据。

③制作工作分解结构——将项目中大的可交付成果与项目工作划分为较小且易管理的组成部分。

④范围核实——正式验收已经完成的项目可交付成果。

⑤范围控制——控制项目范围的变更。上述过程不仅彼此之间,而且还与其他知识领域过程交互作用。根据项目需要,每个过程可能涉及一个或多个个人或者集体所付出的努力。每个过程在每个项目或在多阶段项目中的每个阶段至少出现一次。

项目范围管理过程的输入、输出以及过程使用的工具和技术如表2-2所示。项目越简单,范围就越容易确定。

**表 2-2　PMBOK2004 对项目范围管理的定义**

| | 启动 | 计划 | | | 执行 | 监控 | | 收尾 |
|---|---|---|---|---|---|---|---|---|
| | | 范围规划 | 范围定义 | 制作工作分解结构 | | 范围核实 | 范围控制 | |
| 输入 | | 1.环境与组织因素<br>2.组织过程资产<br>3.项目章程<br>4.项目初步范围说明书<br>5.项目管理计划 | 1.组织过程资产<br>2.项目章程<br>3.项目初步范围说明书<br>4.项目范围管理计划<br>5.批准的变更申请 | 1.组织过程资产<br>2.项目范围说明书<br>3.项目范围管理计划<br>4.批准的变更申请 | | 1.项目范围说明书<br>2.工作分解结构词汇表<br>3.项目范围管理计划(更新)<br>4.可交付成果 | 1.项目范围说明书<br>2.工作分解结构<br>3.工作分解结构词汇表<br>4.项目范围管理计划<br>5.绩效报告<br>6.批准的变更申请<br>7.工作绩效信息 | |
| 工具和技术 | | 1.专家判断<br>2.样板、表格与标准 | 1.产品分析<br>2.其他方案识别<br>3.专家判断<br>4.利害关系分析 | 1.工作分解结构样板<br>2.分解 | | 1.检查 | 1.变更控制系统<br>2.偏差分析<br>3.补充规划<br>4.配置管理系统 | |
| 输出 | | 1.项目范围管理计划 | 1.项目范围说明书<br>2.请求的变更<br>3.项目范围管理计划(更新) | 1.项目范围说明书<br>2.工作分解结构<br>3.工作分解结构词汇表<br>4.范围基准<br>5.项目范围管理计划(更新)<br>6.请求的变更 | | 1.验收的可交付成果<br>2.请求的变更<br>3.推荐的纠正措施 | 1.项目范围说明书(更新)<br>2.工作分解结构(更新)<br>3.工作分解结构词汇表(更新)<br>4.范围基准(更新)<br>5.请求的变更<br>6.推荐的纠正措施<br>7.组织过程资产(更新)<br>8.项目管理计划(更新) | |

　　项目中的工作是有限的,项目中存在一个清晰的界限,通过这个界限可以判断哪些工作属于这个项目,哪些工作不属于这个项目,如图 2-2 所示,位于项目边界内的工作就属于项目范围内,而位于项目边界外的工作,无论多少,甚至可能同项目有着千丝万缕的联系,都不属于项目范围。

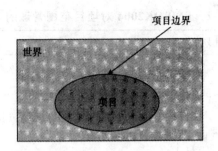

**图 2-2　项目边界**

项目范围由项目的目标、环境等因素共同确定。在同样的环境中,完成相同目标的项目可以有完全不同的方法,因此项目范围的可塑性很大。

在软件项目中,软件系统的需求同项目范围有着密切的关系。首先,交付一个可以满足用户需求的软件系统是软件项目中最重要的工作之一。因此,这个软件系统的功能特征就决定了主要的项目范围。

当然,除了系统范围外,软件项目的范围中经常包括更多的内容。比如一些软件项目的交付物中会包括系统功能规格说明书、系统设计说明书、系统使用手册、使用培训等。那么,项目经理就必须把编写满足要求的文档、为相应的人员提供培训作为项目范围,并编排到进度计划中。对于一些特殊的软件开发项目,可能不仅仅要求开发出一套软件系统。例如,某个研发新软件产品的项目,其目标之一是取得市场中的竞争优势、占据超过 20% 的市场份额。对于这样的项目,项目经理甚至需要考虑是否把评估销售结果作为项目范围的一部分了。

而软件项目的项目范围中较难把握的一部分就是软件系统的范围,或者说是软件系统的功能特性。绝大多数的软件项目的需求都存在问题,每一个需求问题都会带来不明确的项目范围。软件本身是抽象的,也没有找到一种简单的、可以避免歧义和理解偏差的系统功能描述的方法,因此对软件系统的描述经常会有模糊性和二义性,基于此定义出的系统范围也是模糊的,这也是软件项目范围难于管理的重要原因。

### 2.3.2　项目范围说明书

范围的定义就是定义项目的范围,即根据范围规划阶段定义的范围管理计划,采取一定的方法,逐步得到精确的项目范围。项目范围说明书是范围定义工作最主要的成果,除此之外,由于项目范围变得更加清晰,范围管理计划也需要随之更新。

#### 1.软件项目范围说明书的内容

范围说明书是范围定义工作最主要的产品,也是描述、界定项目范围的文件。一般地,范围说明书包括项目目标、产品范围、项目要求等内容。在实际软件项目中,可能最终不会出现一份叫做《项目范围说明书》的文档,但其中的内容可能会被多个文档包含,如《项目章程》、《项目计划》、《需求规格说明书》等。如表 2-3 对项目范围说明书中的主要分项进行了介绍并举例说明。

**表 2-3　项目范围说明书的主要内容**

| 项目 | 说明 | 举例 |
|---|---|---|
| 项目目标 | 项目成功的标准,包括费用、进度、技术、质量等标准 | • 项目成本不超过 100 人月<br>• 项目工期 10 个月 |
| 产品范围说明书 | 项目创造的产品的特征 | • 系统可以供 30 人并发访问 |
| 项目要求 | 项目交付物必须满足的条件和必须具备的能力 | • 网站内容可以通过后台程序进行管理 |
| 项目边界 | 对于容易模糊的内容明确哪些属于项目范围而哪些不属于项目范围 | • 将遗留系统的数据迁移到新系统属于项目范围<br>• 对所有异地系统使用者的系统使用的面授不属于项目范围 |
| 项目可交付成果 | 项目中交付的各种产品 | • 源程序<br>• 使用手册 |
| 产品验收准则 | 定义验收项目交付物的原则 | • 系统功能满足《需求规格说明书》的定义 |
| 项目制约因素 | 同项目范围相关的制约因素 | • 项目团队对业务领域完全不了解 |
| 项目假设 | 一些同项目范围相关的假设因素,由于这些假设尚未实现,故这些假设都构成项目风险 | • 项目组必须的人员可以在 10 天内到位<br>• 需求获取的工作可以在 20 个工作日内完成 |
| 项目初步组织 | 初步的项目组织情况 | • 项目团队包括:A、B…… |
| 初步风险 | 初步识别的项目风险 | • 需求获取的工作可能无法在 20 个工作日内完成 |
| 进度里程碑 | 在初期识别的里程碑,这些里程碑往往也属于项目制约因素之一 | • 为保证×××大会的顺利召开,项目必须在×××日前投入试运行 |
| 资金限制 | 项目在经费方面的限制 | • 项目总成本不超过 100 万元<br>• 项目设备投入不超过 20 万元 |
| 费用估算 | 根据对项目估计的结果,预计项目的费用情况 | • 预计项目变动成本 80 万元 |
| 项目配置管理要求 | 在项目中使用的配置管理系统 | • 在项目中使用组织定义的配置管理系统,版本控制工具使用 CVS |

　　在描述项目范围时,可以不仅限于这些内容。为了能够清晰的表达整个项目的范围,经常需要补充更多的文档来界定项目范围,如使用备忘录描述项目范围。这些文档共同构成了描述项目范围的文件,可以认为这些文档共同构成了项目范围说明书。

　　2.编写项目范围说明书注意事项

　　在定义项目范围、编写项目范围说明书时需要注意以下几个问题:

①与项目中的很多文档一样,范围定义的工作不可能一次性完成,需要不断地改进和精化。但是,如何不断的迭代项目范围说明书需要进行审慎的规划,即在范围规划时就需要考虑到需要采取哪些方法和步骤来不断完善项目范围说明书。

②项目范围说明书一定要做到量化且可验证,否则会遇到难以核实和控制的问题。例如,在范围说明书中定义"系统需要满足大量用户的并发访问、系统可以快速响应用户请求、系统界面友好"等项目要求就难以量化和验证。在范围核实的时候,不能验证是否完成了这部分的工作,也无法以此为依据判断范围是否变化,是否需要进行范围控制。更好的方式是将范围表述成"系统可以满足 100 用户并发、系统平均响应时间不超过 0.5s、系统界面满足《×××界面规范》"这样的定义。

③软件项目的产品范围即软件产品的功能特性,是一个抽象的概念。因此在定义产品范围的时候有比较大的空间,若能够灵活运用对项目会有非常大的帮助。项目的目标和要求决定了产品的功能特征,而功能特征又决定了技术方法和设计方案。软件是抽象的,软件的分析和设计工作是开放的,具有很强的创造性,同样的项目目标和要求可能产生完全不同的技术方法和设计方案。系统分析时审慎地决策系统方案对项目的成败有非常大的影响,这也是系统分析员在软件项目中至关重要的原因。

### 2.3.3 范围核实与控制

范围核实是指利益相关者对项目范围的正式接受,包括项目最终产品和评估程序,以及这些产品的满意程度和评估的正确性。

项目范围核实的实质是依据项目范围说明书对项目完成情况进行对比和确认的过程,确认的内容主要包括工作成果和生产文件。其中,工作成果主要是指项目阶段性的交付物是否已经完成或者部分完成;生产文件是指对回顾整个项目有帮助的、描述软件项目产品的文件。

范围核实(即交付物验收)同质量控制容易混淆到一起。质量控制工作关心的是交付物是否满足定义的质量标准,而范围核实工作关注的是交付物是否满足范围定义说明书中规定的项目范围。

通常,对项目范围核实的工作由项目团队和项目的关键利益相关者负责。在进行范围核实时,一般遵循下面的步骤:①确定范围核实的时间;②估计范围核实需要的投入;③确定范围正式被接受的标准和要素;④组织并召开范围核实会议。

一般情况下,在进行范围核实前,项目组需要先进行质量控制工作,如系统测试等工作,以确保范围核实工作的顺利完成。

由于项目会在其过程中充满各种各样的变化,很多变化都会造成项目范围的变化。当项目范围变化的时候,意味着项目中需要做的工作发生了变化,这必然会造成项目进度计划、人员安排、成本等一系列问题的变化。处理不当则会造成项目时间、成本等方面的问题,增加项目风险,甚至造成项目陷入混乱的状态。范围控制就是为了解决该问题,消除范围变更造成的不利影响。项目范围控制是通过变更控制系统完成的。

在理解范围控制时,需要注意以下三点:

①范围控制是必须的,不存在无变化的项目。为了保证发生变化时可以从容应对,就必须要先建立起变更控制系统来处理未来可能发生的变更。

②项目范围变化,不仅意味着工作量的增加,往往还意味着项目更贴近客户的要求、更适应项目的环境,范围控制需要做的是消除变更带来的不良影响。

③项目范围控制的目的不是阻止变更的发生。范围控制的主要任务是在出现范围变更需求后,管理相关的计划、资源安排以及项目成果,使得项目各部分可以很好地配合在一起,消除变更带来的不利影响。

项目范围控制主要是通过变更控制系统完成,关于变更控制系统的内容,请参阅项目集成管理。在软件项目中,系统需求构成了最主要的系统范围。

范围控制的目的是确保范围的变化处在可控、可跟踪的状态。通过范围控制可以让所有被请求的变更都得到响应和处理,并在变更出现后,有效地管理与变更相关的工作、资源和成果,避免混乱的状态。范围控制通过变更控制系统和配置管理系统来完成。在软件项目中,变更是必然且频发的,在项目初期就建立起完整的变更控制和配置管理的流程可以使项目在有序的变化中不断前进。

如图 2-3 所示为一个结合配置管理工作的需求变更控制流程图,该流程可以根据实际情况略作调整后在项目中使用。

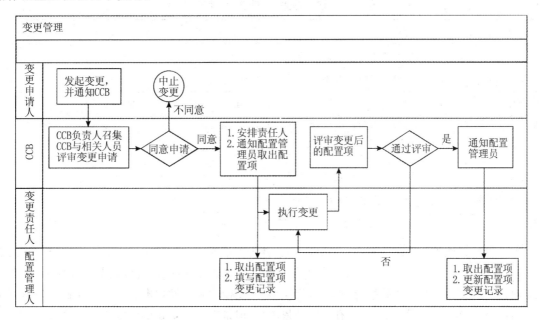

**图 2-3　需求变更控制流程图**

在上述流程中共有四种角色之间的交互:

①变更申请人。变更申请人是变更的源头,任何变更都是由变更申请人发起的。

②变更责任人。变更责任人是执行变更的人员,任何变化都会落实到一些工作上去,这些工作的执行者就是变更责任人。

③变更控制委员会(Change Control Board,CCB)。CCB 是变更控制系统的核心角色负责控制整个变更过程,从审批变更的请求开始,到跟踪并评估变更的结果结束。

④配置管理员。配置管理员负责管理系统的配置项。通常情况下,描述项目范围的文档和项目的交付物都纳入在配置管理的范围,对这些配置项的存取需要通过配置管理员完成。

与一般地变更控制系统一样,整个流程也按"请求—评估审批—跟踪"的过程划分。首先变更申请人请求发起变更,此后 CCB 需要召集相关人员评估变更的范围和可能的结果,并做出是否执行该变更的决定,最后 CCB 将跟踪变更的执行。

在图 2-3 描述的流程中,综合了配置管理的内容,即在跟踪变更执行的过程中定义了变更执行者同 CCB 以及配置管理的关系与交互。

# 2.4 软件项目组织结构

### 2.4.1 软件项目组织结构模式

软件项目的主要任务一般包括需求获取、系统设计、原型制作、代码编写、代码评审、测试等,根据这些任务可以简单定义项目所需的角色及其工作职责。在软件项目中,常见的角色及其职责如表 2-4 所示。

表 2-4 软件项目中的角色及其职能

| 角　色 | 职　能 |
|---|---|
| 项目经理 | 项目的整体计划、组织和控制 |
| 需求人员 | 在整个项目中负责获取、阐述、维护产品需求及书写文档 |
| 设计人员 | 在整个项目中负责评价、选择、阐述、维护产品设计以及书写文档 |
| 编码人员 | 根据设计完成代码编写任务并修正代码中的错误 |
| 测试人员 | 负责设计和编写测试用例,以及完成最后的测试执行 |
| 质量保证人员 | 负责对产品的验收、检查和测试的结果进行计划、引导并做出报告 |
| 环境维护人员 | 负责开发和测试环境的开发和维护 |
| 其他人员 | 另外的角色,如文档规范人员、硬件工程师等 |

软件项目管理有其特定的对象、范围和活动,着重关注成本、进度、风险、和质量的管理,还需要协调开发团队和客户的关系,协调内部各个团队之间的关系,监控项目进展情况,随时报告问题并督促问题的解决。虽然软件的系统架构、过程模型、开发模式和开发技术等对软件项目管理也有影响,或者说软件项目管理对这些内容有一定的依赖性,但是它们不是软件项目管理的关注点。

图 2-4 所示为软件开发的典型组织结构模式。

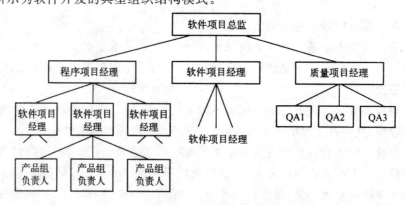

图 2-4 软件开发的典型组织结构模式

1. 软件项目总监

软件项目总监是公司项目管理的最高决策机构和决策人。其主要职责包括：负责整个软件项目的管理；依照项目管理制订相关制度，管理项目；监督项目管理相关制度的执行；对项目立项、项目撤销进行决策；任命程序项目经理，质量项目经理。

2. 程序项目经理

程序项目经理对项目总监负责，负责该项目某个特定子项目的开发。其下设一个或多个软件项目经理。每个软件项目经理下又设有产品项目组。产品项目组对软件项目经理负责，具体负责软件的开发、市场调研及销售工作。

3. 质量项目经理

质量项目经理直接对项目总监（而不是对程序项目经理）负责。其主要职责包括：对项目可行性报告进行评审；对市场计划和阶段报告进行评审；对开发计划和阶段报告进行评审；项目结束时，对项目总结报告进行评审。

4. 产品项目组

产品项目组是具体实现项目目标的单位。在软件项目管理中，产品项目组的组织不应该太大（成员有 5～10 人即可）。对于大的产品项目组，成员之间花在沟通和交流的时间往往会比花在开发上的时间要多。而且，对于大的产品项目组，程序单元通常都带有任意性并且接口很复杂，从而增加发生接口错误的概率，并需要一些额外的检验和确认过程。

## 2.4.2 软件项目组织结构中涉及的角色

1. 项目经理

上节内容主要是公司级的项目经理（包括项目总监、程序项目经理和质量项目经理），在实际工作中，软件项目经理应确保全部工作在预算范围内按时、按质、按量完成。

一般可归纳项目经理的基本职责为领导项目的计划、组织和控制工作，实现项目的目标，即项目经理领导项目团队完成项目目标，项目经理需要协调各个团队成员的活动，使这些成员成为一个团结、融洽的整体，有序开展各自的工作。

（1）计划

项目经理要高度明确项目目标，并就该目标与客户取得一致意见。接下来，项目经理与项目团队就这一目标进行沟通交流，通过这些成功地完成项目目标所应做的工作达成共识。项目经理作为领导者，领导团队成员一起制定实现项目目标的计划。通过项目团队参与制定这一计划，项目经理可以确信，这样的计划比他（或她）单独一个人制定更有切实的意义。而且，这样的参与将使团队为取得项目目标做出更大的投入。项目经理与客户对该计划进行评价，获得认可。然后，建立起一个项目管理信息系统——人工或计算机操作，以便将项目的实际进程与计划进程进行比较。使项目团队理解、掌握这一系统也是重要的，以便团队在项目管理过程中正确无误地应用这一系统。

（2）组织

组织工作包括为进行工作获取合适的资源。项目经理需要决定组织内部和承包商或顾问公司等应该要完成的工作部分。对于那些由组织内部进行的工作，着手这一工作的具体人员应对项目经理做出承诺。对于由承包商完成的工作，项目经理应对工作范围做出清楚的划分，与每一位承包商签订合同。项目经理也将根据各种任务为具体的人员或承包商分配职责、授予权力，前提条件是使这些人在给定的预算和时间进度计划下能够完成任务。对于包括众多人员的大型项目，项目经理可以为具体任务团队选派领导。此外，作为项目经理，还有营造一种工作环境，使所有成员作为一个项目团和谐、积极地投入工作中的责任。

（3）控制

通常为了实施对项目的监控，项目经理要设计一套项目管理信息系统，跟踪实际工作进程并将其与计划安排进程进行比较。项目经理将实施这一系统，以对项目工作进行控制。这一系统使得项目经理了解哪些工作对完成目标有意义，哪些是劳而无功的。项目团队成员掌握其所承担任务的工作进程并定期提供有关工作进展、时间进度及成本的相关资料。定期召开的项目工作讨论会也会对这类资料加以补充。如果实际工作进程落后于预计进程，或者发生意外事件，项目经理应立即采取措施。相关的项目成员要向经理就相应的纠正措施及项目更新计划提出建议或提供信息。应当及早发现问题（甚至事前找问题），并采取行动。项目经理绝不能依靠等待和观望的工作方法，要在问题变坏之前加以解决。

项目经理应该通过计划、组织和控制来领导项目工作，绝不可独揽大权，应使团队成员积极参与进来，使他们为圆满地完成项目工作做出更大的投入。

2. 产品项目组

通常软件项目管理中的产品项目组规模应该相对较小。当采用较小规模的项目小组时，交流上的问题就会少很多，整个团队就不需要另外建立复杂的交流机制。

若项目太大，单纯的一个小组在时间范围内不能完成，就应该采用多项目小组，这些小组独立工作完成项目的不同部分。这时，在系统结构设计时应该考虑独立子系统之间的结构尽量简单，易于定义和实现。

小规模的产品项目组通常具有以下优势：

①沟通和交流的时间大大缩短。

②工作标准可以不断提高。

③成员在编程时能为其他成员着想。

④成员可以更加紧密地结合在一起工作。

⑤成员能更好地了解其他成员的工作及进度。

小的产品项目组作为一种非正式的组织。虽然存在一个名义上的项目领导，但他仍然可以承担与其他项目成员一样的工作。

一个非正式的小组，所要执行的工作仍是作为一个整体进行讨论，并且任务的分配也是根据能力与经验来确定的。高级系统设计的任务由有阅历、有经验的项目成员承担，而低级系统设计则由具有专项任务的成员承担。在一个小组中应该有一个技术领导来负责软件产品的有效控制。

非正式的项目小组可能非常成功，特别是在项目成员都非常有经验和能力时。一般，项目小组是民主的，决策都要经过大多数成员的同意后才能通过，这样做可以提高小组的团队协作精神和整体工作能力。

　　若项目小组大部分成员都没有经验或能力,这种非正式的小组可能就是项目成功的一种障碍,没有明确的领导机构来指导和协调工作,从而导致成员之间缺乏合作甚至项目失败。在一些软件开发组织里,技术熟练的员工在技术和技巧方面能很快达到一定的高度,但若要长足发展,就必须要承担管理上的责任,并从其技术中获得各种不同的能力。但并非好的软件工程师就一定得做一个好的软件项目管理经理,相反,当一个好的软件工程师进入管理岗位,同时也就意味着其技术的丧失。

### 3.主程序员组

　　20 世纪 70 年代初期采用主程序员组的组织方式,具体如图 2-5 所示,这种组织方式中,主程序员组的核心由以下 3 部分组成:主程序员、辅助程序员和资料管理员。

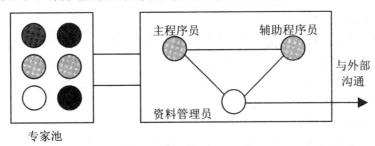

**图 2-5　主程序员组的组织方式**

（1）主程序员

通常是由一个相当有经验的人担任,负责整个系统的设计、开发、测试和安装等工作。

（2）辅助程序员

他的主要职能是跟踪和配合主程序员的工作,为主程序员提供必要的支持,需要时可以代替主程序员。

（3）资料管理员

主要负责管理所有与项目有关的事务工作。如提交上机程序、保存运行记录、进行软件配置等。

而这种方式主要是由以下几个方面来考虑的:

①项目倾向于由一些经验相对不足的人员来承担。

②许多开发工作(如对大量信息的管理)都是关键性的。

③多途径沟通相当耗费时间,从而降低了开发者的生产效率。

主程序员组是由经验丰富的人员来承当主程序员,对整个项目提供关键性的支持,而且所有通信和交流都通过一两个人来进行协调。

一般根据项目的规模和类型,也可能还需要其他一些专门人员加入该项目组:

①工具开发人员:负责开发必要的开发工具。

②文档编辑人员:负责对主程序员或辅助程序员书写的文档进行编辑加工。

③项目管理人员:主要负责行政后勤方面的管理事务。

④测试员:其任务是提出具体的测试方案,编写测试驱动程序和桩(Stub)程序,并进行测试以验证主程序员的工作。

⑤语言/系统管理员:对正在使用的程序设计语言和系统的特点比较熟悉,其任务是给主程序员提建议,以便更好地利用这些特点。

⑥一个或多个后援程序员:其任务是按照主程序员的设计去编码。当项目规模很大时,主程序员和辅助程序员无法独立完成详细的程序设计工作,需在组内增加后援程序员。

使用主程序员组的形式,其目的是提高生产效率。根据国外资料统计,使用这种组织形式时生产效率大约提高一倍。

## 2.5  软件项目估算

软件项目开发计划的实施过程,通常都是要根据任务分解的结果(Work Breakdown Structure,WBS)进一步分解出主要的活动,确立活动之间的关联关系,然后估算出每个活动的时间,最后编制出项目的进度计划。

当要开发的软件项目比较复杂时,应先进行任务分解。将一个项目分解为多个工作细目或子项目,以便提高估算成本、时间和资源的准确性,使工作变得更细化,分工更明确。任务分解的结果是任务分解结构(WBS)。图 2-6 所示为软件项目任务分解组织结构图实例。

一般进行任务分解的基本步骤是:

①确认并分解项目的主要组成要素。

②确定分解标准,按照项目实施管理的方法分解,可参照任务分解结构(WBS)模板进行任务分解,分解时标准要统一。

③确认分解是否详细,分解结果是否可以作为费用和时间估计的标准。

④确认项目交付成果和标准,以此检查交付结果。

⑤验证分解正确性,验证分解正确后,建立一套编号系统。

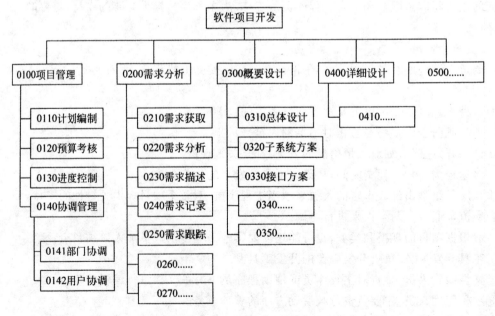

**图 2-6  软件项目任务分解组织结构图实例**

软件项目估算就是预测构造软件项目所需要的工作量以及任务经历时间的过程,具体包含规模(即工作量)的估算、成本的估算和进度的估算三个方面。

软件项目规模的估算是指从软件项目范围中抽出软件功能,确定每个软件功能所必须执行的一系列软件工程任务。

软件项目成本的估算是指确定完成软件项目规模相应付出的代价,是待开发的软件项目需要的资金。值得注意的是,软件项目规模的估算和成本的估算在一定条件下是可以相互转换的。

软件项目进度的估算是估计任务的持续时间,即用时估计,它是项目计划的基础工作,会直接关系到整个项目所需的总时间。初步的估算用于确定软件项目的可行性,详细的估算则主要用于指导项目计划的制定。

可以说软件估算是确保软件项目成功的关键因素,它建立了软件项目的一个预算和进度,提供了控制软件项目的方法以及按照预算监控项目的过程。可见软件项目估算是随着项目的推进而进行的一个逐步求精的过程。

在软件项目开发中,常用的几种估算方法都是基于工作分解结构的,例如,代码行(Lines of Code,LOC)估算法、功能点(Function Point,FP)估算法和计划评审技术(Program Evaluation and Review Technique,PERT)估算法等。常用的成本估算方法有自顶向下(类比)估算法、自下而上估算法、专家估算法、参数估算法、猜测估算法等。常用的进度估算方法有基于规模的进度估算(定额估算法和经验导出模型)、工程评价技术、关键路径法、专家估算方法、类推估算方法、模拟估算方法、进度表估算方法等。

### 2.5.1　软件项目规模估算

通常对于软件规模的估算是要从软件的分解开始的。软件项目只有定义了工作分解结构后,才能用定义度量标准对软件规模进行估计。一般来说,工作分解结构分得越细,对软件规模的估计就越准确。执行这类估算时,可参考如下步骤来进行:①在技术允许的条件下,应从最详细的工作分解结构开始;②精确定义度量的标准;③估计底层每一模块的规模,汇总以得到总体的估算;④适当考虑偶然因素的影响。

常用的软件规模度量方法有 3 种:FP 估算法、LOC 估算法、PERT 估算法。

#### 1.代码行估算法

代码行是常用的源代码程序长度的度量标准,也就是源代码的总行数。源代码中除了可执行语句外,还有帮助理解的注释语句。这样代码行可以分为无注释的源代码行(Non-Commented Source Lines of Code,NCLOC)和注释的源代码行(Commented Source Lines of Code,CLOC),源代码的总行数 LOC 即为 NCLOC 和 CLOC 之和。在进行代码行估计时,依据注释语句是否被看成程序编制工作量的组成部分,可以分别选择 LOC 或 NCLOC 作为估计值。由于 LOC 单位比较小,所以在实际工作中,也常常使用千代码行(KLOC)来表示程序的长度。

这种估算方法非常有助于提高估计的准确性。随着开发经验的增加,软件组织可以积累很多用于源代码估计的功能实例,从而为新的估计提供了比较好的基础。人们已经设计了许多计算源代码行数的自动化工具。LOC 作为度量标准简单明了,而且与即将生产的软件产品直接相关,这样就可以及时度量并和最初的计划进行比较。

### 2.功能点估算法

功能点度量是通过研究初始应用需求来确定各种输入、输出、查询、外部文件和内部文件的数目,从而确定功能点数量,是需求分析阶段基于系统功能的一种规模估计方法。

这种估算法首先要计算未调整的功能点数(Unadjusted Function Point Count,UFC)。UFC 的计算步骤如下:①计算所需要的外部输入、外部输出、外部查询、外部文件、内部文件的数量。外部输入是由用户提供的、描述面向应用的数据项,如文件名和菜单选项;外部输出是向用户提供的、用于生成面向应用的数据项,如报告和信息等;外部查询是要求回答的交互式输入;外部文件是对其他系统的机器可读界面;内部文件是系统里的逻辑主文件。②有了以上 5 个功能项的数量后,再由估计人员对项目的复杂性做出判断,大致划分成简单、一般和复杂 3 种情况,然后根据相关规定计算出功能项的加权和即所求 UFC。

在软件项目的早期功能点有利于做出规模估计,但却无法自动度量。通常的做法是在早期的估计中使用功能点,然后依据经验将功能点转化为代码行,再使用代码行继续进行估计。这种方法在估计①新的软件开发项目;②应用软件包括很多输入输出或文件活动;③拥有经验丰富的功能点估计专家;④拥有充分的数据资料,可以相当准确地将功能点转化为 LOC。

### 3.计划评审技术估算法

计划评审技术是项目进度规划的一种技术,其理论基础是假设项目持续时间以及整个项目完成时间是随机的,且服从某种概率分布。PERT 可以估计整个项目在某个时间内完成的概率。后来,被引入软件规模估计的应用中来。

简单的 PERT 规模估算技术是假设软件规模满足正态分布。在此假设下,只需估算两个量:其一是软件可能的最低规模 $a$;其二是软件可能的最高规模 $b$。然后计算该软件的期望规模:

$$E = \frac{(a+b)}{2}$$

该估算值的标准偏差为:

$$\sigma = \frac{(b-a)}{6}$$

以上公式基于如下条件:最低估计值 $a$ 和最高估计值 $b$ 在软件实际规模的概率分布上代表 3 个标准偏差 $3\sigma$ 的范围。因这里假设符合正态分布,所以软件的实际规模在 $a$、$b$ 之间的概率为 0.997。

较好的 PERT 规模估计技术是一种基于正态分布和软件各部分单独估算的技术。应用该技术时,对于每个软件部分要产生 3 个规模估算量:

$a_i$——软件第 $i$ 部分可能的最低规模。

$m_i$——软件第 $i$ 部分最可能的规模。

$b_i$——软件第 $i$ 部分可能的最高规模。

利用公式计算每一软件部分的期望规模和标准偏差。第 $i$ 部分期望规模 $E_i$ 和标准偏差 $\sigma_i$ 为:

$$E_i = \frac{(a_i + 4m_i + b_i)}{6}$$

$$\sigma_i \frac{=(b_i-a_i)}{6}$$

总的软件规模 $E$ 和标准偏差 $\sigma E$ 为：

$$E = \sum_{i=1}^{n} E_i$$

$$\sigma E = \left(\sum_{i=1}^{n} \sigma_i^2\right)^{\frac{1}{2}}$$

其中行为软件划分成的软件部分的个数。

### 2.5.2　软件项目成本估算

软件项目成本估算主要是对完成软件项目所需费用的估计和计划,要实行成本控制,首先要进行成本估算。在软件项目管理过程中,为保证时间、费用和工作范围内的资源得到最佳利用,人们常用的几种方法如下。

#### 1.类比法

类比法就是将当前项目和以前做过的类似项目进行对比,通过比较获得其工作量的估算值。

该方法需要软件开发组织保留有以往完成项目的历史记录。并且需要在确定比较因子即提取了软件项目的特性因子,这一前提下加以应用实施。这一方法即可在整个项目级上实施,也可以在子系统级上进行。整个项目级具有能将该系统成本的所有部分都考虑周到的优点(如对各子系统进行集成的成本),而子系统级具有能对新项目与完成项目之间的异同性提供更详细评估的优点。

类比估算法的优势在于估算值是根据某个项目的实际经验得出的,可对这一经验进行研究以推断新项目的某些不同之处以及对软件成本可能产生的影响。其缺点是难以明确之前项目究竟在多大程度上代表了新项目的特性。

#### 2.算法模型

这种方法是利用一个或多个数学算法,将软件成本估算值看成是主要成本驱动因素的若干变量的函数值。常见的算法形式有线性模型、乘积模型、解析模型、复合模型等。

算法模型的优点是可重复性,可以在两个星期之后向算法模型提出相同的问题而得到相同的答案。缺点是该算法模型是根据以前项目的经验进行估算的,对于新技术、新应用领域的未来项目来说,之前的项目经验能否起作用无法预知。

#### 3.自底向上和自顶向下

自底向上估算是把待开发的软件逐步细化,直到能明确工作量,由负责该部分的人给出工作量的估算值,然后把所有部分相加,就得到了软件开发的总工作量。

自顶向下的估算方法是从软件项目的整体出发,即根据将要开发的软件项目的总体特性,结合以前完成项目积累的经验,推算出项目的总体成本或工作量,然后按比例分配到各个组成部分中去。

成本估算模型可分为静态模型和动态模型。在静态模型中,用一个唯一的变量(如程序规模)作为初始元素来计算所有其他变量(如成本、时间),且所用计算公式的形式对于所有变量都是相同的。在动态模型中,没有类似静态模型中的唯一基础变量,所有变量都是相互依存的。

常见的几种主要的模型有:COCOMO(Construction Cost Model)模型、Putnam 模型、Price-S模型等。软件成本估算模型有助于制定项目计划,但使用时应注意实际开发环境和很多相关的人为因素影响。对于软件成本估算模型,任何时候都应该清楚地认识到,一个模型也仅是一个模型,其目的是为决策者提供指导,但绝不能取代决策过程。

### 2.5.3 软件项目进度估算

常见的几种软件项目进度估算的技术方法有:

1.关键路径法

关键路径法(Critical Path Method,CPM)是根据指定的网络图逻辑关系进行的单一的历时估算,首先计算每一个活动的单一的、最早和最晚开始和完成日期,然后计算网络图中的最长路径,以便确定项目的完成时间估计,采用此方法可以配合进行计划的编制。CPM 法的关键是计算总时差,这样可决定哪一活动有最小时间弹性,可以为更好地进行项目计划编制提供依据。CPM算法也在其他类型数学分析中得到应用。关键路径法一般是在项目进度历时估计和进度编排过程中综合使用的一种方法。

2.基于规模的进度估算

这是一种根据项目规模估算的结果来推测进度的方法。

(1)经验导出模型

经验导出模型是根据大量项目数据统计而得出的模型,经验导出模型为:

$$D = a \times E^b$$

其中,$D$ 表示月进度;$E$ 表示人月工作量;$a$ 是 2~4 的参数;$b$ 为 1/3 左右的参数,它们是依赖于项目自然属性的参数。经验导出模型有几种具体公式(参数略有差别),这些模型中的参数值有不同的解释。经验导出模型可以根据项目的具体情况选择合适的参数。

(2)定额估算法

定额估算法是比较基本的估算项目历时的方法,计算公式为:

$$T = \frac{Q}{(R \times S)}$$

其中,$T$ 表示活动的持续时间,可以用小时、日、周等表示;$Q$ 表示活动的工作量,可以用人月、人天等单位表示;$R$ 表示人力或设备的数量,可以用人或设备数等表示;$S$ 表示开发(生产)效率,以单位时间完成的工作量表示。此方法适合规模比较小的项目,例如说小于 10 000LOC或者说小于 6 个人月的项目,此方法比较简单,而且容易计算。

3.工程评价技术

工程评价技术主要是用来适应大型工程的需要,它是利用网络顺序图的逻辑关系和加权历时估算来计算项目历时的,采用加权平均的算法是:

$$\frac{(O + 4M + P)}{6}$$

其中,$O$ 是活动(项目)完成的最小估算值,或者说是最乐观值;$P$ 是活动(项目)完成的最大估算值,或者说是最悲观值;$M$ 是活动(项目)完成的最大可能估算值。

# 2.6 软件项目合同

在经过招投标程序,并确定了中标单位后,双方就需要签订项目合同。项目合同对项目开发的双方都会起到重要的保障作用,它明确地表明了双方各自的责任、权力和利益。合同是规定项目执行各方行使其权利和义务、具有法律效力的文件。合同应该是一个项目合法存在的标志,围绕合同,存在合同签署之前的一些工作以及合同签署之后的一些工作。

如图 2-7 所示为软件项目合同的相关计划。

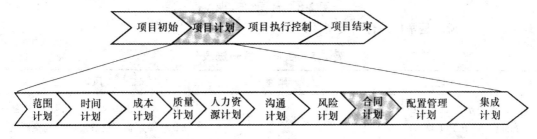

图 2-7 软件项目合同的相关计划

## 2.6.1 合同概述

合同作为有法律效力的文件,它应该具有合法的目的,充分的签约理由,签订者具有相应的法律能力,而且是双方自愿达成的协议。软件项目合同主要是技术合同,技术合同是法人之间、法人和公民之间、公民之间以技术开发、技术转让、技术咨询和技术服务为内容,明确相互权利义务关系所达成的协议。

在理解合同的同时,还要理解甲方一乙方关系,甲方也称为买方,即客户,是产品的接受者。乙方也称为卖方,又称分包商、卖主、供应商,是产品的提供者。甲乙双方之间存在的法律合同关系称为合同当事人。

技术合同管理是围绕合同生存期进行的。如图 2-8 所示,合同生存期划分为四个基本阶段,即合同准备、合同签署、合同管理与合同终止。合同双方当事人在不同合同环境下承担不同角色,这些角色包括:甲方、乙方。

一般说,在合同的管理过程中甲乙双方可以各自确定一个合同管理者,负责合同相关的所有管理工作,称其为合同管理者。

企业在甲方合同环境下的关键要素是提供准确、清晰和完整的需求、选择合格的乙方并对采购对象("采购对象"包括产品、服务、人力资源等)进行必要的验收。

企业在乙方合同环境下的关键要素是了解清楚甲方的要求并判断企业是否有能力来满足这些需求。

## 2.6.2 合同类型

合同有很多不同类型,可以根据项目的工作、预计的项目时间和甲乙双方的关系来确定合同

图 2-8　合同生存期

的类型。表 2-5 所示是常用的合同类型及其属性的一览表。

表 2-5　合同类型一览表

| 合同类型 | 属性 | 风险 |
|---|---|---|
| 成本加成本百分比(Cost Plus Percentage of Cost,CPPC) | 实际成本加上乙方利润 | 甲方承担成本超出的风险。这是一个对买方而言很危险的合同类型 |
| 成本加固定费用(Cost Plus Fixed Fee,CPFF) | 实际成本加上乙方利润 | 甲方承担成本超出的风险。甲方的风险比较大 |
| 成本加奖金(Cost Plus Incentive Fee,CPIF) | 实际成本加上乙方利润 | 甲方承担成本超出的风险 |
| 固定价格(Fixed Price,FP) | 甲乙双方就合同产品协商的价格,其中也包括对乙方的奖励金 | 乙方承担风险 |
| 一次付清(Lump Sum) | 甲乙双方就合同产品协商的价格,其中也包括对乙方的奖励金 | 乙方承担风险 |
| 固定总价(Firm Fixed Price,FFP) | 甲乙双方就合同产品协商的价格 | 乙方承担风险 |
| 固定价格加奖励费(Fixed Price plus Incentive Fee,FPIF) | 甲乙双方就合同产品协商的价格,其中也包括对乙方的奖励金 | 乙方承担风险 |
| 时间与材料合同(Time and Materials) | 按照乙方使用的时间和材料来计算价格 | 没有最大开销约束的合同可以导致成本超支 |
| 单价合同(Unit Price) | 一个产品或者时间度量单位的价格(例如:一个工程师的工时是130 美元) | 产品不同风险也不同。如果合同中没有明确时间长度,时间将是最大的风险 |

### 2.6.3　合同签订注意事项

签订合同时必须要明确客户、开发商和监理之间的责任,同时要特别注意以下问题。

(1)严格规定项目的范围

软件项目合同范围定义不当就会导致管理失控,使项目成本超支、时间延迟及质量低劣。有时,由于不能或者没有清楚地定义软件项目合同的范围,以致在项目实施过程中不得不经常改变项目计划,相应的变更也就不可避免地发生,最终造成项目执行过程的被动。所以要严格规定项目的范围。

(2)明确清楚系统验收的方式

无论是项目的最终验收,还是阶段验收,都是表明某项合同权利与义务的履行和某项工作的结束,表明客户对软件提供商所提交的工作成果的认可。从严格意义上说,成果一经客户认可,便不再有返工之说,只有索赔或变更之理。因此,客户必须高度重视系统验收这道手续,在合同条文中对有关验收工作的组织形式、验收内容、验收时间,甚至验收地点等做出明确规定,验收小组成员中必须包括系统建设方面的专家和学者。

(3)明确合同的付款方式

对于软件项目的合同而言,很少有一次性付清合同款的做法。一般都是将合同期划分为若干个阶段,按照项目各个阶段的完成情况分期付款。在合同条款中,必须明确指出分期付款的前提条件,包括付款比例、付款方式、付款时间和付款条件等。付款条件是一个比较敏感的问题,是客户制约承包方的一个首选方式。承包方要获得项目款项,就必须在项目的质量、成本和进度方面进行全面有效的控制,在成果提交方面,以保证客户满意为宗旨,因此,签订合同时在付款方式问题上,双方规定得越具体、越详尽越好。

(4)注意合同变更索赔的风险

由于软件的设计与开发过程中,存在着诸多不确定因素,因此,变更和索赔通常是合同执行过程中经常发生的事情。在合同签订阶段,就明确规定变更和索赔的处理办法,可以避免一些不必要的麻烦。因为有些变更和索赔的处理需要花费很长的时间,甚至造成整个项目的停顿。尤其是对于国外的软件提供商,他们的成本和时间概念特别强,客户很可能由于管理不当造成对方索赔。要知道索赔是承包商对付业主(客户)的一个十分有效的武器。

(5)注意软件维护期的约定

软件项目通过验收后,一般都有一个较长的维护期,这个期间客户通常保留5%～10%的合同费用。签订合同时,对这一点必须有明确的规定。当然,这里规定的不只是费用问题,更重要的是,规定软件提供商在维护期应该承担的义务。对于软件项目开发合同来说,系统的成功与否并不能在系统开发完毕的当时就能做出鉴别,只有经过相当长时间的运行才能逐渐显现。因此,客户必须就维护期内的工作认真分析,得出一个有效的解决办法。

(6)采用统一规范的合同模板

通常为了规范软件开发的合同管理,相关部门制订了统一的软件开发合同模板,签订合同时要使用这种统一的模板格式。

### 2.6.4　合同收尾阶段的管理任务

当双方依照合同规定履行了全部义务后,项目合同就可以结束了。项目合同的收尾工作会伴随一系列的项目合同终结管理工作。项目合同结束阶段其管理活动主要包括：产品或劳务的检查与验收与验收，项目合同及其管理的终止（这包括更新项目合同管理工作记录，并将有用的信息存入档案）等。需要说明的是项目合同的提前终止也是项目合同终结管理的一种特殊工作。项目合同收尾阶段的管理任务有如下几个方面。

（1）整理合同文件

此处的项目合同文件主要是指与项目采购或承包开发有关的所有合同文件，包括（但不仅限于）项目合同本身、所有辅助性的供应或承包工作实际进度表、项目组织和供应商或软件提供商请求并被批准的合同变更记录、供应商或软件提供商制定或提供的技术文件、供应商或软件提供商工作绩效报告，以及任何与项目合同有关的检查结果记录。对这些项目合同文件应进行整理并建立索引记录，方便日后使用。在最终的项目总体记录中应该包含这些整理过的项目合同文件。

（2）项目采购合同审计

项目采购合同审计是对从项目采购计划直到项目合同管理整个项目采购过程的结构化评价，这种评价和审查的依据是有关的合同文件、相关法律和标准。项目采购合同审计的目标是要确认项目采购管理活动成功的地方、不足的地方以及是否存在违法现象，以便吸取经验和教训。项目采购合同的审计工作一般不能由项目组织内部的人员来进行，而应该由专业审计部门来进行。

（3）合同终止

当供应商或软件提供商全部完成项目合同所规定的义务以后，项目组织负责合同管理的个人或小组就应该向供应商或软件提供商提交项目合同已经完成的正式书面通知。一般在项目采购或承接合同中对于正式接受和终止项目合同有相应的协定条款，项目合同终止活动必须按照这些协定条款规定的条件和过程开展。提前终止合同是合同收尾的特殊情形。

# 第3章　软件项目的需求分析研究

## 3.1　软件项目需求概述

软件需求是指用户对软件的功能和性能的要求,就是用户希望软件能做什么事情,完成什么样的功能,达到什么样的性能。软件人员要准确理解用户的要求,进行细致的调查分析,将用户的需求陈述转化为完整的需求定义,再由需求定义转化为需求规格说明。

软件项目需求管理是项目管理的重要环节,资料表明,软件项目中 $40\%\sim60\%$ 的问题都是由于需求分析阶段埋下的隐患而最终导致大患。软件开发中返工开销占开发总费用的 $40\%$ ,而其中 $70\%\sim80\%$ 的返工是由需求方面的错误所导致的。在以往失败的软件项目中,$80\%$ 是由于需求分析的不明确而造成的。因此一个项目成功的关键因素之一就是对需求分析的把握程度。而项目的整体风险往往表现在需求分析不明确、业务流程不合理等方面。

### 3.1.1　需求分析的层析

如图 3-1 所示,软件需求包括三个不同的层次:业务需求(Business Requirement)、用户需求(User Requirement)、功能需求(Functional Requirement)。其中,系统需求又可以分成功能需求、非功能需求和领域需求。事实上,系统需求只陈述系统应该做什么,不需要描述系统应该如何实现。

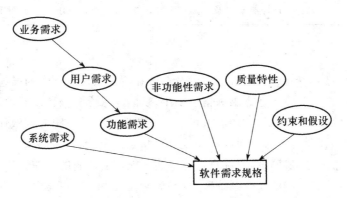

图 3-1　软件需求的层次

1. 业务需求

通常,对已存在的功能预期的约束或者是需要实现的一个特别的计算,统称反映应用领域的基本问题。业务需求反映的是组织机构或者客户对系统、产品高层的目标要求,这些要求会在项目视图与范围文档中给予说明。

2.用户需求

用户需求是关于软件的一系列想法的集中体现,涉及软件的功能、操作方式、界面风格、报表格式、用户机构的业务范围、工作流程和用户对软件应用的展望等。因此,用户需求也就是关于软件的外界特征的规格表述。用户需求具有以下特点。

①用户需求直接来源于用户。需求可以由用户主动提出,也可以通过与用户沟通、交流或者进行问卷调查等方式获得。由于用户对计算机系统认识上的不足,分析人员有义务帮助用户挖掘需求,例如,可以使用启发的方式激发用户的需求想法。如何更有效地获取用户需求,既是一门技术,也是一门思维沟通艺术。

②用户需求需要以文档的形式提供给用户审查。因此,需要使用流畅的自然语言和简洁清晰的直观图表来表述,以方便用户的理解与确认。

③把用户需求理解为用户对软件的合理请求。一方面必须全面理解用户的各项要求,但又不能全盘接受所有的要求。因为并非所有用户提出的全部要求都是合理的。对其中模糊的要求还需要澄清,然后才能决定是否可以采纳。对于那些无法实现的要求应向用户作充分的解释,以求得到理解。

④用户需求主要是为用户方的管理层撰写的,但是用户方的技术代表、软件系统今后的操作者及开发方的高层技术人员,也有必要认真阅读用户需求文档。

表 3-1 所示为一企业的人事考勤管理系统的用户需求描述。

表 3-1 用户需求的描述

| 系统名称 | 用户需求 |
|---|---|
| 人事考勤系统 | 提供员工考勤信息的录入和查询,能够产生相关报表并提供打印功能<br>可以进行请假类别以及考勤扣款的设置,结果可以反映到工资表中 |

3.功能需求

功能需求是对系统应提供的服务、功能以及系统在特定条件下行为的描述,与软件系统的类型、使用该系统的用户等有关。在需求规格说明中,功能需求充分描述了软件系统所具有的外部行为(服务)。在某些特殊情况下,功能需求可能还需要明确声明系统应该做什么不应该做什么。

系统功能需求描述应该具有全面性和一致性的特点。其中,全面性意味着用户所给出的所有需要的服务要完整,不能遗漏;一致性意味着描述不能前后矛盾的问题。

在实际过程中,对于大型的复杂系统来说,要做到全面和一致比较困难。原因有两个,一个系统本身固有的复杂性;二是用户和开发人员站在不同的立场上,导致他们对需求的理解有偏颇,甚至出现矛盾。有些需求在描述的时候,其中存在的矛盾并不明显,但在深入分析之后问题就会显露出来。为保证软件项目的成功,不管是在需求评审阶段,还是在随后的阶段,只要发现问题,就必须修正需求文档。

4.非功能需求

非功能性需求是不直接与系统具体功能相关的一类需求,例如可靠性、响应时间、存储空间等。系统的非功能需求反映的是系统整体特性,而不是个别子系统(组件)的特性。

非功能性需求包括产品必须遵循的标准、规范和合约;性能要求;外部界面的具体细节;质量属性等。此外,非功能需求还与系统开发的过程有关,如图 3-2 所示描述了非功能需求的分类。

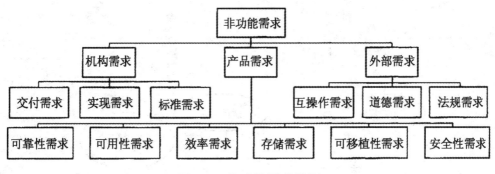

图 3-2　非功能需求类型

（1）机构需求

机构需求是由用户或开发者所在的机构针对软件开发过程提出的规范,包括交付需求、实现需求、标准需求等。

（2）产品需求

产品需求主要反映了对系统性能的需求。其中,可用性需求、效率需求（时间和空间）、可靠性需求、可移植性需求等方面直接影响到软件系统的质量;安全性需求则将关系到系统是否可用的问题。

（3）外部需求

外部需求的范围较广,包括所有系统的外部因素及开发、运行过程。

互操作性需求:该软件系统如何与其他系统实现互操作。

道德需求:确保系统符合社会道德需求,能够被用户和社会公众所接受。

立法需求（隐私和安全）:确保系统在法律允许的范围内正常工作。

许多非功能需求相对于整个系统来说是非常重要的,一个功能需求没有得到满足会使整个系统的能力降低,而一个非功能需求没有得到满足则可能会导致系统无法使用,例如系统的可靠性和可用性以及安全性等。但需要注意,一般对非功能需求进行量化是比较困难的,因此,对非功能需求的描述往往是模糊的,对其进行验证也是比较困难的。

5.领域需求

领域需求的来源不是系统的用户,而是来自系统的应用领域的需求,反映了该领域的特点。它们可能是一个新的特有的功能需求,或者是对已存在的功能需求的约束,也可能是一种非功能需求。如果这些需求不满足,会影响系统的正常运行。

软件需求各个组成部分之间的关系如图 3-3 所示。

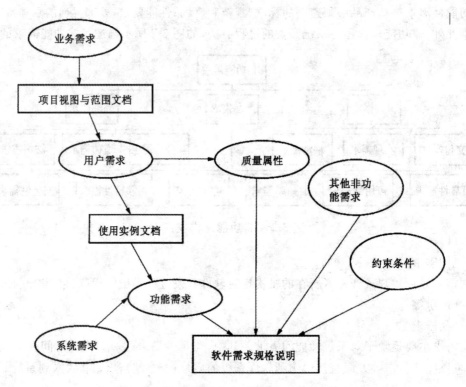

图 3-3　软件需求各组成部分之间的关系

### 3.1.2　需求分析的任务

需求分析阶段研究的对象是软件项目的用户要求。但要注意并非所有用户提出的要求都是合理的,不能给予全盘接受,必须在全面理解用户的各项要求的基础上,对其中模糊的要求再次与用户进行进一步的沟通,搞清楚后才能决定是否采纳。同时,对于那些无法实现的要求应及时向用户作充分的解释。需求分析是一个包括创建和维护系统需求文档所必须的一切活动,是对系统应提供的服务进行理解、分析、检验和建立的过程,只有经过确切描述的软件需求才能成为软件设计的基础。

1. 建立目标系统的步骤

通常软件开发过程中,首先应确定被开发软件系统的各个系统元素,并将功能和信息结构分配到这些系统元素中,这一过程是软件实现的基础,称为理解需求的过程。接着就要进入需求的表达阶段,即具体到某个业务领域从而得到目标系统的具体物理模型。其具体的实现步骤(见图3-4)如下。

(1)获取当前系统的物理模型

物理模型描述的是当前系统的真实情况,可能是一个由人工操作的过程,也可能是一个已经存在但需要改进的计算机系统。首先软件分析人员需要分析、理解系统是如何运行的,了解当前系统的组织情况、数据流向、输入/输出,资源利用情况等,在分析的基础上用一个具体的物理模型来客观的反应现实世界的实际情况。

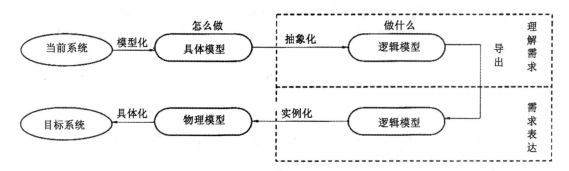

**图 3-4　参考当前系统建立目标系统模型**

（2）抽象出当前系统的逻辑模型

在了解了当前系统的具体情况后,从当前系统的物理模型中抽象出当前系统的逻辑模型。逻辑模型是建立在物理模型的基础上,去掉一些次要的因素,建立起反映系统本质的模型。

（3）建立目标系统的逻辑模型

分析目标系统与当前系统在逻辑上的区别,明确目标系统到底要"做什么",建立符合用户需求的目标系统的逻辑模型。

（4）补充目标系统的逻辑模型

对目标系统进行补充、完善,将一些次要的因素补充进去,例如出错处理。

2. 软件需求分析的基本任务

随着软件需求的不断发展而提出的软件需求工程,其内容更加广泛。软件需求分析的基本任务可总结为以下 4 个方面。

（1）确定系统的综合要求

①确定系统功能要求。即确定系统必须完成的所有功能,这是最主要的需求。

②确定系统性能要求。根据系统应用领域的具体需求来确定系统性能,如可靠性、存储容量、安全性能、联机系统的响应时间等。

③确定系统运行要求。一般指系统运行时对环境的要求,如系统软件、数据库管理系统、外存和数据通信接口等。

④将来可能提出的要求。为将来可能涉及的扩充及修改做预先准备。

（2）分析系统的数据要求

从本质上理解,软件系统可以认为是一个信息处理系统,因此,必须考虑以下要求。

①数据要求。需要哪些数据、数据间联系、数据性质、结构等。

②数据处理要求。包括处理的类型、处理的逻辑功能等。

（3）导出系统的逻辑模型

系统的逻辑模型与开发方法有关。例如,采用结构化分析法(SA),可用 DFD 图来描述;采用面向对象的分析方法(OOA),可用例模型(Use Case Model)来描述。

（4）修正系统的开发计划

通过对系统进行需求分析,在对系统的成本及进度有了更精确的估算后,可进一步修改开发计划,从而最大限度地降低软件开发的风险。

模型是现实世界中的某些事物的一种抽象表示，也是理解、分析、开发或改造事物原型的一种常用手段，对于大、中型的软件系统，通常很难直接对它进行分析设计，因此人们会借助模型来分析设计系统。例如，建造大楼前会先做出大楼的模型，以便使人们在大楼动工前就能对未来的大楼有一个十分清晰的感性认识，当然，还可以利用大楼模型来修改大楼的设计方案。

### 3.1.3 需求分析的原则

尽管目前常用的软件分析与说明的方法很多，且这些分析方法的描述方法不尽相同，但总体上所有分析方法都遵循以下几条基本原则。

1.能够表达和理解问题的信息域和功能域

所有软件开发工作可归结为解决数据处理的问题。即将一种形式的数据转换成另一种形式的数据。这个转换过程必定包括输入、加工数据和输出数据等步骤。

对于计算机程序处理的数据，其信息域应包括信息流、信息内容和信息结构。

信息流是指数据通过一个系统时的变化方式、信息内容和信息结构，如图 3-5 所示。用户向系统输入数据后，这些数据首先被转换成中间数据，然后再转换成结果数据。当然，在此期间还可以从已有的数据存储（如磁盘文件或内存缓冲区）中引入附加数据。数据转换是程序中应有的功能或子系统。

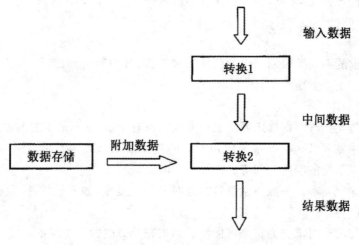

**图 3-5 信息流**

信息内容是指可构成更大信息项的单个数据项。例如，学生成绩表中包含了时间、课程名、学号、姓名、各科成绩等。这个学生成绩表的内容由它所包含的各个项定义。为了更好的对学生成绩表进行处理，就必须先理解它的信息内容。

信息结构是指各种数据项的逻辑组织。例如，数据是组织成 $n$ 维表格结构，还是组织成有层次的树形结构？在结构中数据项与其他数据项的关系？所有信息是在一个信息结构中，还是在几个信息结构中？一个结构中的数据与其他结构中的数据如何通信？通过对信息结构进行分析就可以解决上述问题。

2. 能够对问题进行分解和不断细化,建立问题的层次结构

从一个整体来分析软件将要处理的问题会显得过于复杂,很难理解。而如果以某种方式将问题分解为几个部分,并确定各部分间的接口,这样不但容易理解,而且仍然都够实现整体功能。

在需求分析阶段,可以进一步分解软件的功能域和信息域。这种分解既可以是同一层次上的横向分解,也可以是多层次的纵向分解,如图 3-6 所示。例如,把一个功能分解成若干个子功能,并确定这些子功能与父功能的接口,就属于横向分解。而如果继续把这些子功能分解为更小的子功能,并将其中某些个更小的子功能分解为更加小的子功能,这就属于纵向分解了。

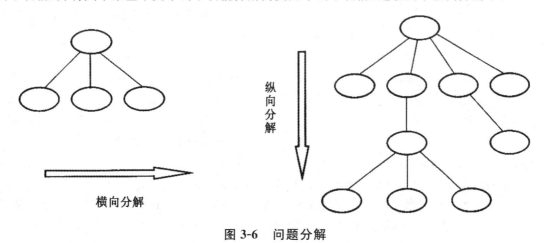

图 3-6　问题分解

3. 需要给出系统的逻辑视图和物理视图

若要使系统满足处理需求所提出的逻辑限制条件和系统中其他成分提出的物理限制条件,就必须给出系统的逻辑视图和物理视图。

软件需求的逻辑视图给出的是软件所要达到的功能和需要处理的信息之间的关系,而不是具体实现的细节。软件需求的逻辑描述是软件设计的基础。

软件需求的物理视图给出的是处理功能和信息结构的具体表现形式,这往往是由设备本身决定的。这要求软件分析人员必须清楚已确定的系统元素对软件的限制,并考虑功能和信息结构的物理表示。即分析人员在需求分析中不需要考虑"如何实现"的具体问题,而是仅限于"做什么"的范围。

## 3.2　获取需求的方法

需求的获取过程是用户与软件开发者密切交流的过程。软件开发工作只有在用户需求明确的基础上进行,并立足于可行的技术才有可能取得成功。然而在软件需求分析阶段的初期,由于分析人员和用户的共同知识领域可能不多,致使分析人员对问题知之不多,而用户对目标软件的需求及对要求的描述常常是零乱而模糊的,从而造成相互交流和相互理解上的困难。因此,必须采取相应的技术和方法,才能够正确的获取需求。

获取用户需求的方法很多,下面给出几种常用的获取需求的方法。

### 3.2.1 访谈、调研和讨论

一般来说,访谈和调研是适用于任何环境下的最重要、最直接的方法之一。访谈的一个主要目标是确保访谈者的偏见或主观意识不会干扰自由的交流,但要做到这一点并不容易,每个人所处的环境和积累的经验不同常常会受到主观意识的干扰从而难以真正地理解其他人的观点,因此如何避免理解偏差是做好需求的关键。解决这个问题最好的方法是关注用户问题的本质而不考虑对应这些问题有什么可能的解决方案。这里引入"环境无关问题"概念,这里的"环境无关问题"是指不涉及任何背景的问题,例如:谁是用户? 谁是客户? 他们的需求不同吗? 哪里还能找到对这个问题的解决方案? 这种提问方式能迫使开发人员去倾听客户的问题,让开发人员更好地理解客户的需要和在这些问题后隐藏的其他问题。

在获取尚未发现的需求的过程中,若开发人员得到了这些"环境无关问题"的信息,他们便可以将重点转移到制定初步的解决方案上。在制定初步的解决方案的过程中,开发人员则可能会从中得到新的启示,会从另一个角度去对待问题,这有助于找到未发现的需求。

通常,完成几次这样的访谈,开发人员和系统分析员就能获得一些问题域中的知识,对要解决的问题有进一步的理解。这些用户需求将帮助开发人员最终获得软件需求。

除了可以进行访谈调研外,专题讨论会也是一种可应用于任何情况下的软件需求获取的方法。专题讨论不受场景和时间的局限,是最有效的获取需求的方法。

这种方法的目的是鼓励软件需求调研,并且在很短的时间内对讨论的问题达成一致。通过进行专题讨论会,主要的风险承担者将在一段短而集中的时间内聚集在一起进行讨论,一般是一天或两天,通常由开发团队的成员主持,主要讨论系统应具备的特征或者评审系统特性。

值得注意的是,专题讨论会的开始准备工作是决定能否成功地举行会议的关键。首先,组织内部应该形成统一的观念,即开展专题讨论会的必要性。这是由于把组织中各部门的风险承担者聚集在一起开会并不是一件容易的事情,必须要让所有参加者都明确专题讨论会的重要性。其次,要确定风险承担者,在确定了参加会议的风险承担者后要再次检查确认没有遗漏。然后,准备会议资料,将会议通知和会议资料发给参加会议的所有成员,让与会者根据这些会议材料准备会议。最后,选择会议主持人,通常会议主持人都在开发团队成员中产生。

### 3.2.2 问卷调查

另外一种收集用户需求的方式是实现充分准备好问卷,这种方法是指开发方就用户提出的一些个性化的需求(或问题)做进一步的明确,并通过向用户发问卷调查表的方式,达到彻底弄清项目需求的一种需求获取方法。问卷调查法是对面谈法的补充,这种方式在需要调查的人特别多时非常有用。而且,因为采用这种方式时用户可以有充分的时间对问题进行思考(会谈时通常都是边问边答),所以这种方式得到的调查结果可能会比会谈得到的结果更准确。当然,这种方式也有不如会谈的地方,会谈时,如果会谈的双方都很积极主动并且组织得很好的话,会比问卷调查得到更好的效果,这是因为问卷是事先做好的,所提的问题可能很完善,但却不像会谈那样可以临时修改。

通常,问卷设计应该采用以下形式。

①多项选择问题,用户必须从提供的多个答案中选择一个或者多个答案。

②评分问题,可以提供分段的评分标准,如很好、好、一般、差等。

③排序问题,给出问题排列的序号。

问卷调查法是一种比较简单的方法,其侧重点明确,能大大缩短需求获取的时间,减少需求获取的成本,提高工作效率。

### 3.2.3　脑力风暴

脑力风暴(Brainstorming)是指一种技法,可激发小组成员产生大量的有创意的点子的方法,想要获取新观点或创造性的解决方案通过该方法来实现非常有效。结合上一节的内容,可知在专题讨论会上,除了重新回顾已经确定的产品特征外,还为开发人员提供了机会去获取新的输入并将这些新特征和已有的特征结合起来一起分析。这个过程能帮助找出尚未发现的需求,因此开发人员要确保已经完成了所有的输入,同时覆盖了所有的风险承担者的需求。故,专题讨论会的一部分时间是用于进行脑力风暴,找出关于软件系统的新想法和新特征。

脑力风暴通常可划分为两个阶段:想法产生阶段和想法精化阶段。想法产生阶段的主要目标是尽最大可能获得新的想法,关注想法的广度而不是深度。而在想法精化阶段的主要目标是分析在前一阶段产生的所有想法。想法精化阶段包括筛选、划分优先级、组织、扩展、分组、深度化等。

在想法产生阶段,所有的风险承担者聚集于一起,主持人将要讨论的问题分发给每个参与会议的人,同时给每一个人一些白纸用于记录讨论过程中的观点或自己的观点。然后会议主持人解释进行脑力风暴过程中的规则并清楚而准确地描述会议目的和过程目标。然后,会议主持人让与会者将自己的想法说出来并记录下来。所有与会者将集中讨论这些想法,并给出相关的新想法和意见,然后将这些想法和意见综合起来。在讨论过程中必须特别注意避免批评或争论其他人的想法,以免影响与会人发言的积极性。另外,在讨论过程中,提出问题的人必须把她或他的想法记录下来。当与会人员写下所有的想法后,会议主持人将这些想法收集起来,并将这些想法列出来供参加会议的人员讨论。

在结束了想法产生阶段后,就要拓展深度、精化想法进入精化阶段。在这个阶段第一步是要筛选出值得讨论的想法。会议主持人首先将简要描述每一个想法,然后表决这个想法是否被纳入系统要实现的目标。第二步是划分问题,就是在讨论过程中将相关的问题分为一组。相关的问题将被集中在一起。为不同分组定义类型,例如,把问题分为新特性、性能问题、加强特性、用户界面和友好性问题等。这些分类应关注于系统的功能和支持不同类型用户的方式。第三步就是要定义特征。当确定了问题后,要简单描述这些问题,这些简单描述要能清楚说明问题的实质,使所有参与讨论的人员对每一个问题有共同的理解。对这些问题的简单描述过程就是定义特征。表 3-2 所示即为如何为脑力风暴中确定的问题定义系统特征。第四步是评价特征。在需求获取阶段,产生的想法仅仅是个目标,实现在以后的开发阶段才会完成。但是有些特征会影响到系统的实现方式,需要通过邮件通知接受代理的人。评价特征,选择最佳方案可以通过评分的方式来决定,参加会议的人员可以为每一个会议上讨论确定的系统特征进行评分,主要从必要性、重要性和优越性三方面来评价每一个特征。

表 3-2　确定的问题定义系统特征

| 应用程序 | 脑力风暴中确定的特征 | 系统特征定义 |
|---|---|---|
| 家用自动照明系统 | 自动照明设置 | 用户可以制定每天自动照明的时间计划,系统将按时间计划触发照明事件 |
| 任务管理系统 | 代理任务通知 | 当用户将自己的任务代理给其他人时,系统自动发送邮件通知将接手该任务的人 |

### 3.2.4　原型法

当某些试验性、探索性的项目难于得到一个准确、无二义性的需求的时候,就可以采用原型法(Prototyping Method)来获取这类项目的需求。

为了快速地构建和修改原型,一般可使用以下 3 种方法和工具。

(1)第四代技术

第四代技术包括了众多数据库查询和报表语言、程序和应用系统生成器及其他高级的非过程语言。第四代技术使得软件工程师能够快速的生成可执行的代码,是一种较为理想的快速原型工具。

(2)可重用的软件构件

可重用的软件构件是指使用一组已存在的软件构件(或组件)来装配原型。软件构件可以是数据结构、软件体系结构构件、过程构件。在使用可重用的软件构件时,必须把软件构件设计成能在不知其内部工作细节的条件下重用。

(3)形式化规格说明和原型环境

在过去形式化规格说明语言和工具用于代替自然语言规格说明技术。目前,形式化语言正在向交互式发展,以便可以调用自动工具把基于形式语言的规格说明翻译成可执行的程序代码,使用户能够使用可执行的原型代码去进一步表达形式化的规格说明。

使用原型法时,需要软件开发人员与用户进行不断交互,使用户及早获得直观的学习系统的机会,然后通过原型的不断循环、迭代、演进,逐步适应用户任务改变的需求,在原型的不断演进中获取准确的用户需求。提早进行软件维护和修改阶段的工作,使用户验收提前,从而使软件产品更加实用是原型法最突出的特点。

原型法的其他一些优点主要表现在它是一种支持用户的方法,将用户包括在了系统生存周期的各个阶段,并使其在软件生存周期中起到积极的作用。此外,使用原型法还能减少系统开发的风险,特别是在大型项目的开发中,由于对项目需求的分析难以一次完成,应用原型法效果更为明显。

原型法的概念既适用于系统的重新开发,也适用于对系统的修改。原型法可以与传统的生命周期方法相结合使用,从而扩大用户参与需求分析、初步设计及详细设计等阶段的活动,加深其对系统的理解。

### 3.2.5　场景展现

场景展现是为了尽早地从用户那里得到用户对建立的系统功能的意见。通过场景的串联方法,使得开发人员能在软件生命周期的前期就得到用户反映,一般是在开发代码前,有时甚至是需求确定前就能得到用户反映。场景展现提供了用户界面以说明系统操作流程,它容易创建和修改,能让用户知道系统的操作方式和流程。当用户不明确需要系统实现什么功能或者不能预见系统问题的解决方案时,一个简单的系统原型就有可能获取用户的需求,这是因为场景展现将系统的操作流程展示给用户,用户能以这个系统原型为依据确定哪些功能没有,哪些功能是不需要的,哪些操作流程不对。场景串联能用于了解系统需要管理的数据、定义和了解业务规则、显示报表内容和界面布局,是及时获得用户反馈的一种较好的方法。

根据与用户交互的方式,可将场景串联划分为三种模式:静态的场景串联、动态的场景串联和交互的场景串联。

静态的场景串联是指为用户描述系统的工作流程。这些文档都有草图、图片、屏幕快照、PowerPoint 演示或者其他描述系统输入输出的文档等。在静态的场景串联中,系统分析员扮演系统的角色,将根据用户的业务流程向用户演示系统的工作流程。

动态的场景串联则是指以电影放映的方式让用户看到系统动态的工作步骤。动态的场景串联以动画的形式展现给用户,来描述系统在一个典型应用或操作场景下的系统行为。一般使用自动的场景幻灯片演示,或使用动画工具和 GUI 记录脚本等工具来生成动态的场景串联文件。

交互场景串联需要用户参与,其过程大致是让用户接触系统,让用户有一种真实使用系统的感觉。交互场景串联中展示给用户的系统不是要交付给用户的系统,而是一个模拟完成系统,与最后交付系统很接近的系统原型。

无论哪种场景展示都需根据系统的复杂性和需求缺陷的风险来确定的。通常,对于没有先例可参考并且包含抽象定义的系统可能要求多种场景展示,以确保用户对系统功能的了解。

进行需求获取的时候应该注意如下问题:

①识别真正的客户。一个项目会面对多方的客户,不同类型客户的素质和背景都不一样,有的时候甚至没有共同的利益,如,销售人员希望使用方便,会计人员会关心销售的数据如何统计,人力资源关心的是如何管理和培训员工等。可能有时还会出现利益冲突的情况,所以必须认识到客户并非政治上平等的,有些人比其他人对项目的成功更为重要,清楚地认识、影响项目的那些人,对多方客户的需求进行排序,若只是局外人来参与项目,则可以暂缓考虑其需求。

②正确理解客户的需求。客户有时并不十分明白自己的需要,可能提供一些混乱的信息,而且有时会夸大或者弱化真正的需求,所以需要我们既要懂一些心理知识,也要懂一些社会其他行业的知识,了解客户的业务和社会背景,有选择地过滤需求,理解和完善需求,确认客户真正需要的东西。弄清客户的真正需要是什么,例如除了表面的需求,客户个体其实还有隐含的"需要"。举个生活中的例子,买衣服的人都会谈颜色、款式和面料等方面的需求,但买衣服隐含的需要可能是"御寒",可能是"漂亮",也可能是"体面",而且这些需要不会直接说出来。

③说服客户。需求分析人员可以同客户密切合作,帮助其理出真正的需求,通过说服引导等手段,也可以通过培训来实现;同时要告诉客户需求可能会不可避免地发生变更,这些变更会给持续的项目正常化增加很大的负担,使客户能够认真对待。

④具备较强的忍耐力和清晰的思维。进行需求获取的时候,应该能够从客户凌乱的建议和观点整理出真正的需求,不能对客户需求的不确定性和过分要求失去耐心,甚至造成不愉快,要具备好的协调能力。

需求获取阶段一般需要建立需求分析小组,进行充分交流,互相学习,同时要实地考察访谈收集相关资料,进行语言交流,必要时可以采用图形表格等工具。

### 3.2.6 面向用例的方法

随着面向对象技术的发展,使用"用例"来表达需求已逐步成为主流,分析建立"用例"的过程也是提取需求的过程。

用例是对用户目标或用户需要执行的业务工作的一般性描述,也是对一组动作序列(其中包括它的变体)的描述,系统执行该动作序列来为参与者产生一个可观察的结果值,这个动作序列就是业务工作流程。通过用例描述,能将业务的交互过程用类似于流程的方式文档化,阅读用例能了解交互流程。

用例特别适宜描述用户的功能性需求,用例不关心系统设计,主要描述的是一个系统做什么(What),而不是说明怎么做(How)。用例特别适合增量开发,一方面通过优先级指导增量开发,另一方面用例开发的本身也强调采用迭代的、宽度优先的方法进行开发,即先辨认出尽可能多的用例(宽度),细化用例中的描述,再返回去来看还有哪些用例(下一次迭代)。

## 3.3 需求分析建模方法

软件需求管理需要对需求进行分析,构建系统模型来描述系统所具有的功能和特性。用户通过模型来验证需求的分析是否正确,是否有所遗漏,将要完成的系统是否能满足业务需要。常用的建模方法有原型分析方法、用例分析方法、结构化分析方法、功能列表方法等。

### 3.3.1 原型分析法

20世纪80年代中期为了快速开发系统而推出原型法开发模式,其主要目的是改进传统的结构化生命周期法的不足,缩短开发周期,减少开发风险。原型法的理念是:在获取一组基本需求之后,快速地构造出一个能够反映用户需求的初始系统原型,让用户看到未来系统概貌,以便判断哪些功能是符合要求的,哪些方面还需要改进,不断地对这些需求进一步补充、细化和修改,以此类推,反复进行,直到用户满意为止,并由此开发出完整的系统。以下将简单介绍原型法的基本思想、基本步骤、关键成功因素。

对原型的基本要求包括:体现系统主要的功能;提供基本的界面风格;展示比较模糊的部分以便于确认或进一步明确;原型最好是可运行的,至少在各主要功能模块之间能够建立相互链接。原型可以分为3类。

①淘汰式(Disposable):目的达到即被抛弃,原型不作为最终产品。

②演化式(Evolutionary):系统的形成和发展是逐步完成的,它是高度动态迭代和高度动态的循环,每次迭代都要对系统重新进行规格说明、重新设计、重新实现和重新评价,所以是对付变化最为有效的方法。

③增量式(Incremental):系统是一次一段地增量构造,与演化式原型的最大区别在于增量式开发是在软件总体设计基础上进行的。很显然,其应付变化的能力比演化式差。

原型法的基本思想是确定需求策略,是对用户需求进行抽取、描述和求精。它快速地、迭代地建立最终系统工作模型,对问题定义采用启发的方式,由用户做出响应,实际上是一种动态定义技术。原型法被认为,对于大多数企业的业务处理来说,需求定义几乎总能通过建立目标系统的工作模型来很好地完成,而且这种方法和严格定义方法比较起来,成功可能性更大。

利用原型法进行软件需求分析的过程,分四步进行:首先快速分析,弄清用户/设计者的基本信息需求;然后构造原型,开发初始原型系统;之后,用户和系统开发人员使用并评价原型;最后系统开发人员修改和完善原型系统。

一般来说,采用原型法后可以改进需求质量,虽然投入了较多先期的时间,但可以显著减少后期变更的时间。原型法投入的人力成本代价并不大,但可以节省后期成本,对于较大型的软件来说,原型系统可以成为开发团队的蓝图。它的适用范围为:①规模小,不太复杂;②用户需求不清,管理及业务不稳定,需求经常变化;③开发信息系统的最终用户界面。

### 3.3.2  用例分析法

实际工作中软件需求分析者一般都会利用场景或经历来描述用户和软件系统的交互方式,通过这种形式来获取软件需求。Jacobson 将这种方法系统地阐述为使用用例进行需求获取或建模。使用用例的分析方法来源于面向对象的思想。

用例分析法主要的特点是面向用例,其在对用例描述的过程中引入了外部角色的概念。一个用例描述了系统和一个外部角色的交互顺序,是对一个动作序列的定义。此处的外部角色可以是一个具体使用系统的人,也可以是外部系统或其他一些与系统交互实现某些目标的实体。它是用户导向的,用户可以根据自身所对应的用例来不断细化自己的需求。另外,通过使用用例还可以让测试人员方便地得到测试用例。通过建立测试用例和需求用例的对应关系,测试人员能够方便统计测试结果,评估软件质量。

统一建模语言 UML (Unified Modeling Language)是用例需求分析常采用的技术,UML 是一种面向对象的建模语言。UML 表述的内容能被给类型的人员所理解,包括客户、领域专家、分析师、设计师、程序员、测试工程师以及培训人员等。他们能通过 UML 充分地理解和表达自己所关注的那部分内容。UML 用于描述模型的基本词汇包括三种:要素、关系和图。其中定义的图有九种,包括用例图、类图、对象图、状态图、协作图、活动图、序列图、构件图、实施图等。由于 UML 的多样性和灵活性,世界上任何复杂的事物都可以通过这几种图来描述。

### 3.3.3  结构化分析法

结构化分析法(Structured Method)主要的重点是强调开发方法的结构合理性以及所开发软件的结构合理性的软件开发方法。系统内各个组成要素之间的相互联系、相互作用的框架就是指结构。结构化分析法是一种自顶向下逐层分解、由粗到细、由复杂到简单的求解方法。结构化分析法中解决复杂问题的两个基本手段是"分解"和"抽象"。所谓"分解"就是指把大问题分解成若干个小问题,然后逐个解决。而"抽象"则是抓住主要问题忽略次要问题,集中优势力量先解决主要问题。

结构化的分析法的基本步骤为:需求分析、业务流程分析、数据流程分析和编制数据字典。

结构化分析法的优点与局限性在于:

①结构化分析方法简单、清晰,易于学习掌握和使用;

②结构化分析采用了图形描述方式,用数据流图为即将开发的系统描述了一个可见的模型,也为相同的审查和评价提供了有利的条件。

③结构化分析的实施步骤是先分析当前现实环境中已存在的人工系统,在此基础上再构思即将开发的目标系统,这符合人们认识世界改造世界的一般规律,从而大大降低了问题的复杂程

度。目前一些其他的需求分析方法,在该原则上是与结构化分析相同的。

④所需文档资料数量大。使用结构化方法人们必须编写数据流图、数据字典、加工说明等大量文档资料,而且随着对问题理解程度的不断加深或者用户环境的变化,这套文档也需不断修改,这样修改工作是不可避免的。然而这样的工作需要占用大量的人力物力,同时文档经反复变动后,也难以保持其内容的一致性,虽然已有支持结构化分析的计算机辅助自动工具出现,但要被广大开发人员掌握使用,还是不太容易。

⑤结构化分析方法为目标系统描述了一个模型,但这个模型也只是书面的,只能让人们阅读和讨论而不能运行和试用,因此在澄清和确定用户需求方面能起的作用毕竟是有限的,从而导致用户信息反馈太迟,对目标系统的质量也有一定的影响。

⑥不少软件系统,尤其是管理信息系统,是人机交互式的系统。对交互式系统而言,用户关心的核心问题之一是怎样使用该系统,如输入命令、系统相应的输出格式等,所以在系统开发早期就应该特别重视人机交互式的用户需求。但结构化分析方法在理解、表达人机界面方面是很差的,数据流图描述和逐步分解技术在这里都无法实现其优势。

综合来说,结构化分析方法是较为有效的,但它也存在许多局限性。故,应该在理解结构化分析方法的基本思想的基础上,联系实际开发过程的特点和差异进行灵活运用,只有这样才能较好地完成系统分析任务。

# 3.4  需求规格说明与评审

一旦系统分析员确信收集到了用户的需求之后,接着就应该把它们整理成规范化的形式,即进行系统的需求规格说明。一方面,因为需求规格说明是系统分析员在用户的参与下做出的双方对系统必须要做什么的一致的理解。因此,需求规格说明应该清楚明了,只有这样,用户才能看得懂,才有可能接受。另一方面,需求规格说明将是设计组进行设计的依据,这就要求需求规格说明必须做到完整、详尽。因此,需求规格说明必须做到:①技术性描述不要太强,用户才容易阅读;②要足够准确,设计人员据此设计的产品才可能满足最终用户的要求。

有多种需求规格说明的方法和技术,有非形式化的、半形式化的和形式化的。非形式化的需求规格说明使用自然语言进行描述;半形式化的需求规格说明使用图形并辅以自然语言进行描述;形式化的需求规格说明采用比半形式化的方式更为严格的形式,如 VDM 系统、Z 系统和 RAISE 系统等采用严格的数学描述形式。

### 3.4.1  需求规格说明书的目标

①用户、分析人员和设计人员的交流。
②目标系统的确认。
③控制系统化过程。

### 3.4.2  软件需求规格说明

软件需求规格说明(SRS)描述对计算机软件的需求以及确保每个需求得到确认所使用的方法。

需求分析阶段除了建立模型之外,还应写出软件需求规格说明,软件需求规格说明有时附上可执行的原型、测试用例和初步的用户手册,它是需求分析阶段的最终成果。软件需求规格说明的框架如下。

(1)引言

①系统参考文献:经核准的计划任务书、合同或上级批文、引用的标准、资料和规范等。

②软件项目描述:项目名称、与其他系统的关系、委托单位、开发单位和主管领导。

③整体描述:目标和运行环境。

④文档概述:概括本文档的用途和内容,并描述与其使用有关的保密性和私密性要求。

(2)信息描述

①信息内容:数据字典、数据采集和数据库描述。

②信息流:数据流和控制流。

(3)功能描述

①功能分解。

②功能具体描述。

③处理说明、条件限制、性能需求、设计约束。

④控制描述:开发规格说明和设计约束。

(4)行为描述

①系统状态。

②事件和动作。

(5)确认标准

①性能范围:响应时间、数据传输时间、运行时间等。

②测试种类(测试用例)。

③预期的软件响应:更新处理和数据转换。

④特殊考虑(安全保密性、可维护性、可移植性等)。

(6)运行需求

①用户界面。

②硬件接口。

③软件接口。

④故障处理。

(7)附录

可用来提供那些为便于文档维护而单独出版的信息(如图表、分类数据)。为便于处理,附录可单独装订成册。

### 3.4.3　严格的需求评审

作为需求工程的工作成果,系统说明书以及相关的补充文档会在需求确认中对其质量进行评估。需求确认用来保证系统需求在系统说明书及相关的文档中无歧义的描述,不一致、遗漏和错误将会被审查出来并得到改正,而且系统说明书或其他需求描述文档应该符合软件过程和软件产品的标准。在需求确认完成后,系统说明书将会被最终确认,它将作为软件开发的"和约"(合同的一部分)。虽然此后会有需求的变更,但是客户必须清楚地知道,以后的变更都是对软件范围的扩展,它可能会带来成本的增加和项目进度的延长。

(1)需求说明书的标准

对系统需求的评审着重于审查对用户需求的描述的解释是否完整、准确。根据 IEEE 建议的需求说明的标准,对于系统需求所进行的审查的质量因素有如下内容。

①正确性。需求定义是否满足标准的要求?算法和规则是否有科技文献或其他文献作为基础?是否定义了对在错误、危险分析中所识别出的各种故障模式和错误类型所需的反应?

②完备性。需求定义是否包含了有关功能、性能、限制、目标、质量等方面的所有需求?功能性需求是否覆盖了所有非正常情况的处理?是否说明了如何进行系统输入的合法性检查?是否定义了系统输入、输出的精度?在不同负载情况下,系统的生产率如何?系统对软件、硬件或电源故障必须做什么样的反应?是否充分定义了关于人机界面的需求?是否识别和定义了在将来可能会变化的需求?

③一致性。需求之间是否一致?需求是否与其软硬件操作环境相容?

④可行性。需求定义是否使软件的设计、实现、操作和维护都可行?是否能够在相应的限制条件下实现?是否能够达到关于质量的要求?

⑤易理解性。每个需求是否易于理解?语言是否有歧义性?是否使用了标准术语和定义形式?

⑥易测试性和可验证性。需求是否可以验证?是否对每一个需求都指定了验证过程?

⑦健壮性。是否有容错的需求?是否可以更改不改变其自身特性?系统结构稳定可靠?

⑧兼容性。界面需求是否使软硬件系统具有兼容性?

⑨可追溯性。是否可以从上一阶段的文档查找到需求定义中的相应内容?需求定义是否明确地表明前阶段中提出的有关需求的设计限制都已被覆盖?

(2)需求评审的方法

①分层次评审。用户的需求是分层次的,一般而言可以分成如下的层次。

· 目标性需求。定义了整个系统需要达到的目标。

· 功能性需求。定义了整个系统必须完成的任务。

· 操作性需求。定义了完成每个任务的具体的人机交互要求。

目标性需求是企业的高层管理人员所关注的,功能性需求是企业的中层管理人员所关注的,操作性需求是企业的具体操作人员所关注的。对不同层次的需求,其描述形式是有区别的,参与评审的人员也是不同的。如果让具体的操作人员去评审目标性需求,可能会导致"捡了芝麻,丢了西瓜"的现象,如果让高层的管理人员也去评审那些操作性需求,无疑是一种资源的浪费。

②分阶段评审。应该在需求形成的过程中进行分阶段的评审,而不是在需求最终形成后再进行评审。分阶段评审可以将原本需要进行的大规模评审拆分成各个小规模的评审,降低了需求分析返工的风险,提高了评审的质量。如可以在形成目标性需求后进行一次评审,在形成系统的初次概要需求后进行一次评审,当对概要需求细分成几个部分,对每个部分进行各个评审,最终再对整体的需求进行评审。

需求获取、分析、传递和确认并不完全遵循线性的顺序,这些活动是相互隔开、增量和反复的,它贯穿着整个需求开发阶段。

## 3.5 需求管理

软件需求分析阶段产生的最终文档经过验证批准后,就可以作为开发工作的需求基线 (Baseline)。这个基线在客户和开发者之间构筑了计划产品功能需求和非功能需求的一个约定 (Agreement)。需求约定是需求开发和需求管理之间的桥梁。

### 3.5.1 需求管理概述

需求管理是一个对系统需求变更、了解和控制的过程。一旦需求文档的初稿形成后,需求管理活动就开始了。需求管理主要活动如图 3-7 所示。

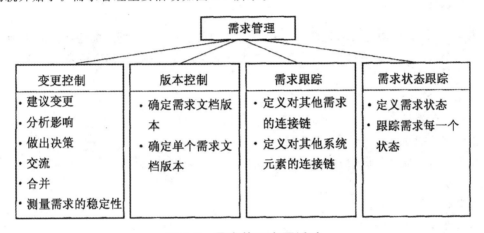

**图 3-7 需求管理主要活动**

1.需求管理的内容

需求管理包括的主要内容如下:
①控制对需求基线的变动。
②保持项目计划与需求一致。
③控制单个需求和需求文档的版本情况。
④管理需求和联系链,或者管理单个需求和其他项目可交付产品之间的依赖关系。
⑤跟踪基线中的需求状态。

注意,这里的版本控制是指对需求规格说明的版本管理,它是需求管理中一项非常重要的工作,在软件开发过程中,可能会出现测试人员使用已过时的软件规格说明,导致一大堆错误的出现。为了避免这种情况的发生,必须统一确定需求文档的每一个版本,保证软件开发组的每一个成员得到需求的当前版本。当需求发生变更时,应该清楚地把变更写成文档,并且及时通知所有涉及的人员。为了尽量减少困惑、冲突和误传,应该仅允许指定的人员来更新需求。

2.需求管理过程域内的原则和策略

关于需求管理过程域内的原则和策略如下:
①需求管理的关键过程领域不涉及收集和分析项目需求,而是假定已收集了软件需求,或者

已由更高一级的系统给定了需求。一旦需求获得并且文档化了,就需要软件开发组和有关的团队(例如质量保证和测试组)评审文档,发现问题后应及时与用户或者其他需求源协商解决。

②当开发人员向客户以及有关部门承诺(Commitment)某些需求之前,首先应该确认需求和约束条件、风险、偶然因素、假定条件等。尽管有时不得不面对由于技术因素或者进度等原因,造成承诺一些不现实的需求。但要尽量杜绝承诺任何无法实现的事。

③建议关键处理领域通过版本控制和变更控制来管理需求文档。版本控制确保能随时知道在项目开发和计划中正在使用的需求的版本情况。变更控制提供了支配下的规范的方式来统一需求变更,并且基于业务和技术的因素来同意或者反对建议的变更。当开发中的需求被修改、增加、减少时,应该随时更新软件开发计划,确保与新的需求保持一致。

### 3.需求属性

除了文本,每一个功能需求还应该有一些与它相关连的信息,我们把这些信息称为需求属性。对于一个大型的复杂项目来说,丰富的属性类别显得尤为重要,其应该考虑和明确的属性如下:

①创建需求的时间。
②需求的版本号。
③创建需求的作者。
④负责认可该软件需求的人员。
⑤需求状态。
⑥需求的原因和根据。
⑦需求涉及的子系统。
⑧需求涉及的产品版本号。
⑨使用的验证方法或者接受的测试标准。
⑩产品的优先级或者重要程度。
⑪需求的稳定性。

### 3.5.2 需求变更

在一个大型软件系统的开发过程中,由于系统通常是要解决一些复杂和难度大的问题,而一些问题不可能一次就被完全定义,因此其需求总是会发生变化的,此外,开发者对问题的理解的变化,也可能反映到需求中。在软件项目中,需求变更贯穿了软件项目的整个生命周期。

在项目开发过程中,需求的变更是不可避免的。为了使开发组织能够严格控制软件项目,应该确保以下事项:仔细评估已建议的变更;挑选合适的人选对变更做出决定;变更应及时通知所有涉及的人员;项目要按一定的程序来采纳需求变更。

### 1.软件需求变更原因

需求变更是软件项目一个突出的特点,也是软件项目最为普遍的一个特点。相信做过项目的人都经历过客户需求一变再变的事情。由于人类认识世界是一个由无知到已知、由浅入深的过程。我们以及客户对需求的认识也是一个逐步深入逐步明晰的过程。随着认识的深入,客户的需求才逐渐变的明确。软件人员在最初的时候就需要帮助客户深化认识、明确需求。变更不是最让人们害怕的,最怕的是无法适应和跟随变化的步伐。所以,我们需要接受在软件开发过程中需求变更给开发带来不确定性,并要找出变更的原因,做好相关的应对措施。

在表现形式千差万别的软件需求变更背后一般存在几点根本原因。

(1)没有良好的软件结构适应变化

通常若一个软件的整体结构已经设计出来了,就不能轻易改变。因为整体结构会对整个项目的进度和成本预算有很大影响。随着项目的进展,容许的变更将会越来越少。组件式的软件结构提供了快速适应需求变化的体系结构,数据层封装了数据访问逻辑,业务层封装了业务逻辑,表示层展现用户表示逻辑。要使软件系统适应变化,必须遵循"松耦合"的原则,但各层之间还是存在一些联系的,设计要力求减少会对接口入口参数产生变化。如果业务逻辑封装好了,则表示层界面上的一些排列或减少信息的要求是很容易适应的。如果接口定义得合理,那么,即使业务流程有变化,也能够快速适应变化。因此,设计良好的软件结构,可提高软件的适应性,提高客户的满意度。

(2)没有确定范围就开始细化

一般细化工作是由需求分析人员来完成的,主要是根据用户提出描述性的、总结性的简短的几句话去细化,从而提取其中的一个个功能,并给出描述(正常执行时的描述和意外发生时的描述)。当细化到一定程度后并开始系统设计时,系统范围往往会发生变化。例如,原来是手工添加的数据,要改成由软件系统计算出来;而原来的一个属性的描述要变成描述一个实体等。是否容许变更的依据是合同及对成本的影响,应控制在成本影响的容许范围内。

(3)用户变更需求

随着项目生命周期的不断往前推进,人们(开发方和客户方)对需求的了解越来越深入。原先提出的需求可能存在着一定的缺陷,因此,需要变更需求进一步完善。如果在项目开发的初始阶段,开发人员和用户没有搞清楚需求或者搞错了需求,到了项目开发后期才发现差错,这必然会导致产品的部分内容的重新开发。这样的需求变更将使项目付出额外的代价。

以下总结了几个可能会导致需求变更的其他因素:

①用户参与度不够。

②模糊不清的需求。

③开发人员的画蛇添足。

④过于简单的规格说明。

⑤用户需求的不断增加。

⑥忽略了用户分类。

⑦不准确的计划等。

⑧用户和需求开发人员在理解上的差异。

⑨开发人员对待需求开发的态度不认真。

综上所述,人们提出需求变更,是出于能够使软件产品更加符合市场或客户需求,出发点本身是好的。但从另一个角度来看,对于开发小组而言,需求的变更则意味着需要重新设计、调整资源、重新分配任务、修改前期工作产品等,要为此付出较大的代价,还可能需要增加预算与投资。作为开发商若每次都接受客户的需求变更,那么这个软件项目就会成为一个"无底"的工程。

2.变更的风险及代价

一般来讲,需求的变更通常意味着需求的增加,当用户提出新的需求的时候,项目开发人员应该就这些新需求可能对现阶段项目带来的风险进行分析,得出双方实现变更需求所需要的成本,包括时间、人力、资源等方面。如图 3-8 所示为需求变更后,项目在开发时间、文档代码子软、项目成本等方面的变化。

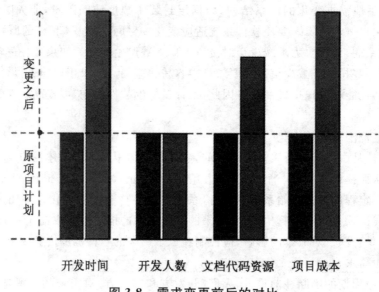

图 3-8 需求变更前后的对比

任何变更都是有代价的,因此应当评估变更的代价和对项目的影响,同时通过与用户的讨论,让用户了解变更的后果,变更后所面临的最大问题就是项目延期,这需要用户根据自己对项目的要求做出选择。

3.软件需求变更请求

不被控制的变更会使项目陷入混乱、不能按进度执行或软件质量低劣。软件需求管理就是要按照标准的流程来控制需求的变化,使需求在受控的状态下发生变化,而不是随意变化。只有在开发中控制变更,才能保证项目按计划实现项目目标。因此,应仔细评估已建议的变更;挑选合适的人选对变更作出决定;变更应及时通知所有涉及的人员;要按一定的程序来采纳需求变更。

(1)控制需求渐变的策略

需求的变更通常都不是突发的、革命性的变化,最常见的形式是项目需求的渐变问题。这种渐变很可能是客户与开发方都没有意识到的,当达到一定程度时,双方才突然醒悟,发现已经物是人非。在控制需求渐变的过程中需要注意以下几点。

①需求的变更要经过出资者的认可,需求的变更必然会引起投入的变化,故,要通过出资者的认可或客户方真正有决策权的人员的认可,这样才会对需求的变更有成本的概念,能够慎重地对待需求的变更。

②小的需求变更也要经过正规的需求管理流程,否则会积少成多。在实践中,可能人们通常

不愿意为小的需求变更去执行正规的需求管理过程,认为这样降低了开发效率,浪费了时间。但正是由于这种观念才会使需求的渐变不可控,最终导致项目的失败。

③需求一定要与投入有显然的联系,否则如果需求变更的成本由开发方来承担,则项目需求的变更就成为必然了。所以,在项目的开始无论是软件开发方还是出资方都要明确这一条:需求变化,软件开发的投入也要变随之化改变。

④精确的需求与范围定义,这个两方面并不会阻止需求的变更。也并非对需求定义得越细,越能避免需求的渐变,这是两个层面的问题。太细的需求定义对需求渐变没有任何效果。由于需求的变化是必然的,是需求细化所不能避免的事实。

(2)软件项目周期内的变更控制

根据现代项目管理的概念,需求变更的控制不应该只是项目实施过程考虑的事情,而是要贯穿、作用在整个项目生命周期的全过程。而变更控制的动机则是:若需求变更带来的好处大于坏处,那么允许变更,但必须按照已定义的变更规程执行,以免变更失去控制;如果需求变更带来的坏处大于好处,那么拒绝变更。当然,这里所指的好处与坏处并不是主观的,而是通过客观的分析与评价而得出的。

①项目启动阶段的变更预防。任何项目,变更都不可避免,也无法回避,只能正面积极应对。这种应对应该始于项目启动的需求分析阶段。对一个需求分析做得很好的项目而言,《需求规格说明书》中定义的范围越清晰,用户跟项目经理需要出面谈判的情况就越少。如果需求没做好,《需求规格说明书》里的范围含糊不清,漏洞百出,通常都是要付出许多无谓的代价。如果需求做得好,文档清晰且又有客户签字,那么后期客户提出的变更就超出了合同范围,需要另外收费。这样做的目的是使双方都严格遵循合同的约束,有助于更好地实现项目目标。

②项目实施阶段的变更控制。对于成功项目和失败项目二者之间最大的区别可能就是在于项目的整个过程是否是可控的状态。项目经理应该树立一个理念——“需求变更是必然的、可控的、有益的”。项目实施阶段的变更控制需要做的是分析变更请求,评估变更可能带来的风险和修改基准文件。为了将项目变更的影响降到最小,需要采用综合变更控制方法。综合变更控制主要包括找出影响项目变更的因素、判断项目变更范围是否已经发生等。进行综合变更控制的主要依据是项目计划、变更请求和提供了项目执行状况的绩效报告。

③项目收尾阶段的总结控制。

能力的提高往往不是从成功的经验中来,而是从失败的教训中来。许多项目经理不注重经验教训总结和积累,即使在项目运作过程中努力到精疲力竭,也只是抱怨运气、环境和团队配合不好,却很少系统地分析总结,或者不知道如何分析总结,以至于同样的问题反复出现。事实上,项目总结工作作为现有项目或将来项目持续改进工作的一项重要内容,同时也可以作为对项目合同、设计方案内容与目标的确认和验证。项目总结工作包括项目中事先识别的风险和没有预料到而发生的变更等风险的应对措施的分析和总结,也包括项目中发生的变更和项目中发生问题的分析统计的总结。

一个好的变更控制过程给项目的风险承担者提供了正式的建议需求变更机制。通过这些处理过程,项目经理可以在信息充分的条件下作出决策,这些决策通过控制产品生存期成本来增加客户和业务价值。通过变更控制过程来跟踪已建议变更的状态,确保不会丢失或忽略已建议的变更。变更控制过程并不是给变更设置障碍,相反,它是一个渠道和过滤器,通过它可以保证采纳最合适的变更,尽量降低需求变更所产生的负面影响。

4.变更控制过程

在项目进行中,一旦发生需求变更,不要一味的抱怨,也不要去一味地迎合客户的"新需求",而是要管理和控制需求变更。

控制需求变更与项目的其他配置管理决策也有着密切的联系。项目管理应该达成一个策略,用来描述如何处理需求变更,而且策略具有现实可行性。

我们可以参考以下的需求变更策略:

①所有需求变更必须遵循变更控制过程。

②对于未获得批准的变更,不应该做设计和实现工作。

③变更应该由项目变更控制委员会决定实现哪些变更。

④项目风险承担者应该能够了解变更数据库的内容。

⑤决不能从数据库中删除或者修改变更请求的原始文档。

⑥每一个集成的需求变更必须能跟踪到一个经核准的变更请求。

一个好的变更过程能够给项目风险承担者提供正式的建议需求变更机制。

(1)分级管理用户需求

软件开发项目中,任何需求的变更和增加都会影响项目的正常进行,同时也影响到客户的投入收益。对于项目中的需求,可以实行分级管理,以达到对需求变更的控制和管理。

①一级需求(或变更)是关键性的需求,如果这种需求不能得到满足,就意味着整个项目不能正常交付使用,前期的任何努力也会被全部否定。

②二级需求(或变更)是后续关键性需求,它不影响前面工作内容的交付,但若不加以满足,也会影响新的项目内容的提交或继续。一般新模块关键性的基础组件就属于这个级别。

③三级需求是后续重要的需求,如果没有得到满足就会令整体项目工作的价值下降"。一般性的重大的有价值的全新模块开发,属于这个级别。

以上的三个等级是应该实施的,但时间性上可以作优先级的排列。

④四级需求是改良性需求,即使这类需求没有满足也不影响已有功能的使用,如果实现了则会更好体现软件功能。一般界面和使用方式的需求属于这个档次。

(2)软件整个生命周期的需求变更管理

通常可以将软件项目的生命周期分为三个阶段,即项目启动、项目实施、项目收尾。需求变更的管理和控制贯穿于整个项目生命周期的全过程中。因此,全局角度的需求变更管理考虑,需要采用综合变更控制的方法。

①项目启动阶段的变更预防。

任何软件项目,需求变更都不可避免,不管是项目经理还是开发人员都要学会积极应对,且这个应对要从项目启动的需求分析阶段开始。

一个需求分析做得很好的项目,其基准文件定义的范围也会更加详细清晰,用户跟项目经理提出需求变更的几率也会减少。如果需求没做好,基准文件里的范围含糊不清,被客户发现还有很大的"新需求空间"时,项目组就需要付出许多无谓的牺牲。

②项目实施阶段的需求变更。

项目的整个过程是否可控是软件项目成功与失败的关键点。作为项目经理应该树立一个理念,即"需求变更是必然的、可控的,并且是有益的"。项目实施阶段的变更控制需要做的是分析变更请求,评估变更可能带来的风险和修改基准文件。

控制需求渐变要注意以下几点:

· 需求一定要与投入有联系,在项目的开始,无论是开发方还是出资方都要明确这一条:需求变,软件开发的投入也要随之变化。

· 需求的变更要经过出资者的认可,这样才会对需求的变更有成本的概念,从而慎重地对待需求的变更。

· 小的需求变更也要经过正规的需求管理流程,否则会积少成多。

· 精确的需求与范围定义并不会阻止需求的变更。并不是需求定义得越细,就能避免需求的渐变。因为需求的变化是不可避免的,并非需求定义的足够细,就能保证它不会发生变化了。

· 注意沟通的技巧。项目开发过程中实际就是用户、开发者达成共识的过程,有时需求的变更可能来自客户方,也可能来自开发方,因此,在项目开发时要采用各种沟通技巧来使项目的各方各得其所。

③项目收尾阶段的总结。

项目总结工作包括对项目中事先识别的风险和没有预料到而发生的变更等风险的应对措施的分析和总结,也包括项目中发生的变更和项目中发生问题的分析统计的总结。项目总结工作应作为现有项目或将来项目持续改进工作的一项重要内容,同时也可以作为对项目合同、设计方案内容与目标的确认和验证。

下面给出一个变更控制步骤的模板供参考。

a. 绪论

a.1 目的

a.2 范围

a.3 定义

b. 角色和责任

c. 变更请求状态

d. 开始条件

e. 任务

e.1 产生变更请求

e.2 评估变更请求

e.3 做出决策

e.4 通知变更人员

f. 验证

g. 结束条件

h. 变更控制状态报告

附录:存储的数据项

5. 应对需求变更的方法

需求变更控制一般要经过变更申请、变更评估、决策、回复这四大步骤。如果变更被接受,还要增加实施变更和验证变更两个步骤,如果未被接受还会有取消变更的步骤。下面是几点应对变更控制的方法。

（1）互相协作

我们很难想象遭到用户抵制的项目能够成功，所以在讨论需求时，开发人员与用户应该尽量采取相互理解、相互协作的态度，对能解决的问题尽量解决。即使用户提出了在开发人员看来"过分"的要求，也应该仔细分析原因，积极提出可行的替代方案。

（2）充分沟通交流

需求变更管理的过程很大程度上就是用户与开发人员的交流过程。作为软件开发人员必须学会认真听取用户的要求、考虑和设想，并加以分析和整理。同时，软件开发人员还应该向用户说明，进入设计阶段以后，需求变更会给整个开发工作带来什么样的冲击和不良后果。

（3）安排专职人员负责需求变更管理

当开发任务比较重时，开发人员容易因过于忙碌而忽略了与用户的随时沟通，因此需要一名专职的需求变更管理人员负责与用户及时交流。

（4）合同约束

需求变更给软件开发带来的影响确实存在，所以在与用户签订合同时，可以适当地增加一些相关条款，限定用户提出需求变更的时间，规定何种情况的变更可以接受、拒绝接受或部分接受，还可以规定发生需求变更时必须执行的变更控制流程。

（5）区别对待

在软件的开发过程中，有些用户会不断地提出一些确实无法实现或工作量比较大、对项目进度有重大影响的需求时，开发人员要及时向用户说明，项目的启动是以最初的基本需求作为开发前提的，大量增加新的需求会影响项目的完成时间。如果用户坚持实施新需求，可以建议用户将新需求按重要和紧迫程度划分层次，作为需求变更评估的一项依据。同时，还要注意控制新需求提出的频率。

（6）选用适当的开发模型

采用建立原型的开发模型比较适合需求不明确的开发项目，针对不同的项目采用适当的开发模型，能有效地提高开发速度，避免繁琐的工作流程。目前业界较为流行的叠代式开发方法对工期紧迫的项目的需求变更控制很有成效。

（7）用户参与需求评审

作为需求的提出者，用户当然是最具权威的发言人之一。实际上，在需求评审过程中，用户往往能提出许多有价值的意见。同时由用户对需求进行最后确认，可以有效减少需求变更的发生。

6.变更控制委员会

成立项目变更控制委员会(SCCB)或相关职能的类似组织，负责裁定接受哪些变更。可以由一个小组担任，也可以由多个不同的组担任，用于帮助更有效地管理项目，一个有效率的变更控制委员会会定期地考虑每个变更请求，并且基于由此带来的影响和获益做出及时的决策。事实上，变更控制委员会能够对项目中任何基线工作产品的变更做出决定，需求变更文档仅是其中之一。

通常，变更控制委员会会包括如下方面的代表：

①产品或计划管理部门。

②项目管理部门。

③开发部门。

④测试或质量保证部门。

⑤市场部或客户代表。

⑥制作用户文档的部门。

⑦技术支持部门。

⑧帮助桌面或用户支持热线部门。

⑨配置管理部门。

变更控制委员会应该有自己的一个准则，用于描述变更控制委员会的目的、授权范围、成员构成、做出决策的过程及操作步骤。另外准则还应该能够说明举行会议的频度和事由。管理范围描述该委员会能够做怎样的决策，以及有哪一类决策应上报到高一级的委员会。

(1)制订决策

制订决策过程(程式)的描述应确认：

①变更控制委员会必须到会的人数或做出有效决定必须出席的人数。

②决策的方法。通过一致或其他机制进行决策，如投票。

③变更控制委员会主席是否可以否决该集体的决定。

变更控制委员会应该对每个变更权衡利弊后做出决定。这里的利是指节省的资金或额外的收入、增强的客户满意度、竞争优势、减少上市时间；弊是指接受变更后产生的负面影响，包括增加的开发费用、推迟的交付日期、产品质量的下降、减少的功能、用户不满意。如果估计的费用超过了本级变更控制委员会的管理范围，则应上报到高一级的委员会，否则用制订的决策程式来对变更做出决定。

(2)交流情况

一旦变更控制委员会做出决策，应由指派的人员及时更新数据库中请求的状态。

(3)重新协商约定

任何变更都是要付出代价的。如果向一个工程项目中增加很多新功能，又要求在原先确定的进度计划、人员安排、资金预算和质量要求限制内完成整个项目是不现实的。

当工程项目接受了重要的需求变更时，需要与管理部门和客户重新协商约定。协商的内容包括项目的完成时间、是否增加人手、推迟实现尚未实现的较低优先级的需求，或者质量上进行折中。如果不能达到一些约定的调整，则应该把该次变更可能会引起的风险写进风险管理计划中。

### 3.5.3　需求追踪

需求跟踪是指跟踪一个需求使用期限的全过程，包括编制每个需求同系统元素(其他类型的需求，体系结构，其他设计部件，源代码模块，测试，帮助文件等)之间的联系文档。需求跟踪为我们提供了由需求到产品实现整个过程范围的明确查阅的能力，其目的是建立与维护"需求－设计－编程－测试"之间的一致性，确保所有的工作成果符合用户需求。

1.需求跟踪的方式

通常需求跟踪有两种方式：

(1)正向跟踪

检查《产品需求规格说明书》中的每个需求是否都能在后继工作成果中找到对应点。

（2）逆向跟踪

检查设计文档、代码、测试用例等工作成果是否都能在《产品需求规格说明书》中找到出处。

正向跟踪和逆向跟踪合称为"双向跟踪"。不论采用何种跟踪方式，都要建立与维护需求跟踪矩阵（即表格）。需求跟踪矩阵保存了需求与后继工作成果的对应关系。

### 2. 需求跟踪目的

在某种程度上，需求跟踪提供了一个表明与合同或说明一致的方法。可以说，需求跟踪的目的是改善产品质量，降低维护成本，实现重用机制。

下面是在项目中使用需求跟踪能力的目的。

①审核（certification）跟踪能力信息可以帮助审核确保所有需求被应用。

②在增、删、改需求时变更影响分析跟踪能力信息可以确保不忽略每个受到影响的系统元素。

③在维护时，维护可靠的跟踪能力信息能确保正确、完整地实施变更，从而提高生产率。

④在开发中，项目跟踪能够认真记录跟踪能力数据，从而获得计划功能当前实现状态的记录。还未出现的联系链意味着没有相应的产品部件。

⑤再设计（重新建造）可以列出传统系统中将要替换的功能，并记录它们在新系统的需求和软件组件中的位置。

⑥重复利用跟踪信息可以帮助你在新系统中利用旧系统中具有相同功能的相关资源。例如：功能设计、相关需求、代码、测试等。

⑦减小风险使部件互连关系文档化，可减少由于一名关键成员离开项目带来的风险。

⑧测试测试模块、需求、代码段之间的联系链可以在测试出错时指出最可能有问题的代码段。

### 3. 可追溯性信息

进行需求跟踪，就要对需求和需求之间以及需求和系统设计之间的许多关系进行追溯，同时还要清楚需求和引起该需求的潜在原因之间的联系。当需求变更发生的时候，必须追踪这些变更对其他需求和系统设计的影响。可追溯性是需求描述的一个总体特性，反映了发现相关需求的能力。

需要维护的可追溯性信息有 3 类：

①源可追溯性信息，用来说明连接需求到提出需求的项目干系人和产生需求的原因。当需求变更发生的时候，该信息用来发现项目干系人以便能与他们商讨这些变更事宜。

②需求可追溯性信息，用来说明连接需求文档中彼此依赖的需求。该信息用来评估一个需求变更会对其余多少需求产生影响以及引发的需求变更的范围和程度。

③设计可追溯性信息，用来说明连接需求到其实现的设计模块。该信息用来评估需求变更对系统设计和实现带来的影响。

### 4. 跟踪能力（联系）链

利用跟踪能力（联系）链（Traceability Link）可以跟踪一个需求使用期限的全过程，即从需求源到实现的前后生存期。跟踪能力是优秀需求规格说明书的一个特征。为了实现可跟踪能力，必须统一地标识出每一个需求,以便能明确地进行查阅。

如图 3-9 所示,列出了 4 类需求跟踪能力链。

图 3-9　需求可跟踪能力

①用户需求可向前追溯到需求,这样就能区分出开发过程中或开发结束后由于需求变更而受到影响的需求,同时也确保了需求规格说明书包括所有客户需求。

②从需求回溯相应的用户需求。确认了每个软件需求的源头。如果用使用实例的形式来描述用户需求,则用户需求与软件需求之间的跟踪情况就是使用实例和功能性需求。

③从需求向前追溯到下一级工作产品。由于在开发过程中系统需求转变为软件需求、设计、编码等,所以通过定义单个需求和特定的产品元素之间的(联系)链,可以从需求向前追溯到下一级工作产品。这种联系链可以使我们知道每个需求对应的产品部件,从而确保产品部件满足每个需求。

④从产品部件回溯到需求。描述了每个部件存在的原因。绝大多数项目不包括与用户需求直接相关的代码,但对于开发者却要知道为什么写这一行代码。如果不能把设计元素、代码段或测试回溯到一个需求,则表明可能有一个多余的程序"。然而,若这些孤立的元素表明了一个正当的功能,则说明需求规格说明书漏掉了一项需求。

跟踪能力联系链记录了单个需求之间的父层、互连、依赖的关系。当某个需求变更(被删除或修改)后,这种信息能够确保正确的变更传播,并将相应的任务作出正确的调整。需要注意的是,一个项目不必拥有所有种类的跟踪能力联系链,要根据具体的情况调整。

# 第 4 章　软件工程标准与开发环境

## 4.1　软件工程标准

IT 行业的蓬勃发展带动了软件产业的推陈出新,然而由于没有一个规范的标准,使得软件行业也存在各种各样的问题。如何使得这个行业更加成熟和规范,就需要制订一定的行业标准,逐步建立一个成熟的软件长远发展的市场机制。

### 4.1.1　软件工程标准概述

在社会生活中,为了便于信息交流,有语言标准(如普通话)、文字标准(如汉字书写规范)等。同样,在软件工程项目中,为了便于项目内部不同人员之间交流信息,也要制订相应的标准来规范和成熟软件开发过程和产品。

随着计算机科学技术的迅速发展和计算机应用领域的不断扩大,如何高效开发软件产品,提高软件质量,成为人们越来越重视的话题。同时,软件的规模和复杂度在持续的增加,人们对软件产品的要求已经不可同日而语。如何降低软件危机,软件产品开发过程的系统化、规范化和标准化是有效方式之一。

在开发一个软件时,需要有不同层次、不同分工的人员相互配合。在开发项目的各个部分以及各开发阶段之间也都存在着许多联系和衔接问题。如何把这些错综复杂的关系协调好,需要有一系列统一的约束和规定。在软件开发项目取得阶段成果或最后完成时,还需要进行阶段评审和验收测试。投入运行的软件,其维护工作中遇到的问题又与开发工作有着密切的关系。软件的管理工作则要渗透到软件生命周期的每一个环节。所有这些都要求提供统一的行为规范和衡量标准,使得各项工作都有章可循。因此,软件工程标准化、软件文档规范化,已经成为软件领域继软件工程学后,影响软件行业发展的又一个重要因素,受到软件企业的高度重视,而所有这些方面建立的标准或规范,即是软件工程标准化。

随着人们对计算机软件的认识逐渐深入。软件工作的范围从只是使用程序设计语言编写程序,扩展到整个软件生命周期。诸如软件概念的形成、需求分析、设计、实现、测试、运行和维护,直到软件淘汰(为新的软件所取代)。同时还有许多技术管理工作(如过程管理、产品管理、资源管理)以及确认与验证工作(如评审和审核、产品分析、测试等)常常是跨越软件生命周期各个阶段的专门工作。所有这些方面都在逐步建立起标准或规范。

### 4.1.2　软件工程标准化的划分

按照不同划分方法,软件工程标准有不同的表示形式。主要有两种划分方法,按标准划分和按范围划分。

**1.按标准划分**

根据中国国家标准 GB/T 15538－1995《软件工程标准分类法》,软件工程标准的类型有:过程标准、产品标准、行业标准和记法标准。

（1）过程标准

用于描述在制造或获得产品过程中所进行的一系列活动或操作的标准,如方法、技术、度量等,开发一个产品或从事一项服务的一系列活动或操作有关。这些活动或操作需使用一些方法、工具和技术。过程标准给出"谁来做"、"做什么"、"如何做"、"何时做"、"何地做"及在软件工程中进行的不同层次的工作。

（2）产品标准

定义了在软件工程过程中,正式或非正式地使用或产生的那些产品的完整性和可接受性,如需求、设计、部件、描述、计划、报告等,涉及软件工程事务的格式和内容。软件开发和维护活动的文档化结果就是软件产品,它给出了进一步工作的基础。

（3）行业标准

如职业、道德准则、认证、特许、课程等。软件工程作为一种行业,其涉及软件工程的所有方面,如职业、认证、许可以及课程等。

（4）记法标准

"用于描述工作或职业的通用范围的标准",如术语、表示法、语言等。论述了在软件工程行业范围内用于交流的方法,例如术语、表示法以及语言等。

**2.按范围划分**

主要根据软件任务功能和软件生命周期进行比较、判定、评价和确定软件工程标准的范围和内容。可以划分为产品工程功能、验证与确认功能以及技术管理功能。这 3 个部分不是集中在单个生命周期中,而是并行进行的产生、检查和控制的主要活动。

①产品工程功能:包括定义、产生和支持最终软件产品所必需的那些过程。

②验证和确认功能:是检查产品质量的技术活动。

③技术管理功能:是构造和控制产品工程功能的那些过程。

### 4.1.3　软件工程标准的制订与执行

软件工程标准的制订与推行通常要经历一个环状的生命期,如图 4-1 所示。最初,制订一项标准仅仅是初步设想,经发起后沿着环状生命期,顺时针进行要经历以下步骤。

①建议:拟订初步的建议方案。

②开发:制订标准的具体内容。

③咨询:征求并吸收有关人员意见。

④审批:由管理部门决定能否推出。

⑤公布:公开发布,使标准生效。

⑥培训:为推行标准准备人员条件。

⑦实施:投入使用,需经历相当期限。

⑧审核:检验实施效果,决定修订还是撤销。

⑨修订:修改其中不适当的部分,形成标准的新版本,进入新的周期。

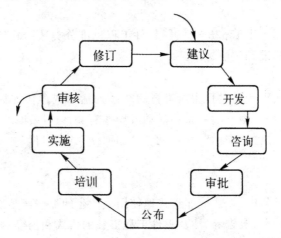

**图 4-1　软件工程标准的环状生命期**

为使标准逐步成熟,可能要在环状生命周期上循环若干圈,需要做大量的工作。事实上,软件工程标准在制订和推行过程中还会遇到许多实际问题。其中影响软件工程标准顺利实施的一些不利因素应当特别引起重视。这些因素主要有以下几部分。

①标准本身制订得有缺陷,或是存在不够合理、恰当的部分。

②标准文本编写得不够好。例如,文字叙述可读性差,难于理解,或是缺少实例供读者参阅。

③主管部门未能坚持大力推行,在实施的过程中遇到问题又未能及时加以解决,导致标准未能实际实行。

④未能及时作好宣传、培训和实施指导。

⑤未能及时修订和更新。

由于标准化的方向是对的,所以要努力克服困难,排除各种障碍,坚定不移地推动软件工程标准化更快地发展。

### 4.1.4　软件工程标准的层次与体系架构

软件工程标准的类型按照级别可以分为国家标准、行业标准、地方标准和企业标准;按照标准的应用范围可以分为技术标准和管理标准;按照执行程度可以分为强制性标准和推荐性标准两种。

标准的类型反映出软件工程在各个方面都已经有了统一的标准及规范,在进行软件项目开发时必须严格遵守,以确保软件过程的顺利实施和提高软件产品的质量。由于软件工程标准涉及面广,来自各个国家及组织的不同机构所制订的软件工程标准也就代表了不同层面的规范和要求,根据软件工程标准制订的机构和标准适用的范围有所不同,可分为 5 个层次,即国际标准、国家标准、行业标准、企业(机构)规范及项目(课题)规范。下面分别作简要说明。

1. 国际标准

由国际联合机构制定和公布,提供各国参考的标准。国际上两大重要的标准化组织是:

①国际标准化组织 ISO(International Standards Organization):负责除电工、电子领域之外

的所有其他领域的标准化活动。

②国际电工委员会 IEC(International Electrotechnical Commission)：主要负责电工、电子化领域的标准化活动。

这两个国际标准化机构有着广泛的代表性和权威性，所公布的标准也有较大的影响，并成为某些国家的国家标准。针对信息行业，ISO 于 20 世纪 60 年代初，建立了计算机与信息处理技术委员会，简称 ISO/TC97，专门负责与计算机有关的标准化工作。这一标准通常冠有 ISO 字样。

### 2. 国家标准

由政府或国家级的机构制定或批准，适用于全国范围的标准，如：

①GB——中华人民共和国国家技术监督局是中国的最高标准化机构，它所公布实施的标准简称为国标。现已批准了若干个软件工程标准。

②ANSI(American National Standards Institute)——美国国家标准协会。这是美国一些民间标准化组织的领导机构，具有一定的权威性。

③ FIPS (NBS) (Federal Information Processing Standards (National Bureau of Standards))——美国商务部国家标准局联邦信息处理标准。它所公布的标准均冠有 FIPS 字样。

④BS(British Standard)——英国国家标准。

⑤DIN(Deutsches Institut für Normung)——德国标准协会。

⑥JIS(Japanese Industrial Standard)——日本工业标准。

### 3. 行业标准

由行业机构、学术团体或国防机构制定，并适用于某个业务领域的标准，如：

①IEEE(Institute of Electrical and Electronics Engineers)——美国电气与电子工程师学会。近年该学会专门成立了软件标准分技术委员会(SESS)，积极开展了软件标准化活动，取得了显著成果，受到了软件界的关注。IEEE 通过的标准经常要报请 ANSI 审批，使之具有国家标准的性质。

②GJB——中华人民共和国国家军用标准。这是由中国国防科学技术工业委员会批准，适合于国防部门和军队使用的标准。

③DOD_STD(Department Of Defense_STanDards)——美国国防部标准，适用于美国国防部门。

④MIL_S(MILitary_Standard)——美国军用标准，适用于美军内部。

此外，近年来中国许多经济部门(例如，原航空航天部、原国家机械工业委员会、对外经济贸易部、石油化学工业总公司等)都开展了软件标准化工作，制定和公布了一些适合于本部门工作需要的规范。这些规范大都参考了国际标准或国家标准，对各自行业所属企业的软件工程工作起了有力的推动作用。

### 4. 企业规范

一些大型企业或公司，由于软件工程工作的需要，制定适用于本部门的规范。

5.项目规范

由某一科研生产项目组织制定,且为该项任务专用的软件工程规范。

### 4.1.5 ISO 9000 国际标准

20 世纪 60 年代,随着大规模集成电路、人造卫星、交通、通讯和电子计算机技术及其应用的飞速发展,在全球范围内,科学技术的进步日新月异,社会生产率急剧提高,国际间的商务活动空前发展。可以认为,这就是质量管理国际标准——ISO 9000 族标准产生的时代背景。

ISO 是 International Standardization Organization(国际标准化组织)的缩写。ISO 通过它的 2 856 个技术机构开展技术活动,其中技术委员会(简称 TC)共 185 个,分技术委员会(简称 SC)共 611 个,工作组(WG)2 022 个,特别工作组 38 个。作为一个国际组织,其产品(成果)就是"国际标准"。这些标准主要涉及各行各业各种产品的技术规范。

ISO 制定出来的国际标准除了有规范的名称之外,还有编号,编号的格式是:ISO+标准号+[杠+分标准号]+冒号+发布年号(方括号中的内容可有可无),例如:ISO 8402:1987,ISO 9000—1:1994 等,分别是某一个标准的编号。

1979 年英国标准学会(BSI)向 ISO 提交了一份建议,希望在 ISO 成立一个技术委员会,以制定有关质量和时间的国际标准。ISO 理事会于当年就决定,在原 ISO/CERTOCP(保证委员会)的第二工作组基础上,单独建立质量保证技术委员会及 ISO/TC 176,并于 1980 年正式成立。TC 176 就是 ISO 中第 176 个技术委员会,全称是"质量保证技术委员会",1987 年又更名为"质量管理和质量保证技术委员会"。TC 176 专门负责制定质量管理和质量保证技术的标准。

ISO/TC 176 成立之后,为适应生产力进步和国际贸易发展的需要,以英国和加拿大质量管理实践为主要参考依据,并在参考各国质量管理标准和质量保证标准的基础上,充分吸收质量管理的研究成果和实践经验,于 1986 年和 1987 年相继制定并发布了称之为"ISO 9000 系列标准"的如下 6 项标准:

ISO 8402:1986《质量——术语》。

ISO 9000:1987《质量管理和质量保证标准——选择和使用指南》。

ISO 9001:1986《质量体系——设计、开发、生产、安装和服务的质量保证模式》。

ISO 9002:1987《质量体系——生产、安装和服务的质量保证模式》。

ISO 9003:1987《质量体系——最终检验和试验的质量保证模式》。

ISO 9004:1987《质量管理和质量体系要素——指南》。

ISO 9000 系列标准发布后,为使其更加完善和协调,达到《2000 年展望》提出的"要让全世界都接受和使用 ISO 9000 族标准;为了提高组织的运作能力,提供有效的方法;增进国际贸易、促进全球的繁荣和发展;使任何机构和个人可以有信心从世界各地得到任何期望的产品以及将自己的产品顺利销售到世界各地"的目标,先后经历了两个阶段的修订,分别形成了 1994 版和 2000 版 ISO 9000 族标准。

ISO 9000—3 是计算机软件机构实施 ISO 9001 的指南性标准。由于 ISO 9000 族标准主要是针对传统的制造业制订的,不少软件企世的技术人员和管理人员觉得 ISO 9001 标准中质量体系要素的要求和软件工程项目有距离。ISO 9000—3 这个实施指南起到了桥梁作用。它的指南性主要表现在:①从软件的角度对 ISO 9001 的内容给出了具体的说明和解释;②指南性的标准不是认证审核的依据，依据仍是 ISO 9001 的各质量体系要素的实施情况。

# 4.2　软件文档

软件文档为提高软件工程项目的开发和管理能力提供了重要的基础。在软件生存周期中，软件文档种类多、编制工作量大、技术性强。因此，软件机构一方面要对软件文档的地位和作用有充分的认识，同时，也要制订切实可行的文档编写步骤，以规范软件文档的写作过程，从而提高文档的质量。

## 4.2.1　软件文档的作用和分类

### 1. 文档的作用

文档是指某种数据媒体和其中所记录的数据。在软件工程中，文档用来表示对需求、工程或结果进行描述、定义、规定、报告或认证的任何书画或图示的信息。它们描述和规定了软件设计和实现的细节，说明使用软件的操作命令。文档也是软件产品的一部分，没有文档的软件就不成为软件。软件文档的编制在软件开发过程中占有突出的地位和相当大的工作量。高质量文档对于转让、变更、修改、扩充和使用文档，对于发挥软件产品的效益有着重要的意义。具体意义如下：

①提高软件开发过程的能见度。把开发过程中发生的事件以某种可阅读的形式记录在文档中。

②管理人员可把这些记载下来的资料作为检查软件开发进度和开发质量的依据，实现对软件开发的工程管理。

③提高开发效率。软件文档的编制，使得开发人员对各个阶段的工作都能进行周密思考、全盘权衡、减少返工。并且可在开发早期发现错误和不一致性，便于及时加以纠正。

④可作为开发人员在一定阶段的工作成果和结束标志。

⑤记录开发过程中有关信息，便于协调以后的软件开发、使用和维护。

⑥提供对软件的运行、维护和培训的有关信息，便于管理人员、开发人员、操作人员、用户之间协作、交流和了解。使软件开发活动更科学、更有成效。

⑦便于潜在用户了解软件的功能、性能等各项指标，为他们选购符合自己需要的软件提供依据。

从某种意义上讲，文档是软件开发规范的体现和指南。按规范要求生成一整套文档的过程，就是按照软件开发规范完成一个软件开发的过程。所以，在使用工程化的原理和方法来指导软件的开发和维护时，应当充分注意软件文档的编制和管理。

### 2. 软件文档的分类

软件文档的规范格式和标准有许多种，例如，美国国家标准局发布的《软件文档管理指南》，中国国家标准《软件开发文档规范》、《计算机软件需求说明编制指南》、《计算机软件测试文档编制规范》、《计算机软件产品开发文件编制指南》等，软件企业还有自己的企业标准。

不同类型、不同规模的软件系统，其文档组织可以有些不同。中国国家标准局在 1988 年 1

月发布了《计算机软件开发规范》和《软件产品开发文件编制指南》,作为软件开发人员工作的准则和规程。

按照文档产生和使用的范围不同,软件文档可以分成三类,即技术文档、管理文档和用户文档。其中,技术文档和管理文档又统称为系统文档。

(1)技术文档

技术文档是指在软件开发过程中作为开发人员前一阶段工作成果和后一阶段工作依据的文档。主要包括可行性研究报告、软件需求说明书、数据要求说明书、概要设计说明书、详细设计说明书等。

(2)管理文档

管理文档是指在软件开发过程中由开发人员等制订并提交给管理人员的工作计划或报告,使管理人员能够通过这些文档了解软件项目的安排、进度、资源使用及成果等。主要包括项目开发计划、测试计划、测试报告、开发进度月报和项目开发总结等。

(3)用户文档

这类文档是软件开发人员为用户准备的有关该软件使用、操作、维护的资料。主要包括用户手册、操作手册、程序维护手册等。

由于软件项目的规模、复杂程度和风险程度各不相同,编制文档的种类、文档内容的详细程度和开发管理手续均可有所不同。为了便于掌握文档的分类,可以把软件文档种类同软件规模大小联系起来。按软件对应的源程序代码的行数不同,可以将软件规模分成四级。

①小规模软件(源程序代码行数在 1 万行以下)。

②中规模软件(源程序代码行数在 1~10 万行之间)。

③大规模软件(源程序代码行数在 10~50 万行之间)。

④特大规模软件(源程序代码行数在 50 万行以上)。

表 4-1 列出了不同规模软件文档的种类。

**表 4-1　不同规模软件的文档种类**

| 小规模软件 | 中规模软件 | 大规模软件 | 特大规模软件 |
|---|---|---|---|
| 项目开发计划 | 可行性研究报告 | 可行性研究报告 | 可行性研究报告 |
| | 项目开发计划 | 项目开发计划 | 项目开发计划 |
| 软件需求说明书 | 软件需求说明书 | 软件需求说明书 | 软件需求说明书 |
| | | | 数据要求说明书 |
| | 测试计划 | 测试计划 | 测试计划 |
| 软件设计说明书 | 软件设计说明书 | 概要设计说明书 | 概要设计说明书 |
| | | | 详细设计说明书 |
| | | 详细设计说明书 | 模块开发卷宗 |
| | | | 数据库设计说明书 |
| 用户手册 | 用户手册 | 用户手册 | 用户手册 |
| | | | 操作手册 |

续表

| 小规模软件 | 中规模软件 | 大规模软件 | 特大规模软件 |
|---|---|---|---|
| 测试分析报告 | 测试分析报告 | 测试分析报告 | 测试分析报告 |
| 开发进度季报 | 开发进度月报 | 开发进度月报 | 开发进度月报 |
| 项目开发总结 | 项目开发总结 | 项目开发总结 | 项目开发总结 |
| 程序维护手册 | 程序维护手册 | 程序维护手册 | 程序维护手册 |

对于一个软件而言,文档是在其生存周期的各阶段依次编写完成的。表 4-2 说明了软件文档编制与软件生存周期、使用者间的关系。

表 4-2　软件文档编制与软件生存周期、使用者间的关系

| 软件文档 / 软件生存阶段 | 可行性研究与计划阶段 | 分析阶段 | 设计阶段 | 实现阶段 | 测试阶段 | 维护阶段 | 使用者 |
|---|---|---|---|---|---|---|---|
| 可行性研究报告 | ▲ | | | | | | 管理员、开发人员 |
| 项目开发计划 | ▲ | ▲ | | | | | 管理员、开发人员 |
| 软件需求说明书 | | ▲ | | | | | 开发人员 |
| 数据要求说明书 | | ▲ | | | | | 开发人员 |
| 测试计划 | | ▲ | ▲ | | | | 开发人员 |
| 概要设计说明书 | | | ▲ | | | | 开发人员、维护人员 |
| 详细设计说明书 | | | ▲ | | | | 开发人员、维护人员 |
| 模块开发卷宗 | | | | ▲ | ▲ | | 管理员、维护人员 |
| 数据库设计说明书 | | | ▲ | | | | 开发人员 |
| 用户手册 | | ▲ | ▲ | ▲ | | | 用户 |
| 操作手册 | | | ▲ | ▲ | | | 用户 |
| 测试分析报告 | | | | | ▲ | | 开发人员、维护人员 |
| 开发进度月(季)报 | ▲ | ▲ | ▲ | ▲ | ▲ | | 管理员 |
| 项目开发总结 | | | | | ▲ | | 管理员 |
| 程序维护手册 | | | | | | ▲ | 维护人员 |

## 4.2.2　软件文档编制的质量要求

为了使软件文档能起到前面所提到的多种桥梁作用,使它有助于程序员编制程序,有助于管理人员监督和管理软件开发,有助于用户了解软件的工作和应做的操作,有助于维护人员进行有效的修改和扩充,文档的编制必须保证一定的质量。质量差的软件文档不仅使读者难于理解,给使用者造成许多不便,而且会削弱对软件的管理(管理人员难以确认和评价开发工作的进展),增高软件的成本(一些工作可能被迫返工),甚至造成更加有害的后果(如错误操作等)。

造成软件文档质量不高的原因可能是:

①缺乏实践经验,缺乏评价文档质量的标准。

②不重视文档编写工作或是对文档编写工作的安排不恰当。

最常见到的情况是,软件开发过程中不能分阶段及时完成文档的编制工作,而是在开发工作接近完成时集中人力和时间专门编写文档。另一方面和程序编写工作相比,许多人对编制文档不感兴趣。于是在程序编写工作完成以后,不得不应付一下,把要求提供的文档赶写出来。这样的做法不可能得到高质量的文档。实际上,要得到真正高质量的文档并不容易,除去应在认识上对文档工作给予足够的重视外,常常需要经过编写初稿,听取意见进行修改,甚至要经过重新改写的过程。

高质量的文档应当体现在以下方面。

(1)针对性

文档编制以前应分清读者对象,按不同的类型、不同层次的读者,决定怎样适应他们的需要。例如,管理文档主要是面向管理人员的,用户文档主要是面向用户的,这两类文档不应像开发文档(面向软件开发人员)那样过多地使用软件的专业术语。

(2)精确性

文档的行文应当十分确切,不能出现多义性的描述。同一课题若干文档内容应该协调一致。

(3)清晰性

文档编写应力求简明,如有可能,配以适当的图表,以增强其清晰性。

(4)完整性

任何一个文档都应当是完整的、独立的,它应自成体系。例如,前言部分应作一般性介绍,正文给出中心内容,必要时还有附录,列出参考资料等。同一课题的几个文档之间可能有些部分相同,这些重复是必要的。例如,同一项目的用户手册和操作手册中关于本项目功能、性能、实现环境等方面的描述是没有差别的。特别要避免在文档中出现转引其他文档内容的情况。比如,一些段落并未具体描述,而用"见××文档××节"的方式,这将给读者带来许多不便。

(5)灵活性

各个不同的软件项目,其规模和复杂程度有着许多实际差别,不能一律看待。文档是针对中等规模的软件而言的。对于较小的或比较简单的项目,可做适当调整或合并。比如,可将用户手册和操作手册合并成用户操作手册;软件需求说明书可包括对数据的要求,从而去掉数据要求说明书;概要设计说明书与详细设计说明书合并成软件设计说明书等。

(6)可追溯性

由于各开发阶段编制的文档与各阶段完成的工作有着紧密的关系,前后两个阶段生成的文档,随着开发工作的逐步扩展,具有一定的继承关系。在一个项目各开发阶段之间提供的文档必定存在着可追溯的关系。例如,某一项软件需求,必定在设计说明书,测试计划以及用户手册中有所体现。必要时应能做到跟踪追查。

### 4.2.3　软件文档的管理和维护

在整个软件生存期中,各种文档作为半成品或是最终成品,会不断生成、修改或补充。为了最终得到高质量的产品,必须加强对文档的管理。以下几个方面是应当作到的。

①软件开发小组应设一位文档保管员,负责集中保管本项目已有文档的两套主文本。这两套主文本的内容完全一致。其中的一套可按一定手续,办理借阅。

②软件开发小组的成员可根据工作需要在自己手中保存一些个人文档。这些一般都应是主文本的复制件,并注意与主文本保持一致,在做必要的修改时,也应先修改主文本。

③开发人员个人只保存着主文本中与他工作有关的部分文档。

④在新文档取代旧文档时,管理人员应及时注销旧文档。在文档的内容有更动时,管理人员应随时修订主文本,使其及时反映更新了的内容。

⑤项目开发结束时,文档管理人员应收回开发人员的个人文档。发现个人文档与主文本有差别时,应立即着手解决。这往往是在开发过程中没有及时修订主文本造成的。

⑥在软件开发的过程中,可能发现需要修改已完成的文档。特别是规模较大的项目,主文本的修改必须特别谨慎。修改以前要充分估计修改可能带来的影响,并且要按照提议、评议、审核、批准、实施的步骤加以严格的控制。

软件产品(包括文档和程序)在开发的不同时期具有不同的组合。这个组合随着软件开发工作的进展而在不断变化,这就是软件配置的概念。

软件文档,作为一类配置项,必须纳入配置管理的范围。在整个软件生存期内,通过软件配置管理,控制这些配置项的投放和更改、记录并报告配置的状态和更改要求、验证配置项的完全性和正确性,以及系统级上的一致性。上面所提及的文档保管员,可能就是软件配置管理员。可通过软件配置信息数据库,对配置项(主要是文档)进行跟踪和控制。

## 4.3　软件开发工具

软件工具是用来辅助软件的开发、运行、维护、管理和支持等活动的软件系统。目前有两种层次的软件开发工具,一种是孤立的单个软件开发工具,用于支持软件开发过程中的某项特定活动,这类工具彼此独立,具有不同的用户界面和数据存储格式,难以进行通信和数据的共享与交换,极大地限制了软件工具效能的发挥;另一种是集成化的 CASE 环境,它将软件开发不同阶段用到的工具进行集成,使其有一致的用户界面和可以共享的数据库。

在软件的开发活动中,使用强有力的、方便适用的软件开发工具可以大大提高软件开发活动的效率和质量,促进软件产业的发展。

### 4.3.1　软件开发工具概述

软件工具是用来辅助软件的开发、运行、维护、管理和支持等活动的软件系统,按照软件活动的不同阶段,可以把软件工具分为软件开发工具、软件维护工具、软件管理与支持工具。软件工具是指可以很方便地把一种编程语言代码化并编译执行的工具。在软件的开发活动中,使用强有力的、方便适用的软件开发工具可以大大提高软件开发活动的效率和质量,促进软件产业的发展。

1. 分析工具

分析工具是指用来辅助软件开发人员完成软件系统需求分析活动的软件工具。可以帮助系统分析人员根据需求的定义,生成完整、清晰、一致的功能规范。功能规范是软件所要完成功能的准确而完整地描述,是软件设计者和实现者进行软件开发的依据。软件系统的功能规范要能够准确并完整地表述用户对软件系统的功能需求。

软件分析工具主要包括三种类型:基于自然语言或图形描述的需求分析工具;基于形式化需求定义语言的工具和其他需求分析工具。典型的有 Rational 公司的 Analyst Studio 需求分析工具软件,它是成套的需求分析工具软件,用于对应用问题进行分析和系统的定义,适合于团队联合开发使用。

Analyst Studio 包括以下内容。

(1)Rational Requisite Pro

用来帮助开发人员在整个开发生命周期中创建与管理需求的一类需求管理软件。

(2)Rational Rose Data Modeler Edition

这是 Rational Rose 的专业版,在功能上组合了 Rational Rose Data Modeler Edition 软件的核心部分,再加入了 Data Modeler,能支持数据库设计。一般使用工业标准的 UML,帮助开发者以图形的方式交流在软件总体结构中的各类需求。

(3)Rational Clear Quest

一个请求的变更管理系统,帮助开发团队根据所发现缺陷和增强功能等请求进行跟踪或采取相应的措施。

(4)Rational SoDA for Word

自动生成软件文档集,使文档资料的产生与管理自动化,并根据软件开发计划做出有关报告。

(5)Rational Unified Process

一个面向对象和网络化的程序开发方法本,用于为软件工程定义作用与过程。

## 2.设计工具

设计工具是指那些可用来帮助软件开发人员完成软件系统的设计活动的软件工具。软件开发人员通过使用设计工具可以根据在软件的需求分析阶段获得的功能规范,生成与之对应的软件设计规范。软件系统的设计规范对于软件开发活动具有十分重要的意义,它是软件开发人员进行程序编码的主要依据。

软件系统的设计规范常用于对软件的组织和内部结构进行描述。设计规范可分成概要设计规范和详细设计规范两个部分。其中,概要设计规范用来说明软件系统的功能模块结构和相互之间的调用与数据传输关系;详细设计规范用来说明软件系统内部各个功能模块中包含的具体算法和数据结构。

目前,软件设计工具主要包括三种类型:基于图形描述、语言描述的设计工具;基于形式化描述的设计工具;面向对象的设计工具。许多开源的设计工具有着和付费工具同样强大的功能,并且是免费的。使用这些工具,不仅能够节省开销,同时还能帮助工作人员出色的完成日常工作。典型的有 Enterprise Architect,它是一个基于 UML 的 Visual CASE 工具,主要用于设计、编写、构建和管理以目标为导向的软件系统。

## 3.编码工具

编码工具是用于辅助程序员使用某种程序设计语言编制源程序,并对源程序进行翻译,最终转换成可执行的代码。

编码工具主要包括编辑程序、汇编程序、编译程序、调试程序等。

①编辑程序完成程序代码的输入和编辑。任何一种文本编辑程序都可以用做程序的编辑程序。

②汇编程序完成将汇编程序代码转化为功能等价的机器语言代码。

③编译程序完成将文本形式的源代码转化为功能等价的机器语言代码。

④调试程序用于帮助程序员发现和修改程序中存在的错误。

这些编码工具既可能是一个集成的程序开发环境，其中集成了源代码的编辑程序、生成可执行代码的编译程序和链接程序、用于原代码排错的调试程序，以及用于产生可供发布产品的发布程序。典型例子有 Microsoft 公司的 Visual C＋＋、Visual Basic 和 Borland 公司的 Delphi、C＋＋Builder。也可以是一个非集成的程序开发环境，其中的编辑、编译、链接等功能由彼此独立的应用程序提供的，这些工具并没有被集成在一个统一的开发环境和用户界面。例如，Sun 公司的 JDK 就是一个非集成的程序开发环境。

**4.调试工具**

也称排错工具，常用于在程序编码过程中，及时地发现和排除程序代码中的错误和缺陷。调试工具主要分为：源代码调试程序和调试程序生成程序两类。

（1）源代码调试程序

一般由执行控制程序、执行状态查询程序和跟踪包组成，用于帮助程序开发人员了解程序的执行状态和查询相关数据信息，发现和排除程序代码中存在的错误和缺陷。执行控制程序时可使用其断点定义、断点撤销、单步执行、断点执行、条件执行等功能。状态查询程序用于帮助程序员了解程序执行过程中寄存器、堆栈、变量和其他数据结构中存储的数据与信息。跟踪包用于跟踪程序执行过程中所经历的事件序列。通过对程序执行过程中各种状态的判别，程序员可以进行程序错误的识别、定位和纠正，完成程序的调试工作，确保软件产品的质量和可靠性。

（2）调试程序生成程序

调试程序生成程序是一种通用的调试工具，可以通过针对给定的程序设计语言，生成一个相应的源代码调试程序。在早期的程序开发过程中，编码工具和调试工具没有被集成在一块，而是两个独立的个体。编码工具一般采用通用的文本编辑软件，而调试工具是由操作系统提供的，与具体的程序设计语言无关。软件开发人员通常需要用编码工具完成源代码程序的编辑、修改；再调用编译器完成对源代码的编译；接着调用调试工具发现程序中的错误和缺陷；最后使用编码工具完成对程序中错误的修改和纠正。

**4.3.2　软件开发工具的评测**

在软件开发过程中，选择理想的开发工具能够明显的提高软件开发的质量和效率，降低软件开发的成本。通常，可以根据以下几个标准来评价一个软件开发工具的优劣程度，并选择一个适合程序开发的工具。

（1）功能

选择软件开发工具时，首先要保证所选的工具具有完备的开发功能，这是进行软件开发最根本的要求。软件开发工具不仅要实现所遵循的功能要求，支持用户所采用的开发方法，还应该具备一些有用的辅助功能，如自动保存、语法检查等。

（2）硬件要求

软件开发工具本身是一个软件程序，需要在一定的硬件平台上运行，且它的运行也需要占用一定的存储资源和计算资源。因此选择一个硬件要求适当的软件开发工具可以为开发人员节省相应的硬件开销和开发成本。

（3）性能

软件开发工具的运行速度等性能指标会直接影响工具的使用效果。选择一个高效率的软件开发工具可以有效地提高软件开发的速度和效率。

（4）方便性

选择的软件开发工具应该具有十分友好的用户界面，方便用户的使用。软件开发工具的界面应能裁剪和定制，以适应特定用户的需要，提供简单有效的执行方式。

（5）服务和支持

软件开发工具因其功能相对强大，因此使用起来相对复杂，且对使用者有较高的要求。这就要求软件开发工具的生产厂商应该为工具提供及时有效的技术服务和支持，例如软件使用的咨询和培训、软件版本的更新、错误和缺陷的及时修复，同时还应该提供关于软件开发工具的齐全而详尽的说明文档。

### 4.3.3　常见开发工具

1.Java 开发工具

（1）JDK（Java Development Kit）Java 开发工具集

采用 JDK 开发 Java 程序，可以方便初学者很快理解程序中各部分代码之间的关系，以及 Java 中所体现的面向对象的设计思想。同时，JDK 还有一个显著特点，它会随着 Java（J2EE、J2SE 以及 J2ME）版本的升级而升级。但它也存在非常明显的缺点，那就是从事大规模企业级 Java 应用开发非常困难，而且不能进行复杂的 Java 软件开发，也不利于团体协同开发。

（2）Java Workshop

Java Workshop 完全用 Java 语言编写，是当今市场上销售的第一个完全的 Java 开发环境，也是一套集成在单一环境中的完整工具，常用于 Java 编程的管理。它使用高度模块化结构，因此很容易就可以将新增的工具插入到整个结构中。

Java Workshop 1.0 是 Sun MicroSystems 公司于 1996 年推出的，这是业界出现的第一个供 Internet 网使用的多平台开发工具，满足了各公司开发 Internet 和 Intranet 应用软件的需要。目前 Java Workshop 的最新版本是 3.0。

Java Workshop 的特点表现如下：

①结构易于创建。在创建平台中立的网格结构方面，Java Workshop 比其他任何一种 Java 开发工具都要方便。

②可视化编程。可视化编程是 Java Workshop 很基本的特性。Java Workshop 允许程序员重新安排这些操作，甚至可以确定触发操作行为的过滤器。Java Workshop 产生的模板带有许多注释，这对于开发人员来说是很方便的。

此外，Java Workshop 还支持 JDK1.1.3 以及 JavaBeans 组件模型，API 和语言特征增加了编译 Java 应用程序的灵活性。由于 Java WorkShop 开发环境完全是用 Java 写成的，所以可移植性极好，多个平台都能支持。目前 Java Workshop 支持 Solaris 操作环境 SPARC 及 Intel 版、Windows 95、Windows NT，以及 HP/Ux 等平台。Java Workshop 存在的最大缺点是：Java Workshop 中的每一个可视化对象都需要用到网格布局，且其调色板较差，仅能满足绝大部分应用的基本要求。

（3）NetBeans 与 Sun Java Studio 5

NetBeans 是业界第一款支持创新型 Java 开发的开放源码 IDE，适用于各种客户机和 Web 应用。开发人员可以利用业界强大的开发工具来构建桌面、Web 或移动应用。同时，通过 NetBeans 和开放的 API 的模块化结构，第三方能够非常轻松地扩展或集成 NetBeans 平台。Sun Java Studio 是 Sun 公司最新发布的商用全功能 Java IDE，支持 Solaris、Linux 和 Windows 平台，适于创建和部署 2 层 Java Web 应用和 n 层 J2EE 应用的企业开发人员使用。

NetBeans 是一个功能开放的源码 Java IDE，可以帮助开发人员编写、编译、调试和部署 Java 应用，并将版本控制和 XML 编辑融入其众多功能之中。NetBeans 可支持 Java 2 平台标准版（J2SE）应用的创建、采用 JSP 和 Servlet 的 2 层 Web 应用的创建，以及用于 2 层 Web 应用的 API 及软件的核心组的创建。此外，NetBeans 最新版还预装了两个 Web 服务器，即 Tomcat 和 GlassFish，从而免除了繁琐的配置和安装过程。所有这些都为 Java 开发人员创造了一个可扩展的开放源多平台的 Java IDE，以支持他们在各自所选择的环境中（如 Solaris、Linux、Windows 或 Macintosh）从事开发工作。目前最新版本的 NetBeans 是 6.8。

（4）JBuilder

JBuilder 是 Borland 公司针对 Java 开发的开发工具，使用 JBuilder 将可以快速、有效的开发各类 Java 应用。JBuilder 的核心有一部分采用了 VCL 技术，使得程序的条理非常清晰，就算是初学者，也能完整的看完整个代码。JBuilder 满足很多方面的应用，尤其是对于服务器方及 EJB 开发者们来说。下面简单介绍一下 JBuilder 的特点。

①JBuilder 支持最新的 Java 技术，包括 Applets、JSP/Servlets、JavaBean 以及 EJB（Enterprise JavaBeans）的应用。

②使用 JBuilder 可以自动地生成基于后端数据库表的 EJB Java 类，同时 JBuilder 还简化了 EJB 的自动部署功能。此外，它还支持 CORBA，其相应的向导程序有助于用户全面地管理 IDL（Interface Definition Language，分布应用程序所必需的接口定义语言）和控制远程对象。

③JBuilder 支持各种应用服务器。JBuilder 与 Inprise Application Server 紧密集成，同时支持 WebLogic Server，支持 EJB 1.1 和 EJB 2.0，可以快速开发 J2EE 的电子商务应用。

④JBuilder 支持使用 Servlet 和 JSP 开发和调试动态 Web 应用。

⑤利用 JBuilder 可创建纯 Java 2 应用。由于 JBuilder 是用纯 Java 语言编写的，其代码不含任何专属代码和标记。

⑥JBuilder 拥有专业化的图形调试界面，支持远程调试和多线程调试，同时其调试器支持各种 JDK 版本，包括 J2ME/J2SE/J2EE。

使用 JBuilder 环境开发程序比较方便，同时它是纯的 Java 开发环境，适合企业的 J2EE 开发。但一开始人们往往难于把握整个程序各部分之间的关系，且对机器的硬件要求较高，当内存应用紧张是，其运行速度就相对显得较慢。

（5）JDeveloper

JDeveloper 是 Oracle 公司开发的 Java 集成开发环境（IDE）。Oracle JDeveloper 为构建具

有 J2EE 功能,多层的 JAVA 应用程序提供了一个完全集成的开发环境。它为运用 Oracle 数据库和应用服务器的开发人员提供特殊功能和增强性能,除此以外,它也有资格成为多种用途 JAVA 开发的一个强大的工具。

Oracle JDeveloper 的主要特点如下:

① 具有 UML(Unified Modeling Language,统一建模语言)建模功能,可以将业务对象及 e-business 应用模型化。

② 配备有高速 Java 调试器(Debuger)、内置 Profiling 工具、提高代码质量的工具 CodeCoach 等。

③ 支持 SOAP(Simple Object Access Protocol,简单对象访问协议)、UDDI(Universal Description, Discovery and Integration,统一描述、发现和集成协议)、WSDL(Web Services Description Language,Web 服务描述语言)等服务标准。

Oracle JDeveloper 完全由 Java 编写,能够与以前的 Oracle 服务器软件以及其他厂商支持 J2EE 的应用服务器产品相兼容,而且在设计时着重针对 Oracle 公司的其他产品,能够实现无缝化跨平台之间的应用开发。此外,它提供了业界第一个完整的、集成了 J2EE 和 XML 的开发环境,允许开发者快速开发可以通过 Web、无线设备及语音界面访问的 Web 服务和交易应用。但相对于初学者来说,其较复杂,学习起来比较难。

目前,最新版本是 Oracle JDeveloper 11g。

(6)IBM 的 Visual Age for Java

Visual Age for Java 是一个非常成熟的开发工具,它提供对可视化编程的广泛支持,支持利用 CICS 连接遗传大型机应用,支持 EJB 的开发应用,支持与 Websphere 的集成开发,方便的 Bean 创建和良好的快速应用开发(RAD)支持和无文件式的文件处理。

Visual Age for Java 支持团队开发,内置的代码库可以自动地根据用户所做出发的改动而修改程序代码,从而可以很方便地对目前代码和早期版本进行比较。与 Visual Age 紧密结合的 Websphere Studio 本身并不提供源代码和版本管理的支持,它只包含了一个内置文件锁定系统,用于在编辑项目时防止其他人对这些文件的错误修改。此外,该软件还支持诸如 Microsoft Visual SourceSafe 这样的第三方源代码控制系统。Visual Age for Java 完全面向对象的程序设计思想使得开发程序非常快速、高效。用户可以不编写任何代码就能设计出一个典型的应用程序框架。

Visual Age for Java 独特的管理文件方式使其与外部工具的集成显得非常困难,也就是说你根本无法将 Visual Age for Java 与其他工具结合起来联合开发应用。

(7)BEA 的 WebLogic Workshop

BEA WebLogic Workshop 是一个统一、可扩展、简化的开发环境,所有的开发人员都能在 BEA WebLogic Enterprise Platform 之上构建基于标准的企业级应用,从而提高了开发部门的生产力水平,加快了价值的实现。

WebLogic Workshop 除了提供便捷的 Web 服务之外,还可以用于创建更多种类的应用。作为整个 BEA WebLogic Platform 的开发环境。不管是创建门户应用、编写工作流,还是创建 Web 应用,Workshop 都可以帮助开发人员更快、更好地完成。

WebLogic Workshop 的主要特点如下:

① 使 J2EE 开发切实可行,提高开发效率。

BEA WebLogic Workshop 使开发人员远离 J2EE 内在的复杂性,从而可以将更多的精力集中业务逻辑方面,而无须操心单调乏味的基础结构代码。正是由于 BEA WebLogic Workshop 的这个特点,最终促使它被大多数不熟悉 Java 和 J2EE 的应用开发人员所掌握,从而使 IT 部门的工作效率提高一个数量级。

Workshop 简化的程序设计模型,使开发人员可以不必掌握复杂的 J2EE API 和面向对象的程序设计原理。所有开发人员,包括 J2EE 专家和具有可视化和过程化语言技能的应用开发人员在内,都可以共同工作在 BEA WebLogic Enterprise Platform 之上。Workshop 的可视化开发环境相对较弱,但 J2EE 和其他高级开发人员,借助功能强大的代码编辑功能,可以访问 Java 源代码,从而弥补了可视化设计器的不足。

② 构建企业级应用。

通过在可伸缩、安全可靠的企业级架构上实施各种应用,以及所有应用的创建都使用标准的 J2EE 组件,既降低了技术投资及开发应用的风险,又保持了其最大的灵活性。

BEA WebLogic Workshop 运行框架是统一整个架构的汇聚层,可以使单一、简化的程序设计模型扩展到所有的 BEA WebLogic Enterprise Platform 应用类型。而通过解释设计时创建的注释代码,以及运行时框架可以实现必要的 J2EE 组件,并且提取出与 J2EE 应用开发有关的所有底层细节。

③ 降低 IT 复杂性。

BEA WebLogic Workshop 提供各种 Java 控件,使得其与 IT 资源的连接更加方便。另外,在构建任何 BEA WebLogic Platform 的应用中,Java 控件不仅可扩展,而且完全相同。这种强大、有效的方法不仅降低了 IT 技术的复杂性,优化信息的可用性,还促进了包含"最佳业务方案"的可重用服务的开发,使开发人员能以更低的成本,在更短的时间内实现更大的产出。

综上所述,利用 BEA WebLogic Workshop,任何开发人员都能以最大的生产效率,构建各种 Web 服务、Web 应用、门户和集成项目。

BEA WebLogic Workshop 是 BEA 的产品战略核心,用于帮助客户接触和利用面向服务架构 SOA 的强大功能,并极大简化了当前实际企业集成环境中企业级应用和服务的构建,成为全面支持关键企业级应用(如异步、真正松耦合和粗粒度消息传送等)的自然选择。但它也存在过于复杂的缺点,对于初学者来说,理解起来较为困难。

(8)WebGain 的 Visual Cafe for Java

Visual Cafe 是一个只能在 Symantec 公司的 Java 虚拟机、Netscape 公司的 Java 虚拟机和 Microsoft 虚拟机上工作的调试器。正是由于这个特性,用户开发的 Java 代码中的许多软件 bug 就可能会在某种特定的虚拟机上起作用。

在修改后进行编译及继续调试时,Visual Cafe 会自动将文件存盘。使用 Visual Cafe 创建的原生应用具有许多特点,除了速度明显的提高之外,Symantec 还使类库的二进制方式比正常的 JDK 小,并且还可以为所指定的关系自动生成或更新必要的 Java 代码。利用 Visual Cafe,用户可以从一个标准对象数据库中集合完整的 Java 应用程序和 Applet,而不必再编写源代码。此外,Visual Cafe 还提供了一个扩充的源代码开发工具集。

Visual Cafe 综合了 Java 软件的可视化源程序开发工具,它允许开发人员在可视化视图和源视图之间进行有效地转换。同时,在可视化视图中进行的修改会立即反映在源代码中,对源代码的改变自动更新可视化视图。

Visual Cafe 还具有许多源文件方面的特性,如全局检索和替换。Visual Cafe 提供了非常全面的用户指南,它对最开始的安装到创建第一个 Java 应用和 Applet 都提供了全面的帮助,Visual Cafe 将自动生成所指明关系的必要 Java 代码。利用这个特性用户就可以在不知道工具每一部分的特定功能的情况下开始创建自己的应用。

Visual Cafe 可以在 Windows 95 和 Windows NT 平台下运行,此外,针对 Macintosh 操作系统,Symantec 公司为 Java 开发工作提供一个 RAD 工具。Visual Cafe 编译器速度很快,在国际化支持方面尤为突出。但它相对于初学者来说,是比较复杂且难理解的。

(9)Macromedia 的 JRun

Macromedia 公司的 JRun 是一个具有广阔适用性的 Java 引擎,用于开发及实施由 Java Servlets 和 JavaServer Pages 编写的服务器端 Java 应用。JRun 是第一个完全支持 JSP 1.0 规格书的商业化产品,全球有超过 80 000 名开发人员使用 JRun 在他们已有的 Web 服务器上添加服务器端 Java 的功能,其中这些 Web 服务器包括 Microsoft IIS、Netscape Enterprise Server、Apache 等。

JRun 是开发实施服务器端 Java 的先进引擎。如果需要在 Web 应用中添加服务器端 Java 功能,那么 JRun 就是正确选择。

JRun 是第一个支持 Java Server Pages(JSP)规格书 1.0 的商业化产品。JSP 是一种强大的服务器端技术,常用于创建复杂 Web 应用的一整套快速应用开发系统。利用 JRun 我们可以开发并测试 Java 应用。它最多接受 5 个并发的连接,并且包括全部 Java Servlet API,支持 JavaServer Pages(JSP),支持所有主要的 Web Servers 和计算机平台。

JRun Pro 能够在生产环境下承受大访问量的负载,帮助我们实施应用、服务或 Web 站点(包括内联网)。JRun Pro 支持无限量并发式连接运行多个 Java 虚拟机,包括多个并发的 Java 虚拟机(JVM),并提供一个远程管理 Applet 以及一个远程可再分布式的管理 Applet。JRun Pro Unlimited 包括了所有 JRun Pro 的功能,同时还可以运行无限量的、并发的 JVM。

JRun 依靠其内置的 JRun Web Server 可以单独运行。最重要的一点是,由于 servlets 的平台独立性,以及更加简单的开发、更快速的实施、更经济的维护成本,使 JRun 成为 CGI(Common Gateway Interface)或 Perl Scripts 极佳的替代产品。

(10)JCreator

JCreator 是一个 Java 程序开发工具,也是一个 Java 集成开发环境(IDE)。无论是你想要开发 Java 应用程序或者网页上的 Applet 元件都可以使用它。在功能上 JCreator 比 Sun 公司所公布的 JDK 等文字模式开发工具更容易操作,而且还允许使用者自定义操作窗口界面及无限 Undo/Redo 等功能。

JCreator 为用户提供了诸多强大的功能,例如项目管理功能,项目模板功能,可个性化设置语法高亮属性、行数、类浏览器、标签文档、多功能编绎器,向导功能以及完全可自定义的用户界面。通过 JCreator,我们可以在不激活主文档的前提下直接编绎或运行 Java 程序。

在 JCreator 中,我们可以通过一个批处理同时编译多个项目。JCreator 能自动找到包含主函数的文件或包含 Applet 的 Html 文件,然后运行适当的工具。JCreator 的设计比较接近 Windows 界面风格,从而更能提高我们对软件的熟悉程度。JCreator 的最大特点是能够与机器中所装的 JDK 完美结合,这是其他任何一款 IDE 所不能比拟的。而且还是一种初学者很容易上手的 Java 开发工具,但是它只能进行简单的程序开发,不能进行企业 J2EE 的开发应用。

(11) Microsoft VJ++

Visual J++ 是 Microsoft 公司推出的可视化的 Java 语言集成开发环境(IDE),是一个相当出色的开发工具,为 Java 编程人员提供了一个新的开发环境。Visual J++无论是在集成性、编译速度、调试功能,还是易学易用性方面,都充分体现了 Microsoft 的一惯风格。

Visual J++ 具有下面的特点:

①Visual J++ 把 Java 虚拟机(JVM)作为独立的操作系统组件放入 Windows,使之从浏览器中独立出来。

②Microsoft 的应用基本类库(Application Foundation Class Library,AFC)对 Sun 公司的 JDK 作了扩展,使应用基本类库更加适合在 Windows 下使用。

③Visual J++ 的调试器支持动态调试,包括单步执行、设置断点、观察变量数值等。

④Visual J++ 提供了一些程序向导(Wizards)和生成器(Builders),它们可以方便地帮助用户快速地生成 Java 程序或在自己的工程中创建和修改文件。

⑤Visual J++ 界面友好,其代码编辑器具有智能感知、联机编译等功能,从而极大的方便了程序的编写过程。此外,Visual J++ 中建立了 Java 的 WFC,能够直接访问 Windows 应用程序接口(API),从而使用户能够用 Java 语言编写完全意义上的 Windows 应用程序。

⑥Visual J++ 中表单设计器的快速应用开发特性使用 WFC 创建基于表单的应用程序变得轻松、简单。通过 WFC,用户可以方便地使用 ActiveX 数据对象(ActiveX Data Objects, ADO)来检索数据和执行简单数据的绑定。通过在表单设计器中使用 ActiveX 数据对象,可以快速地在表单中访问和显示数据。

尽管 Visual J++结合了微软的一贯的编程风格,能够很方便进行 Java 的应用开发,但它的移植性较差,不是纯的 Java 开发环境。

(12) Eclipse

Eclipse 是一种开放源代码的、基于 Java 的可扩展开发平台,于 2001 年 11 月由 IBM 公司出资组建了 Eclipse 联盟,并由该联盟负责这种工具的后续开发。集成开发环境(IDE)经常将其应用范围限定在"开发、构建和调试"的周期之中。为了打破集成开发环境(IDE)的这种局限性,业界厂商合作创建了 Eclipse 平台。Eclipse 允许在同一 IDE 中集成来自不同供应商的工具,并实现工具之间的相互操作,从而显著改变了项目工作流程,使开发者可以专注在实际的嵌入式目标上。

Eclipse 专注于为高度集成的工具开发提供一个全功能的、具有商业品质的工业平台。它主要由 Eclipse 项目、Eclipse 工具项目和 Eclipse 技术项目三个项目组成,具体包括四个部分——Eclipse Platform、JDT、CDT 和 PDE。JDT 支持 Java 开发、CDT 支持 C 开发、PDE 用来支持插件开发,Eclipse Platform 则是一个开放的可扩展 IDE,提供了一个通用的开发平台。Eclipse Platform 允许工具建造者独立开发与他人工具无缝集成的工具,而无须分辨一个工具功能在哪里结束,另一个工具功能在哪里开始。

Eclipse 框架的这种灵活性来源于其扩展点。它们是在 XML 中定义已知接口,并充当插件的耦合点。扩展点的范围包括从用在常规表述过滤器中的简单字符串,到一个 Java 类的描述。任何 Eclipse 插件定义的扩展点都能够被其他插件使用,反之,任何 Eclipse 插件也可以遵从其他插件定义的扩展点。除了扩展点定义的接口外,插件并不知道通过扩展点提供的服务是如何被使用的。

利用 Eclipse,我们可以将高级设计(也许是采用 UML)与低级开发工具(如应用调试器等)结合在一起。Eclipse 的最大特点是它能接受由 Java 开发者自己编写的开放源代码插件,Eclipse为工具开发商提供了更好的灵活性,使他们能更好地控制自己的软件技术。

(13)Ant

Ant(Another Neat Tool)是一种基于 Java 的 build 工具,有些类似于(UNIX)C 中的 make,但没有 make 的缺陷。类似于 make 的工具本质上是基于 shell(语言)的,其开发者在设计 Ant 时充分计算依赖关系,然后执行命令,从而使我们可以很容易地通过使用 OS 特有的或编写新的(命令)程序扩展该工具。

与基于 shell 命令的扩展模式不同,Ant 用 Java 的类来扩展。用户不必编写 shell 命令,且配置文件是基于 XML 的,通过调用 target 树,就可执行各种 task,并且每个 task 都由一个实现了特定 Task 接口的对象来运行。

Ant 支持一些可选 task,一个可选 task 一般需要额外的库才能工作。可选 task 与 Ant 的内置 task 分开,单独打包。这个可选包可以从与 Ant 相同的地方下载。Ant 本身就是这样一个流程脚本引擎,用于自动化调用程序完成项目的编译,打包,测试等。除了基于 Java 是平台无关的外,脚本的格式是基于 XML 的,因此比起 make 脚本更易维护。

Ant 是 Apache 提供给 Java 开发人员的构建工具,它不仅开放源码,还是一个非常好用的工具,并且可以在 Windows OS 和 UNIX OS 下运行。Ant 是 Apache Jakarta 中一个很好用的 Java 开发工具,Ant 配置文件采用 XML 文档编写,所以其语法相当容易理解。Ant 是专用于 Java 项目平台,能够用纯 Java 来开发,它能够运行于 Java 安装的平台,说明它的跨平台功能很强。但是它显示执行结果只能是 DOS 字符界面,且不能进行复杂的 Java 程序开发。

(14)IntelliJ

IntelliJ IDEA 是一款综合的 Java 编程环境,被许多开发人员和行业专家誉为市场上最好的 IDE。它提供了一系列最实用的工具组合,如智能编码辅助和自动控制,支持 J2EE、Ant、JUnit 和 CVS 集成,非平行的编码检查和创新的 GUI 设计器。IDEA 把 Java 开发人员从一些耗时的常规工作中解放出来,从而显著地提高了开发效率。

IntelliJ IDEA 具有运行更快速,生成更好的代码,持续的重新设计使日常编码变得更加简易,从而提高了程序员的编程速度。同时,它还具有与其他工具的完美集成,以及很高的性价比等特点。IntelliJ IDEA 包括了很多辅助的功能,并且与 Java 结合得相当好。不同的工具窗口围绕在主编程窗口周围,当鼠标点到时即可打开,不用时也可轻松关闭,使用户得到了最大化的有效屏幕范围。另外,它还提供了通常的监视,分步调试以及手动设置断点功能,在这种断点模式下,用户可以自动地在断点之外设置现场访问,甚至可以浏览不同的变量的值。IDE 支持多重的 JVM 设置,几个编译程序和 Ant 建造系统,从而使得设置多重的自定义的类途径变得简单。

IntelliJ Idea 是一个相对较新的 Java IDE,也是 Java 开发环境中最为有用的一个,高度优化的 IntelleJ Idea 使普通任务变得相当容易。Idea 支持很多整合功能,更重要的是可以使它们的设计更容易使用。Idea 支持 XML 中的代码实现,同时还可以校正 XML。Idea 支持 JSP 的结构,作用于普通 Java 代码的众多功能同样适用于 JSP(比如整合功能),同时支持 JSP 调试,支持 EJB。Idea 支持 Ant 建立工具,不仅是运行目标,它还支持编译与运行程序前后运行目标,另外也支持绑定键盘快捷键。在编辑一个 Ant 建立 XML 文件时,Idea 还对组成 Ant 工程的 XML 部分提供支持。IntelliJ IDEA 以其聪明的即时分析和方便的 refactoring 功能被称为是最好的

Java IDE 开发平台。但其缺点是较复杂,对初学者来说,理解起来比较困难。

目前常用的 Java 项目开发环境有 JBuilder、VisualAge for Java、Forte forJava、Visual Cafe、Eclipse、NetBeans IDE、JCreator +J2SDK、jdk+记事本、EditPlus+ J2SDK 等。一般开发 J2EE 项目时都需要安装各公司的应用服务器(中间件)和相应的开发工具,在使用这些开发工具之前,建议用户事先了解这些软件的优点和缺点,以便根据实际情况选择应用。

编程工具只是工具,为了方便人们工作而开发的,各有特点,因此选工具主要依据自己所从事的领域,而不是盲目跟随潮流,单纯的认为那种工具好,那种工具不好。希望大家都能找到自己合适的 Java 开发工具。

**2. 数据库开发工具**

(1)VB

VB 全称 Visual Basic,是由美国微软公司于 1991 年以 Basic 语言作为其基本语言开发的一种可视化、面向对象和采用事件驱动方式的编程工具,可用于开发 Windows 环境下的各类应用程序。在 Visual Basic 环境下,利用事件驱动的编程机制、新颖易用的可视化设计工具,使用 Windows 内部的广泛应用程序接口(API)函数,动态链接库(DLL)、对象的链接与嵌入(OLE)、开放式数据连接(ODBC)等技术,可以高效、快速地开发 Windows 环境下功能强大、图形界面丰富的应用软件系统。

总体来说,VB 具有以下特点:

①面向对象。

VB 采用了面向对象设计思想,其目的是把复杂设计问题分解为一个个能够完成独立功能且相对简单对象集合。这里所说的"对象"就是指一个可操作的实体,如窗体、按钮、标签、文本框等。使用面向对象编程时,程序员可根据界面设计要求直接在屏幕上设计出窗口、菜单、按钮等类型对象,并为这些对象设置属性。

②事件驱动。

Windows 环境是以事件驱动方式运行每个对象的,这些对象都能响应多个区别事件,每个事件都能驱动段代码,该代码实现了对象功能,通常我们将这种机制称为事件驱动。事件可由用户操作触发也可以由系统或应用触发,例如单击个命令按钮就触发了按钮 Click 事件,该事件中代码就会被执行,若用户未进行任何操作,则处于等待状态。整个应用就是由彼此独立事件过程构成的。

③软件 Software 集成式开发。

VB 为编程提供了一个集成开发环境,在这个环境中编程者可设计界面、编写代码、调试直至把应用编译成可在 Windows 中运行的可执行文件,并为它生成安装。可以说 VB 提供的这种集成开发环境为编程者提供了很大方便。

④结构化设计语言。

VB 具有丰富数据类型,是一种符合结构化设计思想语言,而且简单易学。

⑤强大数据库访问功能。

利用数据 Control 控件 VB 可以访问多种数据库。此外,VB 6.0 提供的 ADOControl 控件不但可以用最少代码实现数据库操作和控制,也可以取代 DataControl 控件和 RDOControl 控件。

⑥支持对象链接和嵌入技术。

VB支持对象链接和嵌入（OLE）技术，利用 OLE 技术能够开发集声音、图像、动画、字处理、Web 等对象于一体应用程序。

⑦网络功能。

VB 6.0 提供了 DltTML 设计工具，利用这种工具可以动态创建和编辑 Web 页面，使用户在VB 环境中开发多功能网络应用程序。

⑧多个应用向导。

VB 提供了多种向导如应用向导、安装向导、数据窗体向导和数据对象向导，通过对这些向导的应用，可以快速地创建不同类型和功能应用程序。

⑨支持动态交换、动态链接技术。

通过动态数据交换（DDE）编程技术，VB 开发应用能与其他 Windows 应用之间建立数据通信；通过动态链接库技术，在 VB 中可方便地用 C 语言或汇编语言编写，也可使用 Windows 应用接口等。

⑩联机帮助功能。

在 VB 中利用帮助菜单和 F1 快捷键可随时方便地得到所需要的信息，VB 帮助窗口中显示了相关的应用代码；通过复制、粘贴等操作，用户可获取大量代码，从而为学习和使用 VB 提供方便。

作为一种较早出现的开发程序，VB 以其容易学习，开发效率较高，具有完善的帮助系统等优点曾影响了好几代编程人员，是新人开发与系统无关的综合应用程序的首选，但是由于 VB 不具备跨平台，同时尽管 VB 对组件技术的支持是基于 COM 和 ActiveX 的，但在组件技术不断完善发展的今天，它就显出得相对落后了；使用 VB 进行系统底层开发也是相对复杂的，调用 API函数需声明，且不能进行 DDK 编程，更不可能深入 Ring0 编程，不能嵌套汇编；而且面向对象的特性差；网络功能和数据库功能也没有非常特出的表现，这些特性决定了 VB 在未来的软件开发中将会逐渐地退出其历史舞台。

（2）PB

PB 全称 PowerBuilder，是开发 MIS 系统和各类数据库跨平台的首选，从数据库前端工具来讲，甚至远远超过了 Oracle 的 Develop 系列等专门的工具；从通用语言角度来讲，功能也与 VB等不相上下，但其多媒体和网络功能与其他工具相比就显得较弱了。

PB 使用简单，容易学习，容易掌握，在代码执行效率上也有相当出色的表现。同时，它还是一种真正的 4GL 语言（第四代语言），可随意直接嵌套 SQL 语句，支持语句级游标，存储过程和数据库函数，是一种类似 SQLJ 的规范，在数据访问中具有无可比拟的灵活性。但是在系统底层开发中，PB 与 VB 犯了同样的错误，调用 API 函数需声明，调用不方便，不能进行 DDK 编程，不可能深入 Ring0 编程，不能嵌套汇编。尽管它在网络开发中提供了较多动态生成 Web 页面的用户对象和服务以及系统对象，非常适合编写服务端动态 Web 应用，有利于商业逻辑的封装，但是因其对网络通讯的支持不足，静态页面定制支持有限，使得 PB 在网络方面的应用范围非常窄，而且面向对象特性也不是太好。

（3）C++Builder/Delphi

这两种可视化开发工具都基于 VCL 库，且能够同时适用于开发数据库应用、网络及 Web 应用、分布式应用、可重用组件、系统软件、驱动程序、多媒体及游戏等所有软件的高效率开发环境，而且学习、使用也较为容易,充分提现了所见即所得的可视化开发方法,从而提高了开发效率。

由于C++Builder/Delphi都是Borland公司的产品,自然继承了该公司一贯以来的优良传统:代码执行效率高。但是它们也存在着不足之处,其帮助系统与其他众多编程工具相比显得比较差。同时,C++ Builder的VCL库是基于Object Pascal(面向对象 Pascal)的,使得C++ Builder在程序的调试执行方面都相对落后于其他编程工具。而Delphi存在的比较大的两个缺点则是它的基础语言不够通用,且开发系统软件功能不足。

(4)Visual C++

Visual C++是基于MFC库的可视化的开发工具,它在网络开发和多媒体开发都有良好的表现,又因为有微软的支持,其自身的基础语言的普及程度高,以及其代码的执行效率高等特性,且自带强大帮助文档和大量优质教材,使得VC++在数据库开发工具中始终可以稳住阵脚。尽管Visual C++使用C++作为其基本语言,但是在面向对象特性方面却不够完善,而且在组件支持上也不太好,虽然说除了支持COM、ActiveX外还支持CORBA,但是没有任何IDE支持,尤其存在的最大问题是开发效率也不高。

(5)Java编程工具

目前应用比较普遍的是Borland的JBuilder和IBM的Visual Age for Java。JBuilder继承了C++Builder/Delphi的特点,在可视化上做得非常不错,而且使用简便。由于Java本身语言的特点,使得它们适用于开发除了系统软件、驱动程序、高性能实时系统、大规模图像处理以外所有的应用,尤其在网络开发中更具有高人一等的表现,而且面向对象特性高,支持的组件技术也非常多,跨平台的特性也使得它在现在和未来的开发中占据越来越重要的地位。但是在系统底层开发和多媒体开发中却表现得并不让人那么满意,在一般的管理信息系统中和一般的数据库开发中,很少有人会选择Java,这主要是由于其开发环境较难配置。尽管Java本身不可直接调用API,但其内置了非常多的网络及互联网功能,同时可利用Servlet API,Java Bean API,以及JSP等协同开发功能强大的Web应用。

## 4.4　软件开发环境

软件开发环境(Software Development Environment,SDE)又称为集成式项目支持环境(Integrated Project Support Environment,IPSE),是支持软件系统/产品开发的软件系统。它是一组相关的软件工具的集合,将它们组织在一起,支持某种软件开发方法。

### 4.4.1　软件开发环境概述

#### 1.软件开发环境的特性

软件开发环境的具体组成可能千姿百态,但都包含交互系统、工具集和环境数据库,并具备下列特性:

①可用性。用户友好性、易学、对项目工作人员的实际支持等。

②自动化程度。在软件开发过程中,对用户所进行的频繁的、耗时的或困难的活动提供自动化的程度。

③公共性。公共性是指覆盖各种类型用户(如程序员、设计人员、项目经理和质量保证工作

人员等)的程度。或者指覆盖软件开发过程中的各种活动(如体系结构设计、程序设计、测试和维护等)的程度。

④集成化程度。集成化程度是指用户接口一致性和信息共享的程度。

⑤适应性。适应性是指环境被定制、剪裁或扩展时符合用户要求的程度。对定制而言,是指环境符合项目的特性、过程或各个用户的爱好等的程度。对剪裁而言,是指提供有效能力的程度。对扩展而言,是指适合改变后的需求的程度。

⑥价值。得益和成本的比率。得益是指生产率的增长,产品质量的提高、目标应用开发时间/成本的降低等。成本是指投资、开发所需的时间,培训使用人员到一定水平所需要的时间等。

### 2.软件开发环境的结构

一般说来,软件开发环境都具有层次式的结构,可区分为四层。

①宿主层。包括基本宿主硬件和基本宿主软件。

②核心层。一般包括工具组、环境数据库和会话系统。

③基本层。一般包括最少限度的一组工具,如编译工具、编辑程序、调试程序、连接程序和装配程序等。这些工具都是由核心层来支援的。

④应用层。以特定的基本层为基础,但可包括一些补充工具,借以更好地支援各种应用软件的研制。

### 3.软件开发环境的分类

目前世界上已有近百个大小不同的程序设计环境系统在使用,这些环境系统相互之间的差别很大。根据各种软件环境的特点,软件开发环境的类型包括:

①按研制目标分类。针对各个不同应用领域的程序设计环境,如开发环境、项目管理环境、质量保证环境和维护环境等。

②按环境结构来分类。基于语言的环境,基于操作系统的环境和基于方法论的环境。

③按工作模式分类。交互式软件环境、批处理软件开发环境和个人分布式的环境等。

### 4.软件开发工具与环境的关系

任何软件的开发工作都是处于某种环境中,软件开发环境的主要组成成分是软件工具。为了提高软件本身的质量和软件开发的生产率,人们开发了不少工具为软件开发服务。例如,最基本的文本编辑程序、编译程序、调试程序和连接程序;进一步还有数据流分析程序、测试覆盖分析程序和配置管理系统等自动化工具。面对众多的工具,开发人员会感到眼花缭乱,难于熟练地使用它们。针对这种情况,从用户的角度考虑,不仅需要有众多的工具来辅助软件的开发,还希望他们能有一个统一的界面,以便于掌握和使用,另外,从提高工具之间信息传递的角度来考虑,希望对共享的信息能有一个统一的内部结构,并且存放在一个信息库中,以便于各个工具去存取。因此,软件开发环境的基本组成有三个部分:交互系统、工具集和环境数据库。

软件开发工具在软件开发环境中已不是各自封闭和分离的了,而是以综合、一致和整体连贯的形态来支持软件的开发,它们是与某种软件开发方法或者与某种软件加工模式相适应的。

### 4.4.2　软件开发环境的创建

要构建有效的开发环境,必须集中于人员(People)、问题(Problem)和过程(Process)三个P上。

1. 人员

培养有创造力的、技术水平高的软件人员是关于软件开发成败非常重要的因素,即"人因素"非常重要。软件工程研究所开发的人员管理能力成熟度模型(PM-CMM)的主要目的就在于"通过吸引、培养、鼓励和留住改善其软件开发能力所需的人才增强软件组织承担日益复杂的应用程序开发的能力,"人员管理成熟度模型为软件人员定义了以下的关键实践区域:招募,选择,业绩管理,培训,报酬,专业发展,组织和工作计划,以及团队精神/企业文化培养。在人员管理上达到较高成熟度的组织,更有可能实现有效的软件工程开发。

(1)项目参与者与项目负责人

参与软件过程(及每一个软件项目)的人员可以分为五类。对于这些软件项目参与人员,为了获得很高的效率,项目组的组织必须最大限度地发挥每个人的技术和能力。这是项目负责人的任务。

①高级管理者。负责确定商业问题,这些问题往往对项目产生很大影响。有关高级管理者领导能力,Jerry Weinberg 在其论著中给出了领导能力的 MOI 模型:

• 刺激(Motivate):鼓励(通过"推或拉")技术人员发挥其最大能力的一种能力。

• 组织(Organization):融合已有的过程(或创造新的过程)的一种能力,使得最初的概念能够转换成最终的产品。

• 想法(Ideas)或创新(Innovation):鼓励人们去创造,并感到有创造性的一种能力,即使他们必须工作在为特定软件产品或应用软件建立的约束下。

Weinberg 提出了成功的项目负责人应采用一种解决问题的管理风格,即软件项目经理应该集中于理解待解决的问题,管理新想法的交流,同时,让项目组的每一个人知道(通过言语,更重要的是通过行为)质量很重要,不能妥协。

②项目(技术)管理者。是一个项目中必须计划、刺激、组织和控制软件开发人员。一个有效的项目管理者应该具有以下四种关键品质:

• 解决问题。一个有效的软件项目经理应该能够准确地诊断出技术的和管理的问题;系统地计划解决方案;适当地刺激其他开发人员实现解决方案;把从以前的项目中学到的经验应用到新的环境下;如果最初的解决方案没有结果,能够灵活地改变方向。

• 管理者的身份。一个好的项目经理必须掌管整个项目。他在必要时必须有信心进行控制,必须保证让优秀的技术人员能够按照他们的本性行事。

• 成就。为了提高项目组的生产率,项目经理必须奖励具有主动性和做出成绩的人,并通过自己的行为表明约束下的冒险不会受到惩罚。

• 影响和队伍建设。一个有效的项目经理必须能够"读懂"人;他必须能够理解语言的和非语言的信号,并对发出这些信号的人的要求做出反应。项目经理必须在高压力的环境下保持良好的控制能力。

③开发人员。负责开发一个产品或应用软件所需的专门技术人员。

④软件需求人员。负责说明待开发软件的需求的人员。

⑤最终用户。一旦软件发布成为产品,最终用户是直接与软件进行交互的人。

(2)合理分配人力资源

具有凝聚力的小组,其成功的可能性会大大提高。下面给出为一个项目分配人力资源的若干可选方案,该项目需要 $n$ 个人工作 $k$ 年。

方法一:

· $n$ 个人被分配来完成 $m$ 个不同的功能任务,相对而言几乎没有合作的情况发生。

· 协调是软件管理者的责任,而他可能同时还有六个其他项目要管。

方法二:

· $n$ 个人被分配来完成 $m$ 个不同的功能任务($m<n$),建立非正式的"小组"。

· 指定一个专门的小组负责人。

· 小组之间的协调由软件管理者负责。

方法三:

· $n$ 个人被分成 $t$ 个小组。

· 每一个小组完成一个或多个功能任务。

· 每一个小组有一个特定的结构,该结构是为同一个项目的所有小组定义的。

· 协调工作由小组和软件项目管理者共同控制。

这三种方法每一种都有其自身的优缺点,但是通过不断的实践验证,只有组织小组(方法三)是生产率最高的。

根据"最好的"小组组织的管理风格、组里的人员数目及他们的技术水平和整个问题的难易程度,Mantel 提出了三种一般的小组组织方式:

①民主分权式(Democratic Decentralized,DD)。采用民主分权式组织方式的软件工程小组中不指定固定的负责人。"任务协调者是短期指定的,之后就由其他协调不同任务的人取代"。问题和解决方法的确定是由小组讨论决策的。小组成员间的通信是平行的。

②控制分权式(Controlled Decentralized,CD)。采用控制分权式组织方式的软件工程小组有一个固定的负责人,能够协调特定的任务及负责子任务的二级负责人关系。问题解决仍是一个群体活动,但解决方案的实现是由小组负责人在子组之间进行划分的。子组和个人间的通信是平行的,但也会发生沿着控制层产生的上下级的通信。

③控制集权式(Controlled Centralized,CC)。在控制集权式组织方式中,顶层的问题解决和内部小组协调是由小组负责人管理的。负责人和小组成员之间的通信是上下级式的。

此外,Mantel 还给出了计划软件工程小组的结构时应该考虑的七个项目因素:

· 待解决问题的困难程度。

· 要产生的程序的规模,以代码行或者功能点来衡量。

· 小组成员需要待在一起的时间(小组生命期)。

· 问题能够被模块化的程度。

· 待建造系统所要求的质量和可靠性。

· 交付日期的严格程度。

· 项目所需要的社交性(通信)的程度。

（3）协调和通信问题

对于一些大规模的软件开发项目,小组成员之间的关系往往比较复杂、混乱,协调起来比较困难。新的软件必须与已有的软件通信,并遵从系统或产品所加诸的预定义约束。为了有效地对它们进行处理,软件工程小组必须建立有效的方法,以协调参与工作的人员之间的关系。

建立小组成员之间及多个小组之间的正式的和非正式的通信机制是完成这项任务的主要手段。正式的通信是通过"文字、会议及其他相对而言非交互的和非个人的通信渠道"来实现的,而非正式的通信通常可以认为是软件工程小组的成员就出现的问题进行的日常交流。

2. 问题

随着项目的进展,经数周甚至数月的时间完成的软件需求的详细分析可能还会发生改变,即需求可能是不固定的。软件项目管理的第一个活动是软件范围的确定,软件项目范围在管理层和技术层都必须是无二义性的和可理解的。

问题分解又称为问题划分,是一个软件需求分析的核心活动。在确定软件范围的活动中并没有完全分解问题。分解一般用于两个主要领域:①必须交付的功能;②交付所用的过程。面对复杂的问题,经常采用问题分解的策略。也就是将一个复杂的问题划分成若干较易处理的小问题。由于成本和进度估算都是面向功能的,因此在估算开始前,将范围中所描述的软件功能评估和精化,以提供更多的细节是很有用的。

随着范围描述的进展,自然产生了第一级划分。项目组研究市场部与潜在用户的交谈资料,并找出自动拷贝编辑应该具有下列功能:

①拼写检查。

②语句文法检查。

③大型文档的参考书目关联检查(如对一本参考书的引用是否能在参考书目列表中找到)。

④大型文档中章节的参考书目关联的验证。

其中每一项都是软件要实现的子功能。同时,如果分解可以使计划更简单,则每一项又可以进一步精化。

3. 过程

软件开发过程必须选择一个适合项目组要开发的软件的过程模型,然后基于公共过程框架活动集合,定义一个初步的计划。待初步计划建立后,便可以开始进行过程分解,即建立一个完整的计划,以反映框架活动中所需要的工作任务。

软件项目组在选择最适合项目的软件工程范型以及选定的过程模型中所包含的软件工程任务时,有很大的灵活度。例如,一个相对较小的项目,如果与以前已开发过的项目相似,可以采用线性顺序模型;如果时间要求很紧,且问题能够被很好地划分,则可以选择 RAD 模型;如果时间太紧,不可能完成所有功能时,就可以选择增量模型。同样地,具有其他特性的项目将导致选择其他过程模型。一旦选定了过程模型,公共过程框架(Common Process Framework,CPF)应该适于它。CPF 可以用于线性模型,还可用于迭代和增量模型、演化模型,甚至是并发或构件组装模型。CPF 是不变的,充当一个软件组织所执行的所有软件工作的基础。

### 4.4.3 常用的软件开发环境

1. Linux 开发环境

(1)Linux 操作系统
①Linux 的概念。

Linux 是一套免费使用和自由传播的类 UNIX 操作系统,以其高效性和灵活性著称。它能够在 PC 计算机上实现全部的 UNIX 特性,具有多任务、多用户的能力。Linux 操作系统软件包不仅包括完整的 Linux 操作系统,而且还包括了文本编辑器、高级语言编译器等应用软件。它还包括带有多个窗口管理器的 X-Windows 图形用户界面,允许我们使用窗口、图标和菜单对系统进行操作。Linux 之所以受欢迎,一是因为它属于自由软件,用户不用支付任何费用就可以获得它和它的源代码,并且可以根据自己的需要对它进行必要的修改,无偿对它使用,无约束地继续传播。另一个原因是,它具有 UNIX 的全部功能,任何使用 UNIX 操作系统或想要学习 UNIX 操作系统的人都可以从 Linux 中获益。由于 Linux 是一套自由软件,用户可以无偿地得到它及其源代码,可以无偿地获得大量的应用程序,而且可以任意地修改和补充它们。这对用户学习、了解 UNIX 操作系统的内核非常有益。

②Linux 的组成。

Linux 一般有四个主要部分:内核、Shell、文件结构和实用工具。

内核是系统的心脏,是运行程序和管理像磁盘和打印机等硬件设备的核心程序。它从用户那里接受命令并把命令送给内核去执行。

Shell 是系统的用户界面,提供用户与内核进行交互操作的一种接口。它接收用户输入的命令并把它送入内核去执行。实际上 Shell 是一个命令解释器,它解释由用户输入的命令并且把它们送到内核。Linux 还提供了像 Microsoft Windows 那样的可视的命令输入界面——X-Window 的图形用户界面(GUI)。它提供了很多窗口管理器,有窗口、图标和菜单,所有的管理都是通过鼠标控制的。现在比较流行的窗口管理器是 KDE 和 GNOME。每个 Linux 系统的用户可以拥有他自己的用户界面或 Shell,以满足他们自己专门的 Shell 需要。

③Linux 文件结构。

文件结构是文件存放在磁盘等存储设备上的组织方法。Linux 目录采用多级树形结构,用户可以浏览整个系统,可以进入任何一个已授权进入的目录,访问那里的文件。

④Linux 实用工具。

标准的 Linux 系统都有一套叫做实用工具的程序,它们是专门的程序,例如编辑器、执行标准的计算操作等。用户也可以产生自己的工具。实用工具可分为编辑器、过滤器、交互程序三类。

编辑器用于编辑文件。Linux 的编辑器主要有:Ed、Ex、Vi 和 Emacs。Ed 和 Ex 是行编辑器,Vi 和 Emacs 是全屏幕编辑器。

过滤器用于接收数据并过滤数据。Linux 的过滤器(Filter)读取从用户文件或其他地方的输入,检查和处理数据,然后输出结果。从这个意义上说,它们过滤了经过它们的数据。Linux 有不同类型的过滤器,一些过滤器用行编辑命令输出一个被编辑的文件。另外一些过滤器是按模式寻找文件并以这种模式输出部分数据。还有一些执行字处理操作,检测一个文件中的格式,输出一个格式化的文件。过滤器的输入可以是一个文件,也可以是用户从键盘键入的数据,还可以是另一个过滤器的输出。过滤器可以相互连接,因此,一个过滤器的输出可能是另一个过滤器的输入。在有些情况下,用户可以编写自己的过滤器程序。

交互程序允许用户发送信息或接收来自其他用户的信息。交互程序是用户与机器的信息接口。Linux是一个多用户系统,它必须和所有用户保持联系。信息可以由系统上的不同用户发送或接收。

⑤Linux的特性。

Linux包含了UNIX的全部功能和特性。简单地说,Linux具有以下主要特性。

· 开放性:开放性是指系统遵循世界标准规范,特别是遵循开放系统互连(OSI)国际标准。凡遵循国际标准所开发的硬件和软件,都能彼此兼容,可方便地实现互连。

· 多任务:它是指计算机同时执行多个程序,而且各个程序的运行互相独立。Linux系统调度每一个进程平等地访问微处理器。由于CPU的处理速度非常快,其结果是,启动的应用程序看起来好像在并行运行。事实上,从处理器执行一个应用程序中的一组指令到Linux调度微处理器再次运行这个程序之间只有很短的时间延迟,用户是感觉不出来的。

· 多用户:多用户是指系统资源可以被不同用户各自拥有使用,即每个用户对自己的资源(例如:文件、设备)有特定的权限,互不影响。Linux和UNIX都具有多用户的特性。

· 提供了丰富的网络功能:完善的内置网络是Linux的一大特点。Linux在通信和网络功能方面优于其他操作系统。其他操作系统不包含如此紧密地和内核结合在一起的连接网络的能力,也没有内置这些联网特性的灵活性。而Linux为用户提供了完善的、强大的网络功能。

· 良好的用户界面:Linux向用户提供了用户界面和系统调用两种界面。Linux还为用户提供了图形用户界面。

· 设备独立性:设备独立性是指操作系统把所有外部设备统一当成文件来看待,只要安装它们的驱动程序,任何用户都可以像使用文件一样,操纵、使用这些设备,而不必知道它们的具体存在形式。具有设备独立性的操作系统,通过把每一个外围设备看做一个独立文件来简化增加新设备的工作。当需要增加新设备时、系统管理员就在内核中增加必要的连接。

· 强大的网络功能。支持Internet,Linux免费提供了大量支持Internet的软件,Internet是在UNIX领域中建立并繁荣起来的,在这方面使用Linux是相当方便的,用户能用Linux与世界上的其他人通过Internet网络进行通信;远程访问,Linux不仅允许进行文件和程序的传输,它还为系统管理员和技术人员提供了访问其他系统的窗口;文件传输,用户能通过一些Linux命令完成内部信息或文件的传输。

· 可靠的系统安全性:Linux采取了许多安全技术措施,包括对读、写进行权限控制、带保护的子系统、审计跟踪、核心授权等,这为网络多用户环境中的用户提供了必要的安全保障。

· 良好的可移植性:可移植性是指将操作系统从一个平台转移到另一个平台使它仍然能按其自身的方式运行的能力。

(2)Linux程序开发环境

由于Linux的开放代码给程序员带来了方便,所以他们可以按照自己的意愿来编程。对于开发者Linux为开发者提供了许多常用应用程序,如编辑器、编译器、调试器等编程工具。另外,Linux具有强健的应用程序开发环境,提供了各种开发应用程序的工具,具有对多种语言,如:C、C++、Java、和Fortran的编译器/解释器以及集成开发环境、调试和其他开发工具。

①Linux 编程工具。

编辑和创建程序的工具：

ed——这是一个 GNU（即自由软件基金会）发布的行编辑器。它是 UNIX 最早的编辑器之一。

emacs——emacs 是可扩展的，客户化的，实时显示的编辑器。emacs 有特别的代码编辑模式，一个 script 语言，以及做邮件，新闻等的许多软件包。这个包含有运行 emacs 所需的库，实际的程序根据您是否使用 X，在 emacs－nos 或 emacs－X11。

vi——及时反应的屏幕编辑器（vi 代表任何 vi 兼容的编辑程序，包括 elvis，vim，stevie，nvi 等等），它可适应多种多样的编辑工作，并且可以进行大文件的操作。它对文件的修改是在文件的副本上进行的。用 vi 编辑程序有三种方式，分别是编辑方式、插入方式和命令方式。

jed——是一个基于 slang 屏幕库的快速简洁的编辑器。它有 C，C++ 和其他语言的特别编辑模式。它可以模拟 Emacs，Wordstar 和其他编辑器，并可以对 slang 宏，颜色，键盘进行客户化。

autoconf——通过允许人们用不同的配置选项创建程序，来帮助程序员创建可移植的和可配置的程序。

编译器，提供对源代码编译功能的应用程序。

make——是通过一个 makefile 的文件完成对源代码的编译工作。它通常有三个编译方法。Simple 编译、Imake 编译、Configure 编译。

调试器，提供程序调试功能的应用程序。

gdb——Linux 下用命令驱动的 GUN 调试程序，用以对 C 和 C++ 程序进行调试。它能让你在程序运行时观察到程序的内部结构和内存情况。

strace——为一个程序作的每一次系统调用打印一条记录，包括传送的参数和返回值。

xxgdb——是 GNU 调试程序的图形界面。它能在执行时显示源程序，设置断点，单步执行——所有的都有一个易于使用的图形的 X 界面。

编程的其他工具：

GCC Linux 下的 C 编译器，是一个 ANSIC 兼容编译器。

xxgdb——是 gdb 的一个基于 X-Window 系统的图形界面。它可以让你通过选择窗口上的按钮来执行常的命令。

calls——是通过调用 GCC 的预处理器来处理源程序的，并且可以输出这些程序所调用的函数。

cproto——可以自动读入 C 语言的源程序，并且为每个函数产生原型说明。它可以为编写程序节约大量时间。

indent——是一个实用编程工具，它可以将你的程序格式变得更加美观易懂，但是它并不改变程序的实质内容，而是改变程序的格式。

gprof——是 Linux 系统下的一个程序，它可以对程序进行分析，并找出程序中最费时的部分。这样一来你就可以知道程序中每个函数调用的次数和时间，而这些信息可以帮助你提高程序的性能。

basic——是一个 BASIC 解释器。您可以用它来执行 BASIC 程序其他程序设计语言的编译程序包括：lisp(clisp)，perl 等。

guavac——是一个 Java 程序语言的独立的编译器。它是由 C++写成,可以移植到任何支持 GNUC++编译器的平台。

tcl——是一个简单的脚本语言,设计用来嵌入其他应用,TCL 非常流行于写小的图形应用程序。

②Linux 编程环境。

Linux 可以免费使用和自由传播,它是由全世界各地的程序员共同设计和实现的。它是具有设备独立性的操作系统,它的内核具有高度适应能力,由于用户可以免费得到 Linux 的内核源代码,还可以免费下载适合自己特殊需要的源代码,然后利用 Linux 提供的编译器(如 make)进行编译。因此,用户可以修改内核源代码,以便适应新增加的外部设备和界面,为用户程序提供低级、高效率的服务。

也可以在 Linux 下编写自己的程序。Linux 下不仅可以利用 C,C++,Fortran, Pasal 等多种语言编程,还可以使用多种脚本语言编程,如:Shell 脚本,Perl 脚本等。此时可以用到 Linux 提供的编辑器,如 ed,vi,emacs,jed 等,以及 Linux 提供的编译器,调试器和一些其他的编程工具。这些工具在 Linux 系统中被称为软件包,以 vi 为例,需要编辑时,只要在 Linux 指令行下输入"vi 文件名"就可以进入编辑状态。

另外,在编程时,Linux 系统还为用户提供了两种界面:用户界面和系统调用。

Linux 的 Shell 有强有力的交互能力,还提供了程序语言解释程序以及读取和执行 Shell 程序的手段,也就是说 Shell 有自己的编程语言用于对命令的编辑,它允许用户编写由 Shell 命令组成的程序。Shell 编程语言具有普通编程语言的很多特点,比如它也有循环结构和分支控制结构等,用这种编程语言编写的 Shell 程序与其他应用程序具有同样的效果。除此之外,Shell 有很强的程序设计能力,用户可方便地用它编制程序,从而为用户扩充 Linux 的系统功能提供更高级的手段。

系统调用为用户提供编程时使用的界面。用户可以在编程时直接使用系统提供的系统调用命令。

2.Windows 98 开发环境

(1)Windows 操作系统
①Windows 操作系统的特点:面向对象的图形用户界面,一致的用户接口,与设备无关的图形输出以及多任务。
②Windows 编程的四个特点:事件驱动、消息循环、图形输出、资源共享。
③Windows 的基本用户界面对象:包括:窗口、标题栏、图标、光标、插入符号、对话框、控件等。
④Windows 应用程序的基本组成和生成过程:Windows 应用程序包含 C、CPP、头文件和资源文件;Windows 应用程序的生成要经过编译和连接两个阶段。
⑤Windows 应用程序的开发工具 Visual C++,Visual Basic,Delphi 等。
⑥Windows 应用程序的基本组成和生成过程:Windows 应用程序包含 C、CPP、头文件和资源文件;Windows 应用程序的生成要经过编译和连接两个阶段。
⑦Windows 程序开发:在 Windows 的界面设计和软件开发环境中,可以说处处贯穿着面向对象的思想。在 Windows 中,程序的基本单位不是过程和函数,而是窗口。一个窗口是一组数

据的集合和处理这些数据的方法和窗口函数。从面向对象的角度来看,窗口本身就是一个对象。Windows 程序的执行过程本身就是窗口和其他对象的创建、处理和消亡过程。Windows 中的消息的发送可以理解为一个窗口对象向别的窗口对象请求对象的服务过程。因此,用面向对象方法来进行 Windows 程序的设计与开发是极其方便和自然的。在 Windows 下程序设计是一种事件驱动方式的程序设计模式。也就是说,在应用程序提供给用户的界面中有许多可操作的可视对象,用户从所有可能的操作中任意选择,选择的操作会产生某些特定的事件,这些事件发生后的结果是向程序中的某些对象发出消息,然后这些对象调用相应的消息处理函数来完成特定的操作。

(2)关于 Windows 98 操作系统

Windows 98 是以高级 GUI 为特色的操作系统,它的界面使用了许多标准类型的窗口和控件,它还有一组常见的控件,使应用程序的开发更加容易。Windows 98 的应用程序使用资源文件来存储应用程序的数据,并且接收 Windows 消息。Windows 98 还有一个重要的特点是多任务操作,可以支持很多的应用程序同时运行。

①Windows 98 的用户界面。

Windows 98 用户界面的特点是有许多主要元素,这些元素通常不仅由操作系统使用,还由许多应用程序使用。这些元素包括:窗口、对话框、属性单、向导以及各种控件(如按钮、组合框、编辑框)。

·窗口,是最明显的元素,它使用户可以对应用程序进行完全的控制。窗口由不同的部分组成,包括标题栏、菜单栏、窗口边框、客户区、系统菜单及按钮。

·对话框,是一种特殊类型的窗口,它使用户与操作系统之间联系得更容易,它既从用户那里获得信息,又给用户提供信息。对话框通常含有许多的控件,这些控件使用户能作出选择和输入数据。

·消息框,是一种不需要对话框资源文件的特殊对话框。

·属性单,又称标签对话框,它含有用户可以单击的标签。

·向导,是引导用户逐步完成复杂操作的自动化任务。

·控件,包括输入文本的编辑框,用做选择的按钮,从列表中选择条目的列表框,用于选择的复选框等。

②用户界面元素。

工具栏:提供对重要命令的快速的访问。

状态栏:对应用程序显示命令和状态信息进行说明。

滑动器:从一个范围的值中选择一个值的控件。

微调控制器:从一个范围的值中选择一个值的控件。

进度栏:显示正在进行的操作的状态。

列表视图:一组有组织的条目。

树型视图:以分层结构的方式显示的条目。

图像视图:为工具栏按钮存储图像。

③资源文件。

Windows 98 的资源文件中定义了许多元素,如对话框、菜单栏、光标,其中还有:

·位图:用于创建程序用户界面的图像。

·图标:代表最小化的应用程序的图像。

·串表格:文本串的一个表格。

·加速器:用户快速选取命令时所用的键。

·定制资源:存储在其应用程序资源文件中的任何类型的数据。

④事件驱动系统。

在 Windows 98 中驱动应用程序的引擎是消息循环。每当出现影响应用程序的事件时,系统就将消息传达给应用程序,应用程序对消息进行处理后将其发给处理由消息所代表的事件的函数。

⑤多任务操作。

Windows 98 的重要特征之一就是多任务操作,它允许多进程并行运行,并支持许多线程同步对象,其中包括:

·事件对象:用于给线程传递信号,指示进程可以开始或已结束。

·临界段对象:通过提供所有线程必须共享的对象来控制线程。

·互斥量:用于阻止两个应用程序同时访问一个共享文件。

·信号量:使多个线程同时访问共享资源。

⑥MFC 库。

MFC 是一个范围广泛的类库,它通过封装 Windows API 函数加快了 Windows 应用程序的开发速度。MFC 的本质就是一个包含了许多微软公司已经定义好的对象的类库,虽然我们要编写的程序在功能上是千差万别的,但从本质上来讲,都可以划归为用户界面的设计,对文件的操作,多媒体的使用,数据库的访问等一些最主要的方面。这一点正是微软提供 MFC 类库最重要的原因,在这个类库中包含了一百多个程序开发过程中最常用到的对象。在进行程序设计的时候,如果类库中的某个对象能完成所需的功能,这时只要简单地调用已有对象的方法就可以了。还可以利用面向对象技术中很重要的继承方法从类库中的已有对象派生出所需的对象,派生出来的对象除了具有类库中的对象的特性和功能之外,还可以由用户根据需要加上所需的特性和方法,产生一个更专门的,功能更为强大的对象。当然也可以在程序中创建全新的对象,并根据需要不断完善对象的功能。

(3)Windows 98 开发环境

①用户接口。

a.图形设备接口 GDI。GDI 是图形函数库,是一个含有各种函数的集合,除了完成显示操作的函数外,GDI 还提供了一些对象,这些对象可以用来对显示进行加工。Windows 98 有一个设备描述表—— DC,它是一个属性集,用以确定在应用窗口中显示图像的方式,每个 DC 都与一组 GDI 对象集相关联。DC 包括绘图设备描述表和源文件设备描述表,绘图设备描述表使应用程序能够更新内容以响应 WM－PAINT 消息,源文件设备描述表使应用程序能够存储绘图命令,让应用程序可以回显这些命令。

b.窗口和对话框。Windows 平台有许多窗口,如应用窗口、弹出窗口、向导窗口、对话框窗口、消息框窗口、SDI 窗口、MDI 窗口、属性单窗口。窗口是屏幕上一个矩形区域,通常它代表一个运行进程,它还往往用来显示应用程序固有的数据,并使用户能够对这些数据进行编辑。

c.文本。文本是程序与用户进行对话的主要途径。

d.标准控件。标准控件使 Windows 应用程序从用户那里接收消息或把消息传给用户。

Windows 98 的标准控件有:静态文本、列表框、按钮、单选按钮、复选框、编辑框、组合框、成组框。

e. 常见控件。常见控件有进程框、滑块、微调控件、图像列表、列表视图、树型视图、工具栏、状态栏。

f. 位图。它包括设备相关位图 DDB 和设备无关位图 DIB,其中,应用程序用 DDB 在内存与屏幕之间传递消息,而 DIB 是 Windows 文件夹中所有以 BMP 为文件扩展名的文件保存包括颜色及其他显示信息的图像。

②操作系统核心。

a. 内存管理。Windows 98 使用 32 位地址模式,通过创建虚拟内存来实现 4GB 的内存,通过与硬盘之间的内存交换来模拟多出来的额外内存。在进行内存分配时 Windows 98 即允许用 C 库函数,也允许用 API 函数,它使用户能够分配可移动的或可放弃的内存。在对内存进行管理时,Windows 98 能够在物理内存中移动固定内存,在物理内存与虚拟内存中都能移动可移动内存块,这样保护了虚拟内存,使之不变得零散,并且能够在它想访问更大的物理内存时,随时将可放弃的内存释放。此外 Windows 98 还提供了实用程序函数,使用户能初始化,移动,拷贝内存。

b. 输入设备。鼠标、键盘。

c. 处理文件的方法。利用 MFC 的文档/视图结构;使用归档对象来创建持久类;使用 Cfile 类来直接操作文件。

③ActiveX。

实际是 OLE(对象链接及嵌入库)3.0,它主要以下几种类型。

a. 容器程序。它是一个含有被链接或嵌入数据的应用程序,它可以显示这些数据,也可以使用户能够对这些数据进行各种操作。

b. 服务器程序。它支持 OLE 菜单、ActiveX 文档、ActiveX 框架窗口类、服务器项类之类的 Active 服务器特性。

c. 自动化程序。带有 ActiveX 自动化功能的客户和服务器程序,它支持的是自动化特性,并为应用程序提供了控制其他应用程序的能力。

d. ActiveX 控件。是一些可以嵌入其他应用程序之中的小型应用程序。

④多媒体技术。

即 DirectX 技术,它允许程序开发者创建不同的 Windows 多媒体程序。Windows 98 的 DirectX 由几个库组成:DirectDraw、DirectSound、DirectInput、Direct3D。

⑤VC 工具。

Visual C++是一个功能非常强大的可视化应用程序开发工具,Visual C++作为一种程序设计语言,它同时也是一个集成开发工具,提供了软件代码自动生成和可视化的资源编辑功能。在使用 Visual C++开发应用程序的过程中,系统为用户生成了大量的各种类型的文件,首先有扩展名为 dsw 的文件类型,称为 Workspace 文件;扩展名为 opt 的文件(在 Workspace 文件中要用到的本地计算机的有关配置信息);Project 文件的扩展名是 dsp,这类文件中存放特定的应用程序的有关信息;还有,每个工程都对应有一个 dsp 类型的文件;以 clw 为扩展名的文件则是用来存放应用程序中用到的类和资源的信息的;对应于每个应用程序有一个 readme. txt 文件,这类文件中列出了应用程序中用到的所有的文件的信息;VC 中还有一类以 rc 为扩展名的文件,称为资源文件。

此外,Visual C++还提供了各种向导和工具帮助用户来实现所需的功能,在一定程度上实现了软件的自动生成和可视化编程。主要工具如下:

a. AppWizard。这个工具的作用是帮助用户一步步地生成一个新的应用程序,并且自动生成应用程序所需的基本代码。让用户可以只单击几下鼠标即能创建一个框架应用程序,这个框架应用程序可以支持任意数目的可选特征,如工具框、菜单栏、多文档界面、数据库连通性及 ActiveX 控制。

b. ClassWizard。它主要是用来管理程序中的对象和消息的,帮助用户在其他事务中重载类成元函数和处理消息响应函数,它还可以创建对话框和容纳数据得成元变量,为对象构建 ActiveX 接口,为 ActiveX 控件提供支持,甚至可以创建新的定制类。

c. 资源编辑器。在创建利用控件加载的对话框和菜单栏时,在创建供按钮使用的位图时,资源编辑器都可以快捷地创建资源文件。

d. 编译器。将用户所编写源码转换为可执行文件。

e. 调试器。提供了一种跟踪程序的途径,并且还可以对代码进行反汇编。

f. 其他。类浏览器 Source Browser、消息跟踪器 Syp++和 ActiveX 控件测试器。

⑥Win32 API。

Win32 API 是 Microsoft 32 位平台的应用程序编程接口,在 Win32 平台上运行的应用程序都可调用这些函数。MFC 类库和控件都是建立在 Windows API 的基础上的。Windows API 函数,主要分七大类:窗口管理,窗口通用控制,Shell 特性,图形设备接口,系统服务,国际特性,网络服务。

a. 窗口管理。向应用程序提供了创建、管理用户界面的方法,还可以用这些函数创建、使用窗口来显示输出,提示用户进行输入和完成其他一些与用户交互所需的工作,此外还提供了一些与窗口有关的特性。

b. 窗口通用控制。窗口通用控制是由通用控制库支持的一个控制窗口集。

c. Shell 特性。用来增强系统 Shell 的各方面功能的一些接口和函数。

d. 图形设备接口。即 GDI,它提供了一系列的函数和相关的构造,以用于在显示器、打印机或其他设备上生成图形化的输出结果。也就是说,用 GDI 函数可以绘制各种图形、路径、文本及位图图像。

e. 系统服务。为应用程序提供了访问计算机资源以及底层操作系统特性的手段,使应用程序可以管理、监视自己所要的资源。

f. 国际特性。帮助用户编写国际化的应用程序。

g. 网络服务。支持网络上的不同计算机的应用程序之间的通信,并用于在网络中的各计算机上创建和管理共享资源的连接。

⑦Internet。

a. WinInet。WinInet 是 MFC 类的一个集合,它简化了编写 Internet 应用程序的工作,这包括对 HTTP、FTP 以及 Gropher 的处理。它还包含了处理 Internet 会话、连接及文件的类。

b. Internet Explorer。用 Internet Explorer 组件我们可以轻松地创建 Web 浏览器,借助 Internet Explorer 组件,任何 HTML 网页制作程序可以很快建立在线文件、帮助系统、对话框等。

3. Windows NT 开发环境

(1)Windows NT 操作系统

Windows NT 是 Microsoft 公司的网络操作系统,它能很容易地在多种不同的硬件平台上运行,包括单处理器和多处理器环境,它也能随着硬件的发展而加以扩展和增强。Windows NT 最重要的特征在于它是一个完整的 32 位的操作系统,而且它是设计成向下兼容大量已有的 PC 应用程序的,即对于为不同的操作系统书写的程序,Windows NT 可以自动为其建立适合的运行环境,使其在 Windows NT 下也可以执行。

Windows NT 的工作模式为客户/服务器模式。这种工作模式有利于提供对其他操作系统的兼容,使 Windows NT 能支持 DOS,OS/2 和 Windows 程序。

Windows NT 是一个多任务操作系统,可以同时运行两个以上的程序。它支持两种多任务形式分别是基于进程的和基于线索的。

Windows NT 是使用基于调用的接口来访问操作系统的。Windows NT 基于调用的接口,使用一组系统定义函数来访问操作系统,即应用程序编程接——API。

Windows NT 的动态链接库 DLL 是用于 Windows NT 的 API 函数的。DLL 的好处是:在编译过程中,不必将程序所调用的 API 函数代码加入到程序的执行代码中,而只要加入这些函数的装入指令,在 DLL 中的位置和函数名就可以了。这样一来,不但节约了空间,而且在更新 Windows NT 时只要更改动态链接库就可以了,而不必再对已有的应用程序重新编译。

(2)Windows NT 程序开发环境

①Windows NT 操作系统核心。

Windows NT 的运行模式有两种,分别是用户模式和内核模式。其中,用户模式就是应用程序和支持应用程序的子系统运行于用户模式。在此模式下不能直接访问硬件,而且只局限于所分配的地址空间。内核模式则是执行体的服务运行于内核模式中。在此模式下,允许对计算机上所有内存进行访问,并和其他应用程序分别运行于内存中的不同空间。

Windows NT 的内存模式是一种请求式页面调度的虚拟内存系统。它基于平面式 32 位线性地址空间,允许访问多达 4GB 的内存。它以 4KB 大小的页面来进行物理内存与虚拟内存的映射。这样的线性地址调度使 Windows NT 易于移植,而这样的内存使用更加有效,可以允许用户写更大的应用程序,同时也允许用户在同一时间运行超出系统物理内存允许的应用程序。

Windows NT 提供了一些实现面向用户的程序设计工具,该组件避免了技术的复杂性,使软件更加易于开发。Windows NT 操作系统中包括了 Internet 信息服务器、通用网关接口、Internet 服务器应用程序设计接口、活动服务器页面、使用 ATL 的事务服务器和消息队列。

Windows NT 的 Internet 信息服务器。Windows NT 提供了能完全集成到 Microsoft Window NT 操作系统中的 WWW、FFP 和 Gopher 服务,使 IIS 成为一种快捷、安全并易于管理的系统。

Windows NT 的通用网关接口为 CGI。CGI 的主要任务是将环境变量传递给程序。CGI 程序使用与 Windows 控制台程序相同的输入/输出函数,它将 HITP Content Type 发送到浏览器,并告之被发送的数据的类型,以便浏览并能正确处理这些数据。

Windows NT 的 Internet 服务器应用程序设计接口为 ISAH,它是 CGI 的替代产品,ISAPI 应用程序是一个运行时间动态链接库(DLL)。对于所有访问它的客户,它可以只被加载一次

ISAPI 应用程序,通常被加载到与 Web 服务器相同的内存地址空间。

Windows NT 的活动服务器页面为 ASP。开发者开发 Web 应用程序的 CGI 和 ISAPI 时使用的方法。ASP 是一个服务器端口的脚本环境,它允许使用在 HTML 文件中编写的脚本命令来创建动态的内容。还可以通过将 .htm 扩展名更改为 .asp 扩展名来把 HTML 文件转换为 ASP 文件。

Windows NT 的 Microsoft 事务服务器为 MTS。MTS 是一个基于组件的,用于开发、配置和维护高性能的,可伸缩的,可靠的分布式应用程序的事务处理系统。

②Windows NT 的操作界面。

Windows NT 是面向图形的,即它提供图形用户接口 GUI。用户可以使用桌面、鼠标、图标、图形图像和菜单、对话框等。在进行程序开发时,GUI 是 Windows NT 为程序开发者提供的交互工具。此时,需要有多种不同的特殊窗口来与开发者通信,其中有三种基本的窗口:消息框、菜单和对话框。

· 消息框:向用户显示信息并等待用户响应。

· 菜单:Windows NT 为菜单提供了充分的内置支持。

· 对话框:是 Windows NT 为用户提供的与 Windows NT 应用程序交互的窗口,它可以让用户选择和输入那些通过菜单很难或不能输入的消息。在 Windows NT 下有两类对话框:模式与非模式对话框。

③Windows NT 的对话框。

对话框是 Windows NT 用户界面的重要组成部分,对话框通过一个或多个控制来与用户交互。控制是一类特殊的输入/输出窗口,在被用户访问时它能生成消息,并且能从应用程序接收消息。而 Windows NT 支持多种控制,包括按钮、单选框、复选框、编辑框、组合框、列表框、静态控制和滚动条等。

· 复选框是用于开关选择的控制,通常有一个标签与复选框相连,描述它代表什么选择。复选框有一个或多个被选中或未被选中的项,即可以有一个以上的项被选中。

· 单选框与复选框的不同只允许选择一项。

· 按钮是一种用户通过按下来激活某种响应的控制。

· 列表框列出一组选项,用户从中选择一个或多个。列表框多用来显示文件名。

· 组合框是列表框和编辑框的组合。

· 滚动条用来在窗口滚动文本。

· 编辑框向用户提供必要的文本编辑功能。

· 静态控制用于输出文本和图形,以向用户提供信息。

④Windows NT 的交互方式。

传统方式写的程序总在调用操作系统,而 Windows NT 下则不同,是 Windows NT 调用程序。也就是说,Windows NT 采用基于消息的交互方式与程序进行交互,即操作系统与程序之间通过发送消息来联系。这些消息多种多样,有响应键盘消息,响应鼠标消息,定时器消息等。

Windows NT 提供了很多正文交互功能,Windows NT 下用户可以没有限制地在用户区内控制显示和管理正文。除了 Windows 操作系统操纵正文的所有方面以外,Windows NT 的 API 函数还提供了很多的描述和控制正文的 API 函数,如 Textout 是正文输出函数,SetTextColor 和 SetBkColor 是决定正文背景颜色的函数,SetBkMode 是决定正文背景模式的函数,GetTextExtentPoit 是计算字符串长的函数,等等。另外 Windows NT 还提供了虚窗口,用以保护被覆盖的窗口内容。这一功能是这样实现的,首先创建与实际设备兼容的虚拟设备,然后将所有输出写在虚拟设备上,当有响应键盘消息时,虚拟设备上的内容就会拷贝到实际设备上,这样一来就总有一个窗口记录当前内容。

⑤Windows NT 的书写字符模式。

通常 Windows 程序是围绕着图形、菜单和对话框来设计的,所以 Windows 书写基于字符的程序是很困难的。Windows NT 为了更好地支持字符模式程序,提供了很多新的 API 函数来支持控制台风格的界面,这些 API 函数被称为控制台函数。有了控制台函数的支持,Windows NT 就可以书写字符模式程序了,并且可以模拟基于字符的操作系统。这样一来我们就可以写一些短小而又很少需要与用户交互的程序了,这类程序可以通过控制台的方式来建立。另外 Windows NT 还支持字符模式程序访问其他有用的 API 函数。

⑥Windows NT 的任务机制。

Windows NT 程序中使用多任务机制,它支持两种形式的多任务:基于进程的和基于线索的。基于进程的是 Windows 内在支持的多任务类型,在基于进程的多任务中,两个或多个进程可以同时执行。而基于线索的多任务是 Windows NT 新采用的。线索是进程的一个执行路径,在 Windows NT 中每一个进程都至少有一个线索,那么基于线索的多任务就是允许一个程序的两个或多个部分同时执行。这一多任务机制可以使写出的程序更加高效,因为程序员可以定义执行中的分立的线索,从而程序的执行方式更为高效。Windows NT 对多线索多任务机制的支持能够完全控制程序片断的运行,从而实现更高效的程序,更好地利用 CPU 的时间。

为了支持基于线索的多任务机制,Windows NT 还采用了特殊的任务功能——同步,它使进程的执行以一定的方式协调起来。当有两个或多个线索要访问同一个资源,而一个资源在同一时间只能被一个线索访问时,就需要对两个或多个线索的活动同步化。Windows NT 就支持序列化,即一个线索在访问一个资源时,必须避免另一个线索同时访问这个资源。

(3)Windows NT 4.0

Windows NT 4.0 是 Windows NT 的第三个主要版本,Microsoft 公司将 Windows NT 4.0 分为 Windows NT Server 和 Windows NT Workstation。这两者都是 Windows 易于使用的界面。

①Windows NT 4.0 中新增了任务管理器,它能显示与应用程序有关的详细信息,并且用图形方式表示出 CPU 和内存的使用情况,让用户可以更容易地控制和管理系统。

②在 Windows NT 4.0 中,可以使用基于 Windows 应用程序的特殊对象链接与嵌入(OLE)功能来将几个应用程序的信息组合到一个复合文件中。除了使用组件对象模型(COM)集成一台计算机上的应用程序之外,用户还可以使用分布式组件对象模型(DCOM)集成多台计算机上的客户/服务器应用程序。

③Windows NT 4.0 中还包括了开发和运行 Windows 应用程序所需的 API 函数。

(4)Windows NT 与 Linux 的区别

①从发展的背景看,Windows NT 是自成体系的,无对应的相依托的操作系统,而 Linux 是从一个比较成熟的操作系统发展而来的。

②从使用费用上看,Linux 与其他操作系统的区别在于 Linux 是一种开放、免费的操作系统,Windows NT 操作系统是具有版权的产品,其接口和设计均由 Microsoft 公司控制,而且只

有 Microsoft 公司才有权实现其设计,它们是在封闭的环境下发展的。

③从软件开发环境上看,Linux 和 Windows NT 都采用层次化的窗口管理和消息驱动/事件驱动的编辑模型。Linux 和 Windows NT 的不同:首先,他们的底层接口不同。Windows NT 的底层接口是 Win32,而 Linux 的底层接口则是 Xlib(Xlib 是 Xwindows 的底层接口,其他高级接口在 Xlib 之上,它是对 X 协议的 C 语言封装)。其次,Win32 定义了窗口类。

**4. UNIX 程序开发环境介绍**

(1)UNIX 操作系统

①UNIX 系统的发展史。

UNIX 操作系统诞生于 70 年代初期,是由美国贝尔实验室计算科学研究中心的两位年轻的计算技术专家开发的。而它的部分技术来源则可追溯到 1965 年开始执行的 Multics 工程计划,该计划是由美国麻省理工学院(MIT)和通用电气公司(GE)联合发起的,其目标是开发一种交互的具有多道程序能力的分时操作系统,以取代当时广泛使用的批处理操作系统,贝尔实验室参与了该项计划。

以 Ken Thompson 为首的贝尔实验室研究人员在吸取了 Multics 计划的经验教训和某些有用的思想的基础上,于 1969 年开始在 GE645 计算机上实现了一种分时操作系统的雏形,后来该系统被移植到了 DEC 的 PDP-7 小型机上。1970 年该系统正式取名叫 UNIX 操作系统,以区别于 Multics。

1971~1972 年期间,Thompson 的同事 Dennis M. Richie 发明了 C 语言,这是一种适合于编写系统软件的高级语言,它的诞生是 UNIX 系统发展过程中的一个重要里程碑。到 1973 年,UNIX 系统的绝大部分源代码都用 C 语言进行了重写,这为提高 UNIX 系统的可移植性打下了基础,也为提高系统软件的开发效率创造了条件。

1974 年美国电话电报公司(AT&T)开始发行 UNIX 的非商业许可证,允许非赢利的教育机构免费使用 UNIX 系统,这一举措有力地推动了 UNIX 技术的发展和多样化。在随后的年代里开始出现各种版本的 UNIX 系统,其中最为著名的有加州大学伯克莱分校的 BSD 版 UNIX 系统,这种版本为 UNIX 技术的发展作出了十分重要的贡献。

作为 UNIX 技术的发明者和拥有者,贝尔实验室和 AT&T 公司先后发布了一系列的 UNIX 版本,其中,SVR4 作为 AT&T 和 Sun 公司联合主推的工业化版本,得到了许多重要计算机厂商的支持,成为 UNIX 工业界的主流技术。许多厂商在此技术基础上开发出自己的商品化 UNIX 产品,到 90 年代初,不同的 UNIX 版本已超过 100 种。比较著名的 UNIX 系统包括:IBM 的 AIX、HP 的 HP-UX、SCO 的 UNIX 和 ODT 以及 Sun 的 Solaris 等产品。

②UNIX 系统的层次结构。

粗略地讲,UNIX 的层次结构可分为三层:

· 硬件:UNIX 系统具有良好的适用性,它可以在各种硬件平台上运行。

· 内核:内核是 UNIX 系统的核心,它执行各种操作系统的职责,如进程管理、存储管理、设备管理和文件系统的管理,并且提供强大的网络功能。

· Shell 和应用程序:Shell 是 UNIX 系统与用户接口。在大多数情况下,用户是通过 Shell 与系统打交道。实际上 Shell 是一个命令解释器,它读入用户的输入命令并且执行命令。UNIX 下的应用程序也是通过 Shell 来执行的。

③UNIX 系统的特点。

UNIX 系统早期的主要特色是结构简练、功能强大、多用户多任务和便于移植,经过 20 多年发展成长,已经成为一种成熟的主流操作系统,并在发展过程中逐步形成了一些新的特色。

UNIX 作为一个功能强大的操作系统,拥有一个十分简洁且模块化的内核,这个内核不仅支持传统操作系统具有的进程管理、文件管理等功能,而且还支持网络。

UNIX 系统是世界上唯一能在笔记本电脑、PC,直到巨型机上运行的操作系统,最近已宣布用于 NC 的 UNIX 系统。此外,由于采用 SMP、MPP 和 Cluster 等技术,使得商品化 UNIX 系统支持的 CPU 数达到了 32 个,这就使得用一种平台的 UNIX 扩充能力有了进一步的提高。适用性是企业级操作系统的重要特征,在这一点上 UNIX 领先于其他系统。

在 UNIX 系统下出现的 TCP/IP 协议,已经成为 Internet 网络技术基础。几乎所有 UNIX 系统都包括对 TCP/IP 的支持。因此,在 Internet 网络服务器中,UNIX 服务器占 80％以上,占绝对优势。此外,UNIX 支持所有最通用的网络通信协议,其中包括 NFS,DCE,IPX/SPX, SI-JP,PPP 等,使得 UNIX 系统能方便地与主机、各种广域网和局域网相连。

由于 UNIX 系统对各种数据库,特别是关系型数据库管理系统提供了强大的支持能力,因此主要的数据库厂家,包括 Oracle、Informix、Sybase、Progress 等都将 UNIX 作为优选的运行平台,而且创造出极高的性能价格比。

UNIX 系统具有开放性和良好的可移植性,这是 UNIX 系统最重要的本质特征,也是 UNIX 强大生命力之所在。UNIX 的绝大部分的代码是由 C 语言编写的,其内核十分简洁,结构模块化,各模块可以单独编译。一旦硬件环境发生变化,只要把内核中的有关模块做相应变化,编译后与其他模块组合在一起,即可形成一个新的模块,而建立在内核上层的软件可以维持不变。因此,UNIX 适用于各种不同厂商的硬件平台。

④UNIX 系统的标准。

a. IEEE POSIX。POSIX 是一个由 IEEE(电气和电子工程师学会)制订的标准。POSIX 是指计算机环境的可移植操作系统界面的英文缩写。它原来指的只是 IEEE 标准 1003.1－1988 (操作系统界面),但是,IEEE 目前正在制订 POSIX 系列的其他有关标准。

b. SVR4。SVR4 是 AT&T UNIX 系统实验室的产品,它汇集了下列系统的功能:AT&T UNIX 系统 V 第 3.2 版(SVR3.2),Sun 公司的 SunOS 系统,加州大学伯克利分校的 4.3BSD 以及微软的 Xenix 系统。SVR4 符合 POSIX 1003.1 标准和 X/Open XPG3 标准。AT&T 也出版了系统 V 界面定义(SVID)。SVID 第 3 版说明了 UNIX 系统要达到 SVR4 质量要求所应提供的功能。

c. BSD。BSD 是由加州大学伯克利分校的计算机系统研究组研究开发和分发的。伯克利所进行的 UNIX 开发工作是从 PDP－11 开始的,然后转移到 VAX 小型机上,接着又转移到工作站上。20 世纪 90 年代早期,伯克利得到支持在广泛应用的 80386 个人计算机上开发 BSD 版本,结果产生了 386BSD。

(2)UNIX 系统的程序开发环境

①UNIX 系统的图形用户界面。

UNIX 的图形环境是由若干不同的软件组合形成的。主要有以下几个。

a. X-Window 系统。UNIX 在最初出现时是字符界面。X-Window 将 UNIX 带入了 GUI 的时代。X-Window 是 UNIX 平台标准的图形用户界面,它由麻省理工学院开发。X-Window 有以下几个主要特征：

- 支持多个 UNIX 工作站的标准 GUI，它是一个多窗口平台和标准。

- 用 C 语言编写，具有良好的移植性。

- 具有良好的可扩展性。新的特性可以在内核实现，作为单独的应用程序运行，也可以利用 X 的已有应用程序。

- 灵活性高。X 有许多特点，这使得它非常复杂，但是你可以根据自己的需要修改它。

- 采用了客户/服务器的模式。屏幕是由一个在 UNIX 环境中运行的单独程序控制，它作为屏幕服务器程序。其他应用软件与这个服务程序进行通信，并且由服务程序现实通信结果。有了这个优点，你可以在远程服务器上启动程序，这与你在本地工作站去做一样容易。

b.窗口管理器。X 中的窗口管理器与其他系统的窗口管理器不同，它允许用户选择自己喜欢的窗口管理器，只要它符合 ICCCM 标准就能够作为用户的窗口管理器。UNIX 系统中最常用的窗口管理器有两个：MOTIF 和 OPEN LOOK。MOTIF 窗口管理器是由开放软件基金会（OSF）发布的并存在于许多 UNIX 系统平台上，它是当今使用最广泛的窗口管理器，OPEN LOOK 窗口管理器存在于大多数 Sun 的工作站中，它不像 MOTil7 一样被广泛地应用于其他操作系统平台。

c.桌面系统。它是一个客户程序，为运行工具和应用程序、在目录间移动和管理图标提供图形界面。常见的桌面系统有 CDE，它最开始是由 HP 公司开发了一个虚拟的工作环境。Sun 公司已经把选为 SOLARIS 的 CDE。CDE 是基于 MOTIF 的而不是 Open Windows。

②UNIX 开发工具。

a.编辑器。在 UNIX 中使用最广泛的两个文本编辑器是：Vi 和 Emacs。Vi 是一种很特殊的全屏幕编辑器，它不同于 Windows 下的各种编辑器，它不是用菜单来提供各种功能，而是使用 Vi 的特殊命令。因此，对于初学者来说，Vi 难于掌握。但是，用户一旦熟悉了 Vi 的命令，那么其工作效率则是其他编辑器无法比拟的。与 Vi 相比，Emacs 没有独立的命令模式和插入模式。Emacs 使用了多种模式，这使得工作变得更简单。Emacs 的魅力主要来自于它提供的高度集成性，它将许多一般只有独立程序才提供的属性和功能合而为一，这使得 Emacs 具有强大的功能。

b.编程语言。UNIX 功能强大的一个表现就是它提供多种编程语言，可以满足不同用户的各种需求。

- Shell。UNIX 中的 Shell 不仅可以作为命令解释器，还是一种高级程序设计语言。它有变量、关键字、各种控制语句和自己的语法结构。利用 Shell 可以编写出功能很强且代码简单的程序，特别是它将 UNIX 命令有机地结合在一起，大大提高编程效率，同时能够充分利用 UNIX 系统的开放性，设计出适合自己要求的命令。

在 UNIX 系统中通常提供三种 Shell，即 Bourne Shell（sh）、C－Shell（csh）和 Kom Shell（ksh）。Bourne Shell 是 AT&T Bell 实验室的 Slephen Bourne 为 AT&T 的 UNIX 开发的，它是其他各种 Shell 的基础，也是各种 UNIX 系统中最常用的 Shell。C－Shell 是加州大学伯克利分校的 Bill Joe 为 BSDUNIX 开发的，它与 sh 不同，主要是模拟 C 语言。Kom Shell 是 AT&T Bell 实验的 David Kom 开发的，它与 sh 兼容，但功能更强大。

- AWK。AWK 是一种模式匹配与处理语言，其功能十分强大，它检索一个或多个文件，搜索匹配指定模式的记录，如果找到，则执行相应的动作，AWK 的概念虽然很简单，但它是个功能强大的工具。AWK 程序之所以简短，是因为它有两个固有的特点：灵活的选用大量预定义的变量和由语言自动执行许多动作。

• Perl。Perl 是一种简单实用的编程序言，它是为文本处理和系统任务管理而设计的。对于写系统原型、处理字符串、完成任意精度算法和执行一个主机的其他不相关任务，Perl 是非常适合的。它兼有 Shell 脚本的便捷性和高级编程语言强大功能和灵活性。Perl 程序和 Shell 脚本一样，都是解释执行的。但是它又包含了与 C 语言相似的控制结构和操作符。这样就使得程序员可以在短时间内写出功能强大的程序。

• C。C 语言是与 UNIX 联系最多的编程语言，它是随着 UNIX 的发展而发展的。与 IBM 的 PL/I 相比，C 的语法简洁明了且效率很高。从 20 世纪 70 年代开始，大部分的操作系统和应用程序都是用 C 语言编写的。由于不直接依赖于具体的硬件结构，UNIX 成为第一个可移植的操作系统。C 是一种编译型、第三代进程型的语言。C 程度的编译是由 C 编译器和 Make 实用程序来完成的。美国国家标准化协会对 C 语言进行了标准化，这样就大大扩展了 C 语言的使用范围。因此，在一个机器上运行的 C 程序大多数不需要修改就可以在其他机器上运行。

• C++。在 UNIX 下，C++ 是当今绝大多数图形用户界面的基础。C++ 是由 AT&T 的贝尔实验室开发的，这里也是 UNIX 的发源地。C++ 是 C 语言面向对象的一种扩展。因为 C++ 是 C 的一个超集，C++ 编译器能够正确的编译 C 程序，并可以用 C++ 编写非面向对象的程序。C++ 对 C 的一个重要扩展是面向对象，这样就能够更好地组织程序和数据。

• Java。Java 是一种面向对象的编程语言，表面上看，它类似于 C++ 的简洁版本，但却有很大的区别。在 20 世纪 90 年代，Sun 公司推出了该语言。事实上，Java 已经成为高级 Web 网页设计的标准，因为它集中了常规语言的所有优点，并融入了一些其他的特点，如编译的中间代码表被后来解释，安全可靠的执行等。

c. 编译工具。

• POSIX 编译器 c89。虽然 cc 被普遍认为是 UNIX 机器上的编译器，但是它没有在 POSIX 中定义用于 UNIX 的技术要求。POSIX 编译器的名字是 c89，它可以链接到 cc 上。

• Make 工具。Make 实用程序最初是为了在维护 C 程序文件时避免不必要的重复编译而设计的。但是，它也能非常有效地来维护任何有相互依赖关系的文件集，Make 提供了用户维护文件的一个强大的，非过程和基于模版的方法。Make 的基本概念与逻辑编程语言相似，即用户告诉 Make 需要做什么并提供一些规则，然后由 Make 来做剩下的工作。

# 第5章　软件项目的进度控制与成本管理

## 5.1　软件项目进度管理概述

在通常的项目管理理论中,项目进度管理的内容包括确保项目准时完工所必需的一系列管理过程和活动。例如,项目工作分解,项目工作时间的估算,进度安排,进度跟踪和检查等。本书介绍的进度管理与上面描述的有点不同,因为我们在项目策划阶段已经进行了项目工作的分解和项目工作量的估算。

### 5.1.1　影响项目进度管理的因素

项目进度控制的目标、投资控制的目标和质量控制的目标是对立统一的关系。在一般的情况下,进度加快就要增加投资,但项目如果提前使用就可能提高投资效益;进度快有可能影响质量;而质量控制严格,则有可能会影响进度;但如果因质量的严格控制而不致返工,又会加快进度。在给定的限制条件下,进度快、投资省、风险小、质量好是项目管理追求的最佳目标,但是在实际当中,进度管理不能单纯追求其中某一个目标,应该基于项目整个系统,以求达到上述四个目标的一个最佳平衡点。

控制项目进度不仅要考虑项目组的实施速度,还要考虑各个阶段各部门紧密配合和协作的程度。只有对这些有关单位都进行控制与协调,才能有效地控制项目进程。与进度有关的单位很多,如付款单位、业务单位、软硬件供应商、网络提供商等。

要有效地进行进度把握,必须对影响进度的因素进行分析、了解,事先采取措施,尽量缩小计划进度与实际进度的偏差,实现对项目的主动控制。影响进度的因素各有不同,如人为因素、技术因素、设备因素、网络因素、资金因素、环境因素等。对于软件项目,其中人是最主要的干扰因素。归纳起来,影响进度的情况主要有以下几条。

(1)错误估计了项目的特点与项目实现的条件

包括低估了项目实现在技术上的困难;没有考虑到因对某些新技术和不熟悉的工具的使用而需要钻研和培训,这种培训既需要时间,又需要资金;低估了与业务单位进行交流的程度;对环境因素了解不够客观,如客户现有的设备和网络环境;市场价格的变化趋势等了解不够等。

(2)项目参与者的工作错误

项目参与者的工作错误包括设计者拖延设计进度;业务单位不能及时提供自己的业务规则;投资方的资金不能按时到位;网络提供商不能正常提供网络服务;项目参加各方关系协调不顺等。

(3)工期计划方面的不足

项目设计、材料、设备等资源条件不落实,进度计划缺乏资源的保证,以致进度计划难以实现;进度计划编制质量粗糙,指导性差;进度计划未认真交底,操作者不能切实掌握计划的目的和要求,以致贯彻不力;不考虑计划的可变性,认为一次计划就可以一劳永逸;计划的编制缺乏科学性,致使计划缺乏贯彻的基础而流于形式;项目实施者不按计划执行,凭经验办事,使编制的计划徒劳无益,不起作用。

(4)不可预见的事件发生

不可预见的事件发生包括意外事故、企业倒闭、临时性停电、恶劣的气候条件、复杂的地质条件等,甚至是战争等事件的发生。

在实际运用中,出现的问题会更多,其中有些是主观的干扰因素,有些是客观的干扰因素。这些干扰因素的存在,充分说明了加强进度管理的必要性。在项目实施之前和项目进展过程中,加强对干扰因素的分析、研究,将有助于进度管理。

### 5.1.2 软件项目进度管理内容

时间管理是项目管理中的一个关键职能,也被称为进度管理,它对于项目进展的控制至关重要。在范围管理的基础上,通过确定、调整合理的工作排序和工作周期,时间管理可以在满足项目时间要求的情况下,使资源配置和成本达到最佳状态。软件项目进度管理即是确保项目能够按照计划准时完成所必需的过程和任务。为达到这一结果,软件项目进度管理包括以下几个主要过程:

①活动定义,确定项目团队成员和项目干系人为完成项目可交付成果而必须完成的具体活动。一项活动或任务就是在 WBS 中得到的工作包,同成本预算一样,它也是一个预期历时、资源要求和活动定义的有机体。

②活动排序与历时估算,确定项目活动之间的关系,估计完成具体活动所需要的工作时段数。

③制订进度计划,分析活动的顺序、活动历时估计和资源要求,制订项目计划。

④进度计划控制,控制和管理项目进度计划的变更。

通过以上几个主要过程,再使用一些基本的软件项目管理工具和技术就可以改善时间管理的效果。

项目活动定义即是进一步定义项目范围,该工作成果即是督促项目团队制订更加详细的 WBS 和辅助解释。该过程的目标是确保项目团队对他们作为项目范围中必须完成的所有工作有一个完整的理解。随着项目团队成员进一步定义完成工作所需的各种活动,WBS 常常得到进一步的分解和细化。

活动和任务是项目进行期间需要完成的工作单元,它们有预期的历时、成本和资源要求。活动定义也会产生一些辅助性的详细资料,并将重要的产品信息、与具体活动相关的假设和约束条件编写为文件。在转移到项目时间管理的下一个阶段之前,项目团队应该与项目关系人一起,审查修订的 WBS 和依据资料。

### 5.1.3 软件项目进度的度量

1. 项目进度度量的优势

对于项目进度的度量,很多开发人员,甚至包括项目经理都不愿意做,认为这些无助于当前的项目工作,其实不然,正确的项目进度度量能给项目和项目成员带来以下影响。

①更好地了解项目和产品的进展,并能根据以前的工作所用的时间和成本,更准确地对项目

以后工作做出评估,从而能更合理高效地安排项目后期工作。

②确定产品和项目的复杂性,为以后的维护工作提供参考。

③分析缺陷,能够为更好地开展项目后续工作提供借鉴。

④通过度量的数据更能具体说明项目的进展,向高级主管汇报时,数据是比较有说服力的,对项目组能及时拿到项目经费很有帮助。

⑤为未来的项目和类似的开发工作提供基础。

**2.项目进度度量的主要方面**

对项目进度进行度量的方面主要是指那些对项目进度有影响的因素,主要有以下几种。

(1)所花的时间

时间是一个最重要的度量因子。控制了每个里程碑所花的时间就是掌握了项目的进度。例如,对某一个模块的开发时间进行度量,就能够比较精确地设置开发下一个相类似的模块的里程碑。对项目成员一个星期的工作时间的度量如表 5-1 所示。

表 5-1　工作时间度量表

| 姓名 | 任务项 | 工作量(时) | 完成情况 | 存在的问题 |
|---|---|---|---|---|
| … | 项目管理 | 8 | 完成 | |
| | 详细设计评审 | 16 | 完成 100% | |
| | 北京出差 | 20 | 完成 | |
| … | 详细设计评审、工具熟悉 | 40 | 完成 100% | 前端展现工具有待熟悉 |
| … | 详细设计评审 | 24 | 完成 100% | |
| … | 详细设计评审、评审 | 40 | 完成 100% | |
| … | 编程环境准备、详细设计评审 | 40 | 完成 | Weblogic 配置有待熟悉 |
| … | 熟悉环境 | 12 | | |
| | 培训 | 12 | | |

(2)规模的大小

规模的大小主要指需求的数目、对象和组件的数目、文档的页数、代码行数和测试用例数等。例如,在系统设计结束时,对系统的类的数目、接口的数目、对象的数目、对象的状态等方面的度量,将有助于对下一阶段的编码工作量的估算。对规模的度量如表 5-2 所示。

表 5-2　规模度量表

| 模块名 | 源代码行 | 文档页 |
|---|---|---|
| 资源管理服务器 | 12397 | |
| 资源调度中心 | 1745 | |
| 资源注册工具 | 1253 | 1013 |
| 资源编辑发布工具 | 3427 | |
| 合计 | 17702 | |

（3）缺陷的统计

缺陷的统计主要指工作延迟的多少、返工的多少和测试的 bug 数等。对缺陷的度量,将有助防患于未然,对以后工作中可能出现的偏差尽早采取防范措施。

（4）异常的统计

异常的统计包括缺工的统计、变更的统计、风险出现的统计等。对异常的度量能够有助于更好地识别风险。

不过在进行度量时,要注意分析度量的成本。因为度量也是要花时间和精力的。并不是度量得越多越好,度量得越细致越好,比如是精确到小时还是分钟是没有统一标准的;度量要抓住影响项目进度的关键因素,对其关键部分进行准确度量,度量的结果只要清晰正确,能够反映问题就行了,并不一定要有很高的精确度。

3. 项目进度度量的主要方式

度量的方式主要有三种:表格方式、图形方式和度量软件。下面介绍这三种度量方式的使用方法。

（1）表格方式

表格方式是一种比较简单,而且成本不高的方法。它是把要度量的因子和度量的数据采用表格对应列出来。

（2）图形方式

图形方式显示的数据能够展示发展趋势,这对于项目管理及其过程是很重要的,也是很有帮助的。对整个项目阶段中项目管理的时间的度量如图 5-1 所示。

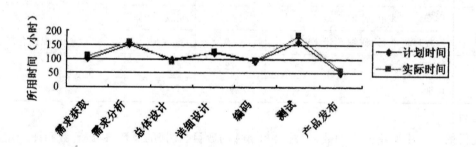

图 5-1　项目时间度量表

（3）度量软件

采用度量软件能够提供很好地分析和管理度量数据的界面。例如 Scientific Toolworks, Inc. 提供的一系列用于 Ada 83、Ada 95、FORTRAN 77、FORTRAN 90、FORTRAN 95、K&R C、ANSI C、C++和 Java 的代码和文档的审查度量工具。

### 5.1.4　时间管理

项目时间管理是指监视和测量项目实际进展,若发现实施过程偏离了计划,就要果断找出原因,采取行动,使项目回到计划的轨道上来。简而言之,时间管理就是比较实际状态与计划之间的差异,并依据差异作出必要的调整,以使项目回归正常发展进度。

时间管理包括活动定义、活动排序、活动资源估计、活动持续时间估算、制订进度表和进度控制。进度控制主要是指控制项目进度表变更。活动定义是指确定为产生项目各种可交付成果而必须进行的具体计划活动。活动排序是指确定各计划活动间的依赖关系,并形成文件。活动资源估算用于估算完成各计划活动所需资源的种类与数量。活动持续时间估算用于估算完成各计划活动所需工时单位数。通过分析活动顺序、活动持续时间、资源要求以及进度制约因素,从而来制订项目进度表。

### 1. 时间管理原则

时间是软件项目管理的对象,也是所有管理资源中最重要的资源之一,既无法替换也无法补救。在时间管理中需要注意以下原则的作用。

(1)区分重要与紧急的关系

在时间利用和管理方面,要把待办工作分为四种:紧急重要的工作、重要不紧急的工作、紧急不重要的工作和不紧急不重要的工作。处理事情要按照上面的顺序,首先是保证紧急并重要的工作得到处理,其次是重要不紧急的工作,后面才是紧急不重要的工作,而不紧急不重要的工作可以不用分配时间去处理,这样把握才能有最佳的效能。因为项目组常常处于紧急任务与重要任务互相排挤的状态中。紧急任务要求立即执行,就使项目成员没有时间去考虑重要任务。就这样项目人员不知不觉地被紧急任务所左右,并承受着时间施加的无休止重压,这样会让他们忽视了搁置重要任务所带来的更为严重的长期的后果。

(2)合理预算

大多数人对完成任务所需要的时间持乐观态度,管理人员更期望实际可能比计划更快一点完成任务。但是墨菲第二定律指出:"每件事情做起来都比原来想象的要多花费时间。"由此可见,若制订计划者是比较乐观的,则合理的时间预算应该是详细计划时间总和的 1.2～1.5 倍。计划外的时间应该是项目机动时间,以便于应对无法控制的力量和无法预期的事件。

(3)合理运用 Pareto 原则

也称为 2－8 原则,即 20/80 定律。有效的管理人员总是把他们的努力集中在能够产生重大结果的那些"关键性的少数活动上",用 80％的时间来做 20％最重要的事情。因此一定要通晓,哪些事情是最重要的,是最有生产力的。同时,在人们有组织的努力中,少数关键性的努力通常能够产生事半功倍的效果。

(4)合理处理各种反应

对各种问题和需求的反应要切合实际,并要适合于情况的需要。有些问题如果置之不理,那么它们就会自然解决或消失。因此通过有选择地忽略那些可以自行解决的问题,大量的时间和精力就能够保存起来,用于更有用的工作。

(5)作出果断决策

有很多管理人员在需要作出决策的时候,竟会毫无理由地犹豫不定,或拒绝作出决策。犹豫不决也成为一种决策,即下决心不解决问题。

(6)大胆、完整授权

决策权应授予尽可能低的层次,以便能够作出准确判断,获取有关的事实。管理人员授权时把完成一项"完整任务"所要求的责任和权力同时授出,这样做既节省了时间,得以使自己去做更为关键的事;也使自己授权的工作者更乐意接受分配的工作,而不依赖上司解决问题,提高了整个组织的效能。避免事无巨细一律上报,使管理者成为单位最大的勤杂工。在军营中,战略家是不拿枪、不配刀的那一位。

(7)例外管理

在执行计划的实际结果中出现了很大偏差时,应该向主管人员汇报,使他能够留出时间和能力。与"例外管理"概念有关系的是除基本事实以外一概拒绝插手的"无需了解"概念。

(8)效能与效率

有效的活动是指用最少的资源来得到最大的效果。做正确的事情要比把事情做得正确更为重要。因为做正确的事情是目标,是战略层面的问题。而把事情做正确是战术层面的问题,而实际上前者比后者更重要。假如执行的是错误的任务,或者把任务放在错误的时间执行,以及毫无目的的行动,无论效率怎样高,战术如何配合,最终都将导致错误的结果。效率可以理解为正确地做工作;效能可以理解为正确地做正确的工作。

(9)活动与效果

忽视目标,或者忘记预期的效果,而把精力全部集中在活动上。终日忙忙碌碌渐渐成为效果。管理人员往往趋向于活动型却不是效果型。不能支配工作,却往往被工作所左右。把动机误作成就,把活动误作效果。所以,管理人员一定要十分注意这样的事情的出现。

2.时间管理的技巧

时间管理原则主要是适用于项目管理层面,然而项目管理不仅是管理人员的职责,也是团队中每一个成员的责任。以下是个人在管理时间方面可以借鉴的技巧。学会自己管理时间不仅可以为整个项目提升进程,节约成本,更可以培养项目开发人员的自律性与职业性。

(1)每天计划

绝大多数难题都是由未经认真思考或者思考并不清晰的行动引起的。在制订有效的计划时每花费1小时,在实施计划中就可能节省3~4小时,并会得到更佳的效果。如果没有认真做计划,那么实际上就是在计划着失败。每日计划对于有效利用个人时间是必不可少的一项规划,它应该在前一天下午或当天开始时制订出来,并与近期的计划平等分配。

(2)预料

事先有所准备的活动比事后的补救更为有效。"凡事预则立,不预则废"。"小洞不补,大洞吃苦"。避免手忙脚乱的最好方式,就是事先想好各种可能的情况,并制订应对措施或预案。

(3)分析时间

不区分问题的原因和现象,结果必然丢失实质性问题,而把精力和时间耗费在表面的问题上。可以花一周的时间记录每日活动,每15分钟填写一次,然后分析这些数据来判断时间分配是否合理。并且这种活动至少每半年应该重复一次,以免恢复低劣的时间管理方式。

(4)最后时限

给自己规定最后期限并进行自我约束,持之以恒就能帮助管理人员克服优柔寡断、犹豫不决和拖延的弊病。

(5)上交问题

管理人员往往喜欢下属依赖他们解决问题,这样做会助长下属上交问题,逃避责任的风气。

这样做也会造成下属不懂主动和自行解决问题的习惯。

(6) 合并与反馈

在安排工作时间时，应当把类似的工作集中起来，从而消除重复的活动，并尽力减少打扰。这样做将可以合理地利用各种资源，包括个人的时间与精力。

对项目的实施情况进行定期反馈是保证计划有效进展的前提。进度报告应该明确指出各种问题，如在执行计划过程中产生的实际偏差等，以便及时进行纠正。

(7) 计划躲避

管理人员必须设法安排一些没有打扰的、集中在一起的工作时间。"闭门谢客"——秘书对电话和不期的来访者的阻挡，以及一个安静调和的工作地点，是获得这样宝贵时间的三个最有效的方法。那种认为管理人员应当"易于接近"的错误观点，已经使许多人养成了"始终开门办公"的陋习。而这样的习惯是否对管理人员真的有效？

(8) 可见性

如果打算做的那些事情具有可见性，就能提高到达目标的可靠性。你不可能去做你记不住的事。这条可见性控制原则存在于许多时间管理方法中，如计划表、日程表以及工程控制图等。

(9) 习惯

管理人员往往成为自己各种习惯的受害者，他们易于沿袭老的作法。要打破这些根深蒂固的旧习惯是非常难以翻开的，需要不断地进行自我改变与约束训练。

**3. 时间管理的关键因素分析**

要想有效进行时间管理，就必须对影响进度的因素进行分析，以便事先采取措施，尽量缩小实际进度与计划进度的偏差，实现项目的主动控制与协调。在项目进行过程中，很多因素影响项目工期目标的实现，可说是干扰因素。影响项目进度目标实现的干扰因素，可以归纳为以下几个方面。

(1) 人力资源

软件项目中人的因素是第一位的，可以说是决定性的因素。人是比精良的设备、先进的技术更为重要的项目成功因子。

首先是项目经理。项目经理是项目委托人的代表，是项目启动后项目全程监理的核心，是项目团队的领导者，是项目有关各方协调和配合的桥梁。项目经理就要负责沟通项目的各有关方面，协调和解决这些矛盾和冲突，是决定项目成败的关键人物。项目经理必须明确自己在项目管理中的地位、作用和职责，并取得必要的权限。其次是项目团队。再好的项目计划若没有执行能力强大的团队也可能化为泡影。一个稳定团结的核心团队是项目最宝贵的资源。项目团队成员一般都来自不同的组织。不同的人价值观不同，为人处世的方法、思考问题的方法也不同，所以人际沟通在项目中的重要性突显出来。第三是项目干系人。项目干系人包括项目当事人以及其利益受该项目影响的个人和组织；也可以把他们称作项目的利害关系者。不同的项目干系人对项目有不同的期望和需求，他们关注的目标和重点常常相去甚远。

(2) 材料设备

材料设备常会成为制约项目进度的关键因素。材料和设备对进度的影响可以归纳为三点：停工待料、移植返工、效率低下。

停工待料是所有项目都可能遇到的。在软件项目中应该不突出，系统集成项目中往往会如此,尤其是一些要进口报关的设备或材料,需要提前有思想准备。软件项目中经常会遇到,因为一些设备没有到位,而采用临时设备先开发,等新设备到位后再移植过来。软件开发的设备选择非常重要。开发时用的设备要和推荐给使用者的设备要求大致相当,有时开发时用的设备很好,对使用者的设备要求也无形中提高了。有时相反,开发时用的设备性能一般,影响效率,进而影响项目进度。

（3）方法、工艺因素

在软件项目中,使用不同的方法完成系统的功能,工作量会相差好几倍,有时甚至几十倍。好的工具、控件的应用往往会节省很多时间。同样地,合适的技术路线也很重要,在信息技术项目中,经常会发生因某一技术难题不好解决而拖延时间的问题。在系统设计中,软件需求、硬件需求以及其他因素之间是相互制约、相互影响的,经常需要权衡。因此,必须认清需求定义的易变性,采用合适的原型方法予以控制,以保证软件产品满足用户的要求。一般来说,选择成熟的技术,进度会保证,技术难题攻关中也容易寻求帮助。

（4）资金因素

前面说过,进度、资金、质量之间是相互作用、相互影响的,资金对项目进度的影响是显而易见的,资金不到位项目只能暂停。进度规划时就要考虑资金预算的配套,否则时间管理也是空谈。

（5）环境因素

项目不是空中楼阁,都是在特定的环境下进行的。项目管理者必须对项目所处的外部环境有正确的认识。项目的外部环境包括自然、技术、政治、社会、经济、文化以及法律法规和行业标准等。环境因素可以分为硬环境和软环境两类。硬环境包括开发环境、施工场地等,软环境包括政策影响、宏观经济等。环境的变化有时是始料未及的,项目经理要分析环境变化对项目的影响,采取适当的措施。

4.IT 项目时间管理的特点

IT 项目具有建设的一致性和结构与技术复杂性等特点,无论是进度编制,还是进度控制,均有其特殊的行业性,主要表现在以下几个方面。

（1）动态控制过程

项目的时间管理是随着项目的进行也在不断进行的一个动态控制过程,它是循环进行的过程,一个大的软件项目往往需要一年甚至是几年的时间。一方面,在这样长的一个时间段里,工程建设环境在不断变化;另一方面,实施进度和计划进度也会发生偏差。因此,在项目实施中要根据进度目标和实际进度,不断调整进度计划,并采取一些必要的控制措施,排除影响进度的障碍,确保进度目标的实现。

（2）阶段性

时间管理有明显的阶段性。由于各阶段工作内容不一,因而相应有不同的控制标准和协调内容。每一阶段进度完成后都要对照计划做出评价,并根据评价结果做出下一阶段工作的进度安排。

（3）循环性

项目时间管理的全过程是一种循环性的例行活动,其活动包括编制计划、实施计划、检查、比较与分析、确定调整措施、修改计划,形成了一个封闭的循环系统。时间管理过程就是这种封闭循环不断运行的过程。

（4）风险性

时间管理风险性大。由于时间管理是一个不可逆转的工作，因而风险较大。在管理中既要沿用前人的管理理论知识，又要借鉴同类工程进度管理的经验和成果，还要根据本工程特点对项目进行创造性的科学管理。

（5）复杂性

项目进度计划和控制是一个复杂的系统工程。进度计划按工程单位可分为整个项目的总进度计划、单位工程进度计划、分部分项工程进度计划等；按生产要素可分为投资计划、设备供应计划等。因此，进度计划十分复杂。而进度控制更复杂，它要管理整个计划系统，而绝不仅限于控制项目实施过程中的实施计划。

### 5.1.5　项目活动排序和历时估计

活动排序涉及审查 WBS 中的活动、详细的产品说明书、假设和约束条件，以决定活动之间的相互关系，并需要评价活动之间的依赖关系和原因。项目活动顺序排好后，需要进行项目活动历时估计，以便为制订项目进度计划奠定基础。

#### 1. 确定活动顺序

确定活动之间的关系，对制订项目进度计划有很重要的影响。常见的关系有如下几种：

①强制依赖关系，项目工作固有的特性，有时也被称为硬逻辑关系，如编码完成后才能进行测试。

②自由依赖关系，由项目组定义的依赖关系，常被成为软逻辑关系。如项目团队内部制定的开发模式为瀑布模型，即只有需求分析全部结束后才能开始系统设计，但由于这种关系可能带来副作用，因此项目组在制订相应规范时应注意项目特征。

③外部依赖关系，项目与非项目活动之间的关系，如软件项目的交付上线可能会依赖客户环境准备情况。

项目相关人员一起讨论项目中活动的依赖关系很重要。在实践中，可以通过组织级活动排序原则、专门技术人员的判定以及发散式讨论等方式定义活动关系和顺序，也可以活动排序工具和技术，例如网络图法和关键路径分析法。

#### 2. 项目历时估计

活动定义和排序之后，需要进行项目活动历时估计。历时包括一项活动所消耗的实际工作时间加上间歇时间，要注意间歇时间非常重要。尤其是软件项目中很多因素不稳定，在历时估计时不能只是估算活动所需时间，一定要包含活动以及活动间的缓冲时间，否则整个项目计划的可执行性将大打折扣。

历时估计时详细的活动列表及排序、项目假设和约束条件估计及历史信息资料等都是重要的输入资料。同时资源的可获取性，尤其是人力资源，将对项目历时影响重大。历时估算的输出资料是历时估算值、说明估计的基础文件和更新的 WBS。

项目工期估算是根据项目范围和资源状况计划来列出项目活动所需要的工期。估算的工期应该现实、有效并能保证质量。所以在估算工期时要充分考虑活动清单、合理的资源需求、人员的能力因素以及环境因素对项目工期的影响。在对每项活动的工期估算中应充分考虑风险因素对工期的影响。项目工期估算完成后,可以得到量化的工期估算数据,将其文档化,同时完善并更新活动清单。

通常情况下,工期估算可采取以下四种方式:

①专家评审形式,由经验丰富的专业人员进行分析和评估。

②模拟估算,使用以前类似的活动作为未来活动工期的估算基础,计算评估工期。

③定量型的基础工期,当产品可以用定量标准计算工期时,则采用计量单位为基础数据整体估算。

④保留时间,在工期估算中预留一定比例的冗余时间以应付项目风险。随着项目的进展,冗余时间可以逐步减少。

## 5.2 进度计划图

在软件需求说明和活动的清单上,通过活动排序来找出项目活动之间的依赖关系和特殊领域的依赖关系、工作顺序。在软件项目的管理过程中,软件开发活动的排序根据软件的生命周期模型的不同选择而不同。常见的活动排序工具包括甘特图和网络图。

### 5.2.1 甘特图

甘特图是用来表示项目进度的一种线性图形技术,1900 年由亨利·甘特发明,也叫做甘特图。在项目管理中,甘特图主要是用水平长条线表示项目中各项任务和活动所需要的时间,以便有效地控制项目进度,因此也叫线条图或横道图。它是用于展示项目进度或者定义完成目标所需要的具体工作的最普遍的方法。甘特图简单、直观、易于编制,成为小型项目中常用的工具。即使在大型项目中,它也是高级管理层了解全局、基层安排进度时的有用工具。

甘特图是一个二维平面图,横维表示进度或活动时间,纵维表示工作包内容,如图 5-2 所示。

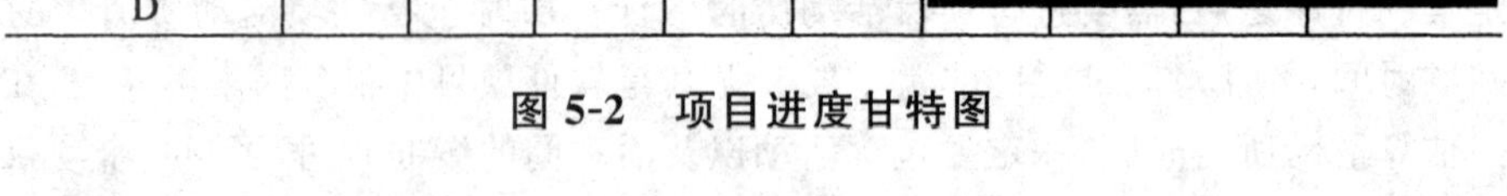

| 时间<br>工作内容 | 1 | 2 | 3 | 4 | 5 | 6 | 7 | 8 | 9 |
|---|---|---|---|---|---|---|---|---|---|
| A | ▬ | ▬ | | | | | | | |
| B | | ▬ | ▬ | ▬ | | | | | |
| C | | | | ▬ | ▬ | | | | |
| D | | | | | | ▬ | ▬ | ▬ | ▬ |

图 5-2 项目进度甘特图

甘特线显示出每项工作的开始时间和结束时间,甘特线的长度表示了该项工作的持续时间。甘特图的时间维决定着项目计划粗略的程度,根据项目计划的需要,可以以小时、天、周、月、年等作为度量项目进度的时间单位。

#### 1. 甘特图的优势

甘特图的最大优势是比较容易理解和改变。一眼就能看出活动应该什么时间开始,什么时间结束。另外,甘特图是表述项目进展或者项目不足之处的最简单方式,而且容易扩展来确定其提前或者滞后的具体因素。在项目控制过程中,它也可以清楚地显示活动的进度是否落后于计划,如果落后于计划那么是何时落后于计划的等。

通常情况下,甘特图只是对整个项目或者把项目作为系统来看的一个粗略描述。虽然它可以被用来方便地表述项目活动的进度,但是却不能表示出这些活动之间的相互关系,因此也不能表示活动的网络关系。另外,它不能表示活动如果较早开始或者较晚开始而带来的结果。此外,它没有表明项目活动执行过程中的不确定性,因此没有敏感性分析。这些弱点严重制约了甘特图的进一步应用,因而传统的甘特图一般只适用于比较简单的小型项目。

2.甘特图的类型

在项目管理的实践中,将网络图与甘特图相结合,使得甘特图得到了不断的改进和完善。除了传统甘特图以外,还有带有时差的甘特图和具有逻辑关系的甘特图。

(1)带有时差的甘特图

网络计划中,在不影响工期的前提下,某些工作的开始和完成时间并不是唯一的,往往有一定的机动时间,即时差。这种时差在传统的甘特图中并未表达,而在改进后的甘特图中可以表达出来,如图5-3所示。

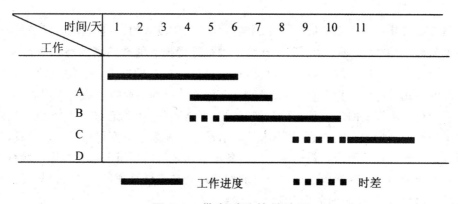

图5-3　带有时差的甘特图

(2)具有逻辑关系的甘特图

将项目计划和项目进度安排两种职能组合在一起,在传统的甘特图中表达出来,从而形成具有逻辑关系的甘特图。如图5-4所示。

上述两种类型的甘特图,实际上是将网络计划原理与甘特图两种表达形式进行有机结合的产物,同时具备了甘特图的直观性,又兼备了网络图各工作的关联性。

3.甘特图的应用

甘特图的主要作用之一是通过代表工作包的条形图在时间坐标轴上的点位和跨度来直观地反映工作包各有关的时间参数;通过条形图的不同图形特征来反映工作包的不同状态(如反映时差、计划或实施中的进度);通过使用箭线来反映工作之间的逻辑关系。

甘特图的主要作用之二是进行进度控制。其原理是将实际进度状况以条形图的形式在同一个项目的进度计划甘特图中表示出来,以此来直观地对比实际进度与计划进度之间的偏差,作为

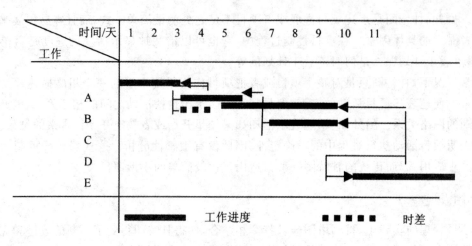

**图 5-4　具有逻辑关系的甘特图**

调整进度计划的依据。

甘特图的主要作用之三是用于资源优化、编制资源及费用计划。

### 5.2.2　网络图

网络图可以将计划和进度安排分开的职能是甘特图所没有的,一旦活动时间延误,甘特图将面临整体大变动,而网络图则不然。采用网络图进行进度控制能够清晰的展现现在和将来完成的工程内容及各工作单原间的关系,并且可以预先确定各任务的时差。了解关键作业或是某一环节的进度的变化对后续工程和总工期的影响度,便于及时的采取措施或对进度进行调整。

用网络分析方法编制的进度计划称为网络图。网络图是 20 世纪 50 年代末发展起来的一种编制大型工程进度计划的有效方法,是用来计算活动时间和表达进度计划的管理工具,是一种显示活动顺序的技术。它用图形直观地显示项目各项活动之间的逻辑关系和排序。网络图有节点型网络图和箭线型网络两种基本类型。所有的网络计划都要计算项目活动的最早开始和最早结束时间、最晚开始和最晚结束时间及其时差等参数。

关键路径法(CPM)和计划评审技术(PERT)都采用网络图来表示项目的任务。

CPM 与 PERT 之间的相似点是:CPM 根据活动的依赖关系和确定的持续时间估算,计算项目的最早和最晚开始时间、最早和最晚结束时间以及时差,并确定关键线路。CPM 的核心是计算时差,确定哪些活动的进度安排灵活性最小。PERT 利用活动的依赖关系和活动持续时间的三个权重估计值(分别是最乐观值、最可能值和最悲观值)来计算项目的各种时间参数。

PERT 与 CPM 的主要区别是:PERT 中各项活动持续时间是不确定的,使用三个估计值的加权平均和概率方法进行估计;而 CPM 假设每项活动持续时间是确定值。CPM 不仅考虑时间,还考虑费用,重点在于费用和成本的控制;而 PERT 主要用于含有大量不确定因素的大规模开发研究项目,重点在于时间控制。

网络计划技术只是计算了最早和最晚时间,安排计划时还必须考虑项目所需的各种资源的限制和均衡,以达到现实可行的满意结果。

路径是指在网络图中,从发点开始,按照各个任务的顺序,连续不断地到达收点的一条通路称为路径。

关键路径是指在各条路径上,完成各个任务的时间之和是不完全相等的。其中,完成各个任务需要时间最长的路径称为关键路径。

关键任务是指组成关键路径的任务如果能够缩短关键任务所需的时间,就可以缩短项目的完工时间。而缩短非关键路径上的各个任务所需要的时间,却不能使项目完工时间提前。即使是在一定范围内适当地延长非关键路径上各个任务持续时间,也不至于影响项目的完工时间。

编制网络计划的基本思想就是在一个庞大的网络图中找出关键路径。对关键任务,优先安排资源,挖掘潜力,尽量压缩持续时间;对非关键任务,只要不影响项目完工时间,可以分配较少的人力、物力等资源。在执行计划过程中,要明确工作重点,重点控制和调度关键任务。

任务持续时间是指为完成某一软件任务所需要的时间,确定任务时间通常有两种方法,一种是确定一个时间值作为完成任务需要的时间,另一种是在难以估计的条件下对任务估计三种时间,这三种时间为乐观时间、最可能时间和悲观时间。乐观时间表示在顺利情况下,完成任务所需要的最少时间,常用符号 $a$ 表示;最可能时间表示在正常情况下,完成任务所需要的时间,常用符号 $m$ 表示;悲观时间表示在不顺利情况下,完成任务所需要的最多时间,常用符号 $b$ 表示。则任务时间为:

$$T = \frac{a + 4m + b}{6}$$

### 1. 对网络进行优化

对给定的软件项目绘制网络图,就得到一个初始的进度计划方案。但通常还要对初始计划方案进行调整和完善,确定最优计划方案。

(1)时间优化

根据对计划进度的要求,缩短项目完成时间,有如下两种方式:

①采取技术措施,缩短关键任务的持续时间。

②采取组织措施,充分利用非关键任务的总时差,合理调配技术力量及人、财、物等资源,缩短关键任务的持续时间。

(2)时间—费用优化

时间—费用优化所要解决的问题,是在编制网络计划过程中,研究如何使项目交付时间短,费用少;或者在保证既定交付时间的条件下,所需的费用最少;或者在限制费用的条件下,交付时间最短。在进行时间—费用优化时,需要计算在采取各种技术组织措施之后,项目不同的交付时间所对应的总费用。使项目费用最低的交付时间称为最低成本日程。编制网络计划,无论是以降低费用为主要目标,还是以缩短项目交付时间为主要目标,都要计算最低成本日程,以提出时间—费用的优化方案。

网络优化的思路与方法应贯穿网络计划的编制、调整与执行的全过程。

### 2. 用网络图安排进度的步骤

在明确了网络图的一系列基本概念之后,下面为用网络图进行进度安排的过程:

①把项目分解为小的任务,确定任务之间的逻辑关系,即确定其先后次序。

②确定任务持续时间、单位时间内资源需要量等基本数据。

③绘制网络图,计算任务最早开始时间、最晚开始时间、最早结束时间和最晚结束时间,确定

关键路径,得到初始进度计划方案。

④对初始方案进行调整和完善,得到优化的进度计划方案。

### 5.2.3 资源图

资源图可以用来显示项目进展过程中资源的分配情况,这个资源包括人力资源、设备资源等。图 5-5 就是一个人力资源随时间分布情况的资源图。

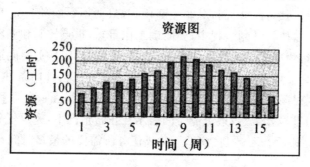

图 5-5 人力资源图

### 5.2.4 里程碑图

里程碑图是由一系列的里程碑事件组成的,所谓"里程碑事件",往往是一个时间要求为零的任务,就是说它并非是一个要实实在在完成的任务,而是一个标志性的事件,例如在软件开发项目中的"测试"是一个子任务,"撰写测试报告"也是一个子任务,但"完成测试报告"可能就不能成为一个实实在在需要完成的子任务了,但在制订计划以及跟踪计划的时候,往往加上"完成测试报告"这一个子任务,但工期往往设置为"0 工作日",目的就在于检查这个时间点,这是"测试"整个任务的结束的标志。

里程碑图显示项目进展中的重大工作完成,里程碑不同于活动,活动是需要消耗资源的并且需要花时间来完成,里程碑仅仅表示事件的标记,不消耗资源和时间的。例如,图 5-6 是一个项目的里程碑图,从图中可以看出设计在 2003-4-10 完成,测试在 2003-5-30 完成。里程碑图表示了项目管理的环境,对项目干系人是非常重要的,它表示了项目进展过程中的几个重要的点。

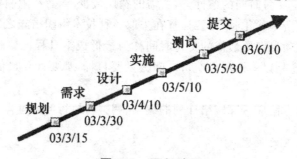

图 5-6 里程碑图

项目计划以里程碑为界限,将整个开发周期划分为若干阶段。根据里程碑的完成情况,适当的调整每一个较小的阶段的任务量和完成的任务时间,这种方式非常有利于整个项目计划的动态调整。

对项目里程碑阶段点的设置必须符合实际,它必须有明确的内容并且通过努力能达到,要具有挑战性和可达性,只有这样才能在抵达里程碑时,使开发人员产生喜悦感和成就感,激发大家向下一个里程碑前进。实践表明:未达到项目里程碑的挫败感将严重地影响开发的效率,不能达到里程碑可能是里程碑的设置不切实际造成的。进度管理与控制其实就是确保项目里程碑的达到,因此里程碑的设置要尽量符合实际,并且不轻易改变里程碑的时间。

## 5.3　项目进度计划的变更管理

### 5.3.1　项目进度控制

项目进度控制和监督的目的是增强项目进度的透明度,以便当项目进展与项目计划出现严重偏差时可以采取适当的纠正或预防措施。

#### 1.项目进度控制的前提

已经归档和发布的项目计划是项目控制和监督时,进行沟通、纠正偏差和预防风险的基础项目进度控制的前提包括以下几个方面。

①项目进度计划已得到项目干系人的共识。

②项目进度监控过程中可以及时充分地掌握有关项目进展的各项数据。

③项目进度监控目标、监控任务、监控人员和岗位职责等都已明确。

④进度控制方法、进度预测、分析和统计等工具已经建好。

⑤项目进度信息的报告、沟通、反馈以及信息管理制度已经建立。

在以上前提下,通过实际值与计划值进行比较,检查、分析、评价项目进度。通过沟通、肯定、批评、奖励及惩罚等不同手段,对项目进度进行监督、督促、影响和制约。及时发现偏差,及时予以纠正;提前预测偏差,提前予以预防。

#### 2.项目进度控制的分类

不同层次的项目管理部门对项目进度控制的内容是不同的。项目进度控制按照不同管理层次可以分为以下三类。

①项目总进度控制。项目经理等高层次管理部门对项目中各里程碑事件进行进度控制。

②项目主进度控制。主要是项目部门对项目中每一主要事件的进度控制。在多级项目中,这些事件可能就是各个分项目。

③项目详细进度控制。主要是各作业部门对各个具体作业进度的控制,这是进度控制的基础。

作业控制就是采取一定的措施来保证每一项作业按计划完成。作业控制是以工作分解结构的具体目标为基础的,也是针对具体工作环节的。通过对每项作业进行质量检查,以及对其进展情况进行监控,以期发现作业正在按计划进行还是存在缺陷,然后由项目管理者下达指令,调整或重新安排存在缺陷的作业,以保证其不致影响整个项目工作的进行。

项目进度控制是一种循环的例行性活动,其活动分为四个阶段:编制计划、实施计划、检查与调整计划、分析和总结。

进度控制主要是监督进度的执行状况，及时发现和纠正偏差、错误。在控制中要考虑影响项目进度变化的因素、项目进度变更对其他部分的影响因素、进度表变更时应采取的实际措施。项目进度计划的更新既是进度控制的起点，也是进度控制的终点。项目进度控制按照控制执行人员来划分可以分为：项目组内控制、企业控制、用户方控制、第三方控制。

项目组内控制：项目组内以项目经理为主，组织项目组成员进行持续自我检查，对照项目计划，及时发现偏差并进行调整。

企业控制：项目组以外，企业领导层及生产部门、项目管理部门、质量管理部门、财务管理部门对项目进行控制。项目组一般应该定期提交项目状态报告给项目干系人，使他们了解项目的真实进展情况。

用户方控制：用户方对于项目的进度、质量是最关心的，所以有责任感的用户方会定期或不定期地获取项目进展的信息，作为他们进行项目控制的依据。用户方的控制措施主要是在发现问题后提出警告。当然，合同签订后项目的价格是固定的，所以他们对项目进度更为关心。

第三方控制：有些项目委托项目监理机构进行项目控制。作为第三方的监理机构，对于项目的成功是有利的。理论上讲，监理单位利益独立于双方之外，可以客观公正地提出相关意见和措施，保证项目的质量、进度及投资。同时，第三方监理拥有很强的咨询能力，可以帮助双方解决一些技术和管理难题，促进项目进展。既可以对信息工程建设项目实施成功与否做公正客观的评价，又可以使用户和系统开发商双方的市场行为规范起来，客观上促进开发商提供高质量的符合客户业务需求的信息系统，从而提高客户对建设系统的信心。

### 3.项目进度控制工作要点

在项目实施过程中，必须定期对项目的进展进行监测，找出偏离计划之处，将其反馈到有关的控制子过程中。项目计划中的某些东西在付诸实施后才会发现无法实现，即使勉强实现也要付出很高的代价。遇到这种情况，就必须对项目计划进行修改，或重新规划。在项目实施过程中要进行多次规划（P）、实施（D）、检查（C）和行动（A）的循环。

进度控制要真正有效，就必须做到以下几点：

（1）明确目的

项目控制的基本目的就是保证项目目标的实现，实现项目的范围、进度、质量、成本、风险、人力资源、沟通、合同等方面的目标。

（2）及时

必须及时发现偏差，迅速报告项目有关方面，使他们能及时做出决策，采取措施加以更正。否则，就会延误时机，造成难以弥补的损失。

（3）考虑代价

对偏差采取措施和对项目过程进行监督都是需要成本的。因此，一定要比较控制活动的成本和可能产生的收效。只有在收效大于成本时才值得进行控制。

（4）适合项目实施组织和项目班子

控制要同人员分工、职责、权限结合起来，要考虑控制的程序、做法、手段和工具是否适合项目实施组织和项目班子成员个人的特点，及是否能被他们接受。控制要对项目各项工作进行检查，要采取措施进行纠正等，所有这些都要涉及人，人们是不愿意接受使他们不愉快的控制措施的。实施控制的项目经理或其他成员应当懂点心理学,弄清他们为什么对控制产生抵触情绪,研究如何激发他们对控制的积极态度。

(5)注意预测项目过程的发展趋势

事后及时发现偏差,不如在预见可能发生的偏差基础上采取预防措施,防患于未然。

(6)灵活性

项目的内外环境都会有变化。控制人员应事先准备好备用方案和措施。一招不灵,拿出另一招。

(7)有重点

项目在进行中,千头万绪,不可能事事关照,时时关照。一定要抓住对实现项目目标有重大影响的关键问题和关键时间点。在项目进度管理中,就要抓住里程碑。抓住重点,可大大提高控制工作的效率。抓住重点,还意味着把注意力集中在异常情况上。一般的正常情况无须多加关照,异常情况抓住了,就相当抓住了牛鼻子,抓住了关键。

(8)便于项目干系人了解情况

向有关人员介绍情况,常常要使用数据、图表、文字说明、数学公式等。项目管理人员一定要保证这些手段直观、形象,一目了然。口头介绍时,要语言通俗,重点突出,简明扼要。

(9)有全局观念

项目的各个方面都需要控制,进度、质量、成本、人力资源、合同等。特别要注意防止头疼医头,脚痛医脚。如在进度拖延时,不考虑其他后果,简单地靠增加投入来赶进度就不能算有全局观念。增加投入往往会损害成本控制目标。

4. 项目计划进度控制的流程

项目计划进度控制流程如图 5-7 所示。

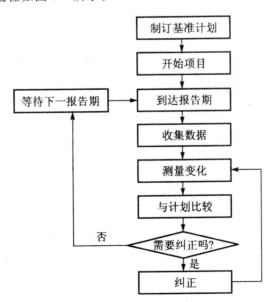

**图 5-7　项目计划进度控制流程图**

5.项目进度控制措施

(1)项目计划评审

项目时间管理的首要工作是制定各种计划。但仅有好的计划而不付诸实施,再好的计划也是一纸空文。因此,要使计划起到其应有的作用,就必须采取措施,使之得以顺利实施。可以说,计划是实施的开始,实施是计划的必然。

项目的进度控制要在项目计划的编制阶段就开始,这样一个合理的计划才能够使项目按预期完成,如果计划不合理,再好的项目经理和项目团队也很难保证项目的按期完成。所以,最有效的进度控制措施莫过于制定一个合理的、周到的计划,以确保项目实施过程中偏差最小。

在软件项目管理中,计划评审和范围评审是极其重要的两次评审活动,计划评审一旦通过,计划便会成为实施行为的指南和实施结果的对照标准,故项目计划的合理性审核是所有项目利益相关者都必须高度关注的。计划评审的关注点很多,至少应该关注得有:是否已全面、正确地理解了项目的目标;项目支持条件是否已落实;项目实施前各种资源是否可获得;项目计划的阶段性是否清楚;计划阶段的里程碑是否明确;计划的阶段进度能否满足项目的要求;计划的完整性程度如何;项目团队成员能否按时到位;项目所需资金能否按时到位;有无质量保证计划;有无风险控制计划和措施;采购计划的可行性;项目的沟通机制是否完备。

除此之外,项目监理师还应该根据本章前面所述的时间、成本、质量等因素之间的内在规律判断各项计划之间的内在联系的合理性。

(2)项目实施保证措施

项目进度受到了众多因素的制约,因此必须采取一系列措施,以保证项目能满足进度要求。措施是多方面的,不同的项目,不同的条件,措施亦不相同,但无论什么项目,以下措施都是必要的。

①进度计划的贯彻。进度计划的贯彻是计划实施的第一步,也是关键的一步。其工作内容包括:

• 检查各类计划,形成严密的计划保证系统。为保证工期的实现,应编制有各类计划,高层次的计划是低层次计划的编制依据;低层次计划是高层次计划的具体化。在贯彻执行这些计划时,应首先检查计划本身是否协调一致,计划目标是否层层分解,互相衔接。在此基础上,组成一个计划实施的保证体系,以任务书的形式下达给项目实施者以保证实施。

• 明确责任。项目经理、项目管理人员、项目作业人员,应按计划目标明确各自的责任及相互承担的经济责任、权限和利益。

• 计划全面交底。进度计划的实施是项目全体工作人员的共同行动,要使相关人员都明确各项计划的目标、任务、实施方案和措施,使管理层和作业层协调一致,将计划变为项目人员的自觉行动。要做到这一点,就应在计划实施前进行计划交底工作。

②调度工作。调度工作是实现项目工期目标的重要手段,是通过监督、协调、调度会议等方式实现的。其主要任务是:掌握项目计划实施情况,协调各方面关系,采取措施解决各种矛盾,加强薄弱环节,实现动态平衡,保证完成计划和实现进度目标。

③抓关键活动的进度。关键活动是项目实施的主要矛盾,应紧抓不懈。可采取以下措施:

• 集中优势按时完成关键活动。为保证关键活动能按时完成,可采取组织骨干力量、优先提供资源等措施。

·专项承包。对关键活动可采用专项承包的方式,即定任务、定人员、定目标。

·采用新技术、新工艺。技术、工艺选择不当,就会严重影响工作进度。采用一项好的、先进的技术或工艺能起到事半功倍的效果。因而只要被证明是成功的新技术、新工艺,都应积极采用。

·保证资源的及时供应。应按资源供应计划,及时组织资源的供应工作,并加强对资源的管理。

·加强组织管理工作。根据项目特点,建立项目组织和各种责任制度,将进度计划指标的完成情况与部门、单位和个人的利益分配结合起来,做到责、权、利一体化。

·加强进度控制工作。进度控制是保证项目工期必不可少的环节,应贯穿于项目进展的全过程。

(3)项目进度动态监测

为了收集反映项目进度实际状况的信息,以便对项目进展情况进行分析,掌握项目进展动态,应对项目进展状态进行观测,这一过程就称为项目进度动态监测。

对于项目进展状态的观测,通常采用日常观测和定期观测的方法进行,并将观测的结果用项目进展报告的形式加以描述。

①日常观测。日常观测是指随着项目的进展,不断观测进度计划中所包含的每一项工作的实际开始时间、实际完成时间、实际持续时间、目前状况等内容,并加以记录,以此作为进度控制的依据。记录的方法有实际进度前锋线法、图上记录法、报告表法等。

②定期观测。定期观测是指每隔一定的时间对项目进度计划执行情况进行一次较为全面、系统的观测、检查。间隔的时间因项目的类型、规模、特点和对进度计划执行要求程度的不同而异,可以是一日、双日、五日、周、旬、半月、月、季、半年等为一个观测周期。观测、检查的内容主要有:

·观测、检查关键活动的进度和关键线路的变化情况,以便采取措施调整保证计划工期的实现。

·观测、检查非关键活动的进度,以便更好地发掘潜力,调整或优化资源,以保证关键活动按计划实施。

·检查工作之间的逻辑关系变化情况,以便适时进行调整。

有关项目范围、进度计划和预算的变更可能是由客户或项目团队引起的,或是由某种不可预见事件的发生所引起的。定期观测、检查有利于项目进度动态监测的组织工作,使观测、检查具有计划性,成为例行性工作。定期观测、检查的结果应加以记录,其记录方法与日常观测记录相同。定期检查的重要依据是日常观测、检查的结果。

③项目进展报告。项目进度观测、检查的结果通过项目进展报告的形式向有关部门和人员报告。项目进展报告是记录观测、检查的结果,项目进度现状和发展趋势等有关内容的最简单的书面形式报告。项目进展报告根据报告的对象不同,确定不同的编制范围和内容,一般分为项目概要级进度控制报告、项目管理级进度控制报告和业务管理级进度控制报告。

项目概要级进度控制报告是以整个项目为对象说明进度计划执行情况的报告。项目管理级进度控制报告是以分项目为对象说明进度计划执行情况的报告。业务管理级进度控制报告是以某重点部位或重点问题为对象所编写的报告。

项目进展报告的主要内容为:项目实施概况、管理概况、进度概要;项目实际进度及其说明;

资源供应进度；项目近期趋势，包括从现在到下次报告期之间将可能发生的事件等内容；项目成本发生情况；项目存在的困难与危机，困难是指项目实施中所遇到的障碍，危机是指对项目可能会造成重大风险的事件。

项目进展报告的形式可以分为：日常报告、例外报告和特别分析报告。根据日常监测和定期监测的结果所编制的进展报告即为日常报告，是项目进展报告的常用形式。例外报告是为项目管理决策所提供的信息报告。特别分析报告就某个特殊问题所形成的分析报告。项目进展报告的报告期应根据项目的复杂程度和时间期限以及项目的动态监测方式等因素确定，一般可考虑与定期观测的间隔周期相一致。一般来说，报告期越短，早发现问题并采取纠正措施的机会就越多。如果一个项目远远偏离了控制，就很难在不影响项目范围、预算、进度或质量的情况下实现项目目标。明智的做法是增加报告期的频率，直到项目按进度计划进行。

6.项目进度的分析

项目计划都是推估出来的，再好的计划也未必是最合理的。项目计划中的完成期限可能是理想的状态，所以在进行项目跟踪控制时，需要对不合理的计划进行及时的修正。

引起项目进度变更的原因有很多，其中可能性最大的有：

①编制的项目进度计划不切实际。

②人为因素的不利影响。

③设计变更因素的影响。

④资金、设备的准备等原因的影响。

⑤不可预见的政治、经济等项目外部环境等因素的影响。

在这些引起项目进度变更的影响因素中，部分是项目管理者可以实施控制的，部分是项目管理者无法实施控制的。因此，对项目进度变更的影响因素的控制要把重点放在可控因素上，力争有效控制这些可控因素，为项目进度计划的实施创造良好的内部环境。对于不可控的影响因素，要及时掌握变更信息并迅速加工利用，对项目进度进行适时、适度的调整，最大限度地为项目进度营造一个适宜的外部环境。项目进度控制不仅要注意主要任务或关键路径上的任务的工期，也要注意一些次要任务的进展，以防止次要任务拖延，影响主要任务和关键路径上的任务。

项目的进展情况报告主要反映以下五个方面的内容。

①对项目进展进行简介。列出有关重要事项，对每一个事项，叙述近期的成绩、完成的里程碑及其他一些对项目有重大影响的事件。

②分析项目近期的趋势。阐述从现在到下次报告期间将要发生的事件，对每个将要发生的事件进行简单说明，并提供一份下一期的里程碑图表。

③清楚预算情况。一般以清晰、直观的图表反映近期的预算情况，并对重大的偏差作出解释。

④困难与危机。困难是指力所不能及的事情。危机是指对项目造成重大险情的事。

⑤人、事表扬等。

### 5.3.2 项目进度更新

根据实际进度与计划进度比较分析结果，以保持项目工期不变、保证项目质量和所耗费用最少为目标，作出有效对策，并进行项目进度更新，这是进行进度控制和进度管理的宗旨。项目进度更新主要包括两方面工作,即分析进度偏差的影响和进行项目进度计划的调整。

**1.分析进度偏差的影响**

通过前述进度比较方法,当出现进度偏差时,应分析该偏差对后续工作及总工期的影响。主要从以下几方面进行分析:

(1)进度偏差是否关键

分析产生进度偏差的工作是否为关键工作,若出现偏差的工作是关键工作,则无论其偏差大小,对后续工作及总工期都会产生影响,必须进行进度计划更新;若出现偏差的工作为非关键工作,则需根据偏差值与总时差和自由时差的大小关系,确定其对后续工作和总工期的影响程度。

(2)进度偏差是否大于总时差

如果工作的进度偏差大于总时差,则必将影响后续工作和总工期,应采取相应的调整措施;若工作的进度偏差小于或等于该工作的总时差,表明对总工期无影响,但其对后续工作的影响,需要将其偏差与其自由时差相比较才能作出判断。

(3)进度偏差是否大于自由时差

如果工作的进度偏差大于该工作的自由时差,则会对后续工作产生影响,如何调整,应根据后续工作允许影响的程度而定;若工作的进度偏差小于或等于该工作的自由时差,则对后续工作无影响,进度计划可不作调整更新。

经过以上分析,项目管理人员可以确认应该调整产生进度偏差的工作和调整偏差值的大小,以便确定应采取的调整更新措施,形成新的符合实际进度情况和计划目标的进度计划。

**2.项目进度计划的调整**

项目进度计划的调整,一般有以下几种方法:

(1)调整关键工作

关键工作无机动时间,其中任一工作持续时间的缩短或延长都会对整个项目工期产生影响,因而关键工作的调整是项目进度更新的重点。

关键工作的实际进度较计划进度提前时,若仅要求按计划工期执行,则可利用该机会降低资源强度及费用,即选择后续关键工作中资源消耗量大或直接费用高的子项目在已完成关键工作的提前量范围内予以适当延长;若要求缩短工期,则应重新计算与调整未完成工作,并编制、执行新的计划,以保证未完成关键工作按新计算的时间完成。

关键工作的实际进度较计划进度落后时,调整的方法主要是缩短后续关键工作的持续时间,将耽误的时间补回来,保证项目按期完成。

(2)改变工作的逻辑关系

在工作之间的逻辑关系允许改变的条件下,改变关键线路和超过计划工期的非关键线路上有关工作之间的逻辑关系,如将依次进行的工作变为平行或互相搭接的关系,以达到缩短工期的目的。需要注意的是,这种调整应以不影响原定计划工期和其他工作之间的顺序为前提,调整的结果不能形成对原计划的否定。

(3)重新编制计划

当采用其他方法仍不能奏效时,则应根据工期要求,将剩余工作重新编制网络计划,使其满足工期要求。

（4）调整非关键工作

当非关键线路工作时间延长但未超过其时差范围时，因其不会影响项目工期，一般不必调整，但有时，为更充分地利用资源，也可对其进行调整；当非关键线路上某些工作的持续时间延长而超出总时差范围时，则必然影响整个项目工期，关键线路就会转移。这时，其调整方法与关键线路的调整方法相同。

非关键工作的调整不得超出总时差，且每次调整均需进行时间参数计算，以观察每次调整对计划的影响，其调整方法主要有三种：一是在总时差范围内延长其持续时间；二是缩短其持续时间；三是调整工作的开始或完成时间。

（5）增减工作项目

由于编制计划时考虑不周全，或因某些原因需要增加或取消某些工作，因而需重新调整网络计划，计算网络参数。增加工作项目，只是对有遗漏或不具体的逻辑关系进行补充；减少工作项目，只是对提前完成的工作项目或原不应设置的工作项目予以删除。增减工作项目不应影响原计划总的逻辑关系和原计划工期，若有影响，应采取措施使之保持不变，以便使原计划得以实施。

（6）资源调整

当资源供应发生异常时，应进行资源调整。资源供应发生异常是指因供应满足不了需要，如资源强度降低或中断，影响到计划工期的实现。资源调整的前提是保证工期不变或使工期更加合理。资源调整的方法是进行资源优化。

# 5.4　软件项目资源计划

一切具有现实或潜在价值的东西都可以看做资源。完成一个项目，不仅需要人力、材料、设备、资金等有形资源的配合，同时还需要一些无形资源的辅助。资源对项目具有不可估量的影响：在资源保障充分的条件下，可以按最短工期、最佳质量完成项目任务；如果资源保障不充分或不合理，就会使项目延期或使项目实际成本比预算成本有大幅度的增加。

项目资源计划是在分析、识别项目的资源需求，确定项目所需投入的资源类别、数量和资源使用时间的基础上，制订科学、合理、可行的项目资源供应计划的项目管理活动。资源计划是成本估计的基础，对成本管理有着直接的作用。

## 5.4.1　项目资源分类

完成项目必须要有有形资源的投入，同时也需要一些无形资源的支持，如技术、计划等。项目耗用资源的质量、数量、均衡状况都对项目的工期、成本有着不可估量的影响。然而在任何项目中，资源并不是无限使用的，也并不是可以随时随地获取的，项目的费用、技术水平、时间进度等都会受到可支配资源的限制。所以在项目管理活动中，项目资源能够满足需求的程度及它们与项目实施进度的匹配都是项目成本管理必须计划和安排的。制订一个合理的资源调度方案是项目可以顺利进行的基础也是必要条件。

软件项目的资源按照其使用特点可分为以下三类。

**1.环境资源**

项目环境资源就是通用的标准化的资源。在软件开发项目中，通常支持软件开发项目的环境包括硬件和软件两大部分。其中硬件提供了一个支持软件的工作平台,这些设备是产生优质软件的良好基础。因此,项目计划者必须明确并规定这些硬件及软件在项目实施过程中的可用性和可用时间。尽管这些标准化的资源通常有着比较透明的标准价格,但不同的企业使用这些资源的效率和能力是不同的。即使是完成相同的项目,对于不同的企业,因开发特点或能力不同,其环境资源的成本仍然可能是不同的。

### 2.可重用资源

可重用资源是指可以重复利用,在多个项目中均适用的资源。资源的可重用性必须建立在对资源的合理使用及对以往项目不断整理和积累的基础之上。在 IT 项目中,比较成型的文档模板或软件构件、可重用的工程过渡性材料或设备等都是比较常见的可重用资源。如果可直接使用的资源模块或材料设备能够满足项目的需求,那么就采纳它。因为获得和集成可直接使用的资源模块所花费的成本一般总是低于开发同样的新资源所花费的成本,节省了资源和成本。在项目中使用已有的资源,有时还可以降低项目的风险,并缩短项目工期。

### 3.人力资源

人力资源指项目实施所需要的人员及人员的可得情况。人力资源在 IT 项目中是相当重要的。因为人是软件开发项目的主体,在编制项目计划时,对于项目组的人员职位、人数及专业技能都要描述清楚。同时,在项目实施过程中要尽可能地保持人员的稳定性。因为绝大多数软件项目的实施人员都会与客户进行大量的信息交流,要充分领会客户的情况与要求,中途换人通常会使这种信息沟通受到影响而对项目产生阻滞作用,尤其是会延误工期,增加成本。

资源描述就是将项目相关的各种资源的名称、数量、价格、可用性、可用时间、持续性等有关信息进行分类详细描述。资源描述是对资源进行有效利用的必要工作,能够对资源进行合理的整理、分类并将其及时安排到相应的项目中去。资源的可用性必须在项目的最初就建立起来,这样才能形成整个项目管理期间随时可调用的资源库。

项目的资源通常源于项目所在企业,编制项目的资源库应当立足于企业目前所拥有的可用资源,将该项目可以调用的企业相关资源进行汇总整理,详细描述各种资源的具体情况,就可以得到一个项目可用资源的总体概况。

### 5.4.2　资源计划编制的主要依据

项目资源计划涉及决定什么样的资源及多少资源将用于项目的每一项工作执行过程中。因此,它必然是与费用估计相对应的,是项目成本估计的基础。编制项目资源计划的依据主要为以下五个方面。

### 1.工作分解结构 WBS

在 WBS 中确定了项目可交付成果,明确了哪些工作是属于项目该做的,而哪些工作不应包括在项目之内,对它的分析可进一步明确资源的需求范围及其数量,因此在编制项目资源计划中应该特别加以考虑。利用 WBS 编制项目资源计划时,工作划分得越细、越具体,所需资源的种类和数量就越容易估计。工作分解自上而下逐级展开,各类资源需求信息可以自下而上逐级累加,这样便可得到整个项目的各类资源要求目标。

2.进度计划

项目进度计划是项目计划中最主要的,是其他各项计划的基础。项目资源计划必须为项目进度计划服务,何时需要怎样的资源是围绕项目进度计划的需要而确定的。

3.历史资料

历史信息记录了以前类似项目使用资源的需求情况,如已完成同类项目在项目所需资源、项目资源计划和项目实际消耗资源等方面的历史信息。此类信息可作为新项目资源计划的参考。

4.资源库描述

资源库描述是对项目可调度资源的详细说明,对它的分析能确定资源的供给方向及其可用情况,这是编制项目资源计划所必须掌握的。例如,在项目的早期设计阶段需要哪些方面的设计工程师和专家顾问,对他们的专业技术水平有什么要求;而在项目的实施阶段需要怎样的专业技术人员和项目管理人员,需要什么样的设备等。资源库详细的数量描述和资源水平说明对于资源安排有特别重要的意义。

5.组织策略

项目实施组织的企业文化、项目组织的组织结构、项目组织获得资源的方式和手段方面的方针体现了项目高层在资源使用方面的策略,直接关系到人员的招聘、物资和设备的租赁或采购,对如何使用资源起重要作用。例如,项目组织是采用零库存的资源管理政策,还是采用经济批量订货的资源管理政策等。因此,在编制项目资源计划的过程中还必须考虑项目的组织方针,在保证资源计划科学合理的基础上,应尽量满足项目组织方针的要求。项目组织的管理政策也会影响项目资源计划的编制。

### 5.4.3 资源计划编制程序

1.资源需求分析

通过分析,确定 WBS 中每一项任务所需的资源类型、质量及其种类。确定了资源需求蓝图后,根据有关项目领域中的消耗定额或经验数据,确定资源数量。①工作量计算。②确定实施方案。③估计人员需求量。④估计设备、材料需求量。⑤确定资源的使用时间。

2.资源供给分析

资源供给的方式是多种多样的,可以从项目组织内部解决,也可以从项目组织外部获得。资源供给分析主要分析资源的可获得性、获得的难易程度以及获取渠道。分析可分别从内部、外部资源进行分析。

3.资源成本比较与资源组合

确定需要哪些资源和如何调度这些资源后,就要比较这些资源的使用成本,从而确定资源的组合模式,即各种资源所占比例与组合方式。完成相同的工作,不同的资源组合模式,其成本也会有较大差异。通常要根据实际情况,考虑成本、进度等要求,确定合适的资源组合模式。

4. 资源分配与计划编制

资源分配是一个系统工程,既要保证各个任务得到合适的资源,又要把控资源总量的合理最佳节约。在保证所有任务所需资源能得到满足的情况下,尽量减少项目的资源总需求。把资源合理分配到具体任务中,使资源得以充分利用,并在此基础上编制项目资源计划。

### 5.4.4　资源计划编制的方法

编制资源计划的方法有:专家判断法、资料统计法和数学模型法等。

1. 专家判断法

专家判断法是指依据专家的个人知识结构和经验,结合项目所处环境及发展趋势,作出自己的判断。通常情况下,这种方法会先征询专家个人意见、看法和建议,然后对多个专家的意见、看法和建议加以归纳、整理,从而得到一般结论。

专家评估法的基本步骤有如下几个。

(1)设计调查表

调查表是信息集中与反馈的主要工具,它的设计直接影响到调查的质量,因此要根据调查的内容多做些工作。

在设计调查表时,应注意:对该方法应简要说明;提出的调研问题必须明确,含义只能有一种解释,不能有歧义,不能有组合事件;措辞要确定,避免含糊不清和缺乏定量标准的用语;必须选择与调查目的有关的问题,数量适中,过多或太少都达不到预期效果;留有让专家有表达自己意见的地方。

(2)选择应答的专家

选择在所调查的领域中具有丰富知识与实践经验的人,即使不在本领域工作,依然有足够能力的人也是可以请教的对象。

(3)征询专家意见

使用这种方法,专家可以自由发表自己的意见,最大限度地发挥专家的个人创造力。但该方法受专家个人知识结构、专业深度、资料占有情况、信息来源及可靠性、对预测对象的兴趣等影响,存在一定的局限性。

2. 资料统计法

这里指使用历史项目的统计数据资料,计算和确定项目资源计划的一种方法。这种方法中使用的历史统计资料必须有足够的样本量,而且有具体的数量指标以反映项目资源的规模、质量、消耗速度等。通常这些指标又可分为实物量指标、劳动量指标和价值量指标。实物量指标多数用来表明设备资源的需求数量,一般表现为绝对数指标。劳动量指标主要用于表明人力的利用,这类指标可以是绝对量也可以是相对量指标。价值量指标主要用于表示资源的货币价值,一般使用本国货币币值表示人力劳动或物化劳动的价值。利用资料统计法是一种可以有效在短时间内做出资源需求情况的方法,省时也相对节省成本。但是这种方法要求有详细的历史数据,并且要求这些历史数据要具有准确性和可行性,所以这种方法的推广和使用有一定难度。

常用的项目资源计划的工具包括:资源矩阵、资源甘特图、资源负荷图或资源需求曲线、资源累计需求曲线等。资源矩阵、资源数据表以表格的形式显示项目的任务、进度及其需要的资源的品种、数量及各项资源的重要程度,其格式如表5-3、表5-4所示。资源甘特图就是利用甘特图技术对项目资源的需求进行描述,格式详见图5-8。资源负荷图一般以条形图的方式反映项目进度及其资源需求情况,格式详见图5-9。资源需求曲线以线条的方式反映项目进度及其资源需求情况,分为反映项目不同时间资源需求量的资源需求曲线,其格式如图5-9所示,以及反映项目不同时间对资源的累计需求的资源累计需求曲线,其格式如图5-10所示。

表 5-3 某项目资源矩阵

| 工作 | 资源需要 | | | | | 相关说明 |
|---|---|---|---|---|---|---|
| 工作1<br>工作2<br>...<br>工作m | 资源1 | 资源2 | ... | 资源n-1 | 资源n | |

表 5-4 某项目资源数据表

| 资源需求种类 | 资源需求总量 | 时间安排(不同时间资源需求量) | | | | | | 相关说明 |
|---|---|---|---|---|---|---|---|---|
| | | 1 | 2 | 3 | ... | $T-1$ | $T$ | |
| 资源1<br>资源2<br>......<br>资源n | | | | | | | | |

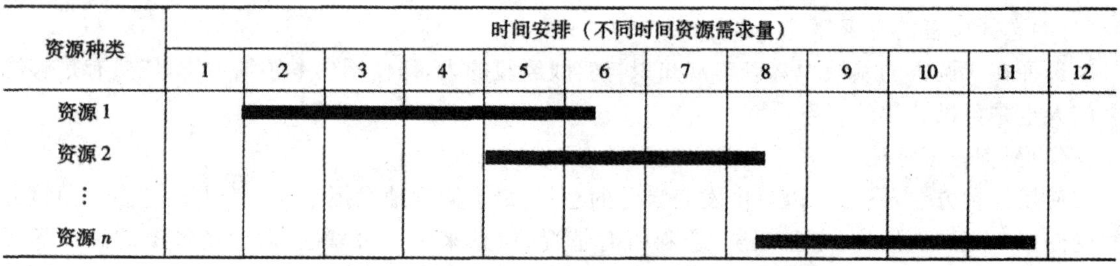

| 资源种类 | 时间安排 (不同时间资源需求量) | | | | | | | | | | | |
|---|---|---|---|---|---|---|---|---|---|---|---|---|
| | 1 | 2 | 3 | 4 | 5 | 6 | 7 | 8 | 9 | 10 | 11 | 12 |
| 资源1 | | | | | | | | | | | | |
| 资源2 | | | | | | | | | | | | |
| ⋮ | | | | | | | | | | | | |
| 资源n | | | | | | | | | | | | |

图 5-8 资源甘特图

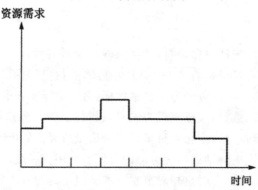

图 5-9 资源负荷图或需求曲线

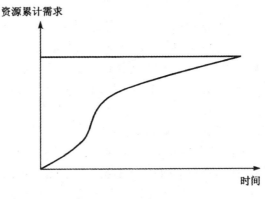

图 5-10　资源累计需求曲线

### 3.数学模型法

仔细分析资源计划,抽象出相应的数学模型,给定模型假设及参数条件,求解数学模型,得到资源计划的结果。这种方法得到的结果通常比较客观,受个体影响较小,但是由于软件问题的复杂性,很多时候难以建立有效的数学模型。

## 5.5　软件项目成本管理

软件项目成本管理的目的是合理节约项目成本,但并不意味着要一味减少成本。例如,在软件项目中,减少测试无疑能够减少项目的成本。但如果没有测试,就如同许多曾经进行过的软件项目一样,把用户当作测试者,会给项目造成灾难性的后果,或者使得项目的成本大幅度提高,以至让项目走向失败的边缘。

在计算机发展的早期,硬件成本在整个计算机系统中占很大的比例,而软件成本所占比例相对很小。随着计算机应用技术的发展,特别是在今天,在大多数应用系统中,软件已成为开销最大的部分。为了保证软件项目能在规定的时间内完成任务,而且不超过预算,成本的估算和管理控制非常关键。

### 5.5.1　软件项目成本管理概述

#### 1.项目成本及其构成

成本,即为了获取商品或服务而支付的货币总量。软件项目的成本,就是为了使软件项目如期完成而支付的所有费用。软件项目成本可以从两个方面来看:一方面成本与质量、时间的关系,控制项目成本,不能以牺牲软件质量或延长项目时间为代价;另一方面,在预算框架内控制成本,软件项目成本不是越低越好,项目经理要做的是在预算中控制成本,最终总成本不超过预算的就是合理的。

软件项目造价昂贵,并以经常超过预算著称。由于软件项目成本管理自身的困难所致,许多软件项目在成本管理方面都不是很规范。尽管软件项目成本超支的原因复杂,但并非没有解决办法。实际上结合 IT 项目的成本特点,应用恰当的项目成本管理技术和方法可以有效地改变这种情况。

为了方便对 IT 项目的成本进行管理,可以从不同角度对其费用进行不同的分类。

①软件产品的生产不是一个重复的制造过程,项目成本是以"一次性"开发过程中所花费的代价来计算的。因此,IT 项目开发成本的估算应该以整个项目开发全过程所花费的人工费用做为主要依据,并且应按阶段进行估算。从系统生命周期构成的两阶段即开发阶段和维护阶段看,IT 项目的成本由开发成本和维护成本构成。其中开发成本由软件开发成本、硬件成本和其他成本组成,包括软件的分析/设计费用(如系统调研、需求分析、系统设计)、实施费用(如编程/测试、硬件购买与安装、系统软件购置、数据收集、人员培训)及系统切换等方面的费用。维护成本包括运行费用(如人工费、材料费、固定资产折旧费、专有技术及技术资料购置费)、管理费(如审计费、系统服务费、行政管理费)及维护费(如纠错性维护费用及适应性维护费用等)。实际上,如果在开发阶段项目组织管理得不好,系统维护阶段的成本就可能大大超过开发阶段的成本。

②从财务角度来看,列入软件项目的成本如下:

· 硬件购置费。例如,计算机及相关设备的购置费,不间断电源、空调等的购置费。

· 软件购置费。例如,操作系统软件、数据库系统软件和其他应用软件的购置费。

· 人工费。主要是技术人员、操作人员、管理人员的工资福利费等。

· 培训费。

· 通信费。例如,购置网络设备、通信线路器材、租用公用通信线路等的费用。

· 基本建设费。例如,新建、扩建机房的费用,购置计算机机台、机柜等的费用。

· 财务费用。

· 管理费用。例如,办公费、差旅费、会议费、交通费。

· 材料费。如打印纸、包带、磁盘等的购置费。

· 水、电、气费。

· 专有技术购置费。

· 其他费用。例如,资料费、固定资产折旧费及咨询费。

### 2. 项目成本管理的基本术语

项目成本管理就是指为保障项目实际发生的成本不超过项目预算,使项目在批准的预算自按时、按质、经济高效地完成既定目标而开展的项目管理活动。项目成本管理过程中涉及的基本术语如下:

(1)现值与将来值

货币是有时间价值的,故今天的 100 元和 1 年后的 100 元是不等值的,现值与将来值的关系为:

$$FV = PV \times (1 + R)^N$$

其中,$FV$ 表示将来值;$PV$ 表示现值;$R$ 表示利率;$N$ 表示时间期数。

(2)成本类型

可变成本:随规模变化的成本,如人员工资。

固定成本:不随规模变化的非重复成本,如办公室租赁费用。

直接成本:能够直接归属于项目的成本,是与项目直接对应的,包括直接人工费用、直接材料费用、其他直接费用等。直接成本是进行项目成本估算的基础部分,也是最容易进行量化的部分,通常也构成项目成本的大部分金额。因此,项目直接成本的划分和估算标准是其成本估算客观准确的基本保证。

间接成本:项目间接成本是指不直接为某个特定项目,而是为多个项目发生的支出,如员工福利、保安费用、行政部门和财务部门费用等。该类支出与多个项目相关,不会全额记入某一个项目,而应当依照项目资源的占用比例确定的分配关系,分摊到所有相关的项目,并分别记入不同项目各自的成本费用中去。

沉入成本:那些在过去发生的费用,就像沉船一样不能回收的部分。当决定继续投资项目时,不应该考虑这部分费用。当决定项目是否该继续时,许多人像赌徒一样的心理指望能够收回沉入成本,这是不可取的。

机会成本:如果选择另一个项目而放弃本项目收益所引发的成本。

全生命周期项目成本:在项目生命周期中每一阶段的全部资源耗费。全生命周期项目成本的概念源于工程项目的全面造价管理。所谓全面造价管理,就是对工程项目的全过程、全要素、全体人员、全风险的成本管理观念。对于 IT 项目成本管理及 IT 企业的综合资产管理,全面造价管理的理念日益显示出其科学性和必要性。IT 项目的特点是前期开发成本和后期维护费用都很高,而且项目开发成功与否直接影响项目后期维护成本的高低。全生命周期项目成本考虑的是权益总成本,因此,对于 IT 项目来说,既要考虑开发阶段的成本费用,也要估算后期系统维护的成本费用。

项目管理费用是指为了组织、管理和控制项目所发生的费用。项目管理费用一般是项目的间接费用,主要包括管理人员费用支出、差旅费用、固定资产和设备使用费用、办公费用、医疗保险费用及其他一些费用等。

(3)学习曲线理论

当重复作某种类似的项目时,每次项目的成本会逐步降低。学习曲线理论认为,当作某事的次数翻倍时,其所花费的时间也会以一种有规律的方式递减,可以使用回归模拟的方式确定下降的速度。

(4)收益递减规律

投入的资源越多,单位投入的回报率就越低,调控不当的情况下有时甚至会呈现负增长。例如,在软件项目中,将编程人员增加一倍,项目总共的编程时间并不会减少一半。

### 3. 项目成本管理过程

在项目管理过程中,通常是按照以上四项的成本构成方式进行成本管理。项目成本管理的目标是确保在批准的预算范围内完成项目所需的各项任务。其中,项目经理必须在项目启动时完成准确定义项目范围、估算项目支出等工作,并在项目过程中通过一系列监控手段和方法努力减少和控制成本费用的支出,满足项目支出人的期望。通常,软件项目管理活动包括以下几个方面。

(1)资源计划

项目资源计划是指通过分析、识别和确定项目所需资源的种类、多少和投入时间的这样一种项目管理活动。在项目资源计划工作中最为重要的是确定出能够充分保证项目实施所需各种资源的清单和资源投入的计划安排。

(2)成本估算

项目成本估算是指根据项目资源需求和计划,以及各种资源的市场价格或预期价格等信息,估算和确定出为完成项目各阶段所需的资源的近似估算总费用。项目成本估算最主要的任务是确定用于项目所需人、设备等成本和费用的概算。

(3)成本预算

项目成本预算是一项制订项目成本控制基线或项目总成本控制基线的项目成本管理工作。这是根据项目的成本估算为项目各项具体活动或工作分配和确定其费用预算，以及确定整个项目总预算这两项工作。项目成本预算的关键是合理、科学地确定出项目的成本控制基准。

(4)成本控制

项目成本控制是指在项目的实施过程中，将项目的实际成本控制在项目成本预算范围之内的一项成本管理工作。这包括依据项目成本的实际发生情况，不断分析项目实际成本与项目预算之间的差异，通过采用各种纠偏措施和修订原有项目预算的方法，使整个项目的实际成本能够控制在一个合理的水平上。

(5)成本预测

项目成本预测是指在项目的实施过程中，依据项目成本的实际发生情况和各种影响因素的发展与变化，不断地预测项目成本的发展和变化趋势与最终可能出现的结果，从而为项目的成本控制提供决策依据的工作。

在实际情况中，上述这些项目成本管理工作相互之间并没有严格独立而清晰的界限，在实际工作中，它们常常相互重叠和相互影响。同时在每个项目阶段，上述项目成本管理的工作都需要积极地开展，只有这样才能做好项目成本的管理工作。

### 5.5.2 软件项目成本估算

#### 1.成本估算的影响因素

由于成本估算是软件开发项目管理的关键内容。为了正确地进行成本估算，首先应该充分联系影响成本估算的主要因素，从而更有效地进行成本估算。

(1)开发软件人员的业务水平

软件开发人员的素质、经验、掌握知识的不同，在工作中表现出很大的差异，直接影响到软件的质量与成本。

(2)软件产品的规模及复杂度

它对于软件产品的规模的度量，一般是根据开发时间和产品规模来作为主要的分类指标，具体如表 5-5 所示。

表 5-5　软件产品规模分类表

| 类　别 | 参加人员 | 研制时间 | 产品规模(源代码行) |
|---|---|---|---|
| 微型 | 1 | 1～4 周 | 0.5k |
| 小型 | 1 | 1～6 月 | 1～2k |
| 中型 | 2～5 | 1～2 年 | 5～20k |
| 大型 | 5～20 | 2～3 年 | 50～100k |
| 超大型 | 100～1000 | 4～5 年 | 1M |
| 极大型 | 2000～5000 | 5～10 年 | 1～10M |

微型：可不做严格的系统分析和设计，在开发过程中应用软件工程的方法。

小型：如数值计算或数据处理问题，程序常常是独立的，与其他程序无接口，应按标准化技术开发。

中型：如应用程序及系统程序，存在软件人员之间、软件人员与用户之间的密切联系、协调配合，应严格按照软件工程方法开发。

大型：例如编译程序、小型分时系统、应用软件包、实时控制系统等。必须采用统一标准严格复审，但由于软件规模比较庞大，开发过程可能出现不可预知的问题。

超大型：如远程通信系统、多任务系统、大型操作系统、大型数据库管理系统、军事指挥系统等。子项目间有非常复杂的接口，若无软件工程方法支持，开发工作不可想象。

极大型：如大型军事指挥系统、弹道防御系统等，这类系统非常少见，更加复杂。

软件的复杂性即软件解决问题的复杂程度，主要按照应用程序，实用程序和系统程序的顺序由低到高进行排列。

（3）软件产品的开发所需时间

很明显软件产品开发时间越长成本就越高。对确定规模和复杂度的软件存在一个"最佳开发时间"，也就是完成整个项目的最短时间，选取最佳开发时间来计划开发过程，能够取得最佳经济效益。

（4）软件开发技术水平

软件开发的技术水平主要指软件开发方法、工具以及语言等，技术水平越高，效率越高。

（5）软件可靠性要求

一般在软件开发过程中可靠性要求越高，成本响应也就越高。因此一般根据软件解决问题的特点，要求合理的可靠性。

### 2. 成本估算时机

软件项目成本的估算并不是一劳永逸的工作，成本是随项目的进行而在改变的数据，所以成本估算也是一个逐步求精的过程。项目初期由于未知因素较多，估算精度相对较低，但对制订项目成本预算和项目计划起到关键作用；随着项目的进行，各未定因素逐渐明确，估算也趋于准确，进而对项目成本预算和项目计划作出必要的修改以更好地指导后续工作，或者纠正项目活动使其与预算匹配。如此反复，直到项目结束。如图 5-11 所示，如果把估算工作推迟到项目的后期进行，则在项目完成后能得到 100% 精确的结果。该数值虽然有吸引力，但却不实际，因为成本估算在事前给出才有意义。对任何一种估算方法来说，估算的时机和精度都是一对矛盾，只不过不同的方法其对立的程度不同而已。项目经理的目的是尽可能寻找对立程度最小的估算方法。

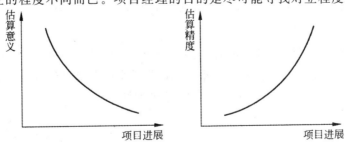

图 5-11　软件项目估算的时机

在软件项目进行过程中,随时进行成本估算当然是可以的。随时对变化作出回应,更准确地改善和实施下一步的项目计划。但这不是最好的选择。因为估算本身也需要成本,过多过频的成本估算活动将会抵消其带来的效益,所以选择合适的时间点进行必要的成本估算活动是成本管理中最为值得考虑的一个问题。

软件项目从其产生到结束可以细化为可行性论证、需求分析、系统设计、系统实现、系统测试、系统上线交付和系统运行维护一系列阶段。在软件项目开发期间,产品日趋明确,因为越来越多的活动得到了控制和检测,有一些子阶段的工作完成之后,必须进行软件估算或再估算。在这些子阶段进行不同的成本估算活动对于软件项目的成功有重要意义。如图 5-12 所示,在软件生命周期的五个时间点 E1,E2,E3,E4,E5 进行估算是很有道理的。

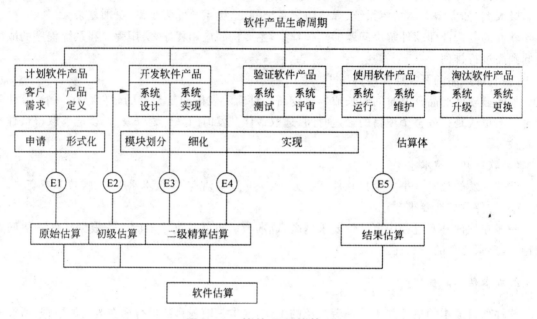

**图 5-12 软件项目估算时机**

(1)可行性论证

客户需求阶段列出了客户基本的软件功能需求,时间点 El 的估算可以为软件组织提供初步信息,以决定即将开始的软件项目是否对本组织有利。如果答案是肯定的,则进入下一阶段的工作,否则就需要重新考虑项目的可行性了。

(2)需求分析

需求分析阶段完成对软件项目的规格说明,进一步细化了系统功能,为系统设计提供了依据,此时的估算有助于软件组织在进入产品开发之前再次权衡产品的可行性。

(3)系统设计

系统设计阶段给出了产品完整的软件体系结构和各个子系统及各模块的说明,在该阶段进行估算工作要考虑的是如何将设计好的系统开发出来及有没有被忽视的问题。这阶段的估算一般不会作出终止项目的决定,但影响着以后各阶段的资源分配。

(4)系统实现

设计通过审查后,系统的实现工作就开始了。此时需要大量的程序员参与,因而人员规模达到高峰值,然后随着实现的完成慢慢减少。到该阶段结束时,初步的软件产品可用于系统测试,前面各项活动中耗费的资源和软件工作量均可以获得,从而可对原有估算进行调整与修改,后期需要的工作则按此估算进行计划。

(5)系统运行维护

当所有的工作都已完成并得到了验证之后,系统就可以投入运行了。此时,所有的不确定因素都成为已知量,估算工作实际上是对估算过程的评价,即用实际的消耗与各个阶段估算值进行比较。这一阶段的估算看似无实际含量,其实对于软件团队来说是必不可少的一环,它使得软件团队能够认识到估算活动中需要提高的地方及团队自身的特点,为下一个项目积累了宝贵的经验。

**3. 成本估算的依据**

项目成本估算的主要依据包括:项目范围说明;工作分解结构 WBS;资源计划;资源单位价格;历史信息;会计报表。

工作分解就是采用工作分解结构模式,将整体成本分解到若干细化的工作包中,使成本的估算能够分块、分项进行,使各个工作包的成本估算依据能够做到尽量准确和合理。

资源需求是进行成本核算的基础,用来说明所需资源的类型和数量。资源需求通过前述的资源计划方法可以获得。

资源单价是为计算项目成本所用的,通过确定每种资源的单价,与资源的需求数量相乘即可得资源的成本。如果某项资源的单价不清楚,则必须首先对资源进行估价。

分项工作时间是对项目各个组成部分和总体实施时间的估算。由于目前的财务成本相当重视资金时间价值的概念,所以,分项工作历时时间的估算,将影响到所有成本估算中计入资金占用成本的项目。

历史信息是指所有涉及项目策划、实施、评估等事件的信息的汇总。一般历史信息的来源主要有项目文档、商业成本估算数据库、项目成员的知识面等方面。

会计报表用来说明各种费用信息项的代码结构,这有利于项目费用的估算与正确的会计科目相对应。

资金成本参数是充分估算项目成本的一种方式。资金成本在项目成本估算中是用机会成本的概念来计量的。无论是货币资源还是实物资源,当某一个项目对其发生实际占用的时候,该货币或实物资源就失去了进行其他投资机会的可能,也就失去了从其他投资机会中获取收益的可能。资金成本参数方法将这些可能在其他各种投资机会中预计获得的最大收益作为该小项目的机会成本,并以资金成本的方式合并到项目的总成本估算中去,使项目的成本估算更加具有项目经营意义的特点。

成本估算是对完成项目各项任务所需资源的成本所进行的近似估算,根据估算精度的不同可分为多种项目估算。在项目初期要对项目的规模、成本和进度进行估算,而且基本上是同时进行的。因为在项目初始阶段许多项目的细节尚未确定,所以只能粗略地估计项目的成本。但是在项目完成了技术设计后就可以进行更详细的项目成本估算,而等到项目各种细节已经确定之后就可以进行详细的项目成本估算了。因此,项目成本估算在一些大项目的成本管理中都是分阶段做出不同精度的成本估算,而且这些成本估算是逐步细化和精确的。

项目成本估算不同于项目的商业定价,成本估算是对一个可能的费用支出量的合理推算,是完成项目范围内工作活动所需要的全部费用。而商业定价包括了预期的利润和成本费用,项目成本估算是商业定价的基础。

4. 成本估算的步骤

虽然有不错的成本估算模型,但是为得到更可靠的成本估算值,所要做的却不仅仅是将数值代入现成的公式直接求解,而是还需要软件成本估算模型的一套使用方法,以引导产生适当的成本模型的输入数据。下面介绍 Boehm 提出的一种方法,分为七个步骤。该过程表明软件成本估算工作本身也是一种小型项目,需要相应的规划、复审和事后跟踪。

(1)建立目标

在软件成本估算过程中,有时候会遇到这样的情况,耗费大量精力收集的用于估算的信息项,在进行估算时却因为与估算需要关系不大而不被使用,因而大量的努力工作和细致分析付之东流,因此需要把建立成本估算目标作为成本估算的第一步,以此来制订以后工作的详细计划。

帮助建立成本估算目标的主要元素是软件项目当前所处的生命周期阶段,它大致对应于我们对软件项目的认识程度和根据成本估算值而做的承诺程度。图 5-13 给出了软件项目在生命周期阶段的估算范围。假设 $a$ 是软件项目的实际成本,其中给出的范围的可信度为 80%。

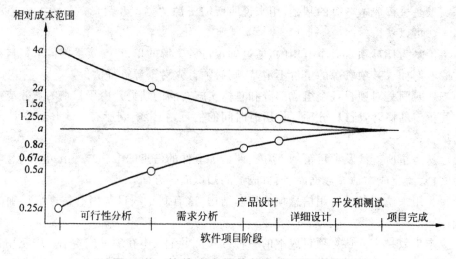

图 5-13　软件成本估算的准确度与阶段

从图示可以看出,当我们刚接手一个软件项目的时候,成本估算值的相对范围大致为偏高或偏低四倍,因为此时对软件产品的认识还存在很大的不确定性。一旦完成可行性分析之后,不确定性就降低了很多,相应的估算范围减少为上下两倍的偏差。而在需求分析后,偏差范围进一步减少为上下 1.5 倍,直至完成产品设计后范围减为上下 1.25 倍。总之,随着项目不确定性的减少,成本估算范围的偏差越来越小,直至在项目终结时变为 0。

另外,为了决策的需要,有时需要作出乐观估算与悲观估算,然后在随后的工作中逐步进行调节。

(2)规划需要的数据和资源

对软件项目进行成本估算,如果准备不充分的话,就会变成不可变更的软件承诺。为避免这种情况发生,应该将软件成本估算看成一个小型项目,在初期就为解决该问题制订一份项目规划。通常可采用下面的规划方法:

①目的:为什么要求出该估算值?

②产品和进度:什么时候提供什么产品?

③责任:每种产品由何人负责?

④过程:如何进行该项工作,采用哪些成本估算工具和技术?

⑤需要的资源:完成该工作需要多少数据、什么样的数据、时间、费用及工作量等?

⑥假定:如果所需的资源都具备,在什么条件下承诺交付该估算值?

该规划不必是一份精细的文档,能支持当前工作合适即可。比如估算工作量较小时,只需对估算工作进行简单分析并初步记录。尽管如此,这项简单的工作对良好的估算却是绝对必需的。

(3)确定软件需求

不确定的软件产品是无法做出估算生产该产品的成本的,所以软件需求说明书对于估算很重要。对于估算来说,软件需求说明书的价值是由它可检验的程度决定的,可检验性越好,价值越高。如果在软件需求说明书中出现"该软件要对查询提供快速响应",则该说明书是不可检验的,因为没有清楚定义"快速"的标准是什么。为达到可检验的目的,可把前面的描述改为"该软件对查询的响应要满足:A 类查询的响应时间不超过 2s;B 类查询的响应时间不超过 10s。"为此,往往要花费许多工作量以尽可能完成软件需求说明书从不可检验到可检验的转化。

(4)拟定可行的细节

这里的"可行"对应于软件估算目标,就是要尽可能做到软件估算目标所要求的细节。一般情况下,对成本估算工作做得越详细,估算值就越准确。原因有:

①考察越细,对软件开发技术理解得就越透彻。

②在估算时把软件分得越细,软件模块的个数越多,大数定理就能发挥作用,使各部分的误差趋向于相互抵消,总的误差减小。

③对软件必须执行的功能考虑得越多,遗漏某些次要成本的可能性就越小。

(5)运用多种独立的技术和原始资料

软件成本估算的方法有专家判定、类比、自顶向下、自底向上、算法模型等多种。这些方法各有利弊,但没有一种方法能在所有方面都胜过其他技术,它们的优缺点都是互补的。因而,为了避免任何单一方法的缺点且充分利用其优点,综合使用各种方法是很重要的。

(6)比较并迭代各个估算值

综合应用各种估算方法的目的在于将各个估算值进行比较,分析得到不同估算值的原因,从而找出需要改进估算的地方,提高估算的准确度。

比如,某软件项目采用自顶向下估算时得到的成本估算值为 500 万元,当采用自底向上估算时可以得到 300 万元的估算值。对比发现,自底向上估算忽略了配置管理、质量保证之类的系统级工作,而自顶向下估算虽然考虑了系统级的工作,但却忽略了自底向上估算中包括的一些软件维护工作。将两种估算值迭加可以得到比较现实的估算值 600 万元,而不是 300 万~500 万元之间的任何折中值。

进行估算值的迭代还有以下两个原因。

①乐观和悲观现象。由于角色差异导致对类似软件部分不同的估算值。项目申请人员负责赢得项目,估算偏于乐观,而软件开发人员要在预算内完成任务,因而估算倾向于悲观。鉴于这一现象,需要进行迭代以校准不同人员对于软件相似部分的不同估算。这也再次说明合理选择软件估算人员的重要性。

②帐篷中的高杆现象。当对软件的多个部分进行估算时,往往有一个或两个部分的成本像帐篷中的高杆一样突出,并常常占据该软件的大部分成本。这时就需要对突出部分进行比其他部分更为详细的考虑和迭代。突出部分的规模一般比较大,而人们倾向于将规模等同于复杂度。并且人们易于将某部分的复杂度等同于该部分中最难实现的部分。事实上,这并不是一个理性的逻辑,因为最难实现的地方在该部分中所占比例可能并不大。

(7)随访跟踪

软件项目开始之后,非常有必要收集实际成本、项目进展情况,并将它们和估算值进行比较。原因有如下几点。

①软件成本估算的输入和相应技术是不完善的。通过比较估算成本和实际成本之间的差异有可能发现用于改进估算的成本驱动因子,从而通过改变输入来提高估算精度,也能改进估算技术。

②通过估算值和实际值的比较还能确认有些项目的确不符合估算模型,不能用模型来估算。这对于类似项目成本估算的有效性和模型的改进都有好处。

③在软件项目进行过程中,往往会发生某些变动。因此通过收集相关数据识别这些变动并及时调整成本估算值是不可或缺的。

④软件领域是不断发展的,而各种估算技术多是建立在以往项目的基础之上,因而有时候不能反应当前项目的实际情况,需要将新项目中出现的新技术或方法等结合到改进的估算值和估算技术中去。

### 5.成本估算方法

对于一个大型的软件项目,由于项目的复杂性,开发成本的估算是一件比较困难的事,要进行一系列的估算处理。基本估算方法分为三类。

(1)自顶向下的估算方法

这种方法的想法是从项目的整体出发,进行类推。即估算人员根据以前已完成项目所耗费的总成本(或总工作量),推算出将要开发的软件的总成本(或总工作量),然后按比例将它分配到各开发任务中去,再检验它是否能满足要求。

这种方法的优点是估算工作量小,速度快。缺点是对项目中的特殊困难估计不足,估算出来的成本盲目性非常大,有时会遗漏被开发软件的某些部分。

(2)自底向上的估计法

这种方法的想法是把待开发的软件细分,直到每一个子任务都已经明确所需要的开发工作量,再把它们加起来,得到软件开发的总工作量。这是一种比较常见的估算方法。它的优点是估算各个部分的准确性高。缺点是缺少各项子任务之间相互联系所需要的工作量,还缺少许多与软件开发有关的系统级工作量(配置管理、质量管理、项目管理)。所以往往估算值偏低,必须用其他方法进行检验和校正。

(3)差别估计法

这种方法综合了上述两种方法的优点,其想法是把待开发的软件项目与过去已完成的软件项目进行类比,从其开发的各个子任务中区分出类似的部分和不同的部分。类似的部分按实际量进行计算,不同的部分则采用相应的方法进行估算。这种方法的优点是提高了估算的准确程度,缺点是不容易明确"类似"的界限。

采用不同的进度计划方法使其本身所需的时间和费用也不同。应该采用哪一种进度计划方法,主要应考虑项目规模的大小、项目的复杂程度、项目的紧急性、对项目细节掌握的程度、总进度是否由一两项关键活动所决定、有无相应的技术力量和设备等因素。此外,根据情况不同,还需考虑客户的要求,能够用在进度计划上的预算等因素。到底采用哪一种方法,需要全面考虑以上因素。

### 6.成本估算的基本结果

项目成本估算的基本结果有以下三个方面:

(1)成本估计

成本估计是对项目各项活动所需资源成本的定量估计,其结果通常可用劳动力、材料消耗量等表示。成本通常以现金单位表达,如元,美元等,以便进行项目内外的比较,也可用人·天或人·小时这样的形式。

成本估计是一个不断优化的过程。随着项目的进展和相关详细资料的不断出现,应该对原有成本估计做相应的修正,在有些应用项目中提出了何时应修正成本估计,估计应达到什么样的精确度等。

(2)详细说明

成本估计的详细说明应该包括:工作范围描述、成本估计的实施方法、成本估计依赖的假设。另外,成本估计结果可能是用范围来表示的,如 MYM20000±MYM1000 就表示估计成本在 MYM19000 和 MYM21000 之间。

(3)请求的变更

成本估算过程中可能产生一些变更请求,如资源计划、费用管理计划、项目管理计划等的变更等。请求的变更要通过整体变更控制过程进行处理和审查。

### 5.5.3　软件成本预算

项目成本预算是在项目成本估算的基础上,更精确地估算项目总成本,并将其分摊到项目的各项具体活动和各个具体项目阶段上,为项目成本控制制订基准计划的项目成本管理活动,又称为项目成本计划。成本预算的目的是产生成本基线,它可以作为度量项目成本性能的基础,也可以作为一种比较标准而使用。

### 1.成本预算的特征

成本估算的输出结果是成本预算的基础与依据,成本预算则是将已批准的估算分摊到项目工作分解结构中的各个工作包,然后在整个工作包之间进行每个工作包的预算分配,这样才可能在任何时点及时地确定预算支出是多少。

由于进行预算时不可能完全预计到实际工作中所遇到的问题和所处的环境,所以对预算计划的偏离总是有可能会出现。如果出现了偏离,就需要对相应的偏离进行考察,以确定是否会突破预算的约束和采取相应的对策,避免造成项目失败或者效益不佳的后果。项目预算的三大特征如下:

(1)计划性

在项目计划中,根据工作分解结构,项目被分解为多个工作包,从而形成一种系统结构,项目成本预算就将成本估算总费用尽量精确地分配到 WBS 的每一个组成部分,从而形成与 WBS

相同的系统结构。因此,预算是另一种形式的项目计划。

（2）约束性

项目管理者在制订预算的时候均希望能够尽可能"正确"地为相关活动确定预算,既不过分慷慨,以避免浪费和管理松散;也不过于吝啬,以免项目任务无法完成或者质量低下,故项目成本预算是一种分配资源的计划。预算分配的结果可能并不能满足所涉及的管理人员的利益要求,而表现为一种约束,所涉及人员只能在这种约束的范围内行动。

（3）控制性

项目预算的实质就是一种控制机制。管理者的任务不仅是完成预定的目标,而且也必须使得目标的完成具有效率,即尽可能地在完成目标的前提下节省资源,这样才能获得最大的经济效益。所以,管理者必须小心谨慎地控制资源的使用,不断根据项目进度检查所有使用的资源量,如果出现了对预算的偏离,就需要进行修改,因此预算可以作为一种度量资源实际使用量和计划量之间差异的基线标准而使用。

此外,项目成本预算在整个计划和实施过程中起着重要的作用。成本预算和项目进展中资源的使用相联系,根据成本预算,项目管理者可以实时掌握项目的进度。如果成本预算和项目进度没有联系,那么管理者就可能会忽视一些危险情况。

2.成本预算的原则

①成本预算以项目需求为基础。项目需求是成本预算的基础,如果项目需求非常模糊,则成本预算不具有现实性。只有需求定义清晰完整,成本预算才可能准确可靠。要做好成本预算,首先要做好项目需求分析。

②成本预算要考虑项目目标。项目目标包括质量目标和进度目标。成本与质量、进度关系密切,三者是对立统一的关系。项目质量要求越高,成本预算也会相应提高;项目进度要求越快,项目成本也会越高。要在成本、质量、进度间综合平衡。

③成本预算要切合实际。项目成本预算是为了进行成本控制,但不是项目预算越低越好。如果预算过低,无论怎样努力都达不到,就会挫伤项目成员的积极性。当然,成本预算也不能过高,否则就失去其作为成本控制基准的意义。

④成本预算要有弹性。项目中总会有一些意料之外的事情发生,这些变化都会对项目成本预算产生一定的影响。因此在作成本预算时,要留有充分的余地,使预算具有一定的环境变化适应能力,即具有一定的弹性。

3.成本预算流程

软件项目成本预算的一般流程如图5-14所示。

一般情况下,项目成本预算流程分为以下三个步骤。

①将项目的总预算成本分摊到各项活动。根据项目成本估算确定出项目的总预算成本之后,将总预算成本按照项目工作分解结构和每一项活动的工作范围,以一定的比例分摊到各项活动中,并为每一项活动建立总预算成本。

②将活动总预算成本分摊到工作包。这是根据活动总预算成本,确定出每项活动中各个工作包具体预算的一项工作,其做法是将活动总预算成本按照构成这一活动的工作包和所消耗的资源数量进行成本预算分摊。

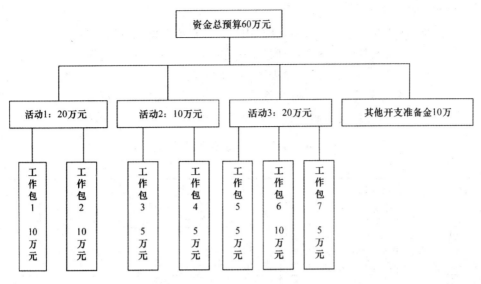

**图 5-14 项目成本预算流程**

③在整个项目的实施期间内,对每个工作包的预算进行分配。即确定各项成本预算支出时间以及每一个时间所发生的累计成本支出额,从而制订出项目成本预算计划。

**4.成本预算的编制**

项目成本预算计划的编制工作包括将项目估算分摊到项目工作分解结构中的各个工作包;进行每个工作包的预算分配;根据项目计划的具体说明,对每一项活动进行时间、资源和成本的预算;项目成本预算调整。

(1)分摊预算总成本

就是将预算总成本分摊到各成本要素中去,并为每一个阶段建立预算成本。具体方法有两种:自上而下法、自下而上法。前者是在项目总成本之内按照各阶段的工作范围,把项目总成本按一定比例分摊到各阶段中;后者是依据各阶段有关的具体活动,把各阶段的成本综合起来得到总成本。

如图 5-15 所示,是预算总成本的分解示意图。该图表明了将 120 万元的项目成本分摊到工作分解结构中的设计、制造、安装与调试各个阶段的情况。

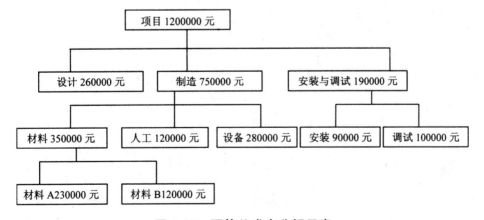

**图 5-15 预算总成本分解示意**

(2)制定累计预算成本

我们为每一阶段建立了总预算成本,就要把总预算成本分配到各阶段的整个工期中去,每期的成本估计是根据组成该阶段的各个活动进度确定的。当每一阶段的总预算成本分摊到工期的各个区间,就能确定在这一时间内用了多少预算。这个数字用截止到某期的每期预算成本总和表示。这一合计数,称作累计预算成本,将作为分析项目成本绩效的基准。

在制定累计预算成本时,要编制项目每期预算成本表,如表5-6所示。

### 表5-6 机床项目每期预算成本表

单位:万元

| | 合计 | 周 | | | | | | | | | | |
|---|---|---|---|---|---|---|---|---|---|---|---|---|
| | | 1 | 2 | 3 | 4 | 5 | 6 | 7 | 8 | 9 | 10 | 11 | 12 |
| 设计 | 26 | 5 | 5 | 8 | 8 | | | | | | | | |
| 建造 | 75 | | | | | 9 | 9 | 15 | 15 | 14 | 13 | | |
| 安装与调试 | 19 | | | | | | | | | | | 10 | 9 |
| 合计 | 120 | 5 | 5 | 8 | 8 | 9 | 9 | 15 | 15 | 14 | 13 | 10 | 9 |
| 累计 | | 5 | 10 | 18 | 26 | 35 | 44 | 59 | 74 | 88 | 101 | 11 1 | 120 |

表5-6表示在估计工期内,如何分摊每一阶段的预算总成本到各工期;也表示出整个项目的每期预算成本及其累计预算成本。根据该表数据,可以给出时间—成本累计曲线,如图5-16所示。

成本累计曲线具有重要的意义,在项目的任何时期都能与实际成本作对比。在软件项目中,不要仅仅将消耗的实际成本与总预算成本比较,因为总预算成本是对于整个软件系统的,对每一个阶段来说,可能没有达到总预算成本,但已经远远超过了项目的成本预算,此时要采取必要的措施进行控制。

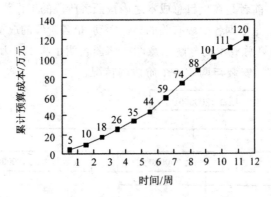

**图5-16 时间—成本累计曲线**

5.成本预算的结果

在将项目各工作包的成本预算分配到项目工期的各个时段以后,就能确定项目在何时需要多少成本预算和项目从起点开始累计的预算成本,这是项目资金投入与筹措和项目成本控制的重要依据。项目成本预算的主要结果是获得基准预算,具体体现在以下几个方面。

(1)基准预算

项目基准预算又称为费用基准,它以时段估算成本进一步精确、细化编制而成,通常以时间—成本累计曲线的形式表示,是按时间分段的项目成本预算,是项目管理计划的重要组成部分,用来度量项目的绩效。通常时间—成本累计曲线为 S 曲线。

整个项目的累计预算成本或每一阶段的累计预算成本,在项目的任何时期都能与实际成本和工作绩效作对比。对项目或阶段来说,仅仅将消耗的实际成本与总预算成本进行比较容易引起误解,因为只要实际成本低于总预算成本,成本绩效看起来总是好的。通常会认为只要实际总成本低于需求分析的项目成本,项目成本就得到了控制。但当某一天实际总成本超过了总预算成本,而项目还没有完成,那该怎么办呢?到了项目预算已经超出而仍有剩余工作要做的时候,要完成项目就必须增加费用,此时再进行成本控制就太晚了。为了避免这样的事情发生,就要利用累计预算成本而不是总预算成本作为标准来与实际成本作比较。如果实际成本超过累计预算成本时,就可以在不算太晚的情况下及时采取改正措施。

(2)实际成本累计

一旦项目开工就必须记录实际成本和承付款项,以便将它们与累计预算成本进行比较。实际成本累计就是从项目启动到报告期之间所有实际发生成本的累加。为了记录项目的实际成本,必须建立定期收集支出资金数据的制度,这一制度包括收集数据的步骤和报表。将项目各项活动每天发生的实际成本记录下来,并根据工作分解结构统计建立会计结构表,以便能将支出的每项实际成本分摊到各个工作包,而每一个工作包的实际成本就能汇总并与其累计预算成本加以比较。

将报告期的累计实际成本与累计预算成本相比,可以知道经费开支是否超出预算。若实际成本累计小于累计预算成本,则说明没有超支。但这仅仅是就时间进程而言的,没有与项目的工作进程直接比较。虽然,经费开支没有超出预算,但是,如果没有完成相应的工作量,也不能说明成本计划执行得好。因此,监控成本计划,还要引入盈余累计指标。

(3)盈余累计

通常把一项活动从开工到报告期实际完成的百分比称为完工率。一项活动总的分摊预算与该项活动的完工率的乘积称为盈余量。例如,活动"流程优化"分摊的预算是 4 600 元,在前 3 天完成任务的 45%,前 4 天完成任务的 60%,前 5 天完成任务的 75%,则活动在第 3、4、5 天的盈余量分别是 2 070 元(4 600×45%=2 070)、2 760 元、3 450 元。

盈余累计就是从项目启动到报告期之间各项活动盈余量之和。

6.项目计划的优化

编制一个好的项目计划,就需要进行项目计划优化,调整资源,解决资源冲突。项目计划的优化可以从费用、资源、工期等方面来考虑。

(1)费用优化

费用优化又称为时间成本优化,其目的是寻求最低成本的进度安排。进度计划所涉及的费用包括直接费用和间接费用。直接费用是指在实施过程中投入的、构成工程实体和有助于工程形成的各项费用;而间接费用是由公司管理费、财务费等零散构成。一般而言,直接费用随工期的缩短而增加,间接费用随工期的缩短而减少,如图 5-17 所示。

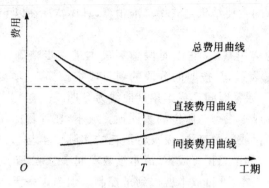

**图 5-17　工期—费用优化曲线**

　　直接费用和间接费用之和为总费用。在图 5-17 所示的总费用曲线中,总存在一个总费用最少的工期,这就是费用优化所寻求的目标。寻求最低费用和最优工期的基本思路是从网络计划的各活动持续时间和费用的关系中,依次找出能使计划工期有效缩短,而又能使直接费用增加最少的活动,再缩短其持续时间,同时考虑其间接费用迭加,即可求出工程费用最低时的最优工期和工期确定时相应的最低费用。

　　(2)资源优化

　　资源供应情况对项目进度有直接的影响。资源优化包括:"资源有限—工期最短"和"工期固定—资源均衡"两种。

　　①资源有限—工期最短。

　　资源有限—工期最短是通过调整计划安排以满足资源限制条件,并达到工期延长最少的方式。其优化步骤如下。

　　·计算网络计划每天的资源的需用量。

　　·从计划开始日期起,逐日检查每天资源需用量是否超过资源的限量,如果在整个工期内每天均能满足资源限量的要求,可行的优化方案就编制完成。否则必须进行计划调整。

　　·调整网络计划。对资源有冲突的活动做新的顺序安排。顺序安排的选择标准是工期延长的时间最短。

　　·重复上述步骤,直至出现优化方案为止。

　　②工期固定—资源均衡。

　　工期固定—资源均衡是通过调整计划安排,在工期保持不变的条件下,使资源尽可能均衡的过程。可用方差 $\sigma^2$ 或标准差 $\sigma$ 来衡量资源的均衡性,方差越小越均衡。利用方差最小原理进行资源均衡的基本思路是:用初始网络计划得到的自由时差改善进度计划的安排,使资源动态曲线的方差值减到最小,从而达到均衡的目的。设规定工期为 $T_s$,$R(t)$ 为 $t$ 时刻所需的资源量,$R_m$ 为日资源需要量的平均值,则可得方差和标准差的计算公式:

$$\sigma^2 = \frac{1}{T_s}\sum_{t=1}^{T_s}(R(t) - R_m)^2$$

　　也即:

$$\sigma^2 = \frac{1}{T_s}\sum_{t=1}^{T_s}R^2(t) - R_m^2 \text{ 或 } \sigma = \sqrt{\frac{1}{T_s}\sum_{t=1}^{T_s}R^2(t) - R_m^2}$$

由于上式中规定工期 $T_s$ 与日资源需要量平均值均为常数,故要使方差最小,只需使 $t\sum_{t=1}^{T_s} R^2(t)$ 为最小。因工期是固定的,所以求方差 $\sigma^2$ 或标准差 $\sigma$ 最小的问题只能在各活动的总时差范围内进行。

(3)工期优化

在不改变项目范围的前提下,合理优化计算工期,以满足规定工期的要求,或在一定约束条件下,使工期最短的过程,也是项目计划设计的方面。在进行工期优化时,首先应在保持系统原有资源的基础上对工期进行缩短。如果无法满足要求,再考虑向系统增加资源。在不增加系统资源的前提下有效缩短工期有两条途径:一是不改变网络计划中各项工作的持续时间,通过改变某些活动间的逻辑关系达到压缩总工期的目的;二是改变系统内部的资源配置,削减某些非关键活动的资源,将削减下来的资源调集到关键工作中去以缩短关键工作的持续时间,从而达到缩短总工期的目的。

如果项目初始进度计划的工期是按各工序活动的正常工期计算出来的,那么它对应一个成本值。根据项目活动的成本费用率及限定工期,可以知道压缩项目活动的时间必然要增加相应的成本。在实际项目管理工作中,压缩任何活动的持续时间都会引起费用的增加,因此,在压缩关键活动的工期时要抓住问题的关键:怎样合理地减少工期使项目的花费代价最小,或者在最佳费用限额确定下如何保证压缩的工期最大,寻求工期和费用的最佳结合点。

进行工期优化的步骤如下:
- 计算网络计划中的时间参数,并找出关键线路和关键活动。
- 按规定工期要求确定可以减少的时间。
- 分析各关键活动可能的压缩时间。
- 确定将压缩的关键活动,调整其持续时间,并重新计算网络计划的计算工期。
- 当计算工期仍大于规定工期时,则重复上述步骤,直到满足工期要求或工期不能再压缩为止。
- 当所有关键活动的持续时间均压缩到极限,仍不满足工期要求时,应对计划的原技术、组织方案进行调整,或对规定工期重新审定。

### 5.5.4　软件项目成本控制

成本控制是指在项目实施过程中,根据项目实际投入的成本,修正初始的成本预算,将项目的实际成本控制在预算范围内。

#### 1.成本控制原则

(1)全面控制原则

全面控制原则包括两个含义,即全员控制和全过程控制。项目成本费用的发生涉及项目组织中的所有成员,因此应充分调动他们的积极性、树立起全员控制的观念,从而形成人人、事事、时时都要按照目标成本来约束自己行为的良好局面。项目成本的发生涉及项目的整个生命周期,成本控制工作要伴随项目实施的每一阶段,才能使项目成本自始至终处于有效控制之下。

(2)节约原则

节约人力、物力和财力,是成本控制的基本原则。节约绝对不是消极地限制与监督,而是要积极创造条件,要着眼于成本的事前预测、过程控制,在实施过程中要经常检查是否出现偏差,以优化项目实施方案,提高项目的科学管理水平,实现项目费用的节约。

(3)经济原则

经济原则是指因推行成本控制而发生的成本不应超过因缺少控制而丧失的收益。任何管理活动都是有成本的,为建立一项控制所花费的人力、物力、财力不能超过这项控制所能节约的成本。这条原则在很大程度上决定了项目只能在重要领域选择关键因素加以控制,只要求在成本控制中对例外情况加以特别关注,而对次要的日常开支采取简化的控制措施,如对超出预算的费用支出进行严格审批等。

(4)责权利相结合的原则

要使成本控制真正发挥效益,必须贯彻责权利相结合的原则。它要求赋予成本控制人员应有的权力,并定期对他们的工作业绩进行考评和奖惩,以调动他们的工作积极性和主动性,从而更好地履行成本控制的职责。

(5)按例外管理的原则

成本控制的日常工作就是归集各项目单元的资源耗费,然后与预算数进行比较,分析差异存在的原因,找出解决问题的途径。按照例外管理原则,为提高工作效率,成本差异的分析和处理要求把重点放在不正常、不符合常规的关键性差异,即"例外"差异分析上。确定例外的标准通常有以下几条:

①重要性。我们将成本差异额或差异率大的或对项目有重大不利影响的差异作为重要差异给予重点控制。但差异分为有利差异和不利差异,项目成本控制不应只注意不利差异,还需注意有利差异中隐藏的不利因素。例如,采购部门为降低采购成本而采购不适合系统的设备,它不但会造成浪费,导致项目成本增加,而且还会带来项目成果质量低下,故应引起高度重视。

②可控性。有些成本差异是项目管理人员无法控制的,即使发生重大的差异,也不应视为"例外"。

③一贯性。尽管有些成本差异从未超过规定的金额或百分率,但一直在控制线的上下限附近徘徊,亦应视为"例外"。它意味着原来的成本预测可能不准确,需要及时进行调整;或意味着成本控制不严,必须严格控制,予以纠正。

④特殊性。凡对项目实施过程都有影响的成本项目,即使差异没有达到"重要性"的标准,也应受到成本控制的密切注意。

2.成本控制的依据

成本控制主要关心的是影响和改变费用曲线的各种因素、确定费用曲线是否改变及管理和调整实际的改变。成本控制的主要依据如下:

①项目成本基准。项目成本基准又称费用曲线,是按时间分段计划的项目成本预算,是度量和监控项目实施过程中项目成本费用支出的最基本的依据。

②项目执行报告。项目执行报告提供项目的范围、进度、成本、质量等信息,它反映了项目预算的实际执行情况,其中包括哪个阶段或哪项工作的成本超出了预算,哪些未超出预算,究竟问题出在什么地方等。它是实施项目成本分析和控制必不可少的依据。

③项目变更申请。很少有项目可以准确地按照期望的成本预算计划执行,不可预见的各种情况要求在项目实施过程中重新对项目的费用做出新的估算和修改,形成项目变更请求。只有

当这些变更请求经各类变更控制程序得到妥善的处理,或增加项目预算,或减少项目预算,项目成本才能更加科学、合理,符合项目的实际,并使项目成本真正处于控制之中。

④项目成本管理计划。项目成本管理计划确定了当项目实际成本与计划成本发生差异时进行管理的方法,是对整个成本控制过程的有序安排,是项目成本控制的有力保证。

### 3.成本控制内容

项目的成本控制存在于在整个项目的实施过程中,定期收集项目的实际成本数据,与成本的计划值进行对比分析,并进行成本预测,发现并及时纠正偏差,以使项目的成本目标尽可能好地实现。项目成本管理的主要目的就是项目的成本控制,将项目的运作成本控制在预算的范围内,或者控制在可以接受的范围内,以便在项目失控之前就及时采取措施予以纠正。

成本控制实质是监控成本的正负偏差,分析偏差产生的原因,及时采取措施以确保项目朝着有利的方向发展。对于以项目为基本运作单位的企业或组织来说,成本控制能力直接关系企业的赢利水平,因此,多数企业或组织都将成本控制放在一个非常重要的地位。但是,在实际工作当中,很多公司往往没有一套系统的管理办法来进行成本控制,而把更多的精力放在了技术上。

项目成本控制的主要内容包括:

①对造成成本基准计划发生改变的因素施加影响,以保证这种变化朝着有利项目的方向发展。

②确定项目基准计划是否已经发生了变化。

③在实际成本基准计划发生变化和正在发生变化时,对这种变化实施有效的管理。

④监视项目成本执行情况,及时发现与成本计划的偏差。

⑤确保所有有关成本的变更都准确记录在项目成本基准计划中。

⑥防止不正确、不适宜或者未核准的变更纳入成本基准计划中。

⑦将核准的变更通知有关项目干系人。

实施成本控制的依据是费用基线、绩效报告、变更申请和成本管理计划。其中,绩效报告提供了费用执行方面的信息;变更申请可以是多种形式,直接的或间接的,外部的或内部的,口头的或书面的;成本管理计划描述了当费用发生偏差时如何处理。

进行成本控制时的结果是修订成本估算,更新成本预算,采取纠正措施,对项目完工重新进行估算等。

### 4.成本控制的措施与方法

由于软件项目的特殊性,要想很好地控制软件项目开发的成本是很困难的,完全按照项目预算几乎是不可能的。主要原因有以下几方面。

①软件项目的需求确定很不容易,因此项目工期的确定和成本控制就很难把握。

②软件项目由于采用的是先进技术,而不是传统的、成熟的技术,因此技术风险很大,成本无法控制。

③由于软件开发人员的积极性、工作效率、配合情况等不像其他行业的项目那样,可以准确地预测,因此工作效率无法确定。

④软件项目具有独特性和技术创新性,有时没有历史资料可以借鉴。因此,成本估算带有很大的盲目性。

组成软件项目成本的各项目要素有人员、材料、设备、技术和资金,这些要素具有集合性、相关性、目的性和环境适应性,是一种相互结合的立体多维的关系,加强软件的项目成本管理,必须对项目的各要素详细分析,认真研究并强化其管理。

对软件成本控制的主要目标通常有以下几个。

①对各项目要素进行优化配置,即适时、适量、比例适当、位置适宜地配备或投入各项目要素以满足实施需要。

②对各项目要素进行优化组合,即对投入计算机信息系统集成项目的各项目要素在实施中适当搭配,以协调地发挥作用。

③对各项目要素进行动态管理。动态管理是优化配置和优化组合的手段与保证,动态管理的基本内容就是按照项目的内在规律,有效地计划、组织、协调、控制各项目要素,使之在项目中合理流动,在动态中寻求平衡。

④合理地、高效地利用资源,从而实现提高项目管理综合效益,促进整体优化的目的。

控制软件项目成本的措施归纳起来有三大方面:组织措施、技术措施、经济措施。各种措施的内容如图 5-18 所示。

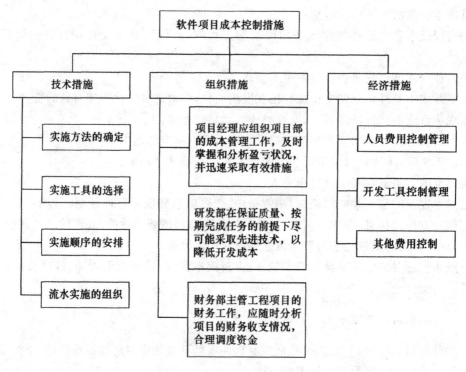

图 5-18　软件成本控制措施图

项目成本控制的组织措施、技术措施和经济措施是融为一体、相互作用的。项目经理是项目成本控制中心,要以投标报价为依据,制订项目成本控制目标,组织各部门和项目组各成员通力合作,形成以市场投标报价为基础的实施方案经济优化、设备采购、经济优化、人员配备经济优化的项目成本控制体系。

成本控制的基本方法是规定各部门定期上报其成本报告,再由控制部门对其进行成本审核,以保证各种支出的合法性,然后再将已经发生的成本与预算相比较,分析其是否超支,并采取相应的措施加以弥补。有效的成本控制的关键是及时定期分析成本绩效,尽早发现成本差异和成本执行效率,这样就能在情况变坏之前及时有效地采取措施。成本控制包括查找正、负偏差的原因,它必须与其他控制过程紧密地结合起来,控制原理如图 5-19 所示。

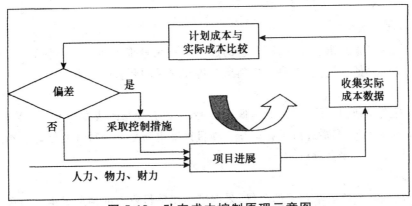

图 5-19　动态成本控制原理示意图

　　动态控制的基本工作环节是投入、转换、反馈、对比和纠正。软件项目中标后,进行成本估算、成本预算、分配资源到每个工序,然后按计划投入人力、物力和财力,保证按计划要求投入资源是实现计划目标的基本保障。项目的实现总是要经过从投入到产出的转换过程。在此过程中最重要的就是跟踪了解项目的进展情况,收集实际数据。这些信息要通过书面或口头的方式及时反馈给项目监控部门,使有关人员对反馈信息进行分类、归纳,与计划目标进行比较,确认是否偏离。如果偏离,那么要根据具体情况采取纠偏措施,使项目在计划的轨道上运转;如果无偏离,则进入下一个控制循环,直到软件项目完成结束。具体流程如图 5-20 所示。

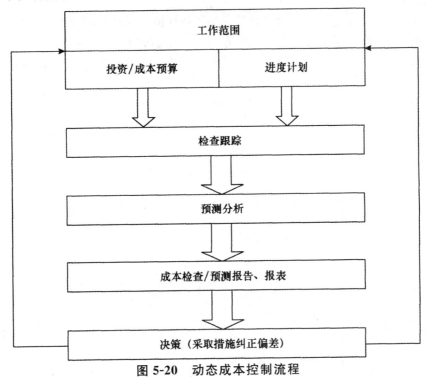

图 5-20　动态成本控制流程

5.成本控制的结果

项目成本控制的结果,包括实施成本控制后的成本估算更新、预算更新、纠正措施和经验教训。

(1)成本估算更新

成本估算更新是指提供更客观、更合适的成本信息来管理项目。成本估算更新可以不必调整这个项目计划的其他方向,但需要将更新情况告知项目的利害关系者。

(2)成本预算更新

由于一些意想不到的原因,使得成本偏差极大,导致必须修改成本基准才能为绩效提供一个现实的衡量基础,此时就需要进行预算更新。项目预算更新是一个特殊的修订成本的工作,一般只有当项目范围变更时才会进行。

(3)纠正措施

当项目实施成本偏离成本预算的时候,采取措施使项目将来的预期成本与预算成本一致。

(4)经验教训

成本控制中会遇到的很多问题、成本变化的各种原因、成本纠正的各种方法等,对以后的项目实施和执行具有很强的借鉴作用,应当保存下来,供以后参考。

(5)完成项目所需成本估计(EAC)

EAC 是指根据项目执行的实际情况,对整个项目成本做一个预测。常见的 EAC 有如下几种:

EAC=实际已发生成本+对剩余的项目预算,当项目现在的偏差可视为将来偏差时,这种方法通常被采用。

EAC=实际已发生成本+对剩余项目的一个新估计值。当过去的执行情况表明,先前的成本估算有根本的缺陷或由于条件改变而不再适用于新的情况时。

EAC=实际已发生成本+剩余原预算。当现有偏差被认为是不正常的,项目管理小组认为类似偏差不会再发生时,该方法最常用。

# 第6章　软件项目风险管理

## 6.1　软件项目风险管理概述

项目风险管理是贯穿于项目开发过程中的一系列管理步骤。风险管理人员通过风险识别、风险分析,合理使用多种风险管理方法、技术与手段对项目风险实施有效的控制,以尽可能少的成本保证安全可靠地实现项目目标。

### 6.1.1　风险

在IT软件项目的整个生命周期中,变化是唯一不变的事物,变化带来不确定性,不确定性就意味着可能出现损失,而损失的不确定性就是风险。只要是项目,都没有无风险的,因此,风险管理对于项目是必需的。

#### 1.风险定义

对风险的理解可以有广义和狭义两种。狭义的风险是指可能失去的东西或者可能受到的伤害,即在从事任何活动时可能面临的损失。而广义的风险是一种不确定性,使得在给定的情况和特定时间下,所从事活动的结果有很大的差异性,差异越大,风险也越大,所面临的损失或收益都可能很大,即风险带来的不都是损失,也可能存在机会。这就是风险的本质,即不确定性和损失。

从主观上讲,风险是损失的不确定性。风险强调损失和不确定性,并认为不确定性是属于主观的、个人的和心理上的一种观念。风险所导致的结果有损失的一面也有赢利的一面,损失面将带给人们恐惧和失败,而赢利面则带给人们希望和成功。

风险的不确定性范围包括:发生与否不确定;发生的时间不确定;发生的状况不确定;发生的结果不确定。

从客观上讲,风险是给定情况下一定时期可能发生的各种结果间的差异,因此风险被看成是客观存在的、可以用客观尺度度量的事物。若各种可能结果之间的差异大,则风险大;若差异小,则风险小。若只有一个结果,则因无差异而没有风险可言,因为结果完全可以充分预测。只有不止一种可能的结果存在,每种结果都有其可能发生的概率,从而形成了一个反映各种结果及其概率分布,可以确定各结果之间的差异,并且在相同的情况下其结论并不会因人而异。因此,风险又有概率分布的特征。这时的不确定性,则是取决于个人对风险的估计及对置信度的一种主观意识,没有公认的度量标准。在此概念中,风险、不确定性及概率三者有明确的区分。

从上面对风险的定义中,风险具有下列基本因素:

①事件或者风险事件:指活动或者事件的主体未预计到会发生或者未预料到其发生后的结果的事件。即必须有一些事件或者其后果未预料到的事件发生。

②事件发生的概率:事件的发生具有不确定性,但可以根据某些方法进行度量,能够预料到一定发生或者不发生的事件不具有风险性。因此,风险事件的发生及其后果都具有偶然性。

③事件的影响：风险事件发生后，其结果是不确定性的，即可能带来损失，也可以是提供机会。风险的影响是相对的，对不同的项目主体，其影响是不同的，因为人们都具备承受一定风险的能力，并因人、因时、因地、因事而异。

④风险的原因：引起风险的各种内外、主客观因素，即风险源。风险是潜在的，只有在具备一定的条件时才可能发生。

⑤风险的可变性：风险的性质、可能产生的后果、发生的概率、影响范围等都是随风险事件发生的时间、环境的变化而变化的。经过项目或者活动的进展，人们消除了事件的一些不确定性，其带来的风险当然也会发生变化。因此，风险的另一个特征就是可变性。

2.风险分类

从范围角度上看，风险主要分为下述 3 种类型：项目风险、技术风险和商业风险。

①项目风险：项目风险是指潜在的预算、进度、个人、资源、用户和需求方面的问题，例如时间和资源分配的不合理、项目计划质量的不足、项目管理原理使用不良所导致的风险、资金不足、缺乏必要的项目优先级等。项目的复杂性、规模的不确定性和结构的不确定性也是构成项目风险的因素。

②技术风险：技术风险是指潜在的设计、实现、接口、检验和维护方面的问题。规格说明的多义性、技术上的不确定性、技术陈旧也是技术风险因素。复杂的技术、项目执行过程中使用的技术或者行业标准发生变化所导致的风险也是技术风险。

③商业风险：商业风险主要包括市场风险、策略风险、管理风险和预算风险等。

软件风险是有关软件项目、软件开发过程和软件产品损失的可能性。软件风险又可分为软件项目风险、软件过程风险和软件产品风险。

①软件项目风险：这类风险涉及操作过程、组织过程和合同等相关参数。软件项目风险主要是管理责任。项目风险包括资源制约、外界因素、供应商关系或合同制约。其他风险还包括不负责任的厂商和缺乏组织支持。缺乏对项目外界因素的掌握与控制会加大项目风险管理的难度。

②软件过程风险：这类风险包括管理与技术工作规程。在管理规程中，可能在一些活动中发现过程风险，如计划、人员分配、跟踪、质量保证和配置管理。在技术过程中，可能在工程活动中发现过程风险，如需求分析、设计、编码和测试。计划是风险评估中最常见的管理过程风险。开发过程风险是最常见的技术过程风险。

③软件产品风险：这类风险包括中间及最终产品特征。产品风险主要是技术责任风险，可能在需求稳定性、设计性能、编码复杂度和测试明细单中发现产品风险。因为软件需求的灵活性，导致产品风险难于进行管理。需求是风险评估中最重要的产品风险。

3.风险的属性和承受度

使用自然语言完整描述风险往往会忽略一些必要的风险特性。这些不完整的风险描述会模糊我们的认识，降低风险管理的作用，不能有效地预防风险。在风险管理中，我们通常使用一些属性更深入地描述风险，提高对风险的管理能力。下面列举一些常见的风险属性。

①风险类型。

②风险发生概率，描述了风险发生的可能性。

③风险影响，如果风险一旦发生，将对项目造成什么样的影响。

④风险状态,一般可以分为开放、发生和避免这 3 种状态。

⑤风险发生标志,判断风险发生与否的依据。

⑥风险消除标志,判断风险消失与否的依据。

⑦风险防范策略,如何预防风险的发生,降低风险发生的可能性。

⑧风险应对策略,风险发生后需要采取的措施。

⑨风险责任人,对该风险负责的人,通常会采取一些风险防范措施来预防风险的发生。

风险是与收益相对称的,高收益的软件项目往往蕴含着高风险,没有任何风险的软件项目往往也难有收益。软件项目管理者应当在风险和收益之间寻求一种平衡,在这个过程中,不同的软件项目团队和个人对于风险有着不同的承受能力。

有些项目团队或者个人对于风险有着中等的承受能力,有些对风险比较厌恶,而另一些则追求风险。人们对风险持有的态度将影响其对风险认知的准确性,也影响其应对风险的策略和方法。

风险承受度是从潜在的回报中得到满足或者快乐的程度或者效用。对于风险厌恶型的软件项目团队或管理者来说,效用以递减的速率在增长,即当有更多的回报或者收益蕴含在更多的风险中的时候,风险厌恶者从风险活动中获得满意度越来越小,或者说对风险的承受度越来越低。

相反地,风险喜好型的软件项目团队或管理者对于风险有着很高的承受度,当更多的收益机会处于风险中时,他们的满意程度会越来越高。风险喜好者喜欢更多不确定性的结果,而且常常愿意为冒险而付出代价。而风险中性者则在风险和收益之间取得平衡。

### 6.1.2　项目风险

由于项目具有一次性的特点,因而使得项目的不确定性比其他的一些活动更大,故项目风险的可预测性也就更差。对于重复性的活动,即使出现错误也可以在以后弥补,但项目一旦出现问题,将是难以补救的。尽管项目是多种多样的,每个项目的具体问题都不同,也不具备完全的可比性,但是,有些问题却是许多项目共有的。

IT 行业的项目开发也是一项可能发生损失的活动,不管开发过程如何进行,都存在可能超出预算或者时间延迟或者需求变更的问题。IT 项目开发的方式也很少能保证让开发工作成功,都需要冒风险,即也需要进行项目风险分析。

在进行 IT 项目风险分析时,重要的是要量化不确定性因素的不确定性程度,量化每个风险的损失程度。为此就必须要考虑风险是否会导致 IT 项目失败,还要考虑变化在用户需求、开发技术、目标以及其他与项目有关的事物中是否会发生变化,并且会发生怎样的变化。除此之外,还必须考虑应采用什么方法和工具,应配备多少人力和资源,在质量上强调到什么程度才满足要求。最后还要考虑风险类型,是属于项目风险、技术风险,还是商业风险、管理风险、预算风险等。

这些潜在的问题可能会对软件项目的计划、成本、技术、产品质量及团队的士气都有负面的影响。风险管理就是在这些潜在的问题对项目造成破坏之前识别、处理和排除。风险分析实际上就是贯穿在项目开发过程中的一系列管理步骤,其中包括风险识别、风险估计、风险管理策略、风险解决和风险监控等,这使得项目管理者能主动攻击和消除风险。

项目风险贯穿整个项目的生命周期,在项目的不同阶段有不同的风险,并且风险会随着项目的进展而变化,不确定性也会相应减少。实际上,对于一个 IT 项目,最大的风险来自于项目的早期阶段,最初的决策将对今后的各个阶段产生重大影响。在 IT 软件项目中,对项目需求的不明确和变化,造成项目进度的拖延往往是使项目费用超支、人力资源紧缺、前期阶段成果打折扣等损失的主要原因。因此,为减少损失而必须在项目的初期付出更多的、而且是必需的代价。

软件项目有其特殊性,因此与其他类型项目相比有其自身独特的风险。常见软件项目风险如表 6-1 所示。

表 6-1  常见软件项目风险

| 人力资源风险 | 人员配备不合理,忽略或没有时间进行必要的项目培训 |
| --- | --- |
| | 项目组成员缺乏合作精神,人员缺乏必胜的进取心,人员工作环境低劣等 |
| | 过分自信的进度加上固定的成本预算,必然会导致进度与成本方面的风险 |
| | 不切实际的过高生产效率要求,把加班当作是克服进度过慢的标准过程 |
| | 缺乏项目分析时间可能导致对产品功能需求的片面理解 |
| 需求风险 | 模糊或变化的用户需求必然导致需求的混乱 |
| | 文档没有准确记录系统的需求 |
| | 接口文档不统一或存在二义性 |
| | 客户方面人员的变动导致用户需求变更 |
| | 软件可靠性分析和验收合格标准需求与定义不清楚 |
| | 对系统不切实际的期望,包括进度、技术等 |
| | 商业软件产品定位不清导致的需求混乱 |
| 项目接口风险 | 需要等待其他软件产品交付以便进行系统集成,很可能导致进度落后 |
| | 软件外包商的技术能力低于期望值 |
| | 硬件没有检验,文档记录不全 |
| | 软件外包商的方法论、软件过程与客户要求的标准不符 |
| 设计风险 | 粗略的概要设计可能带来整个软件系统架构的不稳定 |
| | 未经检验的设计可能会引发系统的性能问题,使之无法达到既定的性能要求 |
| 管理风险 | 角色与责任不明确或定义不当,会引起不协调的活动、不合理的工作负担以及工作重点不突出 |
| | 项目角色与责任没有被充分理解 |
| | 项目缺乏有效的人员激励机制 |
| | 缺乏对软件项目必要的内部评审 |
| | 项目报告不真实或重点不突出 |
| | 管理制度不落实 |

续表

| | |
|---|---|
| **开发过程风险** | 不切实际的进度与成本要求 |
| | 项目缺少富于经验的资深开发人员 |
| | 使用未经充分验证的新技术、新开发平台最终导致系统崩溃 |
| | 软件开发计划的调整没有充分考虑项目的大小与实际情况 |
| | 开发工具没有全集成 |
| | 客户文件格式和维护能力与现有开发环境不合 |
| **项目集成与测试风险** | 集成与测试由于受到进度与成本的制约而受到压缩 |
| | 测试过程没有良好的定义，缺少测试用例和测试计划 |
| | 一些需求由于定义模糊，难以测试 |
| | 由于时间限制，系统可靠性测试不充分 |

### 6.1.3 项目风险管理

如图 6-1 所示，风险管理是一种涉及社会科学、工程技术、系统科学和管理科学的综合性多学科管理手段，它是涵盖风险识别、分析、计划、监督与控制等活动的系统过程，也是一项实现项目目标机会最大化与损失最小化的过程。风险管理过程就是从一堆模糊不清的问题、担心和未知开始，逐步将这些不确定因素加以辨识、分析，并进而转化为可接受的风险。风险管理是一个持续不断的过程，贯穿于项目周期的始终。

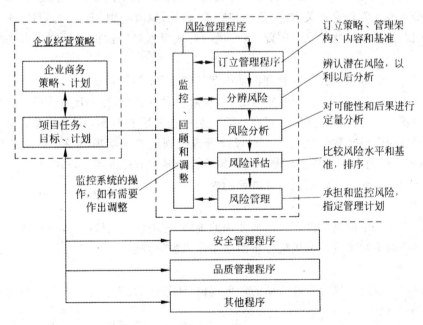

**图 6-1 风险管理与项目管理的关系**

1.项目风险管理的意义

风险管理的目的是将风险带来的影响降到最低。软件项目风险管理的意义主要有以下几个方面：

①通过风险管理可以使决策更科学，从总体上减少项目风险，保证项目目标的实现。

②通过风险识别，可加深对项目和风险的认识和理解，分析各个方案的利弊，了解风险对项目的影响，以便减少或分散风险。

③使编制的应急反应计划更有针对性。这样一来，即使风险无法避免，也能减少项目承受的损失。

④通过风险分析提升项目计划的可信度，改善项目执行组织内部和外部之间的沟通。

⑤风险管理能够将处理风险的各种方式有效组织起来，在项目管理中把握好主动权。

⑥风险管理为制订项目应急计划提供依据，更加有利于抓住机会、利用机会。

⑦风险管理可以为以后的规划与设计工作提供反馈，以便采取措施防止与避免风险造成的损失。

⑧风险管理可推动项目管理层和项目组织积累风险资料，以便改进将来的项目管理方式方法。

2.项目风险管理的规划

风险管理规划是指决定如何处理，并进行项目的风险管理活动的过程。在通常情况下，利益相关者、管理者或者企业的代表为了创建一个概述风险管理规划的正式文件会一起举行几次计划会议。这份文件通常包含有关方法、角色和职责、预算、风险类别、定义和测量概率/影响矩阵、报告格式和跟踪活动的一些信息。因此，这个风险管理规划是经过正式讨论而形成的一个正式文件。

软件项目风险管理规划在风险管理活动中起控制作用，是针对整个项目生命周期而制定的如何组织和进行风险识别、定性评估、定量分析、风险应对、风险监控的计划。风险管理规划详细地说明了风险识别、风险估计、风险分析和风险控制过程的所有方面，并且说明了如何把风险分析和管理步骤应用于整个软件项目之中。风险管理规划还要说明项目整体风险评价基准是什么，应当使用什么样的方法以及如何参照这些风险评价基准对软件项目整体风险进行评价。

风险管理规划一般应该包括以下几方面的内容。

(1)方法论

确定对软件项目中的风险进行管理所使用的策略、方法、工具、依据等，这些内容可以随着软件项目生命周期的不同阶段及其风险分析的结果作适当的调整。

(2)角色与职责划分

确定软件项目中进行风险管理活动的角色定位、任务分工、相关责任人及各自的具体职责。

(3)风险承受程度

风险承受限度标准。不同的软件项目团队对于风险所持的态度也不相同，这将影响其对风险认知的准确性，也将影响其应对风险的方式。应当为每个软件项目制定适合的风险承受标准，对风险的态度也应当明确地表述出来。

（4）时间与频率

确定在软件项目的整个生命周期中实施风险管理活动的各个阶段以及风险管理过程的评价、控制、变更、次数与频率等，并把软件项目风险管理活动纳入到软件项目进度计划中去。

（5）预算

对软件项目进行一系列的风险管理活动，必然要发生一些成本，占用一些资源，因此，也必然会占用软件项目的一部分预算。

（6）风险类别或风险分解结构

风险类别清单可以保证对软件项目进行风险识别的系统性和一致性，并能保证识别的效率和质量，还可以为其他的风险管理活动提供一个系统、统一的框架。其中，最常用的框架就是风险分解结构。

（7）基准

明确由何人在何时以何种方式采取行动应对风险，明确的定义可以确保软件项目团队与所有关系人都能够准确、有效地应对风险，防止出现对风险管理活动的理解出现不必要的分歧。

（8）汇报格式

确定软件项目风险管理各个过程中应该汇报或者沟通的内容、范围、渠道以及方式、格式等；确定如何对风险管理活动的结果进行记录、分析与沟通。

（9）跟踪

确定如何以文档的方式记录软件项目进行过程中的风险与风险管理活动，风险管理文档可以有效地用于对项目进行管理、监控、审计和总结经验教训等。例如，风险识别资料的记录、风险分析过程和结果的记录、风险应对策略、决策的依据和结果的记录、风险应对计划和措施、以及风险发生的记录、处理的记录等一系列过程记录。

（10）风险概率与影响的定性等级

为了按照统一的标准管理软件项目的风险，需要先定义风险概率与影响的定性等级。

### 3. 软件项目风险分解结构

软件项目的风险分解结构是一个结构化的核对清单，它将已知的软件项目风险按通用的种类和具体的风险属性组织起来。软件项目风险分解结构列出了一个软件项目中所有可能发生的风险类别及其子类别。风险分解结构可以帮助人们理解和识别软件项目在各个不同领域内的风险。

需求分析阶段的风险可能有：对用户需求理解错误、用户没有积极参与、需求和业务关系获取和分析不充分等；在实现阶段的风险可能有：编码不规范、接口实现不完全符合设计规范等；在测试阶段的风险可能有：测试用例不完全、测试工具不足等。不同的软件项目其风险分解结构一般也不相同。

软件项目团队应该借鉴以前类似项目的风险分解结构。在把以前的风险分解结构应用到本项目中之前，在风险管理计划过程中，应该先对它进行审查，并根据需要进行调整或扩展，以适应当前软件项目的实际情况。在后续的风险识别等风险管理过程中，还应该根据软件项目的实际情况对该风险分解结构进行进一步的审核、修订和补充、扩展和调整。

# 6.2 软件项目风险识别

风险识别就是系统地确定对项目计划(预算、进度、资源分配)的威胁,通过识别已知的或可预测的风险,设法避开风险或驾驭风险。

## 6.2.1 风险识别的目标

项目风险识别的目标主要体现在三个方面:

**1.有助于确定风险管理的对象**

存在于项目内部及外部环境的不确定因素是多种多样、错综复杂的,有的是静态的,有的是动态的;有的是潜在的,有的是已经存在的,因此需要利用科学的方法进行分析没有风险识别的过程,无法解决项目不确定的复杂性,风险管埋就是盲目的,不切实际的。通过风险识别,可以识别出可能对项目进展有影响的风险因素、性质以及产生的条件,并据此衡量风险的大小,作为制定风险应对计划的依据

**2.记录具体风险的各方面特征,并提供最适当的风险管理对策**

风险识别是一项反复的过程,随着项目生命期的渐进,又会产生新的风险。风险反复发生的频率以及参与的各个项目过程也会因项目而异,但这并不意味着风险识别是多余工作,风险识别直接影响风险管理的决策质量,进而影响整个风险管理的最终结果,尤其是在项目的前期。因为在前期阶段,决策者往往对项目的了解和认识还很缺乏,决策的依据是建立在不够精确的预测和分析评估的基础下,同时决策者的知识水平以及价值观也容易产生决策结果的极大不确定,而这些因素都必然使项目今后的开展和项目目标的实现受较大的影响,风险识别对决策未来的行动是有积极意义的。

**3.有助于提高风险分析的有效性**

风险识别将风险可能引起的后果记录成册,为风险分析提供必要的信息,同时增强项目组织成员对项目成功的信。风险识别包括识别项目的内在风险和外在风险。内在风险指项目管理组织能加以控制和影响的风险,如成本估计、工期预测、人事任免等。外在风险指超出项目管理组织控制力和影响力之外的风险,如某些市场风险、自然风险和政治风险等。任何一种风险因素在识别阶段被忽略都可能会导致整个风险管理的失败,从而造成不可估量的经济损失,越早识别风险,应对风险所需要的费用也就越低,随着项目生命周期的推进,本该早期识别而未被识别的风险将产生更高的费用,甚至导致整个项目的终止。只有正确及时地识别项目所面临的风险,正确分析风险并选择恰当的方法应对风险才具有实际意义。

风险识别是衡量风险程度、采取有效的风险控制措施以及进行风险管理正确决策的前提条件,对于实现有效的项目风险分析具有积极的意义。

## 6.2.2 风险识别的依据

项目风险识别的主要依据包括项目计划、历史经验、外部制度约束和项目内部不确定性等方

面。具体说来有如下几个方面。

（1）项目计划

项目计划包括项目的各种资源及要求，项目目标、计划和资源能力之间的配比关系为软件项目风险预估提供了基础。

（2）历史经验

其他类似项目的信息对于风险识别，尤其是对于陌生项目具有不可或缺的参考价值。这些信息可以从以往项目的相关文件中获得，而对于外部项目的信息可通过各种信息渠道掌握。

（3）外部制度约束

例如，国家或部门相关制度或法律环境的变化，劳动力问题，通货膨胀问题等对项目可能造成的影响。

（4）项目内部的不确定性

项目中存在的一切不确定性因素都有可能是项目风险来源，包括假定与怀疑的各部分。

### 6.2.3　风险识别的方法

识别风险是理解某特定项目有哪些可能令人不满意的结果的过程。而这个过程一般可分三步进行：首先，收集资料。资料和数据能否到手、是否完整必然会影响项目风险损失的大。能帮助我们识别风险的资料具体有：项目产品或服务的说明书；项目的前提、假设和制约因素；与本项目类似的案例。其次，风险形势估计。风险形势估计是要明确项目的目标、战略、战术、实现项目目标的手段和资源以及项目的前提和假设，以正确确定项目及其环境的变数。最后，根据直接或间接的症状将潜在的风险识别出来。

风险识别首先需要对制定的项目计划、项目假设条件和约束因素、与本项目具有可比性的已有项目的文档及其他信息进行综合汇审。风险的识别可以从原因查结果，也可以从结果反过来找原因。

检查表是管理中用来记录和整理数据的常用工具。用它进行风险识别时，将项目可能发生的许多潜在风险列于一个表上，供识别人员进行检查核对，用来判别某项目是否存在表中所列或类似的风险，如表 6-2 所示。检查表中所列都是历史上类似项目曾发生过的风险，是项目风险管理经验的结晶，对项目管理人员具有开阔思路、启发联想、抛砖引玉的作用。一个成熟的项目公司或项目组织要掌握丰富的风险识别检查表工具。

**表 6-2　项目演变过程中可能出现的风险因素检查表**

| 生命周期 | 可能的风险因素 |
| --- | --- |
| 全过程 | 对一个或更多阶段的投入时间不够；没有记录下重要信息；尚未结束一个或更多前期阶段就进入下一阶段 |
| 概念 | 没有书面记录下所有的背景信息与计划；没有进行正式的成本—收益分析；没有进行正式的可行性研究；不知道是谁首先提出了项目创意 |
| 计划 | 准备计划的人过去没有承担过类似项目；没有写下项目计划；遗漏了项目计划的某些部分；项目计划的部分或全部没有得到所有关键成员的批准；指定完成项目的人不是准备计划的人；未参与制定项目计划的人没有审查项目计划，也未提出任何疑问 |

续表

| 生命周期 | 可能的风险因素 |
|---|---|
| 执行 | 客户的需求发生了变化;搜集到的有关进度情况和资源消耗的信息不够完整或准确;项目进展报告不一致;一个或更多重要的项目支持者有了新的分配任务;在实施期间替换了项目团队成员;市场特征或需求发生了变化;做了非正式变更,并且没有对它们带给整个项目的影响进行一致分析 |
| 结束 | 一个或更多项目驱动者没有正式批准项目成果;在尚未完成项目所有工作的情况下,项目成员就被分配到了新的项目组织中 |

在收集资料中有几种比较常用的技术,包括:

1.德尔菲法

德尔菲法最早起源于 20 世纪 50 年代末,是当时美国为了预测在其"遭受原了弹轰炸后,可能出现的结果"而发明的一种方法。1964 年,美国兰德公司的赫尔默和戈登发表了"长远预测研究报告",首次将德尔菲法用于技术预测中,以后便迅速地应用于美国和其他国家,并且在许多作长远规划和决策的人员中享有很高的声誉。

德尔菲法本质是一种匿名反馈函询法,即把需要做风险识别的软件项目的情况分别匿名征求相关专家的意见后,再把这些意见进行综合整理、归纳、统计,然后匿名反馈给各专家,再次征求意见,如此反复进行再集中、再反馈,直至得到稳定的意见。

德尔菲法与其他的专家判断、访谈等方法有着明显的不同,要使用好德尔菲法就需要注意它的三个主要特点:①德尔菲法中征求意见是匿名进行的,这有助于排除若干非技术性的干扰因素;②德尔菲法要反复进行多轮、多次的咨询、反馈,这有助于逐步去伪存真,得到稳定的结果;③工作小组的统计、归纳,这样可以综合不同专家的意见,不断求精,最后形成统一的结论。

德尔菲法有助于减少数据方面的偏见,并避免由于个人因素对项目风险识别的结果产生不良的影响。

2.头脑风暴法

过去的软件那样只要依靠个别"英雄人物"的天才加勤奋就能够在市场上获得成功,而是当今的软件越来越依赖于整个团队的共同合作才能完成一个有意义的项目。个人英雄的时代已经一去不复返了。因此,在现代的软件项目管理过程中,也必须依靠团队的力量。

然而,在群体管理过程中,由于群体成员心理相互作用的影响,容易屈于权威或大多数人所见,形成了所谓的"群体思维"。群体思维削弱了群体的批判精神和创造力,不利于提高决策自质量。

通常来说,头脑风暴法就是团队的全体成员自由地提出主张和想法。头脑风暴法是解决问题时常用的一种方法,它可以克服上述的弱点,保证群体决策的创造性,提高决策质量。头脑风暴法用于软件项目管理的风险识别时,主要侧重于提出风险项的数量,而不是质量,其目的是要团队成员以及相关专家想出尽可能多的可能的威胁和风险,鼓励大家有创新或突出常规。

头脑风暴法有可分为直接头脑风暴法和质疑头脑风暴法。前者是尽可能激发创造性,产生尽可能多的威胁和风险,后者则是对前者提出的威胁、风险逐一质疑,分析其合理性的方法。

采用头脑风暴法识别软件项目的风险时,一般要集中团队成员和有关专家召开专题会议,并尽力创造和保持融洽轻松的会议气氛。

应用头脑风暴法时要遵循以下重要原则:

①不进行讨论,没有判断性评论。对各种意见、观点的评判必须放到事后进行,此时不对任何人的意见提出好或者不好的评价,以免影响会议的自由气氛。认真对待任何一种风险意见,而不管其是否正确。

②提倡各抒己见、自由鸣放。创造一种自由的气氛,激发参加者自由地提出尽可能的适当甚至不适当的看法。

③追求数量,暂时不强调质量。提出的风险越多,产生良好风险识别结果的可能性就越大。

④探索取长补短和改进办法。除提出本人的意见外,鼓励参加者对他人已经提出的意见进行补充、改进和综合。

头脑风暴法的优点是善于发挥相关专家和分析人员的创造性思维,从而对软件项目的风险进行全面的识别,并可在此基础上根据一定的标准对软件项目风险进行分类。

### 3. 核对表

软件项目风险核对表是比较常用的且比较简单的风险识别方法。风险核对表是根据以往类似软件项目的有关资料和其他信息途径获得的关于软件项目风险管理的经验编制的,通过把以前经历过的风险事件及其来源按照一定的类别罗列出来,形成一张用于风险识别的核对图表。风险核对表的分类方法可帮助人们理解和识别软件在各个不同领域内的风险。

软件项目风险核对表一般是根据风险来源编写的,它包括项目的环境、其他过程的输出、软件项目的相关技术,以及内部因素如团队成员的技能情况等。通过查找风险核对表可以简便快捷地识别出软件项目会有哪些潜在的危险。

风险分解结构的最底层就可以用做风险核对表。通过风险分解结构可以保证系统、持续、详细、一致地对项目进行风险识别,并能够保证识别的效率和质量。在风险识别过程中,还应该根据需要对风险分解结构进行审核、修订和补充、调整、扩展。

利用核对表进行风险识别快速而简单,可以用来对照软件项目的实际情况,逐项排查,从而帮助识别风险。但是这种方法受到可比性的限制比较大,很难做到全面周到。在软件项目的收尾过程中,应对风险核对表进行审查、改进。

风险核对表可以用不同的形式来组织。一般来说,项目管理者可以把主要的精力放在以下几个方面:项目规模、商业影响、项目范围、客户特性、过程定义、技术要求、性能要求、开发环境、人员数量及其技术能力和经验等。其中每一项其实都包含很多的风险核对条目,通过对每个条目的检查,可以简便地识别出软件项目中可能存在的风险。

### 4. 图解法

为更方便迅速地识别风险,还可以用一些图形来辅助我们进行风险识别。比如,常见的鱼刺图可以帮助把问题回溯到发生问题的最基本的部位,找到根本的原因,从而易于理解风险的根源和影响。此外,还有关联因素图,可以通过显示问题关联因素以及关系程度帮助我们进行风险识别。图 6-2 所示是一个软件项目风险鱼刺图的例子。

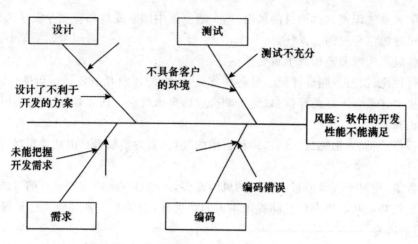

图 6-2　软件项目风险管理中的鱼刺图

### 5.事故树分析法

事故树分析是从结果出发,通过演绎推理查找原因的一种过程,可以用于分析软件项目风险产生的原因或来源。事故树由结点和连接结点的线组成。结点表示事件,而连线则表示事件之间的关系。在软件项目风险识别中,事故树分析不仅能够查明软件项目的风险因素、求出风险事故发生的概率,而且还能提出各种控制风险因素的方案。事故树分析法一般适用于技术性比较强、比较复杂的软件项目,也常用于直接经验很少的软件项目。

### 6.系统分析法

系统分析法就是将复杂的软件项目分解成为比较简单的容易被认识的组成部分,将大系统分解成小系统,通过分析系统的组成关系或过程关系进行软件项目风险识别的方法。如图 6-3 所示是系统分析法进行软件项目风险分解和识别的示意图。

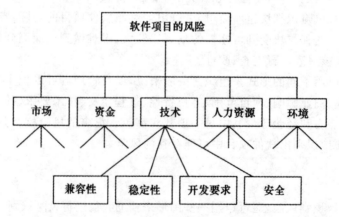

图 6-3　系统分析法在软件项目风险识别中的应用示意图

**7.分解分析法**

分解分析法就是将大系统分解成小系统,将复杂的事物分解成简单的易于认识的事物,从而识别风险及其潜在损失的方法。

例如,开发一个软件产品的风险可以分解为经济风险、市场风险、技术风险、人力资源风险、环境风险等。对于其中的每一个风险又可进一步分解。如市场风险可以分解成几个方面来考虑:①产品质量和价格的竞争力;②其他软件供应商同类产品的数量,或更新产品出现的时间及数量;③市场对该软件产品的需求;④销售地区及其产品偏好等。对于这些方面的现状及动态的分析,有助于提高对市场风险的识别能力。上述其他风险也可根据情况进行相应的分解分析。

分解分析法也可以用于对风险事件成因的分析。这时多以绘制故障树的方式进行图解,使可能的风险因素一目了然,易于辨认。图 6-4 就是一个药物交付系统的故障树示意图,按图进行逐层的故障因素分解,就可以对项目中的风险成因进行确定和分析,便于量化、指标化处理。

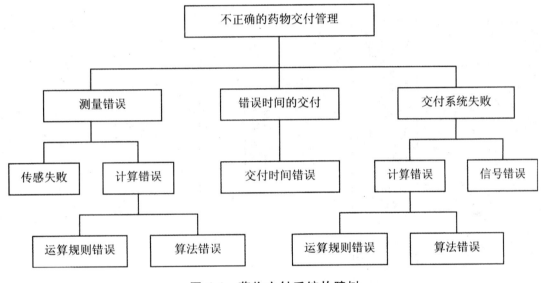

**图 6-4　药物交付系统故障树**

### 6.2.4　风险识别的过程

风险识别,是寻找可能影响项目的风险记忆确定风险特性的过程。风险识别主要包括感知风险和分析风险两方面。感知风险,即了解项目中客观存在的各种风险;分析风险,即分析引起风险事故的各种因素。感知风险是风险识别的基础,分析风险是风险识别的关键。

在项目的风险识别阶段,项目组成员和投资人之间的交流十分重要,因为这是提出设想和分歧观点的有效手段。基于这个原因,提倡参与风险识别的人员有尽可能广泛的兴趣、扎实的技能以及各种知识背景。

风险识别的依据包括历史经验、项目计划、外部制度约束和项目内部不确定性等方面。具体说来有如下几个方面:

①历史经验,其他类似项目的信息对于风险识别,尤其是对于陌生项目具有不可或缺的参考价值。这些信息可以从以往项目的相关文件中获得,而对于外部项目的信息可通过各种信息渠

道掌握。

②项目计划,项目计划包括项目的各种资源及要求,项目目标、计划和资源能力之间的配比关系为软件项目风险预估提供了基础。

③外部制度约束,如国家或部门相关制度或法律环境的变化,通货膨胀问题,劳动力成本等问题对项目可能造成的影响。

④项目内部的不确定性,项目中存在的一切不确定性因素都有可能是项目风险来源,包括假定与怀疑的各部分。例如,在用户需求规格说明中,有关"待定"的部分就可能是风险的载体。

风险识别的具体步骤可以分为以下 3 步:

①收集资料以感知风险。

②估计项目风险形势以分析引起风险的各种因素。

③识别项目风险。

图 6-5 以图形化的方式描述了风险识别的输入、输出以及过程。

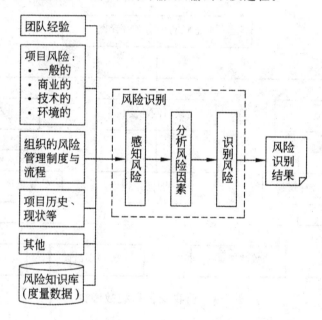

图 6-5  风险识别过程

### 6.2.5  项目风险识别的输出

风险识别之后要把结果整理出来,写成书面文件,为风险分析的其余步骤和风险管理做准备。风险识别主要形成以下几个方面的内容。

(1)风险来源表

风险来源表不管风险事件发生的频率和可能性、收益、损失、损害或伤害有多大,应尽可能全面地罗列出所有的风险,并以文字说明其来源、风险的可能后果、预计的可能发生时间及次数。

(2)风险分类或分组

识别出的风险应进行分类或分组,分类或分组的结果应便于进行风险分析的其余步骤和风险管理。

（3）描述风险症状

将风险事件的各种外在表现描述出来，以便于项目管理者发现和控制风险。

（4）对项目管理其他方面的要求

在风险识别的过程中可能会发现项目管理其他方面的问题需要完善和改进，应在风险识别结果中表现出来并向有关人员提出要求，让其进一步完善或改进工作。

# 6.3　软件项目风险分析

风险分析用来分析每种风险可能发生的时间和概率，以评估项目可能结果的范围。它有助于确定哪些风险需要应对、哪些风险可以接受以及哪些风险可以忽略。利用风险分析工具，可以加深对风险的认识与理解，使风险事件、症状及环境等清晰化，从而为有效地管理风险提供基础。风险分析活动的过程目标包括：提炼风险背景，确定风险来源，确定行动时间框架和确定前十项首要风险名单等。

## 6.3.1　风险分析的内容

风险分析利用团队的经验以及从其他相关资源中提取的信息，对已经识别的风险进行估计和评价。风险估计中，风险管理者要与项目计划人员、技术人员及其他管理人员一起执行以下风险活动：

1. 识别并确定项目有哪些潜在的风险

只有首先确定项目可能会遇到哪些风险，才能够进一步分析这些风险的性质和后果，所以在项目风险识别工作中首先要全面分析项目发展与变化中的各种可能性和风险，从而识别出项目潜在的各种风险并整理汇总成项目风险清单。

2. 识别引起这些风险的主要影响因素

只有识别清楚各个项目风险的主要影响因素才能把握项目风险的发展变化规律，才有可能对项目风险进行应对和控制。所以在项目风险识别活动中要全面分析各个项目风险的主要影响因素和它们对项目风险的影响方式、影响范围、影响力度等。然后，要运用图表的方式、文字说明或数学公式等各种方式将这些项目风险的主要影响因素同项目风险的相互关系描述清楚。

3. 识别分析项目风险可能引起的后果

在识别分析出项目风险和项目风险主要影响因素以后，还必须全面分析项目风险可能带来的后果及其严重程度。项目风险识别的根本目的就是要缩小和消除项目风险带来的不利后果，同时争取扩大项目风险下的有利后果。当然，在这一阶段对于项目风险的识别和分析主要是定性的分析，定量的项目风险分析将在项目风险度量中给出。

## 6.3.2　风险分析的过程

风险分析的过程包括确定风险的类别、找出风险驱动因素、判定风险来源、确定风险度量标准、预测风险造成的后果和影响以及评估风险的等级，以便对风险进行高低排序等。具体的步骤简介如下。

### 1.定义风险度量准则

风险度量准则是按照重要性对风险进行排序的基本依据,定义度量准则的目的是利用已知标准衡量每一项风险。风险度量准则包括:可能性、后果和行动时间框架。

(1)可能性

定性度量包括极低、低、中、高和极高,也可简单定义为低、中和高;定量度量是将可能性等级量化,多用以模型分析和复杂项目的多风险分析。定量风险分析多以风险概率表示,也可用相对数字表示,如表6-3所示。

表6-3 用概率表示风险的可能性

| 可能性 | 概率 |
|---|---|
| 极低 | 0.1 |
| 低 | 0.3 |
| 中 | 0.5 |
| 高 | 0.7 |
| 极高 | 0.9 |

(2)后果

后果反映了风险对项目目标的影响程度。后果的度量可以是定性的,也可是定量的,它与组织的文化因素有关。按定量分级的值可以是线性的,如表6-4所示;但也常常是非线性的,这反映了组织对规避高风险的重视程度。定性与定量两种方法的目的都是依据项目目标为风险对项目的影响指定一个相对值,严格的定义可以改善数据质量,确保过程的可重复性。

表6-4 后果按照线性分级

| 后果 | 取值 |
|---|---|
| 极低 | 1 |
| 低 | 3 |
| 中 | 5 |
| 高 | 7 |
| 极高 | 9 |

(3)行动时间框架

行动时间框架是指采取有效措施规避风险的时限。阻止风险发生的行动时间也应随具体项目的不同而不同。

### 2.预测风险影响

根据风险的定义,用风险发生的可能性与风险后果的乘积来度量风险的影响。

风险影响=风险发生的可能性×风险后果

可能性被定义为大于0,小于1;后果从1至10表示风险对成本、进度和技术目标的影响。

两者的乘积可能是经济的损失,也可能是时间的损失等。

3.评估风险

项目中各个风险的严重程度是随着时间而动态变化的。时间框架是度量风险的又一个变量,它是指何时采取行动才能阻止风险的发生。表 6-5 表示了如何将风险的严重程度与行动时间框架相结合,才能获得一个最终的按优先顺序排列的风险评估单。

**表 6-5　风险严重程度**

| 风险　　　　风险影响 | | | |
|---|---|---|---|
| 时间 | 低 | 中等 | 高 |
| 时间框架　短 | 5 | 2 | 1 |
| 时间框架　中等 | 7 | 4 | 3 |
| 时间框架　长 | 9 | 8 | 6 |

风险影响和行动时间框架决定了风险的相对严重程度。利用风险严重程度可以区分当前风险的优先级别。随着时间的推移,风险严重程度发生变化,有利于显示当前项目面临的重点问题。

4.风险排序

依据评估标准确定风险排序,可保证高风险影响和短行动时间框架的风险能被最先处理。对风险进行排序,以有效集中项目资源,并考虑时间框架,以得到一个最终的按优先顺序排列的风险评估单。

5.制订风险计划

风险计划是实施风险应对措施的依据与前提。风险计划包括制订风险管理政策和过程的活动。依据风险计划可以将管理的责任与权利分配到组织的各个层次。制订风险计划的过程就是将风险列表转换为应对风险所采取措施的过程。风险计划包括以下内容。

(1)确定风险设想

风险设想是指对导致不如人意的结果的事件和情况的估计。事件描述风险发生时必然导致的后果;情况描述使未来事件成为可能的环境。应针对所有对项目成败有关键作用的风险进行风险设想。风险设想是对风险的进一步认识,是风险计划的重要依据条件。

(2)选择风险应对途径

选择风险应对途径,针对具体风险依据项目计划、项目约束选择一种策略,也可能将几种风险应对策略合并成一条综合途径。例如,经过市场调查可以将风险转移给第三方;也可能使用风险储备,开发新的内部技术。

下面讨论的取舍标准有助于确定如何选择风险应对策略。定义取舍标准以提供一个共同基础,筛选出最佳取舍特征。在取舍标准的优先级上取得一致,这有助于得出折中的取舍标准。最大化(如利润、营业额、控制和质量)或最小化(如成本、缺陷、不确定性和损失)相互矛盾的目标能得以分类处理。

常用做选择风险应对途径的取舍标准是风险倍率和风险多样化。

风险倍率(Risk Leverage)是指对执行不同风险应对活动的相对成本和利益的比较。风险倍率的定义如下:

风险倍率是一条风险应对法则,它通过减少风险影响来减少风险。风险应对成本是实施风险行动计划的成本。倍率的概念有助于确定获得最高回报的行动。主要的风险倍率多存在于软件生命周期的早期。

多样化是风险应对的规则之一,它通过分散风险来减少风险。通俗地说,多样化策略就是不要把所有的钱都装在一个钱包里。在金融界,合作基金提供股市投资基金的多样化。在软件系统,因为没有万灵的"银弹",那么项目就尽量不要过分依赖于一种方法、一种工具、一个人或一个厂商等。

另一个多样化的方式是对个人实行不同的培训,选择具有不同项目开发经验的人员组成项目组。这样一来,整个项目组就减少了单点失败的可能。多样化建立了一条平衡的路径,强调了软件项目的基本原理。

(3)设定风险阈值

风险反应计划并不需要立即实施,有些风险可能始终都不会发生。正因为此,如果没有明确定义的风险端倪示警触发机制,一些风险或重要问题在项目风险跟踪中很容易被遗忘或忽略,直至出现无法补救的后果。要做到尽早警告,可使用以定量目标和阈值为基础的风险触发机制。

量化目标是指用数量化方式表示的目标。它定义了由度量基准和度量规格确定的最佳目标。每个阶段的衡量或评估都应有与项目计划对应的最佳结果值,即量化目标。可接受的最低结果值定义了项目的风险警告,把它称为风险阈值。表6-6显示了美国国防部签订的软件项目合同的量化目标和风险阈值。

表6-6  软件产品的量化目标

| 衡量项目 | 目　标 | 阈　值 |
|---|---|---|
| 去除缺陷效率 | 大于95％ | 小于85％ |
| 进度落后或成本超出风险储备的范围 | 0 | 10％ |
| 总需求增长 | 每月小于1％ | 每年大于50％ |
| 总软件项目文档 | 每功能点单词数小于1000 | 每功能点单词数大于2000 |
| 员工每年的自愿流动 | 1％～3％ | 10％ |

阈值根据量化目标设定,用于定义风险发生的开端。阈值还可以依据与量化目标的差异大小分级定义,如:警告、严重警告以及严重等,从而确定当前的风险严重程度。

(4)编写风险计划

风险计划详细说明了所选择的风险应对途径,要将其编写为文档,形成风险管理的有效文件。

### 6.3.3  风险定性分析

定性分析评估主要是针对风险概率及后果进行定性的评估,例如,采用历史资料法、概率分布法、风险后果估计法等。历史资料法主要是应用历史数据进行评估的方法,通过同类历史项目的风险发生的情况,进行本项目的估算。概率分布法主要是按照理论或者主观调整后的概率进行评估的一种方法。每种风险的概率值可以由项目组成员个别估算,然后将这些值平均,得到一个有代表性的概率值。另外,可以对风险事件后果进行定性的评估,按其特点划分为相对的等级,形成一种风险评价矩阵,并赋一定的加权值来定性地衡量风险大小。

**1. 风险概率与影响评估**

风险发生的概率和风险发生后的影响是对软件项目风险进行定性分析的两个主要评价指标。软件项目风险的发生概率及其影响程度都可以进行定性的评估。

风险概率和影响程度评估就是针对已经识别出来的每项具体风险,根据软件项目风险管理计划中定义的标准,确定每一项风险发生的概率等级和发生后的影响等级。

风险发生概率和影响程度评估的对象是每个具体的风险条目,而不是整个项目。风险发生概率评估是评估每项已经识别出来的风险发生的可能性;风险影响程度评估是评估每项风险对项目目标(如时间、成本、范围或质量)所造成的影响或后果。

可以组织包括软件项目团队成员、项目干系人和项目外部的专业人士等在内的人员,采用召开会议或进行访谈等方式,对风险发生概率和影响程度进行定性的分析。每项风险的发生概率可以由每个人定性地估计,然后汇总平均,得到一个有代表性的概率值;同样,对于风险后果的评价也可以采用类似的定性评价方法,得到影响程度值。

在对软件项目风险发生的概率等级及其影响程度进行评估的过程中,需要记录相关的影响因素,包括确定发生概率和影响程度所依赖的假设和约束条件等,这些相关因素在应对风险时具有很重要的参考作用。

另外,如果风险发生概率和影响程度都很低,则不需要对其进行等级排序,只需要作为待观察项列入风险清单中,在以后的工作中进一步监测即可。

**2. 概率和影响矩阵**

根据评定的风险概率和影响级别,对风险进行等级评定。通常采用参照表的形式或概率和影响矩阵(见表6-7)的形式,评估每项风险的重要性及其紧迫程度。概率和影响矩阵形式规定了各种风险概率和影响组合,并规定哪些组合被评定为高重要性、中重要性或低重要性。

**表6-7 概率和影响矩阵**

| 概率和影响矩阵 | | | | | | | | | | |
|---|---|---|---|---|---|---|---|---|---|---|
| 概率 | | | 威胁 | | | 机会 | | | | |
| 0.90 | 0.05 | 0.09 | 0.18 | 0.36 | 0.72 | 0.72 | 0.36 | 0.18 | 0.09 | 0.05 |
| 0.70 | 0.04 | 0.07 | 0.14 | 0.28 | 0.56 | 0.56 | 0.28 | 0.14 | 0.07 | 0.04 |
| 0.50 | 0.03 | 0.05 | 0.10 | 0.02 | 0.40 | 0.40 | 0.20 | 0.10 | 0.05 | 0.03 |
| 0.30 | 0.02 | 0.03 | 0.06 | 0.12 | 0.24 | 0.24 | 0.12 | 0.06 | 0.03 | 0.02 |
| 0.10 | 0.01 | 0.01 | 0.02 | 0.04 | 0.08 | 0.08 | 0.04 | 0.02 | 0.01 | 0.01 |
|  | 0.05 | 0.10 | 0.20 | 0.40 | 0.80 | 0.80 | 0.40 | 0.20 | 0.10 | 0.05 |

组织应确定哪种风险概率和影响的组合可被评定为高风险(红灯状态)、中等风险(黄灯状

态)或低风险(绿灯状态)。在影响矩阵中,这些不同的状态可分别用数字的大小来表示,数值最大的区域代表高风险;数值最小代表低风险,而数值介于最大和最小值之间代表中等程度风险。通常,由组织在项目开展之前提前界定风险等级评定程序。

风险分值可为风险应对措施提供指导。例如,如果风险发生会对项目目标产生不利影响(即威胁),并且处于矩阵高风险区域,可能就需要采取重点措施,并采取积极的应对策略。而对于处于低风险区域的威胁,只需将之放入待观察风险清单或分配应急储备额外,不需采取任何其他积极管理措施。同样,对于处于高风险区域的机会,最容易实现而且能够带来最大的利益,所以,应先以此为工作重点。对于低风险区域的机会,应对之进行监测。

### 6.3.4 风险定量分析

通过定性风险评估后,人们能对项目风险有一个大致了解,可以了解项目的薄弱环节。但是,有时需要了解风险发生的可能性到底有多大,后果到底有多严重等。回答这些问题,就需要对风险进行定量的评价分析。定量风险评估是一种广泛使用的管理决策支持技术。一般在定性风险分析之后就可以进行定量风险分析。定量风险分析过程的目标是量化分析每一个风险的概率及其对项目目标造成的后果,也分析项目总体风险的程度。定量风险评估可以包括访谈、盈亏平衡分析、决策树分析、模拟法等方法。

**1.访谈**

访谈技术用于量化对项目目标造成影响的风险概率和后果。采用访谈方式,可以邀请以前参加过与本项目相类似项目的专家,这些专家运用他们的经验做出风险度量,其结果将会相当准确和可靠,甚至有时比通过数学计算与模拟仿真的结果还要准确和可靠。如果风险损失后果的大小不容易直接估计出来,可以将损失分解为更小的部分,再对其进行评估,然后将各部分评估结果累加,形成一个合计评估值。例如,如果使用三种新编程工具,可以单独评估每种工具未达到预期效果的损失,然后再把损失加到一起,这要比总体评估容易多了。

**2.盈亏平衡分析**

盈亏平衡分析就是要确定项目的盈亏平衡点。在平衡点上收入等于成本,此点是用来标志项目不亏不盈的开发量,用来确定项目的最低生产量。盈亏平衡点越低,项目盈利的机会就越大,亏损的风险就越小。因此,盈亏平衡点表达了项目生产能力的最低容许利用程度。

一种对风险评估的常用技术是定义风险的参照水准,对绝大多数软件项目来讲,风险因素——成本、性能、支持和进度就是典型的风险参照系,也就是说,对成本超支、性能下降、支持困难、进度延迟都有一个导致项目终止的水平值。如果风险的组合所产生的问题超出了一个或多个参照水平值,就应该终止该项目的工作。在项目分析中,风险水平参考值是由一系列的点构成的,每一个单独的点常称为参照点或临界点。如果某风险落在临界点上,可以利用性能分析、成本分析、质量分析等来判断该项目是否继续工作。

**3.决策树分析**

决策树是对所考虑的决策以及采用这种或者那种现有方案可能产生的后果进行描述的一种图解方法。它综合了每种可用选项的费用和概率,以及每条事件逻辑路径的收益。当所有收益和后续决策全部量化之后,决策树的求解过程可得出每项方案的预期货币价值。如图 6-6 所示是一个典型的决策树图。

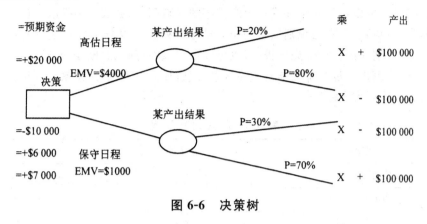

图 6-6　决策树

4.模拟法

模拟分析法是运用概率论及数理统计的方法来预测和研究各种不确定因素对软件项目的影响,分析系统的预期行为和绩效的一种定量分析方法。大多数模拟都以某种形式的蒙特卡罗分析为基础。

蒙特卡罗模拟法是一种最经常使用的模拟分析方法,它是随机地从每个不确定因素中抽取样本,对整个软件项目进行一次计算,重复进行很多次,模拟各式各样的不确定性组合,获得各种组合下的很多个结果。通过统计和处理这些结果数据,找出项目变化的规律。

如果把这些结果值从大到小排列,统计个值出现的次数,用这些次数值形成频数分布曲线,那么就能够知道每种结果出现的可能性。然后依据统计学原理,对这些结果数据进行分析,确定最大值、最小值、平均值、标准差、方差、偏度等,通过这些信息就可以更深入地、定量地分析项目,为决策提供依据。

在软件项目中经常运用项目模型作为项目框架,通过蒙特卡罗模拟法来模拟仿真项目的日程、制作项目日程表。这种技术往往也被全局管理所采用,通过对项目的多次"预演",可以得到项目进度日程的统计结果。图 6-7 所示是一个项目进度日程的蒙特卡罗模拟。

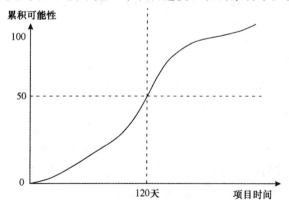

图 6-7　蒙特卡罗模拟

### 6.3.5 风险分析的成果

经过风险分析,可以得到一个按优先等级排序的风险列表,如表6-8所示。它表示一个详细的风险目录,其中包括了所有已识别风险的相对排序。列表可以分类按对项目成本、功能、进度和质量等的影响分别提出风险优先级排队;也可以依据风险影响、时间响应要求的轻重缓急等方法进行排队。还可以进一步提炼和丰富风险背景信息,如风险类别、风险来源和风险触发驱动因素等,并加入到风险列表中。

**表6-8 风险列表示例**

| 风险 | 可能性 | 影响 |
| --- | --- | --- |
| 组织财政问题导致项目预算削减 | 低 | 灾难性的 |
| 招聘不到所需技能的人员 | 高 | 灾难性的 |
| 关键的人员在项目的关键时刻生病 | 中 | 严重的 |
| 拟采用的系统组件存在缺陷,影响系统功能 | 中 | 严重的 |
| 需求变更导致主要的设计和开发重做 | 中 | 严重的 |
| 组织结构发生变化导致项目管理人员变化 | 高 | 严重的 |
| 数据库事务处理速度不够 | 中 | 严重的 |
| 开发所需时间估计不足 | 高 | 严重的 |
| CASE工具无法集成 | 高 | 可容忍的 |
| 客户无法理解需求变更带来的影响 | 中 | 可容忍的 |
| 无法进行所需的人员培训 | 中 | 可容忍的 |
| 缺陷修复估计不足 | 中 | 可容忍的 |
| 软件规模估计不足 | 高 | 可容忍的 |
| CASE工具生成的代码效率低 | 中 | 无关紧要 |

# 6.4 软件项目风险应对

### 6.4.1 风险应对策略

风险一旦发生,就需要对其主动地应对。一般有以下几种应对策略。

1. 风险调查

如果项目风险的信息不完全、不确定,可以在决定采取哪种措施前做一些调研工作。例如,可以选择进行市场调查或用户群行为分析来掌握更多关于用户需求、技能等信息。如果决定进行调查,那么风险计划应该包含适当的调查建议,以及有待证实的假定、有待回答的问题、人员安排以及所需的调查设备。

**2. 避免风险**

避免风险就是通过分析找出发生风险事件的原因,消除这些原因来避免一些特定风险事件的发生。

例如:如何避免客户不满意?

客户不满意有两种情况:一种情况是没有判断客户满意度的依据,即没有双方互相认可的客户验收标准;一种是客户与承担方沟通不够,造成双方的误解;另外一种是开发方没有达到验收标准,即没有满足用户需求。不管是哪一种,开发方都有责任,然而只要做好以下环节就基本可以避免:

①业务建模阶段要让客户参与。

②需求阶段要多和客户沟通,了解用户的真正需求。

③目标系统的模型或原型系统要向客户演示,并得到反馈意见。如果反馈的意见和原型系统出入比较大时,一定要将修改后的原型系统再次向客户演示,直到双方都达成共识为止。

④要有双方认可的验收方案和验收标准。

⑤做好变更控制和配置管理。

**3. 风险转移**

风险转移是指为避免承担风险损失,而有意识地将损失或与损失有关的财务后果转嫁给另外的单位或个人去承担。例如,将有风险的一个软件项目分包给其他的分包商,或者通过免责合同等开脱手段说明不承担后果。

转移风险也称为通过采购转移风险,即从本项目组织外采购产品和服务,常常是针对某些种类风险的有效对策。比如,与使用特殊科技相关的风险就可以通过与有此种技术经验的组织签订合同减缓风险。采购行为往往将一种风险置换为另一种风险。比如,如果销售商不能够顺利销售,那么用制定固定价格的合同来减缓成本风险会造成项目时间进程受延误的风险;而相同情形下,将技术风险转嫁给销售商又会造成难以接受的成本风险。

**4. 减轻风险**

减轻风险策略是通过缓和或预知等手段来减轻风险,降低风险发生的可能性或减少风险发生后后果的影响程度和范围。减轻风险策略的有效性与风险是已知风险、可预测风险还是不可预测风险关系很大。

对于已知风险,项目管理者可以在很大程度上加以控制,可以动用项目现有资源降低风险的严重后果和风险发生的频率。

对于可预测风险或不可预测风险,这是项目管理者很少或根本不能够控制的风险,诸如某些外部环境因素、市场因素、新技术还不成熟等导致的风险,项目团队是很难去控制的,因此有必要采取迂回策略。对于这类风险,仅仅靠动用项目资源一般收效不大,还必须进行深入细致的调查研究,降低其不确定性。例如,在进行软件系统的开发之前,应当进行充分的调查研究,充分了解客户的需求、相关的行业和领域政策、并对技术方案进行充分的论证和试验等,在这样的基础上启动的项目,其风险就会大大降低,项目的成功率就会很高。

在对软件项目实施风险减轻策略时,应尽可能地把每一项具体的风险都减轻到可以接受的程度。项目中各个风险的程度降低了,项目整体风险程度在一定程度上也就降低了,项目的成功率就会大大地增加。例如,在软件项目中,如果项目团队对于新技术的掌握还不是十分的熟练,就可以采用成熟的技术去实现。虽然这样可能会比新技术在性能上有所减低,但考虑了风险发生的可能性和发生后的影响的综合平衡后,仍然是值得的。

项目团队组建时,聘请的新员工常常能够立即掌握最新的工具和技术,而聘请老员工可能掌握新工具的时间长一点,但是老员工比新招聘的员工的稳定性要高,对比项目过程中间人员非正常流动的风险概率,聘请老员工还是更加稳妥一些。

5.接受风险

对于损失较小或不能简单地通过有效的预防性或调整措施来解决的风险,可以不采取处理措施直接承担风险损失。接受风险的策略和"什么都不做"是不一样的,在风险计划中应该包含归档的基本原理,说明为什么选择接受风险。并且在项目生命周期中,应当非常谨慎且持续监控这样的风险,注意变化发生的可能性、影响或是执行风险相关的预防或意外事件方法。

6.研究风险

风险研究是指通过调查研究以获得更多信息的风险应对策略。研究是需要获取更多关于风险的信息时所用的一种决策。例如当系统需求不清时,通过开发原型系统从用户那里收集信息是定义系统界面及功能的一种手段。对于商业软件,这些信息可通过市场调查等获得。

7.风险储备

风险储备是指对项目意外风险预留应急费用和进度计划。风险储备用于项目较新时,以防止项目进度或费用超支等风险。详细说明风险在系统内的位置,才能将风险和储备联合起来。

8.退避风险

假如风险影响巨大,或者采取的措施不完全有效,这种情况下就要开发风险退避计划。它可能包括应急补贴、可选择的开发以及改变项目范围。

9.记住风险

从风险中获取关于风险的知识,为以后的项目建立风险知识库。

### 6.4.2 风险应对计划

通过风险评估,认为需要特别重视的风险事件,应当预先对其制定相应的风险应对计划。一旦发生风险事件,就可以按照计划实施。风险应对计划的重要环节是预留一定的资金、人力资源。此外,还应在时间计划上做出预留。

一个软硬件集成项目中包括了网络设备,而且计划在部署阶段之前设备必须到位,而这些设备是从国外直接进货的。经过调查分析,硬件订货周期较长,有可能不能按时到货。因此应该考虑备选方案,预留一定的资金,采用借用、租用等方案来开展工作,这也是降低项目风险的有效措施。

在一个软件开发项目中,某开发人员有可能离职,离职后会对项目造成一定的影响,则应该对这个风险事件开发应对计划。应对计划的制定过程如下:

①进行调研,分析造成人员流动的真正原因。

②在项目开始前,把缓解这些流动原因的工作列人风险管理计划。

③项目开始时,做好计划,对出现离职苗头的技术人员、管理人员预先准备备用人员,确保人员离开后项目仍能继续进行。

④制定文档标准,并建立一种机制,保证文档及时产生;如果信息已经文档化,有关知识可以在项目组中广泛进行交流。

⑤对所有工作进行细微评审,调整项目进度,使新加入的成员能够赶上进度,按计划进度完成自己的工作。

⑥对每个关键性技术岗位培养后备人员。

软件项目开发过程中面临的风险是多种多样的,风险的大小以及重点各不相同,项目管理人员应当充分考虑,认真分析,在考虑风险损失和合理的风险应对成本之后,选择采用合适的风险应对计划,避免因风险造成各方面的重大损失。

### 6.4.3　项目风险应对过程

我们无法完全避免风险,对某些风险也无需完全避免,重要的是把风险置于人们控制之下,风险应对就是处置风险的过程。原型法就是一种风险避免与缓解的风险应对行动。

(1)对触发事件作出反应

触发器提供风险通知,收到通知的人必须对触发事件作出反应。要执行风险计划,必须确定一名负责人。识别与分析风险的人不一定是应对风险的人,风险应对行动应该落实到最底层的人员。

(2)执行风险计划

通常,应对风险应该按照书面的风险计划进行。计划提供了一个高层次的指导。要将风险应对具体活动与风险计划的目标一一对应,以保证行动覆盖全部目标,防止盲目性与偏差。

任何两个负责执行风险计划的人,都会采取不完全相同的风险应对行动。但是取得的效果往往有高下之分。应对风险应遵循以下几条准则:

①考虑更巧妙地工作。

②挑战自己,找出更完美的方式。

③充分利用机会。

④适应新情况。事物是变化的,处理事物的方式也要随之改变。

⑤不要忽略常识。

(3)对照计划,报告进展

必须报告风险应对的工作结果;确定与交流对照计划所取得的进展。

(4)修正与计划的偏差

结果不能令人满意,就必须换用其他途径,必要时还需采取校正行动。校正行动的过程包括:识别问题、评估问题、计划行动和监视进展。

## 6.5　软件项目风险监控

风险监控是指跟踪风险,识别剩余风险和新出现的风险,修改风险管理计划,保证风险计划的实施,并评估消减风险的效果,从而保证风险管理能达到预期的目标,它是项目实施过程中的一项重要工作。

监控风险实际上是监视项目的进展和项目环境,即项目情况的变化,其目的是:核对风险管理策略和措施的实际效果是否与预见的相同;寻找机会发送和细化风险规避计划,获取反馈信息,以便将来的决策更符合实际。在风险监控过程中,及时发现那些新出现的以及预先制定的策略或措施不见效或性质随着时间的推延而发生变化的风险,然后及时反馈,并根据对项目的影响程度,重新进行风险规划、识别、估计、评价和应对,同时还应对每一风险事件制定成败标准和判据。

目前,风险监控还没有一套公认的、单独的技术可供使用,其基本目的是以某种方式驾驭风险,保证项目可靠、高效地完成项目目标。由于项目风险具有复杂性、变动性、突发性、超前性等特点,风险监控应该围绕项目风险的基本问题,制定科学的风险监控标准,采用系统的管理方法,建立有效的风险预警系统,做好应急计划,实施高效的项目风险监控。

### 6.5.1　风险监控的程序

从过程的角度来看,风险监控处于项目风险管理流程的末端,但这并不意味着项目风险监控的领域仅此而已,风险监控应该面向项目风险管理全过程。项目预定目标的实现,是整个项目管理流程有机作用的结果,风险监控是其中一个重要环节。

风险监控应是一个连续的过程,它的任务是根据整个项目管理过程规定的衡量标准,全面跟踪并评价风险处理活动的执行情况。有效的风险监控工作可以指出风险处理活动有无不正常之处,哪些风险正在成为实际问题。掌握了这些情况,项目管理组就有充裕的时间采取纠正措施。建立一套项目监控指标系统,使之能以明确易懂的形式提供准确、及时的风险信息。而关系密切的项目风险信息,是进行风险监控的关键所在。项目风险监控的具体做法如下。

#### 1.建立项目风险事件控制体制

在项目开始之前应根据项目风险识别和度量报告所给出的项目风险信息,制订出整个项目风险控制的大政方针、项目风险控制的程序及项目风险控制的管理体制,包括项目风险责任制、项目风险信息报告制、项目风险控制决策制、项目风险控制的沟通程序等。

#### 2.确定要控制的具体项目风险

根据项目风险识别与度量报告所列出的各种具体项目风险,确定出对哪些项目风险进行控制,对哪些风险需要容忍并放弃对它们的控制。通常这要按照项目具体风险后果的严重程度、风险发生概率及项目组织的风险控制资源等情况确定。

#### 3.确定项目风险的控制责任

这是分配和落实项目具体风险控制责任的工作。所有需要控制的项目风险都必须落实到具体负责控制的人员,同时要规定他们所负的具体责任。对于项目风险控制工作必须要由专人去负责,不能分担,也不能由不合适的人去承担风险事件控制的责任,因为这些都可能造成大量的时间与资金的浪费。

**4. 确定项目风险控制的行动时间**

对项目风险的控制应制订相应的时间计划和安排,计划和规定出解决项目风险问题的时间表与时间限制。因为没有时间安排与限制,多数项目风险问题是不能有效地加以控制的。许多由于项目风险失控所造成的损失都是因为错过了风险控制的时机造成的,所以必须制定严格的项目风险控制时间计划。

**5. 制订各具体项目风险的控制方案**

由负责具体项目风险控制的人员,根据项目风险的特性和时间计划制订出各具体项目风险的控制方案。在这当中要找出能够控制项目风险的各种备选方案,然后对方案作必要的可行性分析,以验证各项目风险控制备选方案的效果,最终选定要采用的风险控制方案或备用方案。另外,还要针对风险的不同阶段制订不同阶段使用的风险控制方案。

**6. 实施具体项目风险控制方案**

按照确定出的具体项目风险控制方案开展项目风险控制活动。这一步必须根据项目风险的发展与变化不断地进行修订项目风险控制方案与办法。对于某些项目风险而言,风险控制方案的制定与实施几乎是同时的。

**7. 跟踪具体项目风险的控制结果**

这一步的目的是收集风险事件控制工作的信息并给出反馈,即利用跟踪去确认所采取的项目风险控制活动是否有效,项目风险的发展是否有新的变化等。这样就可以不断地提供反馈信息,从而指导项目风险控制方案的具体实施。这一步是与实施具体项目风险控制方案同步进行的。通过跟踪而给出项目风险控制工作信息,再根据这些信息去改进具体项目风险控制方案及其实施工作,直到对风险事件的控制完结为止。

**8. 判断项目风险是否已经消除**

如果认定某个项目风险已经解除,那么该具体项目风险的控制作业就完成了。若判断该项目的风险仍未解除就需要重新进行项目风险识别。这需要重新使用项目风险识别的方法对项目具体活动的风险进行新一轮的识别,然后重新按本方法的全过程开展下一步的项目风险控制作业。

### 6.5.2　项目风险监控的方法

对软件项目的风险进行监控的工具和方法,主要包括以下几个方面。

**1. 阶段性评审与过程审查**

软件项目所生产的软件,是不可直接度量的产品。为了对其工作效果进行合理的检验,并有效地监控软件项目过程中的风险,就需要借助于一系列的阶段性评审与过程审查。通过大量的评审活动来评估、确认前一个阶段的工作及其交付物,提出补充修正措施,调整下一阶段工作的内容和方法。

阶段性评审可以让风险尽早被发现,从而可以尽早地预防和应对。风险发现得越早,越容易防范,应对的代价就越小;风险发现得越晚,就越难以应对,而且应对的代价就越高。阶段性评审与过程审查可以有效地检验工作方法和工作成果,并通过一步一步地确认和修正中间过程的结果来保证项目过程的工作质量和最终交付物,大幅度地降低软件项目的风险。

2. 风险再评估

在软件项目风险监控的过程中,经常需要对新风险进行识别和评估,或者对已经评估的风险进行重新评估和审核,检查其优先次序、发生概率、影响范围和程度等是否发生变化等,重新评估的内容和详细程度可根据软件项目的具体情况确定。

3. 风险应对审计

这主要指对风险管理过程的有效性、用已拟定风险应对措施处置已识别风险的有效性、风险承担人的有效性等进行审计。

4. 技术绩效测量

这是从技术角度对软件项目的中间成果与项目计划中预期的技术成果进行比较和测量,如果没有实现计划预计的功能和性能,那么软件项目有可能存在范围风险。

5. 挣值分析

挣值分析的结果反映了软件项目在当前检查点上的进度和成本等指标与项目计划的差距。如果存在偏差,则可以对原因和影响进行分析,这有助于尽早地发现相关的风险。

6. 风险预留分析

在软件项目的实施过程中,可能会因为某些风险而动用预留的资金或时间。风险预留分析是指在某些阶段性的项目时间点,把总的风险预留与剩余的风险预留资金或时间进行比较,再把总的风险量与剩余的风险量进行比较,根据它们的比例关系可以知道风险的大小和确定风险预留是否充足。

### 6.5.3 风险监控的成果

风险监控的成果主要包括以下几点:

(1)随机应变措施

随机应变措施指消除风险事件时所采取的未事先计划的应对措施。对这些措施应有效地进行记录,并融入项目的风险应对计划中。

(2)纠正行动

纠正行动指实施已计划了的风险应对措施,包括实施应急计划和附加应对计划,。

(3)变更请求

实施应急计划经常导致对风险作出反应的项目计划变更请求。

(4)修改风险应对计划

当预期的风险发生或未发生时,当风险控制的实施消减或未消减风险的影响或概率时,必须重新对风险进行评估,对风险事件的概率和价值及风险管理计划的其他方面做出修改,以保证重要风险得到恰当控制。

# 6.6　软件项目风险管理验证

为了克服风险管理计划的缺陷和风险管理实践的不完善,需要实施风险管理验证活动。通过独立审计可以检验风险管理活动与计划的一致性,同时保证项目实践遵循风险管理计划。

### 6.6.1　评审风险计划

计划的质量在一定程度上决定着结果的质量。因此,风险管理验证活动从评审风险计划开始,并为审计一致性做准备。计划应满足下列要素:

(1)完整性

是否考虑了风险管理的所有方面?可用一个风险管理大纲作为核对清单。

(2)可理解性

计划容易理解吗?是否会产生歧义?对于一些参加人数较多的项目常常需要定义一个术语表,以便新雇员或外包商正确理解计划。

(3)详细程度

计划是否足够详细?计划应包括目的、执行时间、执行者以及成本。如果这些地方不清楚,就需要加入新的细节。

(4)一致性

计划是否非常明确?是否存在可能导致实施活动混乱的矛盾?例如,术语的不一致会加剧人们交流风险的难度。

(5)现实性

计划的观点是否脱离实际?查找不切实际的内容。

### 6.6.2　审计管理过程

风险管理活动是由人来实施的,因此风险管理者的综合素质在很大程度上决定了项目风险管理活动的质量。由于从业经历、受到的教育以及个人性格等决定了人在某一方面的特长与局限。质量保证负责审计执行者的行为,并向管理层发出有关偏差的警告。

审计报告使项目风险管理实践结果一目了然,其目的是记录评审和审计的结果。项目审计结果总结实施情况,并详细说明与风险管理计划的差异。报告应表明要求是否已经达到以及所存在的差异的实质。

### 6.6.3　风险管理回报

风险管理回报(Return On Investment,ROI)是所有风险管理的节约除以风险管理活动的总成本。用公式表示如下:

$$ROI_{RM} = \frac{\sum 节约}{成本}$$

风险管理的成本是为风险评估和风险控制投入的所有资源的总和。节约是管理风险的回报,包括避免和减少。

成本避免是指没有采取风险应对措施时的成本与采取风险应对措施的实际成本的差。任何成功抑制成本增长得以维持预算的应对策略,均可视为成本避免的具体形式。

成本减少是计划成本与实际成本的差。成本减少就可令成本低于预算。风险管理实践也可能导致项目比预期做得更好。如果不采取另一种行动方案,就可使用计划资源。

# 6.7 软件项目风险管理的高级技术

在风险管理中,在风险度量和评估时不仅会采用情景分析、专家决策、风险损失期望值法等,还会采用其他高级方法,如风险评审技术、蒙特卡罗法、SWOT 分析法和关键链技术方法等。表6-9 给出了较完整的风险管理的主要方法和技术,前面已经讨论了头脑风暴法、检查表和挣值分析等方法,包括风险回避、转移和缓解等。

**表 6-9 风险管理的主要技术**

| 风险管理步骤 | 所使用的工具、方法 |
| --- | --- |
| 风险识别 | 头脑风暴法、面谈、Delphi 法、检查表、SWOT 技术 |
| 风险量化 | 风险因子计算、VERT、决策树分析、风险模拟 |
| 风险应对计划制定 | 回避、缓解、转移、消除风险的措施 |
| 风险监控 | 核对表、定期项目评估、挣值分析 |

## 6.7.1 VERT 技术

VERT 技术是在 PERT(计划评审技术)、GERT(图形评审技术)的基础上发展起来的,包括风险信息系统的成本分析法和全面风险评估成本风险网络。RISCA 和 TRACANET 是在网络数学分析器、网络统计分析器和网络求解分析器等基础之上开发出来的,其中网络数学分析器可以把离散事件活动、活动时间和费用综合起来构成一个概率特征进行计算和分析。

VERT 网络模型是一种属于数学的随机网络模型,它是通过带有时间、费用和性能等变量值的弧和节点,按照其相互关系连接起来的网状图。VERT 网络的建模要素是弧(活动)和节点,而每个活动和节点都具有时间、费用和性能三种参数,例如,在网络中某项活动完成时,在该活动上可以得到从软件项目开始到此活动完成时刻的周期、累计费用和到此时已达到的性能值。VERT 网络的仿真过程可以想象成一定的时间流、费用流和性能流通过各项活动,并受到节点逻辑的控制流向相应的活动中。每次仿真运行,就相当于这些流从源节点出发,经过相应的节点和活动,执行相应的事件,最后到达网络的终节点。由于网络中可以选用具有各种逻辑功能不同的节点,可能导致 3 种流只经过网络中的部分节点和弧,并到达某个终止节点。因此,必须对网络作多次重复的仿真运行,才能使整个网络中所包含的各个节点和活动都有机会得到实现,得出相应的概率分布,而每次仿真运行不过是对网络实现的一次抽样。

由于 VERT 网络中包含概率型和条件型两种逻辑功能,因此在仿真运行时有些活动能成功地实现,而有些活动则不能成功地实现,这表示前一段过程的失败。例如进行某项设计工作,如果经过设计、试制、试验等各个阶段,其结果不能达到设计性能要求,这时,在完成试验活动以后,时间和费用的累计值会被置零,表示该项设计试制工作的失败。

1. 弧

①普通弧，是 VERT 网络中的直接组成部分，普通弧上都带有以概率分布的时间、费用和性能等参数值。

②传送弧，是 VERT 网络的组成部分，仅作为各种参数的通道，对于某些节点之间的关系具有时间上的和先后次序的约束。传送弧上不赋时间、费用和性能参数值，因而被传送的参数流不发生增值。

③自由弧，不在 VERT 网络中直接表示出来，而是被其他活动引用。自由弧上所赋予的时间、费用和性能值可以通过一定的数学关系式进行调用。

④排放弧，设置在节点的输出端，使流量通过这个活动传出系统。因为对于某些被取消的节点，如果已有活动引入该节点，则在 VERT 网络中可能出现流量的堵塞现象。

在仿真运行中，各类活动都可以处于不同的状态。当该活动能成功地实现时，则参数流通过本活动输出至下一个节点，这种状态称为成功完成状态。如果某项活动处于非成功完成状态，则该活动的时间和费用值仍通过本弧输出至下一节点，但没有性能值输出。如果某项活动处于被取消状态，则活动不能被执行，因而也没有参数流通过，不消耗任何时间和费用，更不会产生任何性能。

2. 节点

VERT 网络中的节点是项目生命周期中的一个里程碑，表示前一个活动的结束和后一个活动的开始。VERT 节点具有丰富的逻辑功能，从而可以在仿真运行中决定要启动哪些输出弧或是否要启动本节点等。根据节点的逻辑功能，VERT 节点可分为组合节点和单个节点，组合节点由输入逻辑和输出逻辑组成，而单个节点只包含一种单个逻辑，如图 6-8 所示。

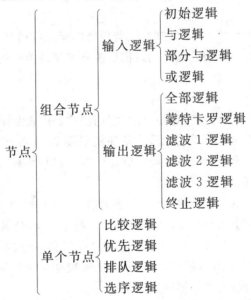

图 6-8　VERT 网络中的节点分类及其包含的逻辑

3. 建模

VERT 随机网络模型是一个图论模型，称为图 $G$，记节点集合为 $N$，弧集合为 $A$，则有：$G =$

$\{N, A\}$，这里 $N = \{N_1, N_2, \cdots, N_n\}$，$M$ 表示第 $i$ 个节点，$n$ 为节点总数；$A = \{A_{ij} \mid i, j = 1, 2, \cdots, n\}$。对于节点，只有累计时间（$NT_i$）、费用（$NC_i$）和性能（$NP_i$）组成的网流，而对于弧，有两种网流。

①自身携带的网流：由自身的时间（$T_{ij}$）、费用（$C_{ij}$）和性能（$P_{ij}$）组成的网流。

②累计网流：由弧的累计时间（$\overline{T_{ij}}$）、累计费用（$\overline{C_{ij}}$）和累计性能（$\overline{P_{ij}}$）组成的网流。

弧和节点的累计网流都是网络模型的未知量，是模拟过程中求解的对象。根据结果，可对节点和弧的机动时间、关键线路等进行分析。

网流形成原则要受节点、弧的状态和逻辑的限制。弧和节点都有成功、不成功和取消三种状态，节点逻辑相对复杂些，由于弧的不同状态而形成不同的节点逻辑，如 AND 逻辑，先根据输入弧的状态确定节点的状态，然后确定成功节点的时间、费用和性能值，其数学表达式如下。

$$NT_i = Max\{\overline{Tk} \mid k = 1, 2, \cdots, n, k < n\}$$
$$NC_i = OPT \sum_k \{\overline{Ck_i} \mid k = 1, 2, \cdots, n, k < n\}$$
$$NP_i = OPT \sum_k \{\overline{Pk_i} \mid k = 1, 2, \cdots, n, k < n\}$$

OPT 表示对所有相同开始节点和结束节点的弧求最优。

对于真实决策系统，构造符合实际的随机网络模型，包括绘制网络图，是应用随机网络评审方法进行风险决策分析的关键步骤。构造网络模型的过程大体可分为以下几个步骤。

①确定决策的环境。在调查研究的基础上，确定被分析系统的问题、决策目标、变量和约束条件以及可接受的风险水平。

②按工作进程与风险分析的需要画出流程图，并包括各个阶段的子流程。

③绘制 VERT 网络图，即在流程图的基础上，应用 VERT 的弧和节点功能，把流程图改造成 VERT 随机网络图。

④确定弧和节点的数据。确定弧上的时间、费用及性能参数和节点上参数及逻辑等，并在仿真运行中加以检验和修正，不断去伪存真，构造出反映真实系统的随机网络模型。

### 6.7.2 蒙特卡罗法

在实际项目管理中，可以获得的数据量有限，它们往往是以离散型变量的形式出现的。实践表明，项目进度、成本或风险可能性等变化服从某些概率模型，而现代统计数学可以将这些离散型的随机分布转换为预期的连续型分布，这样，就能针对某种概率模型，在计算机上进行大量的模拟随机抽样，从而获得模型的参数估计值。

蒙特卡罗方法是一种随机模拟方法，更准确地说，是一种有效的统计实验计算法。目前，蒙特卡罗方法是项目风险管理中的常规方法，它通过设计概率模型，使其参数恰好重合于所需计算的量；同时，可以通过实验，用统计方法求出这些参数的估计值，把这些估计值作为待求的量的近似值。从理论上来说，蒙特卡罗方法简单，不需要复杂的数学推导和演算过程，但需要大量的实验，实验次数越多，所得到的结果就越精确。

以下是蒙特卡罗模拟方法应用于项目管理中的主要过程。

①对每一项活动，输入最小、最大和最可能估计数据，并为其选择一种合适的先验分布模型。

②根据上述输入，利用给定的某种规则并通过计算机进行充分大量的随机抽样。

③根据概率统计原理，对随机抽样的数据进行处理和计算，求出最小值、最大值、期望值和单

位标准偏差。

　　④自动生成概率分布曲线和累积概率曲线。

　　⑤依据累积概率曲线进行项目风险分析。

### 6.7.3　SWOT 分析法

　　运用各种调查研究方法,能分析出软件项目所处的各种环境因素,即内部环境因素和外部环境因素。内部环境因素一般属于主动因素,是组织在其发展中自身存在的积极和消极因素,包括优势因素和弱势因素。内部因素可归为相对微观的范畴,如管理的、经营的、人力资源的等。外部环境因素是外部环境对组织的发展直接有影响的因素,包括机会因素和威胁因素,即有利因素和不利因素。外部环境因素一般属于客观因素,归属为相对宏观的范畴。

　　SWOT 分析法就是将调查所掌控的各种因素,根据其轻重缓急或影响程度等进行排序,构造成矩阵,更直观地进行对比分析。因为矩阵由 4 种因素构成,即 S 代表优势、W 代表弱势、O 代表机会、T 代表威胁,所以这个矩阵称为 SWOT 矩阵。在此过程中,应将那些对项目有直接的、重要的或严重的、范围广的影响因素优先排列出来,而将那些间接的、次要的、范围小的影响因素排列在后面,如表 6-10 所示。

表 6-10　采用敏捷开发方法的风险分析

| S | W |
|---|---|
| 适应更多的需求变化;软件发布周期短,更容易满足客户的需求;由于采用配对编程和测试驱动开发思想,代码质量更高;团队的士气高 | 项目组认可度不高;系统架构设计不够充分;系统测试时间短;不适应大规模项目 |
| O | T |
| 加速开发周期;更多的新功能可以及时融入产品;提高客户满意度;提高市场份额 | 团队需要熟悉的过程;需要占用项目时间进行培训;项目组成员可能不适应;新的流程可能影响工作效率;新的流程可能影响产品质量 |

　　在完成环境因素分析和 SWOT 矩阵的构造后,便可以制定出相应的风险应对计划了。制定风险计划的基本思路是:发挥优势因素,克服弱势因素,利用机会因素,化解威胁因素;考虑过去,立足当前,着眼未来。运用系统分析的综合分析方法,可以将排列与考虑的各种环境因素相互匹配起来加以组合,得出可选择的对策。这些对策包括:①最小与最小对策(WT 对策),着重考虑弱点因素和威胁因素,努力使这些因素的影响降到最小;②最小与最大对策(WO 对策),着重考虑弱点因素和机会因素,努力使弱点趋于最小,使机会趋于最大;③最大与最小对策(ST 对策),着重考虑优势因素和威胁因素,努力使优势因素趋于最大,使威胁因素趋于最小;④最大与最大对策(SO 对策),着重考虑优势因素和机会因素,努力使这两种因素都趋于最大。

### 6.7.4　关键链技术

　　进度计划一般基于工作分解结构之上,通过各个具体工作的时间估计来构建计划网络,并应用 VERT 技术、蒙特卡罗模拟法等来获得工期的概率分布,以此来估计进度风险。1997 年,Goldratt 将约束集理应用于项目管理领域,提出了关键链项目管理方法,是项目管理领域自发明关键路线法(CPM)和计划评审技术(PERT)以来最重要的进展之一。

约束理论是由高德拉特博士在最优化生产技术(OPT)基础上发展起来的。约束理论的核心思想可以归纳为两点:①所有系统都存在约束,如果一个系统不存在约束,就可以无限提高有效产出,而这显然是不实际的。因此,任何妨碍系统进一步提升有效产出的因素,就构成了一个约束。②约束的存在表明系统存在改进的机会。约束妨碍了系统的有效产出,但同时也指出了系统最需要改进的地方,即约束。

一个形象的类比就是"木桶效应",一只木桶的容量取决于最短的那块木板,而不是最长的木板。因此,对约束因素的改进,才是最有效的改进系统有效产出的方法。

与其他管理理念不同,约束理论对企业的改进是聚焦的改进一只改进约束,而不是改进全部,为了有效提升系统的效率,约束理论提出了著名的聚焦五步法,这五个步骤构成一个不间断的循环,帮助系统实现持续改进,其具体内容为:①找出系统中的约束因素;②挖掘约束因素的潜力;③使系统中所有其他工作服从于第二步的决策;④给约束因素松绑;⑤若该约束已经转化为非约束性因素,则回到第一步。

CCPM用关键链代替了PERT/CPM中的关键路径,不仅考虑了不同工作的执行时间之间前后关系的约束,而且还考虑了不同工作之间的资源冲突。关键链是制约整个项目周期的一个工作序列。关键链管理方法标识了资源约束和资源瓶颈,有利于项目过程资源的配置,降低因资源而引起的进度风险。基于关键链的项目管理方法特别适合于有高度不确定性的环境,如全新的软件开发项目。

Goldratt认为在PERT工期估计中包含了大部分的缓冲时间,而缓冲时间并不能保证项目的按时完成。因此他将工作可能完成的时间的50%作为工作工期的估计,并以此建立工作网络图。根据工作间的资源制约关系,修改网络图,确定关键链。然后通过为关键链和非关键链分别设置项目缓冲和输入缓冲,来消除项目中不确定因素对项目执行计划的影响,控制进度风险,保证整个项目按时完成。

项目缓冲是为了保证项目在计划时间内完成,设置在关键链的末尾的缓冲区,它以关键链上所有工作比PERT中少估计的工期和的50%作为缓冲区的大小。

输入缓冲是为了保护关键链上的工作计划不会因为非关键链上工作的延迟受到影响而设置的缓冲区。它设置在非关键链与关键链的汇合处,以非关键链上的所有工作节省工期之和的50%作为缓冲区的大小。

基于关键链技术的软件项目进度风险管理方法,一般会采用下列步骤:

①首先对项目进行工作分解,估计理想工作条件下各工作的执行时间以及人力资源分配,建立工作节点网络图。

②考虑人力资源的约束,确定工作节点网络图中的关键链。

③采用技术风险评估技术,对每项工作进行风险分析。

④在此基础上,为关键链配置项目缓冲,为非关键链配置输入缓冲。

⑤在项目进行过程中,通过对缓冲区的监控,进行计划风险的管理。

所谓理想工作条件,是指既不考虑风险因素,也不考虑资源约束的理想状况,这样的理想工作条件实际是不存在的。之所以采用理想工作条件下的完成时间,而不是Goldratt的可能完成时间的50%,是由于在50%的时间内肯定是不能完成工作的,太过紧张的计划时间会给工作执行人员造成不必要的压力,从而加大项目的系统功能风险。

在关键链的网络图中每个工作节点有一个三元组属性($a/b/c$)，其中 $a$ 为理想工作条件下的工作执行时间；$b$ 为该项工作需要的资源；$c$ 是所需资源的数量。例如，$R_S$ 代表系统设计人员；$R_P$ 代表程序开发人员；$R_T$ 代表系统测试人员，关键链的网络如图 6-9 所示。与 CPM 不同的是，关键链技术不是单纯以时间最长的路径为关键路径，而是在考虑了工作所需资源之后，根据资源约束，对网络图中的工序进行必要的调整，然后再由工作时间确定关键链，也就确定了关键路径。

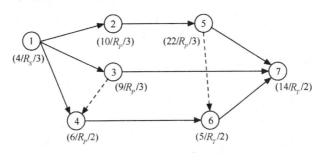

图 6-9　关键链的节点网络图

关键链技术不关注每项工作的开始日期、完成日期，取而代之的是每条链的起止时间。为了保护关键链上的工作而不影响到整个项目的计划进度，关键链技术要求为关键链设置项目缓冲区；同时，为了防止非关键链上的工作影响到关键链上工作的进度，在非关键链与关键链的汇合处设置输入缓冲，如图 6-10 所示。Goldratt 是以关键链上所有工作估算时间所节省下来的安全时间之 50% 作为缓冲区的大小。

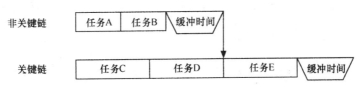

图 6-10　项目缓冲区和输入缓冲区

缓冲区的设置是为了应对项目过程中可能出现的不确定因素，进行风险的监控和管理。如果紧前任务没有在计划时间内完成，那么后续任务就无法按计划时间启动，其结果就是缓冲时间被占用。缓冲时间被占用得越多，就说明越有可能延误后续的关键任务。基于关键链技术的软件项目风险管理通过对缓冲区的监控进行，而对缓冲区的监控采用"三色法"，将缓冲区三等分，分别以绿、黄、红三色表示不同的风险级别，以建立预警机制。

当缓冲区的占用处于绿色区时，风险级别低，项目仍然处于良好状态。当缓冲区的占用处于黄色区时，风险级别提高，处于警告状态，虽不采取措施，但要密切关注，并了解背后的根本原因，开始防范风险。当缓冲区已被占用到红色区，说明项目已经存在相当严重的进度风险，必须采取相应的补救措施。

另外，控制缓冲区也可以为缓冲区设置安全底线，缓冲区的安全底线是项目过程中各时刻缓冲区大小的最小值。在项目进行过程中，应定时观测缓冲区的大小，若缓冲区处于安全底线以上，我们认为工作情况正常；低于安全底线，则有必要采取风险措施。

此外，还应考虑资源约束对关键链的影响，尤其是同一资源在不同任务间切换常常需要一定的准备时间。因此，关键链方法引入了资源缓冲的概念，以防止关键链任务因资源没有及时到位而发生延误。与缓冲时间不同,资源缓冲本质上是一种警示信号,用来提醒项目经理或者部门经理保证资源及时到位。关键链方法要求在关键任务所需的资源被紧前的非关键任务占用时,应当提前一定时间在项目进度计划上标识资源缓冲,以便及时提醒项目经理协调资源,防止因资源不能及时到位而延误关键任务。

# 第7章 软件项目质量与度量

## 7.1 软件质量管理概述

质量是指一组固有特性满足要求的程度,指产品或服务满足规定或潜在需要的特征和特性的总和。它既包括有形产品也包括无形产品;既包括产品内在的特性,也包括产品外在的特性。它随着应用的不同而不同,随着用户提出的质量要求不同而不同。软件质量体现在开发过程的质量和它所拥有的特征上,是各种特性的复杂组合。

### 7.1.1 软件质量概述

#### 1.软件质量的定义

为了保证软件的质量,首先要知道软件质量的确切含义。按照 ISO 9000 质量管理体系,对软件质量及其相关的概念作如下定义:

软件质量是指供方提供的软件产品满足用户明确和隐含需求的能力特性的总和。

软件产品是指供方交付给用户使用的一套计算机程序、数据以及相关文档。

供方是指向用户提供产品的组织。供方有时又称承包方。

软件质量是各种特性的复杂组合。它随着应用的不同而不同,随着用户提出的质量要求的不同而不同。

在不知道软件质量概念之前,一般认为好软件具有功能强、性能优、易使用、易维护、可移植、可重用等特点。事实上,不同的人对软件质量的评价和看法不尽相同。用户认为,功能、性能、接口满足了需求就是好软件。市场营销人员认为,客户群大且能卖个好价钱就是好软件。管理者认为,软件开发的进度、成本、质量(功能+性能+接口)在计划的控制范围内就是好软件。开发者认为,易维护、可移植、可重用就是好软件。

上述众多观点不无道理,但都是从各自的利益出发的。应当说,上述评价和看法的汇总才是货真价实的好软件。这样的好软件才是软件企业追求的最高理想。为了实现这个理想,软件企业不但要认识到质量保证是一个过程,而且要从"三个层次"上对软件质量进行控制。

与质量有关的特性是质量特性,质量特性是产品、过程或体系与要求有关的固有特性,软件质量特性反映了软件的本质。讨论一个软件的质量,问题最终要归结到定义软件的质量特性。定义一个软件的质量,就等价于为该软件定义一系列质量特性。

通常,软件质量可由以下主要特性来定义:

①功能性,软件所实现的功能达到它的设计规范和满足用户需求的程度。

②效率,在规定条件下,用软件实现某种功能所需的计算机资源的有效程度。

③可靠性,在满足一定条件的应用环境中,软件能够正常维持其工作的能力。

④安全性,为了防止意外或人为的破坏,软件应具备的自身保护能力。

⑤易使用性,对于一个软件,用户在学习、操作和理解过程中所做努力的程度。

⑥可维护性,当环境改变或软件运行发生故障时,为了使其恢复正常运行所做努力的程度。

⑦可扩充性,在功能改变和扩充情况下,软件能够正常运行的能力。

⑧可移植性,为使一个软件从现有运行平台向另一个运行平台过度所做努力的程度。

⑨重用性,整个软件或其中一部分能作为软件包而被再利用的程度。

质量管理与控制的三个层次如下:

事先的预防措施。制定软件过程开发规范和软件产品质量标准,对软件生产和管理人员进行这方面知识和技能的定向培训,这是软件质量保证过程的预防措施。

事中的跟踪监控措施。按照 CMM 或 ISO 9000 的过程管理思想,对软件过程和软件产品的质量控制提供可视性管理,这是软件质量保证过程的跟踪监控措施。

事后的纠错措施。对软件工作产品和软件产品加强评审和检测。评审是在宏观上把握方向,在微观上挑剔细节,找出不符合项。检测是为了发现错误,并改正错误。这是软件质量保证过程的纠错措施。软件质量保证措施应以提前预防和实时跟踪为主,以事后测试和纠错为辅。

在传统软件工程中,由于没有完全吸收 CMM 和 ISO 9000 的质量管理思想,因而对软件质量的定义比较模糊。按照这些定义,对软件阶段产品和软件最终产品的测试、评审和评价也比较模糊。因为它不是根据《用户需求报告》中对功能、性能、接口的具体要求,来记录并跟踪"不符合项"是否为零,而是考虑正确性、健壮性、完整性、可用性、可理解性、可移植性、灵活性等抽象的、不可度量的指标,这样往往使测试人员和评审人员感到有点无所适从。

**2. 软件质量要素**

早在 1976 年,Boehm 等提出软件质量模型的分层方案。1979 年 McCall 等人通过改进 Boehm 质量模型又提出了一种软件质量模型。模型的三个层次式框架如图 7-1 所示。质量模型中的质量概念基于 11 个要素之上。而这 11 个要素分别面向软件产品的运行、修正和转移。

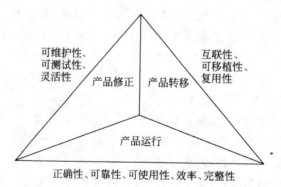

**图 7-1 McCall 软件质量模型**

特性是软件质量的反映,软件属性可用做评价准则,定量化地度量软件属性可知软件质量的优劣。McCall 软件质量模型中的 11 个要素如下。

①正确性是指在预定环境下,软件满足设计规格说明及用户预期目标的程度。它要求软件没有错误。

②可靠性是指软件按照设计要求,在规定时间和条件下不出故障,持续运行的程度。能够防

止因概念、设计和结构等方面的不完善造成的软件系统失效,具有挽回因操作不当造成软件系统失效的能力。

③可使用性指对于一个软件系统,用户学习、使用软件及为程序准备输入和解释输出所需工作量的大小。

④效率指为了完成预定功能,软件系统所需的计算机资源的多少。

⑤完整性指为了某一目的而保护数据,避免它受到偶然的,或有意的破坏、改动或遗失的能力。

⑥可维护性指为满足用户新的要求,或当环境发生变化,或运行中发现了新的错误时,对一个已投入运行的软件进行相应诊断和修改所需工作量的大小。

⑦可测试性指测试软件以确保其能够执行预定功能所需工作量的大小。

⑧灵活性指修改或改进一个已投入运行的软件所需工作量的大小。

⑨互联性指连接一个软件和其他系统所需工作量的大小。如果这个软件要联网,或与其他系统通信,或要把其他系统纳入到自己的控制之下,必须有系统间的接口,使之可以连接。互联性很重要。它又称相互操作性。

⑩可移植性指将一个软件系统从一个计算机系统或环境移植到另一个计算机系统或环境中运行时所需工作量的大小。

⑪复用性指概念或功能相对独立的一个或一组相关模块定义为一个软部件。

各种软件质量要素之间既有正相关,也有负相关的关系。因而在系统设计过程中,应根据具体情况对各种要素的要求进行折中,以便得到在总体上用户和系统开发人员都满意的质量标准。

**3. 软件质量控制的措施**

可以采取以下步骤实施全面软件质量控制。

(1)实行工程化开发

软件系统是一项系统工程,必须建立严格的工程控制方法,要求开发组的每一个人都要遵守工程规范。

(2)实行阶段性冻结与改动控制

软件系统具有生命周期,这为划分项目阶段提供了参考。一个大项目可分成若干阶段,每个阶段有其任务和成果。这样一方面便于管理和控制工程进度,另一方面可以增强开发人员和用户的信心。

在每个阶段末要冻结部分成果,作为下一阶段开发的基础。冻结之后不是不能修改,而是其修改要经过一定的审批程序,并且涉及项目计划的调整。

(3)实行里程碑式的审查与版本控制

里程碑式审查就是在软件系统生命周期每个阶段结束之前,都正式使用结束标准对该阶段的冻结成果进行严格的技术审查,如果发现问题,就可以及时在相应的阶段内解决。

版本控制是保证项目小组顺利工作的重要技术。版本控制的含义是通过给文档和程序文件编上版本号,记录每次的修改信息,使项目组的所有成员都了解文档和程序的修改过程。版本控制技术也称为软件配置管理。

(4)实行面向用户参与的原型演化

在每个阶段的后期,快速建立反映该阶段成果的原型系统,通过原型系统与用户交互,及时得到反馈信息,验证该阶段的成果并及时纠正错误,这一技术被称为原型演化。原型演化技术需要先进的 CASE 工具的支持。

(5)尽量采用面向对象和基于构件的方法

面向对象的方法强调类、封装和继承,能提高软件的可重用性,将错误和缺憾局部化,同时还有利于用户的参与,这些对提高软件系统的质量都大有好处。

基于构件的开发又被称为"即插即用编程"方法,是从计算机硬件设计中吸收过来的优秀方法。这种编程方法是将编制好的"构件"插入到已做好的框架中,从而形成一个大型软件。构件是可重用的软件部分,构件既可以自己开发,也可以使用其他项目的开发成果,或者直接向软件供应商购买。当我们发现某个构件不符合要求时,可对其进行修改而不会影响其他构件,也不会影响系统功能的实现和测试,就好像整修一座大楼中的某个房间,不会影响其他房间的使用。

(6)全面测试

要采用适当的手段,对系统需求、系统分析、系统设计、实现和文档进行全面的测试。

(7)引入外部监理与审计

要重视软件系统的项目管理,特别是项目人力资源的管理,因为项目成员的素质和能力以及积极性是项目成败的关键。同时还要重视第三方的监理和审计的引入,通过第三方的审查和监督来确保项目质量。

### 7.1.2 软件质量管理过程

质量管理是在质量方面指挥和控制组织的协调的活动,是为保证质量达到最终效果所必需的全总职能和活动的管理,包括制订质量方针和质量目标及质量策划,通过质量计划的编制、质量控制、质量保证和质量提高等活动提高质量的活动。受全面质量管理思想的影响,近年来软件产品的质量管理开始向过程质量控制的方向发展。

#### 1.软件质量策划

质量是需要策划、设计和内置地构建的,而不是审查的。通常质量策划要求计划的定义应该覆盖如何执行质量保证和质量控制活动等内容,因为这些活动与组织的标准实践、策略和规程有关。敏捷项目团队的成员仍然承认这一需要,并且由他们决定采用什么样的工具和技术来编写、运行、报告测试及测试结果。他们还将决定在每次迭代中跟踪什么样的度量值。根据这一定义,雇佣开发人员是一件很重要的事,因为这些开发人员将对测试做出贡献,他们需要编写单元测试并且帮助构建进行自动回归测试和认可测试的框架。客户或产品负责人也必须参与其中,因为他们有助于制定认可测试标准及创建和运行认可测试。在敏捷方法中,每个人都要对定义、维护、评审和提高产品及过程质量作出贡献。

软件质量策划的内容包括:确定软件组织,适应其生产特点的组织结构,以及人员的安排和职责的分配;确定组织的质量管理体系目标,根据组织的商业需要和产品市场,确定选择 ISO 9000 或 CMM 作为其质量管理体系的符合性标准或模型;标识和定义组织的质量过程,即对组织的质量过程进行策划,确定过程的资源、主要影响因素、作用程序和规程、过程启动条件和过程执行结果规范等;识别产品的质量特性,进行分类和比较,建立其目标、质量要求和约束条件;策划质量改进的计划、方法和途径。

软件组织的质量过程通常包含软件工程过程和组织支持过程。软件工程过程就是通常所说的软件生命周期中的活动,一般包括软件需求分析、软件设计、编码、测试、交付、安装和维护。组织支持过程是软件组织为了保证软件工程过程的实施和检查而建立的一组公共支持过程,主要包括管理过程和支持过程。管理过程包括评审、检查、文档管理、不合格品管理、配置管理、内部质量审核和管理评审,支持过程包括合同评审、子合同评审、采购、培训、进货检验、设备检验、度量和服务。

表 7-1 对传统方法和敏捷方法在质量策划活动方面进行了归纳和比较。在敏捷方法的框架中,没有正式的术语用来描述质量计划活动。质量计划活动是发布计划会议或迭代计划会议期间讨论的事项中的一部分。

表 7-1　质量计划

| 传统方法 | 敏捷方法 |
| --- | --- |
| 同 QA 进行会晤,决定如何实施质量策略和质量标准 | 询问客户和项目团队,决定恰当的质量策略和标准 |
| 产生一个正式文档,该文档描述 r 质量管理计划和过程改进计划的大纲 | 产生项目团队工作协议和编码或测试标准,这些协议和标准通常以非正式文档形式出现 |
| 建议项目团队注意跟踪项目执行期间产生的一些度量值 | 根据度量对确定质量水平起作用等问题获得项目团队一致意见,讨论采用一些有助于管理的度量 |

**2.软件质量保证**

若要保证软件质量,必须在软件开发过程中贯彻软件质量保证策略,严格执行质量保证活动。

(1)软件质量保证策略

软件质量保证(SQA)是一个复杂的系统,它采用一定的技术、方法和工具,来处理和协调软件产品满足需求时的相互关系,以确保软件产品满足开发过程中所规定的标准,即确保软件质量。软件质量保证系统(SQA)提供质量保证措施和策略的总框架,包括机构的建立,职责的分配及选择质量保证的工具等。

为了在软件开发过程中保证软件的质量,主要采取下列措施。

①审查。审查就是在软件生命周期每个阶段结束之前,都正式使用结束标准对该阶段生产出的软件配置成分进行严格的技术审查。

审查小组通常由 4 人组成:组长,开发者和两名评审员。组长负责组织和领导技术审查,开发者是开发文档和程序的人,两名评审员提出技术评论。

审查过程步骤如下:

a.计划。组织审查组,分发材料,安排日程等。

b.概貌介绍。当项目复杂庞大时,可由开发者介绍概况。

c.准备。评审员阅读材料了解有关项目的情况。

d.评审会。目的是发现和记录错误。

e.返工。开发者修正已经发现的问题。

f.复查。判断返工是否真正解决问题。

在软件生命周期每个阶段结束之前,应该进行一次正式的审查,在某些阶段中可以进行多次审查。

②复查和管理复审。复查是检查已有的材料,以判断某阶段的工作是否能够开始或继续。每个阶段开始时的复查,是为了肯定前一个阶段结束时的审查,确定已经具备了开始当前阶段工作所必需的材料。管理复审通常是指向开发组织或使用部门的管理人员提供有关项目的总体状况、成本和进度等方面的情况,以便他们从管理角度对开发工作进行审查。

③测试。测试是指对软件规格说明、软件设计和编码的最后复审,目的是在软件产品交付之前尽可能发现软件中潜伏的错误。

测试过程中将产生几个基本文档,如测试计划,确定测试范围、方法和需要的资源等;测试过程,详细描述和每个测试方案有关的测试步骤和数据,包括测试数据和预期的结果;测试结果,把每次测试运行的结果归入文档,如果运行出错,则应产生问题报告,并且通过调试解决所发现的问题。

(2)软件质量保证活动

软件质量保证(SQA)的目的是验证在软件开发过程中是否遵循了合适的过程和标准。软件质量保证过程一般包含以下几项活动:

首先是建立 SQA 小组;其次是选择和确定 SQA 活动,即选择 SQA 小组所要进行的质量保证活动,这些 SQA 活动将作为 SQA 计划的输入;然后是制定和维护 SQA 计划,这个计划明确了 SQA 活动与整个软件开发生命周期中各个阶段的关系;再就是执行 SQA 计划、对相关人员进行培训、选择与整个软件工程环境相适应的质量保证工具;最后是不断完善质量保证过程活动中存在的不足,改进项目的质量保证过程。

独立的 SQA 小组是衡量软件开发活动优劣与否的尺度之一。

选择和确定 SQA 活动这一过程的目的是策划在整个项目开发过程中所需要进行的质量保证活动。质量保证活动应与整个项目的开发计划和配置管理计划相一致。一般把该活动分为以下五类。

①评审软件产品、工具与设施。软件产品常被称为"无形"的产品,评审时难度更大。在此要注意的一点是:在评审时不能只对最终的软件代码进行评审,还要对软件开发计划、标准、过程、软件需求、软件设计、数据库、手册以及测试信息等进行评审。评估软件工具主要是为了保证项目组采用合适的技术和工具。评估项目设施的目的是保证项目组有充足的设备和资源进行软件开发工作。这也为规划今后软件项目的设备购置、资源扩充、资源共享等提供依据。

②SQA 活动审查的软件开发过程。SQA 活动审查的软件开发过程主要有:软件产品的评审过程、项目的计划和跟踪过程、软件需求分析过程、软件设计过程、软件实现和单元测试过程、集成和系统测试过程、项目交付过程、子承包商控制过程、配置管理过程。特别要强调的是,为保证软件质量,应赋予 SQA 阻止交付某些不符合项目需求和标准的产品的权利。

③参与技术和管理评审。参与技术和管理评审的目的是为了保证此类评审满足项目要求,便于监督问题的解决。

④做 SQA 报告。SQA 活动的一个重要内容就是报告对软件产品或软件过程评估的结果,并提出改进建议。SQA 应将其评估的结果文档化。

⑤做 SQA 度量。SQA 度量是记录花费在 SQA 活动上的时间、人力等数据。通过大量数据的积累、分析,可以使企业领导对质量管理的重要性有定量的认识,利于质量管理活动的进一步

开展。但并不是每个项目的质量保证过程都必须包含上述这些活动或仅限于这些活动,要根据项目的具体情况来定。

### 3. 软件质量控制

(1)质量控制模型

不同的项目,在质量控制的内容和方法上是不尽相同的,传统的工程项目质量控制中主要是围绕人员、机器设备、材料、方法和环境这五个要素来进行的。软件项目质量控制中主要围绕产品、过程和资源这三大要素来进行。经过多年的软件工程和全面质量管理(TQM)的实践,戴明提出的 PDCA 过程已经成为 ISO 和工程界普遍接受并证明是行之有效的质量管理方法。图 7-2 所示为全面软件质量控制模型示意图。

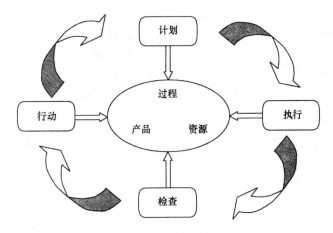

图 7-2　全面软件质量控制模型

PDCA 包括四个过程,分别是计划、执行、检查和行动。计划是指分析现状、发现问题、找出原因,然后制定相应的质量方针、目标、计划和原则。执行是指根据计划去实施,执行计划中所规定的各项活动。检查是指对执行的结果进行检查、审核和评估,收集数据并进行分析,度量工作的质量,发现存在的问题。行动是指针对检查中发现的问题,采取相应的改进措施纠正偏差。总结成功的经验,吸取失败的教训,并形成标准和规范指导以后的工作,通过行动加以提高和升华。

PDCA 质量控制方法是循环的、闭合的,同时也是螺旋式上升的,经过 PDCA 的多次循环自升华,使得项目的质量始终处于受控的状态。PDCA 过程必须紧紧结合软件项目质量控制的产品、过程和资源三大要素,不断进行调整和检查。

一个过程的输出产品不会比输入产品的质量更高,如果输入产品有缺陷,会在后续产品中放大,并影响到最终产品的质量。软件产品中的各个部件和模块必须达到预定的质量要求,特别需要保证各模块共用的 API 和基础类库的质量,否则各模块集成以后的缺陷会成倍地放大,并且难以定位,修复的成本也会大大增加。

软件项目的过程可以分成两类:一类是技术过程,如需求分析、架构设计、编码实现等;另一类是管理过程,如技术评审、配置管理、软件测试等。技术过程进行质量设计并构造产品,同时会引入缺陷,因此技术过程直接决定了软件的质量特性。而管理过程对技术过程的成果进行检查和验证,发现问题并进行纠正,间接地决定了最终产品的质量。因此,技术过程和管理过程都对软件质量有着重要的影响,项目团队需要给予足够的重视。

软件项目中的资源包括人、时间、设备和资金等,资源的数量和质量都影响软件产品的质量。软件是智力高度集中的产品,因此人是其中决定性的因素,软件开发人员的知识、经验、能力、态度都会对产品质量产生直接影响。在大多数情况下,项目中的时间和资金都是有限的,构成了制约软件质量的关键因素。而设备和环境的不足也会直接导致软件质量的低下。

（2）质量控制内容

①产品质量度量。通常产品质量度量依赖于具体的产品标准,通过测量获得产品质量特性的有关数据,辅以合适的统计技术以确定产品或同批产品是否满足了规定的质量要求。

②过程质量度量。通过对软件产品设计、开发、检查、评审等过程的度量技术的使用,来度量软件过程的进度、成本是否按计划保证,质量计划的变化频率、变化的诱因以及风险的管理等。

③软件质量的验证。在软件质量管理中,对软件产品的验证通常包括:对各级设计的评审、检查,各个阶段的测试等。对软件过程的验证,则是对过程数据的评审和审核。

④软件质量改进。质量改进是现代质量管理的必然要求,ISO 9000 要求组织定期进行内审和管理评审,采取积极有效的纠正预防措施,保持组织的质量方针和目标持续适合组织的发展和受益者的期望。具体进行软件过程改进的活动包括度量与审核、纠正和预防措施、管理评审。

（3）软件配置管理

软件配置管理（SCM）作为 CMM 的一个关键域,在整个软件开发活动中占有很重要的位置,是软件质量控制的重要环节。

一般来讲,配置管理至少要包括配置管理计划、配置项标志、配置项控制、状态状况报告和配置项审核 5 项活动。

①配置管理计划。配置管理计划是开展配置活动工作的基础,及时制定一份可行的配置管理计划在一定程度上是配置成功的重要保证措施之一。

②配置项标志。包括识别相关信息的需求;与配置项所有者一起识别和标志配置项,有效的文档、版本及相互关系;在配置管理数据库（CMDB）中记录配置项。

③配置项控制。建立程序和文档标准以确保只有被授权及可辨别的记录和可追溯的历史记录是有效的。

④状态状况报告。记录并报告配置项和修改请求的状态,并收集关于产品构件的重要统计信息,主要是为了确保数据的永久状态。

⑤配置项审核。对配置管理数据库中记录的配置项进行审验,确认产品的完整性并维护构件间的一致性。

### 4.软件质量成本

质量成本包括所有由质量工作或者进行与质量有关的活动所导致的成本。进行质量成本研究不仅能够为当前质量活动设定成本基线,为不同质量活动的横向成本比较提供规范化的基础,还能确定降低质量成本的时机。一旦有了规范化的质量成本基线,就拥有了必要的数据来评估各种质量控制活动的效率,进而改进质量控制过程。当然也可以预计某种改进措施采纳实施后会发生何种成本变化结果。

质量成本可以细分为预防成本、检测成本及失效成本。预防成本包括:质量计划、正式技术审查和评审、测试设备及培训。检测成本包括为深入了解首次通过各个过程时的产品状态而开展的活动。检测成本的例子包括:过程内和过程间审查、设备校准和维护、测试等。失效成本是指产品缺陷导致的成本。失效成本可以进一步划分为内部失效成本和外部失效成本。内部失效成本是指在产品交付之前发现错误而引发的成本,包括:返工、修复失效模式分析等。外部失效成本是指产品交付给客户之后所发现的缺陷相关的成本,包括解决客户的抱怨、退换产品、求助电话支持以及保修工作等。

如果在产品交付给客户之前已经消除了所有缺陷,则不会有外部失效成本。发现和修改一个缺陷的成本将随着从预防到检测、从内部失效到外部失效工作的开展而急剧增加。

# 7.2　软件质量度量过程

随着计算机软件产业的形成和发展,软件产品质量受到越来越多的关注,软件质量直接影响软件的使用和维护,软件开发人员、维护人员、管理人员和用户都十分重视软件的质量,提高软件产品质量已经成为软件工程的一项首要任务。软件度量的主要目的是为组织提供对软件过程和产品更深入的洞察力,这也就使组织能够更好地进行决策并朝着组织目标发展。

## 7.2.1　软件度量概述

### 1.软件度量的概念

软件度量是对软件开发项目过程及其产品进行数据定义、收集及分析的持续性定量化过程,目的在于对此加以理解、预测、评估、控制和改善。没有软件度量,就不能从软件开发的暗箱中跳将出来。通过软件度量可以改进软件开发过程,促进项目成功,开发高质量的软件产品。度量取向是软件开发诸多事项的横断面,包括顾客满意度度量、质量度量、项目度量,以及品牌资产度量、知识产权价值度量等。度量取向要依靠事实、数据、原理、法则;其方法是测试、审核、调查;其工具是统计、图表、数字、模型;其标准是量化的指标。

在软件开发过程中,不同的软件开发主体,例如,软件开发组织(经营者)、软件开发项目组(管理者)及软件开发人员,拥有不同的软件度量内容,如表 7-2 所示。

表 7-2　软件开发主体及其度量内容

| 角色 | 度量内容 |
| --- | --- |
| 经营者开发组织 | ①顾客满意度;②收益;③风险;④绩效;⑤发布的缺陷的级别;⑥产品开发周期;⑦日程与作业量估算精度;⑧复用有效性;⑨计划与实际的成本 |
| 管理者项目组 | ①不同阶段的成本;②不同开发小组成员的生产率;③产品规模;④工作量分配;⑤需求状况;⑥测试用例合格率;⑦主要里程碑之间的估算期间与实际期间;⑧估算与实际的员工水平;⑨结合测试和系统测试检出的缺陷数目;⑩审查发现的缺陷数目;⑪缺陷状况;⑫需求稳定性;⑬计划和完成的任务数目 |
| 作业者软件开发人员 | ①工作量分配;②估算与实际的任务期间与工作量;③单体测试覆盖代码;④单体测试检出缺陷数目;⑤代码和设计的复杂性 |

## 2.软件度量的分类

软件度量从不同的角度理解,一般有以下三种划分方法:

(1)主观度量和客观度量

度量依靠判断给出定性结论的,如可理解性、可读性,叫做"主观度量";把可以得到单一数值的叫做"客观度量"。

(2)直接度量和间接度量

软件的内部属性是指通过对软件本身测量就可得到的属性。例如,软件文档的长度是软件文档的内部属性,而消耗的时间是任何软件过程的内部属性。软件的外部属性一般指无法直接度量获取其定量取值,需要通过软件中其他实体的相互关系来测量的属性。例如,一个程序的可靠性(是产品属性)不仅取决于程序本身,而且还要看其编译器、机器和用户。生产率是开发者(是一种资源)的外部属性,很明显它取决于开发过程和发布产品的质量的方方面面。对内部属性的量化评估一般可直接建立,称为"直接度量";而对外部属性的量化评估,是建立在内部属性度量的基础上,称为"间接度量"。

(3)面向结构的度量和面向对象的度量

基于传统结构化和模块化开发方法,分析程序控制流图等针对过程化特性的度量可称为"面向结构的度量",如函数模块的复杂度,扇入和扇出等;对软件过程和程序、文档,以面向对象的分析、设计、实现为基础,从面向对象的特性出发,对软件属性进行量化的度量为"面向对象的度量",如类的规模,类的内聚度缺乏等。

## 3.软件度量的要素

软件度量包括以下要素。

(1)数据

数据是关于事物或事项的记录,是科学研究最重要的基础。由于数据的客观性,它被用于许多场合。研究数据就是对数据进行采集、分类、录入、储存、统计分析、统计检验等一系列活动的统称。数据分析是在大量试验数据的基础上,也可在正交试验设计的基础上,通过数学处理和计算,揭示产品质量和性能指标与众多影响因素之间的内在关系。拥有阅读数据的能力以及在决策中尊重数据,这是经营管理者的必备素质。当然也有数据难以表现的部分,特别是"人"的部分。但是,我们应该认识到,数据是现状的最佳表达者,是项目控制的中心,是理性导向的载体。用数据思考,可见规律;用数据思考,易于存活。

(2)图表

仅仅拥有数据还不能直观地进行表现和沟通,而图表可以清晰地反映出复杂的逻辑关系,具有直观清晰的特点。能用图表进行思考,就能有效地工作。图解的作用在于:

①图解有助于培养思考的习惯,项目管理者首先是善于思考的人。日常生活主要通过口语沟通,而辅助于文字以弥补口语在理解上可能存在的误解;而商务领域非常注重文件沟通,比如合同、式样、提案、记录等,图表可以直观地弥补文字解释可能存在的差异。

②图解有助于沟通交流,项目管理者应该是沟通高手。沟通的层次为:能理解对方的意思,但属于零散的信息;能把握对方的内容,拥有系统和整体的理解;能正确地重复对方的观点,没有遗漏和错误;能有条不紊地向别人阐述这些观点,并获得别人的理解。项目管理者需要和顾客、

企业和项目组成员沟通,需要阐述项目的目标、资源、限制、要求、作用、日程、问题点等,在这种沟通过程中,如果能娴熟地使用图表,将降低沟通成本,提升沟通绩效。

③图解有助于明确清晰地说明和阐述内容。图解在消除误解、把握概要方面具有独特的功效。软件开发过程中的需求式样、作业流程、概要设计等大多以图解的方式加以说明和阐述,原因就在于图解能一目了然,消除误解。

(3)模型

模型是为了某种特定的目的而对研究对象和认识对象所作的一种简化的描述或模拟,表示对现实的一种假设,说明相关变量之间的关系,可作为分析、评估和预测的工具。数据模型通过高度抽象与概括,建立起稳定的、高档次的数据环境。相对于活生生的现实,"模型都是错误的,但有些模型却是有用的"。"模型可以澄清相互间的关系,识别出关键元素,有意识地减少可能引起的混淆。"模型的作用就是使复杂的信息变得简单易懂,使我们容易洞察复杂的原始数据背后的规律,并能有效地将系统需求映射到软件结构上去。这种描述或模拟既可定性,也可定量。模型可以借助于具体的实物(称为实物模型),也可以通过抽象的形式来表述(称为抽象模型),既可以是对研究客体的简化或纯化(称为理想模型),也可以是用来解释研究客体的某些行为和特征(称为理论模型)。模型分析方法有三种表示形式:文字叙述、几何图形和数学公式。

软件开发过程中的改善活动可以以模型为指导,基于模型的改善具有如下优势:建立一种共同语言,或者构建共享愿景;提供一个具有优先级的行动框架;提供一个执行可靠而持续的评估框架;支持工业范围的比较。但是,模型毕竟是道具之一,只可参考,不可神化。

**4.软件度量的效用**

可度量性是学科是否高度成熟的一大标志,度量使软件开发逐渐趋向专业、标准和科学。尽管人们觉得软件度量比较难操作,且不愿意在度量上花费时间和精力,甚至对其持怀疑态度,但是这无法否认软件度量的作用。

软件度量在软件工程中的作用有三个:

①通过软件度量增加理解。

②通过软件度量管理软件项目,主要是计划和估算、跟踪和确认。

③通过软件度量指导软件过程改善,主要是理解、评估和包装。软件度量对于不同的实施对象,具有不同的效用,如表 7-3 所示。

**表 7-3  基于软件度量角色的度量效用**

| 角　色 | 度量效用 |
| --- | --- |
| 经营者<br>开发组织 | 改善产品质量<br>改善产品交付<br>提高生产能力<br>降低生产成本<br>建立项目估算的基线<br>了解使用新的软件工程方法和工具的效果和效率<br>提高顾客满意度<br>创造更多利润<br>构筑员工自豪感 |

| 角 色 | 度量效用 |
|---|---|
| 管理者<br>项目组 | 分析产品的错误和缺陷<br>评估现状<br>建立估算的基础<br>确定产品的复杂度<br>建立基线<br>从实际上确定最佳实践 |
| 作业者<br>软件开发人员 | 可建立更加明确的作业目标<br>可作为具体作业中的判断标准<br>便于有效把握自身的软件开发项目<br>便于在具体作业中实施渐进性软件开发改善活动 |

总而言之,软件度量的效用有如下几个方面:

①理解。获取对项目、产品、过程和资源等要素的理解,选择和确定进行评估、预测、控制和改进的基线。

②预测。通过理解项目、产品、过程、资源等各要素之间的关系建立模型,由已知推算未知,预测未来发展的趋势,以合理地配置资源。

③评估。对软件开发的项目、产品和过程的实际状况进行评估,使软件开发的标准和结果都得到切实的评价,确认各要素对软件开发的影响程度。

④控制。分析软件开发的实绩和计划之间的偏差,发现问题点之所在,并根据调整后的计划实施控制,确保软件开发良善发展。

⑤改善。根据量化信息和问题之所在,探讨提升软件项目、产品和过程的有效方式,实现高质量、高效率的软件开发。

### 7.2.2 软件度量过程

图 7-3 所示为卡内基·梅隆大学的 SEI 提出的一个软件度量过程体系结构图。

**1. 过程计划的制订**

制订度量过程的计划包括两个方面的活动,即确认范围和定义程序步骤。

(1)确认范围

该活动的根据是要明确度量需求的大小,以限定一个适合于企业本身需求的度量过程。因为在整个度量过程中是需要花费人力、物力等有限资源的,不切实际的大而全或不足以反映实际结果的需求都会影响度量过程的可靠性以及企业的发展能力。

(2)定义程序步骤

在确认了范围后,就需要定义操作及度量过程的步骤,在构造的同时应该成文立案。主要工作包括定义完整、一致、可操作的度量;定义数据采集方法以及如何进行数据记录与保存;定义可以对度量数据进行分析的相关技术,以使用户能根据度量数据得到这些数据背后的结果。

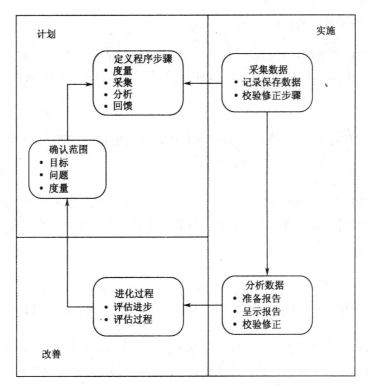

**图 7-3 软件度量过程体系结构图**

2.过程的实施

过程的实施也包括两方面的活动,即数据的采集和数据的分析。

(1)数据的采集

该活动根据已定义的度量操作进行数据的采集、记录及存储。此外,数据还应经过适当的校验以确认有效性。在进行该项活动时应具有一定的针对性,对于不同的项目或活动所需要的实际数据量是有差别的,而且对活动状态的跟踪也是非常重要的。

(2)数据的分析

该项活动包括分析数据及准备报告,并提交报告,当然进行评审以确保报告足够的确实性是有必要的。这些程序步骤可能会需要更新,因为报告可能没有为使用者提供有益的帮助或使用者对报告中的内容不理解,在这两种情况下,都应回馈并更新度量过程以再进行数据分析。

3.过程的改善

过程的改善仅包含一个方面的活动,即优化过程。

优化过程被用于动态地改善过程并确保提供一个结构化的方式综合且处理多个涉及过程改进的问题。除此以外,该活动对度量过程本身进行评估,报告的使用者会对数据的有效性进行反馈。这些反馈可能来自其他的活动,但一般都会融入度量过程新一轮的生命周期中去,对度量过程进行新的确认及定义。

### 7.2.3　软件度量过程的实施

如果企业组织决定在内部开始或改善软件度量过程,组建一个度量专组是很有必要的,同时企业应为该专组提供确定和必要的资源,以便使其展开工作。软件度量过程的实施包括以下步骤:

(1)确认目标

企业组织必须有明确、现实的目标,进行度量的最终目标是进行改进,如果专组不能确定改善目标,则所有的活动都是盲目且对组织无益的。

(2)对当前能力的理解及评价

正确直观地认识企业组织当前所处的软件能力是非常重要的,在不同的阶段,组织所能得到并分析的数据是有限的,且分析技术的掌握是需要一个过程的。度量专组应能够针对当前的软件能力设计度量过程,找到一个均衡点。

(3)过程原型

度量专组应该利用真实的项目对度量过程进行测试和调整,然后才能将该过程应用到整个组织中去,专组应确保所有的项目都能理解并执行度量过程,帮助它们实现具体的细节。

(4)过程文档

到此,专组应该回到第一步审视度量过程是否满足了企业的目标需求,在进一步确认后应进行文档化管理,使其成为企业组织软件标准化过程中的一部分,同时定义工作的模板、角色以及责任。

(5)过程实施

在前几步完成的情况下,可以开发一个度量工作组来对度量过程实施,该工作组会按照已经定义的度量标准来进行过程的实施。

(6)程序扩展

这一步骤是实施的生命周期中最后一个环节,不断地根据反馈进行监督、改进是该生命周期开始的必要因素。

### 7.2.4　软件质量度量的方法和框架

#### 1.软件质量度量的方法

为了在软件开发和维护的过程中定量评价软件质量,必须对软件质量特性进行度量,以评测软件达到要求质量特性的程度。

软件质量特性度量有两类方法:预测型和验收型。

(1)预测度量

利用定量的或定性的方法,对软件质量的评价值进行估计,以得到软件质量的比较精确的估算值。它是用在软件开发过程中的。

(2)验收度量

在软件开发各阶段的检查点,对软件要求的质量进行确认性检查而得到的具体评价值,它可以看成是对预测度量的一种确认,是对开发过程中的预测质量进行评价。

预测度量又有两种方法:

第一种方法称为尺度度量,这是一种定量度量。它适用于一些能够直接度量的特性,例如,出错率定义为:错误数/KLOC/单位时间。

第二种方法称为二元度量,这是一种定性度量。它适用于一些只能间接度量的特性,例如,可使用性、灵活性等。

一般采用质量特性的检查表来记录每个质量特性的度量值。

**2.软件质量度量框架**

IEEE 标准定义了建立软件质量度量框架的方法学。软件质量度量框架如图 7-4 所示。该框架有四层结构,最上面一层是软件产品必须满足的质量需求,这些需求通常是用户的术语表示的。框架的第二层表示与整个质量需求有关的特殊质量特性,质量特性代表了用户的质量需求。框架的第三层表示质量子特性,通过将每一个质量特性分解为可以测量的属性,就可以得到这些子特性。质量子特性用对软件工程师有意义的术语来表达,它与任何质量特性相独立。框架的第四层是直接度量,一个直接度量至少与一个质量特性有关,直接度量是质量特性的定量表述。

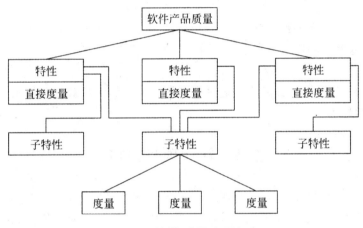

**图 7-4　软件质量度量框架**

**3.有助于软件确认活动的度量**

(1)复杂度

根据经验,代码越复杂,越难以维护、理解、文档化、测试和提供支持。通过对组织编制的源程序代码做大范围的复杂度抽样测试,可建立一个复杂度基线,该基线代表了组织的基准情况,它可能与其他的组织有很大的不同。一旦建立了基准,就可以用它来确定:

①代码审查的候选模块。

②对哪一部分进行重新设计是恰当的。

③需要附加文档的部分。

④需要附加测试的部分。

复杂度的测量也可作为产品的基线。这样就能看到在整个软件的开发过程中,整个产品的复杂度随着产品进展的变化情况。

(2)McCabe 圈复杂度度量

McCabe 圈复杂度度量使用程序控制流结构,作为其复杂度相对的测量。圈复杂度的计算公式为；

$$V(G) = E - N + 2P$$

其中：$E$ 表示边的个数或控制转移次数；$P$ 表示转入程序中的控制路径个数；$N$ 表示结点个数。通过测量本组织中尽可能多的代码复杂度来建立复杂度基线。一旦建立了基线，寻找那些圈复杂度超过基线的模块。

（3）Halstead 的软件科学度量

Halstead 提出了一种基于程序大小来测量程序复杂度的算法。程序大小由程序中使用的唯一操作符和操作个数来表示。

（4）缺陷度量

缺陷度量是通过收集审查总结报告而得到的。根据缺陷类型（即逻辑、接口、数据定义、文档）、缺陷起因和缺陷严重性对这些度量进行分类，将能够确定软件开发过程中需要改进的地方。

通过对模块进行缺陷跟踪，缺陷度量有助于软件验证和确认活动，它能够发现需要重新设计或做附加测试的候选模块，也能够识别那些在软件工程实践方面需要进一步培训的软件工程师。

（5）产品度量

产品度量是测量，代表了组织已开发出的产品的情况，是软件验证和确认活动所必需的。根据具体情况，可对这些活动进行调整。

（6）过程度量

过程度量是为了反映过程的效率。通过收集几个项目的测量数据并对结果进行分析，能够识别出过程改进的趋势。

## 7.3 软件项目评审

软件项目评审又称技术评审或同行评审，是一种质量保证的机制，它是借助一组人员来检查软件系统或相关文档并发现错误的一个过程。评审的结果都要记录下来并交给那些负责纠正软件错误的人员。

### 7.3.1 软件项目评审的类型

评审时，需要对计划的执行情况进行评价，确认计划中各项任务的完成情况，重新评估风险，更新风险表，明确是否所有的质量、配置活动都在执行，以及团队的沟通情况如何等，给出当前为止项目的执行结论。

评审不仅仅针对软件代码进行，各种文档（如测试计划，配置管理程序，过程标准和用户手册等）都应该进行评审。一次评审是一种借助一组人员的差异性来达到目的的方法，它指出开发和管理人员或者软件产品所需改进的部分，确定软件产品中不需要或者不希望改进的部分，通过质量复审，得到更加一致的、更可预测的技术工作质量，从而使得技术工作更加容易管理。

软件项目评审是软件项目质量管理的重要组成部分，对加强软件项目管理具有重要意义。一般来说，软件项目有以下几种类型的评审：

（1）设计或程序检查

设计或程序检查的目的是为了发现设计或代码中的详细错误，并且检查设计或代码是否遵循了标准。

（2）管理评审

管理评审的目的是为软件项目的整个进度管理过程提供信息，既是过程评审也是产品评审。它主要关注项目成本、计划和进度。管理评审是重要的项目检查点，在这些检查点上，经常做一些关于项目将来开发计划或者产品生存能力的决策。

（3）质量评审

个人或小组的工作由评审小组进行评审。这个专门的评审小组由项目组成员和技术管理人员组成。这种类型的评审和设计与代码检查不同，因为系统不可能被详细地描述。这个评审的目的是对产品组件或文档进行技术分析，从而发现需求、设计、编码和文档之间的错误或不匹配之处，以及是否遵循了质量标准或质量计划中的其他质量属性或更广泛的问题。

### 7.3.2　软件项目评审过程

软件评审是相当重要的工作，也是目前国内软件开发过程中最不受重视的工作。质量评审不需要对每个系统组件都进行详细的研究。它可能更着重于组件之间交互的检查，以及决定组件和文档是否满足了用户的要求。评审小组交付的是发现错误和不一致性，并且向设计者和文档的作者指出来。评审的一般过程如图 7-5 所示。

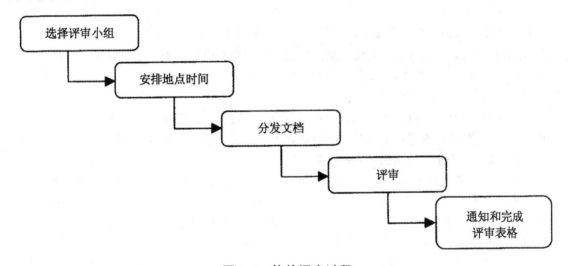

**图 7-5　软件评审过程**

评审小组应该要包括项目组的成员，但是评审小组的规模也不能太大。例如，如果要评审一个子系统的设计，该子系统相关的设计者应该包括在这个评审小组里，这样，这些设计人员就可能会为子系统的接口带来很重要的信息，否则，如果独立地评审该子系统，就很有可能对接口这类信息产生遗漏。

评审过程的第一个阶段是选择评审成员。一般评审小组的成员可以分成两种：首先选择三四个人组成评审小组的主评审人员。他们负责评审与检查需要评审的文档。同时评审，小组的其他人员也应有一些明确的分工和工作，这些评审成员可能不会评审所有文档，但他们可以主要关注那些影响其工作的重要部分。在评审期间，任何评审小组成员在任何时候都可以发表评论。

评审过程的第二个阶段是分发要评审的对象及其相关的文档，它们必须在评审前发放，以便评审人员有时间来阅读并理解这些文档。尽管这样可能会干扰开发过程。但是，如果评审人员没有理解这些评审材料,那么评审是没有效率的。

技术评审本身应该相对较短,并且要使文档作者与评审小组一起评审文档。评审小组里应该指派一名成员作为主席,主要负责组织评审。另外一个人应该负责记录评审中的所有决策。至少应该有一个评审小组成员是资深的设计者,且能够负责做出重要的技术决策。

完成评审后,应该通知项目开发人员,并完成相应的评审表格。如果只是发现很小的问题,那么进一步的计审就可能没有必要了。评审小组的主席来负责确定需要的变化,如果一次大的变化必要,就应该进行进一步的评审。一般,评审的评议可以划分为:

①不取行动,评审中发现一些不正常情况,但是评审小组确定这不是很关键的,并且处理这些问题的成本很高,而且不采取行动也不会对项目产生重大影响 。

②修理。评审过程中发现错误,并且是必须进行改进的,安排由设计人员或文档编写人员来纠正这些错误。

③重新考虑总体设计,设计与系统的其他部分发生冲突,在这种情况下,就必须要进形改变,甚至重新考虑总体的设计。然而做出这些改变的成本可能会很高,这种改变,一般都是由评审主席与工程师开会来重新讨论的。

在评审过程中,做出的所有评议都应该与其他评审小组一起考虑。因为,有些评议很有可能已过时或者是错误的。

在评审中发现的错误可能是软件规格说明和需求定义里发生的错误。对于需求错误必须要向软件项目投资人报告,并且一定要评估这些需求变化所产生的影响。在项目开发过程中,需求是有可能发生变化的。然而,假如需要大规模的修改系统设计,最节约成本的办法是与设计小组成员讨论重新设计而不是进行纠错修改。

项目评审包括评审准备、评审过程及评审报告三个过程。按照评审活动的类型,可以将项目评审分为商务评审、技术评审、管理评审、质量评审和产品评审等。技术评审对象主要是规范和设计,而管理评审关注的是项目计划和报告。

评审准备主要是评审负责人确定评审内容并向评审参与者发送评审资料,以及评审参与者审阅评审资料的过程。评审准备要素包括:评审物、评审目的、评审方式、评审规范和标准、评审议程、评审负责人、评审进入条件和完成标志、评审参加人员的姓名、角色和责任、评审地点、评审时间安排、评审争议的解决方式,以及评审报告分发的对象等。

评审过程可以分为定期评审、阶段评审和事件评审。定期评审主要是根据项目计划和跟踪采集的数据定期对项目执行的状态进行评审,跟踪项目的实际结果和执行情况,检查任务规模是否合理,项目进度是否得以保证,资源调配是否合理,责任是否落实等。根据数据分析结果和评审情况及时发现项目计划执行情况,评审相关责任落实情况,对于出现的偏差采取纠正措施。

阶段评审是在计划规定的阶段点进行的评审。该评审的目的是检查当前计划执行情况,检查产品与计划的偏差,并对项目风险进行分析处理,判定是否可以对产品进行基线冻结。一个好的计划应该是渐进完善和细化的,所以阶段评审之后应该对下一阶段的项目计划进行必要的修正。阶段评审一般采用会议形式。

在项目进展的过程中可能会出现一些意想不到的事件需要项目经理及时解决,这就要进行事件评审。事件评审主要根据事件报告对该事件进行评审,目的是通过分析事件性质和影响范围,讨论事件处理方案并判断该事件是否影响项目计划,必要时采取纠正措施,从而保证整个项目的顺利进行。

评审结束后需要将评审的结果以评审报告的形式进行发布。评审报告根据评审记录整理，并向有关人员报告并归档。但如果有了问题，就需要有一个问题跟踪列表，而这个问题跟踪列表正是需要项目经理关注和跟踪的事项。

### 7.3.3　软件项目评审内容

通常，把质量定义为用户的满意程度。为使得用户满意，有两个必要条件：

①设计的规格说明要符合用户的要求，称为设计质量。

②程序要按照设计规格说明所规定的情况正确执行，称为程序质量。

设计质量是从外部用户角度看到的规格说明质量，这些规格说明包括软件需求规格说明书、数据要求规格说明书、软件概要设计说明书、软件测试报告等；程序质量是从开发者角度看到的规格说明质量，这些规格说明比用户看到的规格说明更详细，包括程序模块结构设计与模块处理加工设计、测试用例等。

设计质量的评审内容包括如下 12 个方面：

①评价软件的规格说明是否合乎用户的要求。

②评审可靠性措施是否能避免引起系统失效的原因发生，而一旦发生后能否及时采取代替手段或恢复手段。

③评审保密措施是否能实现。

④评审操作特性实施情况。可从 4 个方面进行检查：操作命令和操作信息的恰当性；输入数据和输入控制语句的恰当性；输出数据的恰当性和系统反应时间的恰当性。

⑤评审性能实现情况。一般来说，性能设计是需要考虑多方面因素的复杂工作，因此，应明确规定性能的目标值、性能目标设定条件的恰当性，并明确性能的评价方法。

⑥评审软件是否具有可修改性。需要考察系统是否具备以下功能：检测故障的功能，获取分析数据的功能；区分问题根源的方法；故障修正的方法。

⑦评审软件是否有可扩充性。

⑧评审软件是否具有兼容性。

⑨评审软件是否具有可移植性。

⑩评审软件是否具有可测试性。为保证软件在修改或扩充后的正确性，不仅要测试被修改或被扩充的部分是否能按规格执行，而且还应对该软件原有的功能经修改或扩充后是否能按以前的规格正确运行进行测试。

⑪评审软件是否具有可复用性。

⑫评审软件是否具有互操作性。要求软件与其他软件之间的接口部分应是模块化的。

程序质量的评审着眼于软件本身的结构、与运行环境的接口、变更带来的影响而进行的评审活动。通常它是从开发者的角度进行评审，直接与开发技术有关，评审的内容包括：

①软件的结构。需要检查的项目有：数据结构、功能结构、数据结构和功能结构之间的对应关系。

②功能的通用性。

③模块层次。包括模块的层次结构，与功能层次的对应关系。

④模块结构。检查的项目有：控制流结构、数据流结构、模块结构与功能结构之间的对应关系，包括功能结构与控制流结构的对应关系；功能结构与数据流结构的对应关系；每个模块的

定义。

⑤处理过程的结构。对它的检查项目有：要求模块的功能结构与实现这些功能的处理过程的结构应明确对应；要求控制流应是结构化的；数据的结构与控制流之间的对应关系应是明确的，并且可依这种对应关系来明确数据流程的关系。

⑥与运行环境的接口。主要检查项目有：与其他软件的接口；与硬件的接口；与用户的接口；变更的影响范围问题。

# 7.4 软件质量体系

### 7.4.1 ISO 9000 质量体系标准

ISO 8402－94 对质量体系的定义是：为了实施质量管理的组织结构、职责、程序、过程和资源"的特定体系，它所包含的内存仅仅需要满足实现质量的要求。一般来说，质量体系的要素可以分为两大类：一是质量体系的结构要素；二是质量体系的选择要素。前者是构成组织质量体系的基本要素；后者是质量体系涉及产品生命周期的全部阶段，从最初需求识别到最终满足需要的所有过程的质量管理活动。

质量体系的结构要素由职责和权限、组织结构、资源和人员、工作程序、技术状态管理等组成。而质量体系的选择要素包括：需求识别质量、范围和设计质量、采购质量、过程质量、产品检验、测试、纠正措施等方面的内容。

ISO 是国际标准化组织的简称，它的前身是国际标准化协会即国际联合会。ISO 于 1974 年正式成立，总部设在日内瓦。ISO 的宗旨是：在世界范围内促进标准化的工作并促进有关活动的展开，以有利于国际间的物资交流和相互服务，并发展知识界、科学界、技术界和经济活动等方面的合作。

ISO 的工作领域涉及除电工、电子以外的所有学科。其中，ISO 9000 是 ISO 于 1987 年开始公布的一系列国际标准。现在，世界上绝大多数国家在不同程度上都采用了该标准系列。ISO 9000 标准系列是一个大家族，它由 5 个部分组成：①质量术语标准；②质量保证标准；③质量管理标准；④质量管理和质量保证标准的选用和实施指南；⑤支持性技术标准。

制定质量标准的前提条件和基础工作是对与质量有关的术语进行规范和定义。质量术语标准就是对质量管理领域中常用的质量术语进行定义。常用的质量术语包括：基本术语；与质量有关的术语；与质量体系相关的术语；与工具和技术相关的术语。

支持性标准由以下八个标准和四个正在制定的标准所组成。

ISO 10005　质量计划指南。

ISO 10007　技术状态管理指南。

ISO 10011－1　质量体系审核指南——第 1 部分：审核。

ISO 10011－2　质量体系审核指南——第 2 部分：质量体系审核员的评定标准。

ISO 10011－3　质量体系审核指南——第 3 部分：审核工作管理。

ISO 10012－1　测量设备的质量保证要求——第 1 部分：测量设备的计量确认体系。

ISO 10012－1　测量设备的质量保证要求——第 2 部分：测量过程的控制。

质量保证标准是 ISO 9000 系列的核心内容，它是质量体系认证的依据。此标准包括三个模式,即 ISO 9001、ISO 9002 以及 ISO 9003。其中 ISO 9001 包括的标准最多、评估费用最高,并且它包含了 ISO 9002 和 ISO 9003 的主要内容,大致有:

ISO 9001 质量体系是针对设计、开发、生产、安装和服务的质量保证模式。它由管理职责,质量体系,合同评审,设计控制,文件和资料控制,采购,顾客提供产品的控制,产品标识及可追溯性,过程控制,检验和试验,检验、测量和试验设备的控制,检验和试验状态,不合格品的控制,纠正和预防措施,搬运、储存、包装、防护及交付,质量记录,内部质量审核,培训,服务,统计技术等组成。

ISO 9002 是生产、安装和服务的质量保证模式。该标准包括 19 个要素。它主要用于评估那些设计已定型产品以及设计规范的产品。ISO 9002 的标准体系的内容是将上述 ISO 9001 的要素去掉了其中的设计控制要素。

ISO 9003 是最终检验和试验的质量保证模式。该标准包括 16 个要素。ISO 9003 的标准体系内容是将上述 ISO 9001 的要素去掉其中的设计控制、采购、过程控制和服务四个要素所形成的。使用该模式所需要的评估费用最低。

质量管理和质量保证标准的选用和实施指南由以下四个部分组成:选择和使用指南;实施通用指南;软件开发、供应、维护的指南;可信性大纲管理指南。

### 7.4.2　ISO 9000 质量体系原则

ISO 9000 标准 2000 版是在 2000 年的第四季度颁布的。ISO 9000−2000 版是在原版的基础上进行了较大的改动。在 2000 版中,标准所重点关注的已不是产品质量,而是过程质量。2000 版不仅包含产品或服务的内容,而且还需证实能有让顾客满意的能力。即使 ISO 9000 不再突出强调质量保证,但这并非意味着质量保证不重要,而是考虑质量保证仅仅包含了用户最低的要求,即可接受的质量体系的基本标准。鉴于软件的一系列特点,客观上需要软件的质量认证体系从质量保证提高到质量管理新的水平。修改后的 2000 版包括四个核心标准、八大原则及若干个技术报告。

其中四个核心标准为:

ISO 9000　质量管理体系的基本原理和术语。

ISO 9001　质量管理体系的要求。

ISO 9004　质量管理体系的业绩改进指南。引导企业如何不断地进行改进工作。

ISO 19011　质量/环境审核指南。

质量管理八大原则是组织在质量管理方面的总体原则,需要通过具体的活动得到体现。这些原则包括:

①以客户为中心。IT 公司依存于它们的客户,因而 IT 公司应该理解客户当前和未来的需求,满足客户需求并争取超过客户的期望。

②统一的宗旨、明确方向和建设良好的内部环境。所创造的环境能使员工充分参与实现公司目标的活动,设立方针和可以证实的目标,建立以质量为中心的企业环境。

③全员参与。各级人员都是公司的根本,只有他们的充分参与才能使他们的才干为公司带来效益。

④将相关的资源和活动作为过程来进行管理。建立、控制和保持文档化的过程,清楚地识别过程外部/内部的客户和供方。

⑤系统管理。针对制定的目标,识别、理解并管理一个由相互联系的过程所组成的体系,有助于提高公司的有效性和效率。

⑥持续改正。通过管理评审,内外部审核以及纠正/预防措施,持续地改进质量体系的有效性。

⑦以事实为决策依据。有效的决策都是建立在对数据和信息进行合乎逻辑和直观的分析基础上。

⑧互利的供求关系。公司与客户方之间保持互利的关系,可以增进两个组织创造价值的能力。

目前,在我国使用的质量管理和质量保证系列,即国家标准是基于 ISO 组织于 1994 年 7 月 1 日颁布的 ISO 9000 国际标准的,但按照我国的具体情况,实施 2000 新版标准还需长期的和多方面的努力。

### 7.4.3　BS EN ISO 9001：2000

IOE 已经作出决策,即让外部的承包商来开发年度维护合同系统。作为使用外部承包商的客户,自然需要关心承包商交付的标准。质量控制包括对于承包商交付的所有软件进行严格地测试,对于存在缺陷的工作产品需要返工。这些活动是非常耗时的。另一种方法是关注质量保证,在 IOE 案例中,需要检查承包商的质量控制活动的有效性。这个方法的关键要素是确保承包商建立了适当的质量管理体系。

包括英国标准协会(BSI)在内的许多国家和国际的标准团体都不可避免地参与了质量管理体系标准的创建。英国标准现在称作 BS EN ISO 9001:2000,它和国际的 ISO 9001:2000 标准完全相同。像 ISO 9000 系列的标准部试图确保一个监督和控制系统能正确地检测质量,它们考虑的是对开发过程的证明,而不是对最终产品,像安全帽和电器那样加上一个规格证明标志。ISO 9000 系列从普遍意义上来管理质量体系,而不仅仅针对软件开发环境。

ISO 9000 描述了质量管理体系(QMS)的基本特征并定义了所用到的术语。ISO 9001 描述了 QMS 是如何应用于产品的制造和服务的提供的。

在这些标准的价值上有一些争论。Stephen Halliday 就许多客户使用这些标准意味着最终产品达到了核定的标准有些疑虑,虽然他在《The Observer》中写道:"这和开发出来的产品质量无关。你制定自己的规格说明,就不得不维护它们,而不管它们可能有多差。"他还认为,获取认证是一个昂贵而且耗时的过程。可以缩短这个过程,而让事情在不利的情况下同样顺利发展。最后,人们还担心,对认证的过度重视会使人们忽视开发高质量产品的实际问题。

这些暂时搁到一边,让我们看看这些标准是如何起作用的。一个主要的任务是找出那些属于质量需求的内容;定义了需求之后,就应该检查系统是否实现了需求并在必要的时候采取纠正措施。

该标准建立在几点原则之上:组织理解客户的需要,这样才能满足甚至超过这些需求;领导层为达到质量目标具有统一的目标和方向;各级员工参与;关注要执行的能够创建中间产品或可交付产品和服务的个别过程;关注创建与已交付产品和服务的相互关联过程的系统;持续的过程改进;决策制定基于实际的证据;建立同供应商的互惠关系。

应用这些原则的方法贯穿在包括一些活动的整个生命周期中:确定客户的需要和期望;建立质量方针,也就是使组织的目标与要定义的质量相关联的框架;设计能开发产品(或提供服务)的过程。这些产品具有组织质量目标中所指定的质量;为每一个过程元素分配职责来实现这些需求;确保能获得足够的资源使每一个过程都能适当地执行;设计每个过程有效性和效率的度量方法有助于实现组织的质量目标;采集度量值;标识实际度量值和目标值之间的差异;分析产生差异的原因,并为消除这些原因采取行动。

上面所说的规程应该以持续改进的方式来设计和执行。如果正确地执行,则能产生有效的 QMS。ISO 9001 更为详细的需求包括:

①文档。包括目标、规程、计划以及与过程的实际操作相关的记录。文档必须置于变更控制系统之下,确保它是最新的。本质上,文档必须能向局外人说明 QMS 存在,而且严格地遵守了 QMS。

②管理责任。组织需要说明 QMS 和与质量目标相一致的产开发品和服务的过程得到了积极的、适当的管理。

③资源。组织必须确保把足够的资源应用于过程中,包括合适的得到培训的员工和合适的基础设施。

④产品。应该有的特点为:策划;客户需求的确定和评审;建立客户和供应商之间的有效沟通;得到策划、控制和评审的设计和开发;充分并清楚地记录设计所基于的需求和其他信息;设计成果要得到验证和确认,并以能为使用该设计的人提供充足信息的方式记录下来;对设计的变更要进行严格的控制;用适当的方法来规定和评价购买的组件的质量;商品的开发和服务的提供必须在受控的条件下进行,这些条件包括提供足够的信息、工作指导、设备、度量工具和交付后的活动;度量,用来说明产品符合标准和 QMS 是有效的,并且用来改进开发产品或服务的过程的有效性。

## 7.5 软件过程能力成熟度模型 CMM

软件能力成熟度模型(Capability Maturity Model,CMM)是由美国卡内基—梅隆大学软件工程研究所推出的评估软件能力与成熟度的一套标准,该标准基于众多软件专家的实践经验,侧重于软件开发过程的管理及工程能力的提高与评估,是国际上流行的软件生产过程标准和软件企业成熟度等级认证标准,它更代表了一种管理哲学在软件工业中的应用。

### 7.5.1 CMM 发展史及用途

1.CMM 发展史

自电子数字计算机问世以来,计算机软件的开发一直是广泛应用计算机的瓶颈。虽然经过几十年的努力,研究了一些新的开发方法和技术,对提高计算机软件的生产率和质量起到了很大的作用,但问题并没得到彻底解决。

在 20 世纪 80 年代中期,美国工业界和政府部门开始认识到,在软件开发中,关键的问题在于软件开发组织不能很好地定义和管理其软件过程,从而使一些好的开发方法和技术都起不到所期望的作用。在无纪律的、混乱的软件项目开发状态中,开发组织不可能从软件工程的研究成果,即较好的软件方法和工具中获益,致使很多软件开发组织的项目经常严重滞后、经费预算超额。尽管仍有一些软件开发组织能够开发出个别优秀软件,但其成功往往归功于软件开发组的一些杰出个人或小组的努力。而并不是通过成功的软件过程。

历史的经验表明，一个软件开发组织，只有通过建立全组织的有效的软件过程，采用严格的软件工程方法和管理，并且坚持不懈地付诸实践，才能取得全组织的软件过程能力的不断改进。

针对这一问题，1986 年 11 月，美国卡内基梅隆大学软件工程研究所（SEI）基于 20 世纪 30 年代 Walter Shewad 发表的统计质量控制原理，开始开发过程成熟度框架。1987 年 9 月，SEI 发布了过程成熟度框架的简要描述和成熟度调查表。1991 年正式推出了 CMM 1.0 版。SEI 将软件过程成熟度框架进化为软件能力成熟度模型（Capability Maturity Model For Software，简称 SW—CMM）。1993 年，SEI 根据反馈，提出 CMM 1.1 版：CMU/SEI－93－TR－25。目前，在政府和工业部门的帮助下，SEI 进一步扩展和精炼了该模型，已经提出 CMM 2.0 版，其中采纳了 ISO/IEC 的软件过程评估标准 SPICE 的一些方法和内容。

2. CMM 用途

要求按照软件工程的系统方法进行软件工程活动。需要对软件过程进行不断完善。CMM 是开发高效率、高质量和低成本软件时普遍采用的软件生产过程标准。主要用途如下：

（1）软件过程评估（SPA）

在评估中，经过培训的软件专业人员确定出一个企业软件过程的状况，找出该企业所面对的与软件过程有关的、急需解决的所有问题，以便取得企业领导层对软件过程改进的支持。

（2）软件过程改进（SPI）

它帮助软件企业对其软件过程向更好的方向转变，并进行计划、制定以及实施。

（3）软件能力评价（SCE）

在软件能力评价中，经过培训的专业人员需要鉴别出软件企业的能力及资格，并检查、监察正在用于软件制作的软件过程的状况。

由于 CMM 描述了一条从无序混乱的过程到成熟有序的软件过程的进化途径，因此可用来指导软件组织以渐进的方式改进其软件开发与维护过程，不断提高软件过程的成熟度。同时，因其描述了一组通用的评判软件组织过程能力成熟水平的准则，因而可帮助政府或商业组织正确评价与某公司签订软件项目合同时的风险。

目前，CMM 认证已经成为世界公认的软件产品进入国际市场的通行证。为推动我国软件产业的发展，促进软件企业向正规化和国际化迈进，应进一步引入和推广 CMM 认证。

### 7.5.2 CMM 涉及的相关理论

CMM 强调的是软件机构能一致地、可预测地生产高质量软件产品的能力。软件过程能力是软件过程生成计划中产品的内在能力。首先介绍有关软件过程成熟度及其相关的基本概念。

（1）软件过程

开发和维护软件及其相关产品（如项目计划、设计文档、代码、用户手册等，在模型中又称为软件工作产品）的一系列活动，包括软件工程活动和软件管理活动。

（2）软件过程能力

描述开发组织或项目组通过执行其软件过程能实现预期结果的程度。

（3）软件过程性能

软件过程性能是软件过程执行的实际结果。一个项目的软件过程性能决定于内部子过程的执行状态,只有每个子过程的性能得到改善,相应的成本、进度、功能和质量等性能目标才能得到控制。由于特定项目的属性和环境限制,项目的实际性能并不能充分反映的软件过程能力,但成熟的软件过程可弱化和预见不可控制的过程因素(如客户需求变化或技术变革等)。

(4)软件过程成熟度

软件过程成熟度是指对某个具体软件过程进行明确定义、管理、度量和控制的有效程度。成熟意味着软件过程能力持续改善的过程,成熟度代表软件过程能力改善的潜力。

(5)软件能力成熟度等级

软件开发组织在走向成熟的过程中几个具有明确定义的、表征软件过程能力成熟度的平台。每一等级包含一过程目标,当其中一个目标被达到时,就表明软件过程的一个(或几个)重要成分得到了实现,从而标志软件开发组织的软件过程能力的增长。

(6)关键过程域

互相关联的若干软件实践活动和有关基础设施的集合。关键过程域的实施对达到相应成熟度等级的目标起到保证作用。关键过程域所包含的关键实践按 5 个共同特征加以组织,即执行约定、执行能力、执行的活动、测量和分析以及验证实施。

(7)关键实践

对关键过程域的实施起关键作用的方针、规程、措施、活动以及相关的基础实施的建立。关键实践一般只描述"做什么",而不强制规定"如何做"。关键过程域的目标是通过其包含的关键实践的实现来达到的。整个软件过程的改进是基于许多小的、进化的步骤,而不是通过一次革命性的创新而实现的。这些小的进化步骤就是通过一些关键实践来实现的。

(8)软件过程能力成熟度模型

对软件组织进化阶段的描述,随着软件组织定义、实施、测量、控制和改进其软件过程的实现步骤,软件组织的能力也随之逐步提高。软件过程能力成熟度模型的结构如图 7-6 所示。

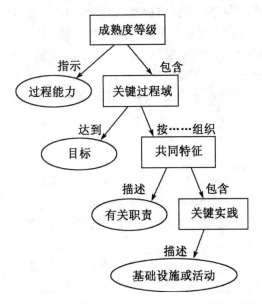

图 7-6　软件过程能力成熟度模型结构

### 7.5.3 软件过程能力的成熟度等级

CMM 提供了一个软件过程成熟度模型框架,如图 7-7 所示,将软件过程改进组织成五个成熟度等级,为过程不断改进奠定了循序渐进的基础。这五个成熟度等级定义了一个有序的尺度,用来测量一个组织的软件过程成熟度和评价其软件过程能力。成熟度等级是已得到确切定义的,每一个成熟度等级为软件过程的连续改进提供一个平台。每一等级包含一组过程目标,通过实施相应的一组关键过程域达到这一组过程目标,当目标满足时,能使软件过程的一个重要成分稳定。每达到成熟框架的一个等级,就建立起软件过程的一个相应成分,导致组织能力一定程度的增强。

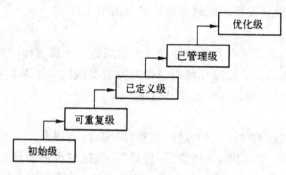

**图 7-7　CMM 的五级模型**

1.初始级

初始级的过程特征与过程能力可简单地概括为:软件开发无规范,软件过程不确定、无计划、无秩序、过程执行不透明,需求和进度失控,过程能力不可预测。企业一般不具备稳定的软件开发与维护环境。项目成功与否在很大程度上取决于是否有杰出的项目经理和经验丰富的开发团队。此时,项目经常超出预算和不能按期完成,组织的软件过程能力不可预测。

虽然这些过程无序,也经常开发出能发挥作用的软件产品,但其成功依赖于机构中具有能力较高的个人和少数精英,如果这些人不参加下一个项目,就可能造成这些项目的失败,产品的稳定性较差。

2.可重复级

在可重复级可实现关键过程域:软件配置管理、软件质量保证、软件子合同管理、软件项目跟踪和监督、软件项目规划以及需求管理,因此该级的过程特征和过程能力可简单地概括为:

①可重复,即能重复以前的成功实践,尽管在具体过程中可能有所不同。这是该级的一个显著特征。

②基本可控,即对软件项目的管理过程是制度化的。具体地说,对软件需求和为实现需求所开发的软件产品建立了基线;为管理、跟踪其软件项目的成本、进度和功能提供了规范;在项目的策划和服务过程中规定并设置了监测点;还提供了当不满足约定时的识别方法和纠偏措施。从而,软件项目过程基本上是可视的。

③过程有效,即对项目而言过程可基本特征化为实用的、已文档化的、已实施的、已培训的、

已测量的和能改进的。

④项目稳定,即对新项目的策划和管理是基于以往类似成功项目的经验作出的,并有明确的管理方针和确定的标准。如果有分承制方的话,也将本组织成功的经验应用于分承制方。从而可使项目的进展稳定。

⑤有纪律,即对所建立和实施的方针、规程,对软件项目过程而言,已进化为组织的行为,从而使组织对给定的软件过程能保证准确地执行。

### 3. 已定义级

已将管理和工程活动两方面的软件过程文档化、标准化,并综合成该机构的标准软件过程。组织形成了管理软件开发和维护活动的组织标准软件过程,包括软件工程过程和软件管理过程。项目依据标准定义自己的软件过程进行管理和控制。

组织的软件过程能力可描述为标准的和一致的,因为无论是软件工程活动还是管理活动,过程都是稳定的、可重复的。在已建立的产品生产线上,成本、进度和功能均已得到控制,对软件质量也进行了跟踪。项目的这种过程能力是建立在整个机构对项目定义的软件过程中的活动、任务和职责具有共同的理解的基础上的。

### 4. 已管理级

在已管理级,由于又实现了关键过程域定量过程管理和软件质量管理,因此该级设置了定量的质量目标,即组织对软件产品和过程设置了定量的质量目标,软件过程具有明确定义和一致的测量方法与手段,从而使定量地评价项目的软件过程和产品质量成为可能。

项目产品质量和过程是受控和稳定的,即通过将项目的过程性能变化限制在一个定量的、可接受的范围之内,从而使产品质量和过程是受控和稳定的。

开发新领域软件的风险是可定量估计的,即由于组织的软件过程能力是已知的,从而可以利用全组织的软件过程数据库,分析并定量地估计出开发新领域软件的风险。

组织的软件过程能力是可定量预测的,即过程是经测量的并能在可预测的范围内运行,一旦发现过程和产品质量偏离所限制的范围时,能够立即采取措施予以纠正。

### 5. 优化级

过程的量化反馈和先进的新思想、新技术促使过程不断改进。在此基础上,组织通过预防缺陷、技术创新和更改过程等多种方式,不断提高项目的过程性能,以持续改善组织软件过程能力。在以预防缺陷为目的的过程中,组织能有效地主动确定软件过程的优势和薄弱环节,并预先加强防范。

处于优化级的软件开发组织的软件过程能力的特点是:过程可以不断得到改进,因为这一级别的组织能够不断扩大过程能力提高的范围,所以组织的软件过程能力就可以得到改进,从而提高项目的软件过程效能。

除初始级以外,其余的成熟度等级都包含了若干个关键过程区域,每个关键过程区域又包含了若干个关键实践,这些关键实践按五个共同特性加以组织。

表 7-4 描述了 SW—CMM 不同成熟度等级过程的可视性和过程能力。

**表 7-4    可视性与过程能力的比较**

| 等级 | 成熟度 | 可视性 | 过程能力 |
|---|---|---|---|
| 1 | 初始级 | 有限的可视性 | 一般达不到进度和成本的目标 |
| 2 | 可重复级 | 里程碑上具有管理可视性 | 由于基于过去的性能,项目开发计划比较现实可行 |
| 3 | 已定义级 | 项目定义软件过程的活动具有可视性 | 基于已定义的软件过程,组织持续地改善过程能力 |
| 4 | 已管理级 | 定量地控制软件过程 | 基于对过程和产品的度量,组织持续地改善过程能力 |
| 5 | 优化级 | 不断地改善软件过程 | 组织持续地改善过程能力 |

### 7.5.4    CMM 的内部结构

CMM 的每个等级是通过三个层次加以定义的。这三个层次分别是关键过程域、公共特性和关键实践。每个等级由几个关键过程域组成,它们共同形成一定的过程能力。每个关键过程域义按四个关键实践类加以组织。而每个关键过程域都有一些特定的目标。通过相应的关键实践类来实现这些目标。每个关键实践类规定了相应部门或有关责任者应实施的一些关键实践,当关键过程域的这些关键实践都得到实施时,就能够实现该关键过程域的目标,其中,达到这些目标,所实施的关键实践可以有所差别。如图 7-8 所示。

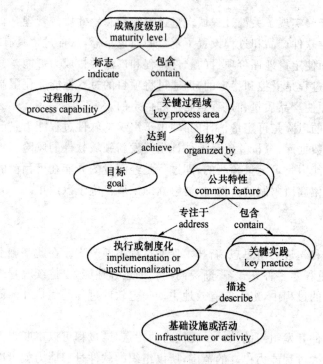

**图 7-8    CMM 的内部结构图**

1. 关键过程领域

除"初始级"外,每个成熟度等级均包含几个关键过程域。为了达到一个成熟度等级,必须实现该等级上的全部关键过程域。图 7-9 给出了各成熟度等级对应的关键过程域。

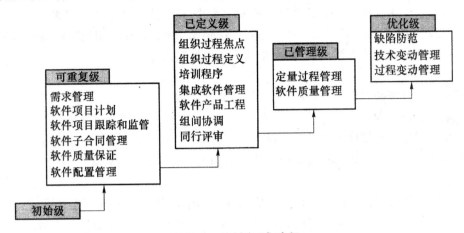

**图 7-9　关键领域过程**

下面对图 7-9 中所涉及的有关概念分别说明如下。

(1)软件需求管理

在顾客和软件项目之间建立对顾客需求的共同理解,顾客需求将由软件项目处理。与顾客的协议是软件项目规划和管理的基础,与顾客关系的控制应遵循有效的更改控制规程。

(2)软件项目策划

制订软件工程和软件项目管理的合理的计划。这些计划是管理软件项目的必要基础。

(3)软件项目跟踪和监督

建立适当的对实际进展的跟踪和监督制度,使管理者在软件项目实施情况明显偏离软件计划时能及时采取有效措施。

(4)软件子合同管理

选择合格的软件分承制方,并有效地管理它们。把用于基本管理控制的软件项目规划、软件项目跟踪和监督、软件质量保证和软件配置管理等关键过程域和基本级的关键过程域中的关键实践要求,全面适当地用于对分承制方实施管理。

(5)软件质量保证

提供对软件项目所采用的过程和所构造的产品的某种可视性和透明性,使管理者能较容易地发现软件过程和产品的质量问题,以便采取及时有效的措施。

软件质量保证是绝大多数软件工程过程和软件管理过程必不可少的部分。

(6)软件配置管理

在项目的整个软件生存周期中建立和维护软件产品的完整性。软件配置管理是绝大多数软件工程过程和管理过程的不可缺少的部分。

(7)组织过程焦点

规定组织在提高整体过程能力、改进软件过程活动方面的责任。组织过程焦点活动的主要结果是获得一组软件过程的成功经验,一般包括组织的标准软件过程、关于准予使用的软件生存周期的描述、对组织的标准软件过程进行剪裁的指南和准则、组织的软件过程数据库和与软件过程有关的文档库,在"组织过程定义"中加以描述,这些是组织的财富。

(8)组织过程定义

开发和保持一组便于使用的软件过程的成功实践,这些成功实践能改进各有关项目的过程性能,并为组织能获得长期累积效益奠定基础。这些成功实践提供一组稳定的基本原则,通过诸如培训等机制就能使其成为制度,培训在培训计划中加以描述。

(9)培训计划

培训个人的技能和知识,以提高其执行任务的质量和效率。

(10)集成软件管理

将软件工程活动和软件管理活动集成为一个协调的、已定义的软件过程,该过程是通过剪裁组织的标准软件过程和组织过程定义中所描述的相关过程的成功实践而得到的。

(11)组间协调

制订组间协作的方法。组间协调是集成软件管理中涉及多学科的一个方面,它将延伸到软件工程学科之外。不仅应该有集成的软件过程,而且应该有协调和控制软件工程组和其他组之间相互作用的过程。

(12)软件工程产品

一致执行妥善定义的工程过程。为了能高效地生产正确、一致的软件产品,该工程过程集成全部软件工程活动。软件产品工程描述项目的技术活动,例如,需求分析、设计、编码和测试。

(13)同行专家评审

尽早且高效地消除软件工作产品中的缺陷。可以通过文档审查、结构化审查、评审会及其他评审方法加以实施。

(14)量化的过程管理

定量地控制软件项目的过程性能。软件过程性能表示遵循该软件过程所得到的实际结果。焦点是在某个可测且稳定的过程范围内鉴别出变化的特殊原因,并适时改善促使瞬时变化出现的环境。量化的过程管理给组织过程定义、集成软件管理、组间协调和对等评审的实践附加一个必要的测量计划。

(15)软件质量管理

为产品和过程设立质量目标,度量软件过程和产品。软件质量管理对"软件工程产品"关键过程域中所描述的软件工程产品实施内容丰富的测量计划。

(16)技术变更管理

识别出应该采用的新技术(即工具、方法和过程)。并以有序的方式将它引进到组织中去,就像过程变化管理中所述的那样。技术变化管理的关注焦点是在不断变化的环境里高效率地进行创新。

(17)过程变更管理

持续不断地改进组织中所采用的软件过程,以改进软件质量、提高生产率和缩短产品开发周期。

(18)缺陷预防

鉴别缺陷的原因并防止它们再次出现。正如在集成软件管理中所述。软件项目分析缺陷、鉴别其原因并更改项目定义的软件过程。并且按照过程更动管理中所述,应将具有普遍意义的过程更动通知给其他软件项目。

**2. 公共特性**

为了使对关键实践的描述更加规范化,将关键过程域所包含的关键实践全部按如下五个共同特性加以组织。

(1)执行约定

描述一个组织为保证将过程建立起来并持续发挥作用所必须采取的行动。执行约定包括制订组织的方针和规定高级管理者的支持。

(2)执行能力

描述为了实施软件过程,项目或组织中必须存在的先决条件。执行能力包括资源、组织机构和培训。

(3)执行的活动

描述实现一个关键过程域所必需的角色和规程(即描述必须由何人做何事)。执行的活动包括制订计划与规程、执行计划、跟踪执行情况,必要时采取纠正措施。

(4)测量和分析

描述对过程进行测量和对测量结果进行分析的需要。测量和分析包括为了确定所执行活动的状态及有效性所采用的测量和分析。

(5)验证实施

描述遵照已建立的过程进行活动的措施。验证实施包括管理者和软件质量保证部门所做的评审和审核。

**3. 关键实践**

关键实践描述了为了有效实施并规范化关键过程域,应具备的基础设施和从事的活动。每个关键实践的描述由两部分组成:前一部分说明关键过程域的基本方针、规程和活动,称为顶层关键实践;后一部分通常是详细描述,可能包括例子,称为子实践。

关键实践描述应该做"什么",而不强制要求应该"如何"实现目标。其他替代的实践也可能实现该关键过程域的目标。要合理地解释关键实践,以便判断关键过程域的目标是否已被有效地实现。

关键实践需要描述对其所在的关键过程域目标的实现和规范化实施贡献最大的那些基础设施和实践活动。每个关键实践又可能另有若干个下级实践,用来确定关键实践是否得到满意的实施。例如,"可重复级"的一个关键过程域"软件项目策划"所包含的关键实践总共有 25 个,其中包括执行约定 2 个;执行能力 4 个;执行的活动 15 个;测量和分析 1 个;验证实施 3 个。

我国学者提出的 CSCMM 将关键实践分成四类:制订方针政策类、确保必备条件类、实施软件过程类和检查实施情况类。制订方针政策类关键实践描述了开发组织的高层管理者(决策者)应起的作用和职责;确保必备条件类关键实践描述了项目负责人应起的作用和职责;实施软件过程类关键实践描述了软件开发的具体实施者应起的作用和职责;检查实施情况类关键实践描述了管理者和软件质量保证部门应起的作用和职责。

### 7.5.5　CMM 的应用

CMM 有两个基本用途:软件过程评估和软件能力评价。一是软件过程评估:确定一个组织的当前软件过程的状态,确定组织所面临的急需解决的与软件过程有关的问题,进而有步骤地实施软件过程改进,使组织的软件过程能力不断提高。二是软件能力评价:识别合格的能完成软件工作的承制方,或者监控承制方现有软件工程中软件过程的状态,进而提出承制方应改进之处。

软件过程评估集中关注一个组织的软件过程有哪些需改进之处及其轻重缓急。评估组采用 CMM 来指导他们进行调查、分析,并确定优先次序。软件开发组织可用这些调查结果,并与 CMM 中的关键实践所提供的指导相结合,来规划本组织软件过程的改进策略。

软件能力评价集中关注识别一个特定项目在进度要求和预算限制内构造出高质量软件所面临的风险。在采购过程中可以对投标者进行软件能力评价。评价的结果可用于确定在挑选特定承制方方面的风险;也可对现有的合同进行评价以便监控承制方的过程性能,识别承制方软件过程中潜在的可改进之处。

CMM 为进行软件过程评估和软件能力评价建立一个共同的参考框架。其共同的步骤是:

(1)建立评估小组

该小组的成员应是具有丰富软件工程和管理方面知识的专业人员。对该小组进行 CMM 基本概念和评估或评价方法细节方面的培训。

(2)填写提问单

让待评估或评价单位的代表完成成熟度提问单的填写。

(3)进行响应分析

评估或评价组对提问单回答进行分析,即对提问的回答进行统计,并确定必须做进一步探查的域。待探查的域与 CMM 的关键过程域相对应。

(4)进行现场访问

访问被评估或评价单位的现场。评估或评价组根据响应分析的结果。召开座谈会、进行文档复审,以便了解该现场所遵循的软件过程。CMM 中的关键过程域和关键实践对评审或评价组成员在提问、倾听、复审和综合各种信息方面提供指导。在确定现场的关键过程域的实施是否满足相关的关键过程域的目标方面,该组运用专业性的判断。当 CMM 的关键实践与现场的实践间存在明显差异时,该组必须用文件记下对此关键过程域做出判断的理论依据。

(5)提出调查结果清单

在现场工作阶段结束时,评估或评价组生成一个调查结果清单,明确指出该组织软件过程的强项和弱项。在软件过程评估中,该调查结果清单作为提出过程改进建议的基础;在软件能力评价中调查结果清单作为软件采购单位所作的风险分析的一部分。

(6)制作关键过程域剖面图

评估或评价组制作一份关键过程域剖面图。标出该组织已满足和尚未满足关键过程域目标的域。一个关键过程域可能是已满足要求的,但仍有一些相关的调查发现问题,如果未发现或未指出这些问题,就会妨碍实现该关键过程域的某个目标的主要问题。

综上所述,可以得出软件过程评估和软件能力评价方法有如下共同点:

①采用成熟度提问单作为现场访问的出发点。

②采用 CMM 作为指导现场调查研究的导引。

③利用 CMM 中的关键过程域生成明确地指出软件过程强项和弱项的调查结果清单。

④在对关键过程域目标满足情况进行分析的基础上,推导出一个剖面。

⑤根据调查结果清单和关键过程域剖面,向合适的对象提出结论意见。

尽管软件过程评估和软件能力评价有上述相似之处,但软件过程评估或软件能力评价的结果可能不同。一个原因是评估或评价的范围可能变化:首先,必须确定受调查的组织情况。对一个大公司而言,关于"组织"完全可能有几种不同的定义。其范围可以根据有共同的高层管理者、共同的地理位置、统一的经济核算、共同的应用领域或者其他考虑来确定。其次,即使在同一个组织中,所选项目的样本也可能影响范围。例如,起初评估可能是对公司中的一个部门进行,那么评估组根据全部门的范围得出其调查结果清单;后来可能对该部门中的一条产品线进行评价,此时评价组所得出的调查结果清单是根据比较窄的范围。在这些结果之间作比较是不合适的。

软件过程评估和软件能力评价,由于动机、目的、输出和结果均不同。导致在会谈目的、询问的范围、所采集的信息和结果的表示方式上有本质的不同,所采用的详细规程大不相同,培训要求也不一样。

软件过程评估都是在开放、合作的环境中进行的,评估目的在于暴露问题和帮助改进评估的成功取决于管理者和专业人员两方面对改进组织的支持。一般能够得到较好的支持。评估过程中提问单是个重要的工具,但更重要的通过各种会谈了解组织的软件过程。评估的结果除了识别组织所面临的软件过程问题外,最有价值的还是明确了改进组织的软件过程的选径,促进进一步行动计划的制订,使全组织关注改进过程,增强执行改进行动计划的动力和热情。

软件能力评价是在更为面向审核的环境中进行。评价的目的与被评组织的利益密切相关,因为评价组的推荐将影响承制方的选择或资金的投入。评价过程的重点放在复审已文档化的审核记录上。这些记录能揭示组织实际执行的软件过程。

# 第8章 软件项目人力资源与团队建设

## 8.1 人力资源管理

人力资源管理就是通过对与一定物力相结合的人力进行合理的培训、组织和调配,使人力、物力经常保持最佳比例,同时对组织成员的思想、心理和行为进行诱导、控制和协调,充分发挥他们的主观能动性,使人尽其才、事得其人、人事相宜,顺利实现组织目标的过程。

### 8.1.1 人力资源管理概述

1.人力资源管理的作用

人是组织生存发展并保持竞争力的特殊资源,人力资源就是能够创造价值的劳动者的能力及其投入状态,即人力资源=劳动能力×投入状态。

对于项目而言,项目人力资源就是所有同项目有关的人的能力及其投入状态。在人力资源管理方面,心理学家和管理理论家针对工作中如何管理人员方面做了很多研究和思考,总结出了影响人们如何工作和更好地工作的多种理论方法和心理因素。心理学第一定律认为每个人都是不同的,每个人总是在生理或心理上存在着与他人有所不同的地方,这是人力资源区别于其他形式经济资源的重要特点。在各种组织中只有清楚地认识每个员工的与众不同之处,并在此基础之上合理地任用,才可能使每一位员工充分发挥他的潜能,从而组织才可能而获得最大的效益。项目人力资源管理具有以下作用。

(1)人力资源管理能够帮助项目经理达到预定目标

用人得当,即事得其人,可降低员工的流动率;使员工努力工作;使员工认为自己的薪酬公平合理;对员工进行充足的训练,以提高其工作的效能;保障工作环境的安全,遵守国家的法律和法规;使项目团队内部的员工都得到平等的待遇,避免员工的抱怨等。

(2)人力资源管理能够提高员工的工作绩效

在 20 世纪 80 年代,工业七国的生产力排名顺序是:日本、法国、加拿大、德国、意大利、美国和英国。美国的劳动生产力水平低的重要原因之一就是工人的高缺勤率、高流动率、怠工、罢工和产品质量低下等。现代人力资源管理方式不同于传统的管理方式,主张团队成员更多地参与决策,重视人员之间的沟通,这些是提高产品质量和工作绩效的根本原因。

(3)借助于人力资源管理的观念和技术寻求激励员工的新途径

随着财富的增加和生活水平的极大提高,人们的价值观念发生了明显的变化,传统的"职业道德"教育的作用微乎其微。越来越多的人要求把职业质量和生活质量进一步统一起来,员工需要的不仅是工作本身及工作带来的收入,还有各种心理满足,这种非货币的需要越来越强烈。因此,企业管理人员必须借助于人力资源管理的观念和技术寻求激励员工的新途径。

## 2.人力资源管理的内容

在项目管理实践当中,处理项目内各干系人之间、各组织之间的内容可能涉及诸多方面,一般包括的以下几点内容:

①领导、沟通、谈判等相关问题。

②授权、鼓励、辅导、亲自指导以及其他处理个人间关系的有关问题。

③团队建设、冲突处理以及其他处理集体间关系的有关问题。

④绩效评估,招募、留用、劳资关系,保健与安全条例,以及其他与人力资源管理有关的问题。

以上提到的几点都可直接用于项目人员的领导与管理,项目经理和项目管理成员对其内容的熟悉。除此以外,他们还需要了解这些知识应如何应用到项目之上,例如项目的临时性意味着人事关系与组织关系通常都是临时的新关系。项目管理班子必须注意选择适合这种临时关系的技术。随着项目从其生命期的一个阶段进入到另一个阶段,项目利害关系者的性质和数目也往往发生变化。因此,在一个阶段有效的技术在另一阶段可能就不再有效了。项目管理班子必须注意选择适合项目当前需要的技术。人力资源行政管理活动很少由项目管理班子直接负责。然而项目管理班子必须充分了解行政管理的要求,以保证在工作中遵守要求。此外,项目经理还负有人力资源重新部署与调离的职责,视其所属行业或组织而定。

## 3.人力资源管理的过程

美国项目管理学院(PMBOK2004)定义的项目人力资源管理包括以下几个过程:

①人力资源规划。确定、记录并分派项目角色、职责,请示汇报关系,制定人员配备管理计划。

②项目团队组建。招募项目工作所需的人力资源。

③项目团队建设。培养团队成员的能力,以及提高成员之间的交互作用,从而提高项目绩效。

④项目团队管理。跟踪团队成员的绩效,提供反馈,解决问题,协调变更事宜以提高项目绩效。

项目人力资源管理过程的输入、输出以及过程使用的工具与技术如表 8-1 所示。

### 表 8-1　PMBOK2004 对项目人力资源管理的定义

| | 启动 | 计划 | 执行 | 监控 | | 收尾 |
|---|---|---|---|---|---|---|
| | | 人力资源规划 | 项目团队组建 | 项目团队建设 | 项目团队管理 | |
| 输入 | | 事业环境因素;组织过程资产;项目管理计划 | 事业环境因素;组织过程资产;角色和职责;项目组织图;人员配备管理计划 | 项目人员分派;人员配备管理计划;资源可利用情况 | 组织过程资产;项目人员分派;角色与职责;项目组织图;人员配备管理计划;团队绩效评估;工作绩效信息;团队绩效报告 | |

| | 启动 | 计划 | 执行 | 监控 | | 收尾 |
|---|---|---|---|---|---|---|
| | | 人力资源规划 | 项目团队组建 | 项目团队建设 | 项目团队管理 | |
| 工具和技术 | | 组织机构图和岗位描述;交际;组织理论 | 预分派;谈判;招募;虚拟团队 | 通用管理技能;培训;团队建设活动;规则;集中办公;奖励与表彰 | 观察与交谈;项目绩效考核;冲突管理;问题登记簿 | |
| 输出 | | 角色与职责;项目组织图;人员配备管理计划 | 项目人员分派到位;资源可利用情况;人员配备管理计划 | 团队绩效评估 | 请求的变更;推荐的纠正措施;推荐的预防措施;组织过程资产 | |

**4.企业人力资源管理模型**

人力资源管理是指企业的一系列人力资源政策以及相应的管理活动。这些活动主要包括企业人力资源战略的制定、员工的招募与选拔、培训与开发、绩效管理、薪酬管理、员工流动管理、员工关系管理、员工安全与健康管理等。即企业运用现代管理方法,对人力资源的获取、开发、保持和利用等方面所进行的计划、组织、指挥、控制和协调等一系列活动,最终达到实现企业发展目标的一种管理行为。

现代企业人力资源管理,具有以下五种基本功能:

(1)获取

根据企业目标确定的所需员工条件,通过规划、招聘、考试、测评、选拔、获取企业所需人员。

(2)整合

通过企业文化、信息沟通、人际关系和谐、矛盾冲突的化解等有效整合,使企业内部的个体、群众的目标、行为、态度趋向企业的要求和理念,使之形成高度的合作与协调,发挥集体优势,提高企业的生产力和效益。

(3)保持

通过薪酬、考核、晋升等一系列管理活动,保持员工的积极性、主动性、创造性,维护劳动者的合法权益,保证员工在工作场所的安全、健康、舒适的工作环境,以增进员工满意感,使之安心满意的工作。

(4)评价

对员工工作成果、劳动态度、技能水平以及其他方面作出全面考核、鉴定和评价,为作出相应的奖惩、升降、去留等决策提供依据。

(5)发展

通过员工培训、工作丰富化、职业生涯规划与开发,促进员工知识、技巧和其他方面素质提高,使其劳动能力得到增强和发挥,最大限度地实现其个人价值和对企业的贡献率,达到员工个人和企业共同发展的目的。

人力资源管理的最终目标是促进企业目标的实现,因此企业人力资源管理是从整个组织的战略目标、经营目标和业务流程出发,制定企业人力资源规划。人力资源管理是为了企业战略目标和经营目标服务的,因此不论是绩效考核、薪酬体系,还是岗位管理、员工培训也都是围绕着企业战略目标和经营目标的需要进行的。

图 8-1 是一个企业人力资源管理模型。

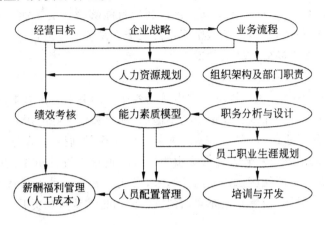

**图 8-1　企业人力资源管理模型**

职务分析与设计。对企业各个工作职位的性质、结构、责任、流程,以及胜任该职位工作人员的素质,知识、技能等,在调查分析所获取相关信息的基础上,编写出职务说明书和岗位规范等人事管理文件。

人力资源规划。把企业人力资源战略转化为中长期目标、计划和政策措施,包括对人力资源现状分析、未来人员供需预测与平衡,确保企业在需要时能获得所需的人力资源。

人员配置管理。包括员工招聘与选拔、离职、换岗等。员工招聘与选拔是根据人力资源规划和工作分析的要求,为企业招聘、选拔所需要人力资源并录用安排到一定岗位上。

绩效考核。对员工在一定时间内对企业的贡献和工作中取得的绩效进行考核和评价,及时做出反馈,以便提高和改善员工的工作绩效,并为员工培训、晋升、计酬等人事决策提供依据。

薪酬福利管理。包括对基本薪酬、绩效薪酬、奖金、津贴以及福利等薪酬结构的设计与管理,以激励员工更加努力地为企业工作。

培训与开发。通过培训提高员工个人、群体和整个企业的知识、能力、工作态度和工作绩效,进一步开发员工的智力潜能,以增强人力资源的贡献率。

职业生涯规划。鼓励和关心员工的个人发展,帮助员工制定个人发展规划,以进一步激发员工的积极性和创造性。

**5. 人力资源管理的关键**

人力资源管理涉及各方面的工作,但最核心的几点是要保证为员工提供合理的薪酬、让员工有事做、为员工设计合理的职业发展规划、奖惩分明的激励。

(1)合理的薪酬

员工上班最基本的目标是为了薪酬支付自己和家人的生活,为工资上班天经地义。对于大多数人来说,首先需要相对富足的收入来解决生活之需,然后才能静下心来做自己的专业工作。

薪酬是一种最重要的、最易使用的激励方法。薪酬是企业对员工给企业所做的贡献所付给的相应的回报和答谢。在员工的心目中,薪酬不仅仅是自己的劳动所得,它在一定程度上代表着员工自身的价值、代表企业对员工工作的认同,甚至还代表着员工个人能力和发展前景。

薪酬只能起到保健作用,是外在激励性因素,如果外在激励性因素达不到员工期望,会使员工感到不安全,出现士气下降、人员流失,甚至招聘不到人员等现象。但仅靠薪酬就想激发员工的工作热情也是不行的。尽管高额工资和多种福利项目能够吸引员工加入并留住员工,但这些常常被员工视为应得的待遇,难以起到激励作用。工资只是基本保障,下面介绍的几项内在激励性因素才是留住员工、建设高效团队的关键。

(2)有事做

有事做,有愿意做的事情、挑战性的工作做是高效团队的关键。没有事情做会使员工感到焦虑,一个团队没有挑战性的工作或工作量长期不饱满,则会滋生不好的团队文化,影响工作效率。

团队领导必须让想做事的人有事可做,好的人才像海绵,他们希望在工作中有学习、有成长。事业上的机会比眼前的金钱对年轻人更有吸引力。一个追求上进的员工,总希望能积累更多的经验,担当更重要的责任。那就应该让他们忙起来,当他们处于一种忙碌状态时,他们在这种忙碌中会得到很多做事的经验,会感到很充实,有收获,能力也被认可和提升。

(3)职业发展

绝大多数职员都有从自己现在和未来的工作中得到成长、发展和获得满意的强烈愿望和要求,为了实现这种愿望和要求,他们不断地追求理想的职业,根据个人的特点、企业发展的需要和社会发展的需要,制定自己的职业规划。

事业的机会与发展的空间,这是很多企业在吸引人才、保留人才方面"低成本"却屡试不爽的经验。关心员工的职业生涯发展是为企业与员工长期的发展提供的内在机制,通过寻求企业发展目标与员工个人发展目标的一致性,为员工提供培训、升迁、换岗等机会,可以提高员工的归属感和主人翁地位。

员工在进行职业生涯设计时,必须考虑到不同职位对员工所要求的核心能力不同,核心能力体系让员工在涉及职业发展道路时有了清晰的目标和发展方向,也使得员工自我学习与发展有了努力的方向。

总之,职业生涯规划既要体现职员发展的需要,又要体现企业发展的需要。

(4)激励

激励是最能激发人斗志的一种行为。一般情况下,激励可以是有形的,如薪酬等能够看得见的收益,也可以是无形的,如荣誉和尊重。

许多企业将培训当作一种激励。培训不是大企业的专利,小企业更应该加强培训。对于小企业来讲,培训更多的是一种相互交流和学习。培训是员工成长的催化剂,只有坚持下去,小企业的成长才会更快。在培训的过程中,实际也是向员工传达公司的理念的过程,当然在这个过程中能够提升员工的能力和市场的竞争力才是目的。

(5)项目经理面对的人力资源管理

项目经理参与的人力资源管理工作主要包括招聘、绩效考核、职业发展和团队建设。

招聘是指确定项目组需要的岗位及岗位要求、职责,参加招聘面试等。

绩效考核是指项目经理直接管理项目组成员,在员工考核中项目经理的评价非常重要。

职业发展是指了解职员的职业规划,在安排工作时可以尽可能考虑其发展期望。

团队建设是指这是项目经理的一项非常重要的工作,项目依赖团队完成,高效团队才能保证项目按要求完成。

### 8.1.2　项目组织结构

软件开发是一个独立的、富于创造性的工作。虽然软件工程师常常作为一个小组的一员进行工作,但是,在项目小组中,工作是分开的,并且每个人都在相对独立地进行自己的工作,完成自己所承担的一部分软件系统的开发任务。尤其是在比较大型的项目中,一个人不可能在有限的时间内完成所有的任务,必须建立项目小组,集合多人的智慧和能力。因此,一个项目的成功,首先必须是每个项目组成员的成功,其次是项目组成员协作的成功。大多数软件工程师在一个小组或团队里工作,小组的规模有大有小。软件工程师一半的时间都花在与小组成员一起工作上,30%独自工作,20%进行一些非生产活动。虽然在公众和自己的眼里都可能是独自工作,但实际上大多数工程师的活动都是小组或团体活动。

对团队动态的理解能帮助软件项目经理和软件工程师在一个团队里工作。项目经理面临着组建团队的困难,他们必须确保该团队里技术技能、经验和性格的平衡。如果软件工程师理解在一个团队里成员间是怎样打交道和团队在一个组织是如何协作的,那么工程师就能在一个团队里更好地工作,取得更大的成果和更好的工作环境。这是软件项目中人员的工作方式。

组建团队时首先要明确项目的组织结构,项目组织结构应该能够增加团队的工作效率,避免摩擦,因此,一个理想的团队结构应该适应人员的不断变化,以便于成员之间的信息交流和项目中各项任务的协调。

项目组织是由一组个体成员为实现一个具体项目目标而协同工作的队伍,项目组织的根本使命是在项目经理的领导下,群策群力,为实现项目目标而努力工作,项目组织具有临时性和目标性的特点。但是,项目管理中的组织结构可以总结为三种主要类型:职能型、项目型和矩阵型。具体选择什么样的组织结构要考虑多重因素。在这三种组织结构中,矩阵型沟通最复杂,项目型在项目收尾时,团队成员和项目经理压力比较大。团队组织和用于管理项目的手段之间应构成默契,任何方法上的失谐都很可能导致项目产生问题。

#### 1.职能型组织结构

职能型组织结构是当今最普遍的项目组织形式,是一个标准的金字塔型的组织形式,如图8-2所示。

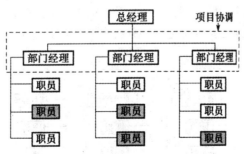

**图 8-2　职能型组织结构**

职能型组织结构是一种常规的线性组织结构。采用这种组织结构时,项目是以部门为主体来承担项目的,一个项目有一个或者多个部门承担,一个部门也可能承担多个项目。有部门经理也有项目经理,所以项目成员有两个上司。这个组织结构适用于主要由一个部门完成的项目或技术比较成熟的项目。

职能型组织结构的优点如下：

①以职能部门作为承担项目任务的主体,可以充分发挥职能部门的资源集中优势,保障项目需要资源的供给和项目可交付成果的质量。在人员的使用上具有较大的灵活性。

②职能部门内部的技术专家可以为该部门不同的项目提供支持,节约人力,减少了资源的浪费。

③同一职能部门内部的专业人员便于相互交流、相互支援,对创造性地解决技术问题很有帮助。同部门的专业人员易于交流知识和经验,项目成员事业上具有连续性和保障性。

④当有项目成员调离项目或者离开公司,所属职能部门可以增派人员,保持项目的技术连续性。

⑤项目成员可以将完成项目和完成本部门的职能工作融为一体,能够减少因项目的临时性而给项目成员带来的不确定性。

但是职能型组织结构也存在着这样的缺点。

①客户利益和职能部门的利益有时会发生冲突,职能部门可能会为本部门的利益而忽视客户的需求,精力只集中于本职能部门的活动,项目及客户的利益往往得不到优先考虑。

②当项目需要多个职能部门共同完成,或者一个职能部门内部有多个项目需要完成时,资源的平衡就会出现问题。

③当项目需要由多个部门共同完成时,权力分割不利于各职能部门之间的交流协作。项目经理没有足够的权力控制项目的进展。

④项目成员在行政上仍隶属于各职能部门的领导,项目经理对项目成员没有完全的权利,项目经理需要不断地同职能部门经理进行有效的沟通以消除项目成员的顾虑。当小组成员对部门经理和项目经理都要负责时,项目团队的管理常常是复杂的。对这种双重报告关系的有效管理常常是项目最重要的组成因素,通常是项目经理的责任。

2.项目型组织结构

在项目型组织结构中,部门完全是按照项目进行设置的,每个项目就如同一个独立公司那样运作。完成每个项目目标的所有资源完全分配给这个项目,专门为这个项目服务。专职的项目经理对项目团队拥有完全的管理权。项目型组织对客户高度负责。例如,如果客户改变了项目的工作范围,项目经理有权马上按照变化重新分配资源。项目型组织结构如图 8-3 所示。

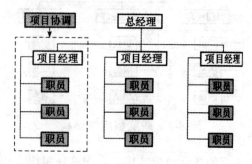

图 8-3　项目型组织结构

项目型组织结构具有以下优点：

①项目经理有充分的权力调动项目内外资源，对项目全权负责，增加项目灵活性。

②权力的集中使决策的速度可以加快，整个项目的目标单一，项目组能够对客户的需要作出更快的响应。进度、成本和质量等方面的控制也较为灵活。

③这种结构有利于使命令协调一致，每个成员只有一个领导，排除了多重领导的权利分割。

④项目组内部的沟通更加顺畅、便捷、高效。项目成员能够集中精力，在完成项目的任务上团队精神得以充分发挥。

虽然项目型组织结构也存在其自身的一些缺点。

①由于项目组对资源具有独占的权力，在项目与项目之间的资源共享方面会存在一些问题，可能在成本方面会有所升高。

②项目经理与项目成员之间有着很强的依赖关系，而与项目外的其他部门之间的沟通比较困难。各项目之间知识和技能的交流程度低，成员专心为自己的项目工作，这种结构没有职能部门那种让人们进行职业技能和知识交流的场所。

③在相对封闭的项目环境中，容易造成对公司的规章制度执行的不一致。

④有可能使项目成员缺乏归属感，不利于职业生涯的发展。

项目型组织结构常见于一些规模大、项目多的组织。

### 3. 矩阵型组织

矩阵型组织结构是职能型组织结构和项目型组织结构的混合体，既具有职能型组织的特征又具有项目型组织结构的特征，如图 8-4 所示。矩阵型组织是根据项目的需要，从不同的部门中选择合适的项目人员组成一个临时项目组，项目结束之后这个项目组也便相应解体，各个成员会归位到各自原来的部门。团队的成员需要向不同的经理汇报工作。这种组织结构的关键是项目经理需要具备优秀的谈判与沟通技能，项目经理与职能经理之间建立良好的工作关系。项目成员需要适应与两个上司协调工作。加强横向连结，充分整合资源，实现信息共享，提高反应速度等方面的优势符合当前的形势要求。采用该管理方式可以对人员进行优化组合，引导聚合创新，而且同时改变了原有行政机构中固定组合、互相限制的现象。这种组织结构适用于管理规范、分工明确的公司或者跨职能部门的项目。

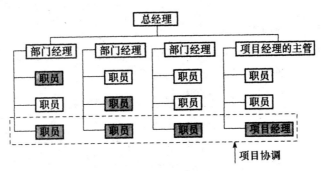

图 8-4　矩阵型组织

矩阵型组织结构具有如下优点。

①专职的项目经理负责整个项目，以项目为中心，能迅速解决问题。在最短的时间内调配人

才,组成一个团队,把不同职能的人才集中在一起。

②多个项目可以共享各个职能部门的资源。在矩阵管理中,人力资源得到了更大地发挥,控制了人员冗余。研究表明:一般使用这种管理模式的企业能比传统企业少用20%的员工。

③既有利于项目目标的实现,也有利于公司目标方针的贯彻。

④项目成员的顾虑减少了,因为项目完成后,他们仍然可以回到原来的职能部门,不用担心被解散。而且能有更多机会接触所在企业的不同部门,了解他们的企业。

矩阵型组织结构有如下一些缺点。

①容易引起职能经理和项目经理权力的冲突。

②资源共享也能引起项目之间的冲突。

③项目成员有多位领导,即员工必须要接受双重领导,会给员工带来一定压力。当两个经理的命令发生冲突时,他必须能够面对不同指令形成一个综合决策来确定如何分配他的时间。同时,员工必须和他的两个领导保持良好的关系,应该显示出对这两个主管的双重忠诚。

**4.项目组织形式的选择**

由于不同的组织目标、资源和环境的差异,寻找一个理想的组织结构是比较困难的。也就是说,不存在最理想的项目组织结构,每个组织应该根据自己的特点来确定适合自身的组织结构。这就需要企业或事业部门根据企业的战略、规模、技术环境、行业类型、当前发展阶段,以及过去的历史等确定自身的组织结构。

(1)不同组织类型对项目的影响

①项目经理的权力。对职能型项目组织,项目经理的权力很小或者没有;对矩阵型组织,项目经理的权力日趋增大;而对项目型组织,项目经理拥有全部权力。项目型组织或矩阵型组织的项目经理一般都有明确的责、权、利。

②全职人员的百分比。在实施项目的组织中,全职项目工作人员的百分比在不同的组织结构中也不相同。职能型组织基本上没有全职项目工作人员。在项目型组织里,85%以上都是全职的项目工作人员。在矩阵型组织中一般全职项目工作人员占一半以上。

③项目经理的角色。职能型项目组织的项目经理是兼职的,有时只是项目的协调员或项目的联系人。而项目型组织的项目经理是全职的,矩阵型组织的项目经理通常都是以全职工作人员的角色参与项目工作。

(2)影响组织选择的关键因素

在选择项目组织的形式时,需要了解哪些因素制约着项目组织的实际选择,表8-2列出了一些可能的因素与组织形式之间的关系。

表8-2 影响组织选择的关键因素

| 影响因素 | 职能型 | 矩阵型 | 项目型 |
| --- | --- | --- | --- |
| 不确定性 | 低 | 高 | 高 |
| 所用技术 | 标准 | 复杂 | 新 |
| 复杂程度 | 低 | 中等 | 高 |
| 持续时间 | 短 | 中等 | 长 |

续表

| 影响因素 | 职能型 | 矩阵型 | 项目型 |
|---|---|---|---|
| 规模 | 小 | 中等 | 大 |
| 重要性 | 低 | 中等 | 高 |
| 客户类型 | 多样 | 中等 | 单一 |
| 内部依赖性 | 弱 | 中等 | 强 |
| 外部依赖性 | 强 | 中等 | 强 |
| 时间局限性 | 弱 | 中等 | 强 |

一般来说,职能型结构比较适用于规模较小、偏重于技术的项目,而不适用于环境变化较大的项目。因为,环境的变化需要各职能部门间紧密合作,而职能部门本身存在的权责的界定成为部门间密切配合的阻碍。当一个公司中包括许多项目或项目的规模较大、技术复杂时,可选择项目型的组织结构。同职能型组织相比,在应对不稳定的环境时,项目型组织显示了自己潜在的长处,这来自于项目团队的整体性和各类人才的紧密合作。同前两种组织结构相比,矩阵型组织无疑在充分利用企业资源上具有巨大的优越性。由于融合了两种结构的优点,因此矩阵组织形式在进行技术复杂、规模较大的项目管理时呈现出明显的优势。

### 8.1.3　项目组织计划

项目组织计划是指根据项目的目标和任务,确定相应的组织结构,以及如何划分和确定这些部门,这些部门又如何有机地相互联系和相互协调,共同为实现项目目标而各司其职又相互协作。项目的组织计划编制包括确定书面计划并分配项目任务、职责及报告关系。

组织计划编制中应明确以下几方面的任务:

#### 1.角色和职责分配

项目角色和职责在项目管理中必须明确,否则容易造成同一项工作多个人参与但没人负责,最终影响项目目标的实现。为了使每项工作能够顺利进行,就必须将每项工作分配到具体的工作人员或项目小组,明确不同的个人在这项工作中的职责,而且每项工作只能有唯一的负责人或项目小组。同时由于角色和职责可能随时间而变化,在结果中也需要明确这层关系。表示这部分内容最常用的方式为:职责分配矩阵(RAM)。对于大型项目,可在不同层次上编制职责分配

| 项目阶段＼人员 | A | B | C | D | E | F | …… |
|---|---|---|---|---|---|---|---|
| 系统分析 | A | P | | | | P | |
| 系统设计 | P | A | P | P | P | P | |
| 软件开发 | | | P | P | A | P | |
| 系统测试 | | R | R | A | R | | |

P:参与者　　　　　　A:负责者　　　　　　R:复查者

图 8-5　责任分配矩阵示例

矩阵。图 8-5 是责任分配矩阵的示例。职责分配矩阵(RAM)不仅使项目团队中各成员能清楚地认识到个人在项目组织中的担任的角色和职责,还能够理解彼此之间的关系,从而充分、全面、主动地承担其全部的责任。在大型项目中,职责分配矩阵(RAM)可用于各个项目层次。

2.构造项目组织结构图

在识别了项目需要哪些人员和哪些技能之后,项目经理就应与高层管理者和项目团队成员一起构造一个项目组织结构图。如图 8-6 所示,为一个典型的软件项目的组织结构图。

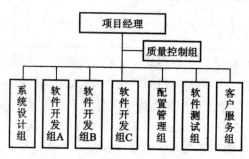

**图 8-6  软件项目的组织结构图**

3.编制人员配置管理计划

人员管理计划阐述人力资源在何时、以何种方式加入和离开项目小组。根据项目的需要,人员计划可能是正式的,也可能是非正式的,可能是十分详细的,也可能是框架概括型的。它是整体项目计划中的辅助因素。为了清晰地表明此部分内容,人员管理计划通常可用资源直方图表示,如图 8-7 所示,明确了各类人员在不同阶段所需要的数目。

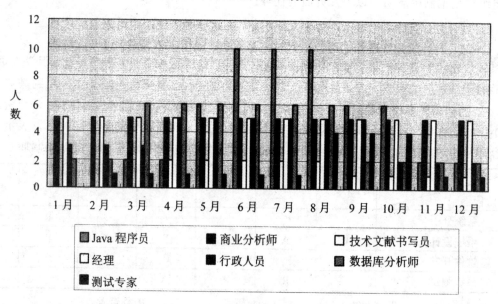

**图 8-7  一个 IT 项目的资源直方图**

4.详细说明

组织计划的详细说明随着应用领域和项目规模的不同而改变。通常作为详细说明而提供的信息包括以下几点：

组织的影响力：哪些选择被组织工作以这种方式排除。

职务说明：写明职务所需的技能、职员、知识、权力、物质环境，以及其他与该职务有关的素质。又称职位说明。

培训要求：若并不期望供分配的人员具备项目所需要的技能，则需要把培训技能作为项目的一部分。

# 8.2　项目团队建设

项目团队是一组为实现一个共同目标而协同工作的个体成员，团队工作就是团队成员为实现这一共同目标而共同努力。项目团队工作是否有足够成效会直接影响项目的成败，尽管需要计划以及项目经理的工作技能，但人员和项目团队才是项目成功的关键。项目获得成功需要有一个有效工作的项目团队。

## 8.2.1　项目团队结构及模式

1.团队结构

团队是由一群不同背景、不同技能及不同知识的人员所组成，通常人数不多。他们分别选自组织中的不同部门，组成团队后，共同为某一特殊的任务而工作。

通常，当有一项持续性的使命，其特定任务可能经常变动，如产品开发等，这时就需要组建一个团队来完成该使命。这种团队组织可能是长期性的，团队成员也许因任务的不同而不同，但团队的基础却可以保持不变。随着任务变化，团队成员可能变动，甚至同一成员可以同时归属于两个以上的不同团队。如没有持续性的使命，也可以有临时性的团队，但不是以团队为基础的长期性组织设计。

一支全部是三流球员组成的球队很难赢球，一支全部由超一流球员组成的球队经常也赢不了球。因此合理配置人员，合适的团队结构是成功的基础。

下面介绍的案例是微软的团队结构。

在微软有许多团队，如项目经理团队、开发团队、测试团队、产品可用性团队、客户教育或文档团队等，其团队结构如下：

(1)项目经理团队角色

设计项目经理：负责具体的产品设计撰写设计规格说明书。

发行项目经理：负责整个项目的流程和进度管理，制定进度表等，协调整个团队的工作。大的 PM 队伍中有一人专门做这个。这是整个项目的领头人。大型的项目的成功与否，常常靠得力的发行经理的领导。

协助项目经理：负责其他产品发行需要照顾到的事情，如客户交流、和市场开发人员交流、负责 beta program(初版试行)、等等。大的 PM 队伍中少不了这样的人。20%的 PM 是做这个。

（2）开发团队角色

开发团队领导：负责管理各个开发小组，并对开发编程的工作做总体的规划。

开发组长：负责管理开发工程师，也参加对开发编程的工作做总体的规划。

开发工程师：负责具体的编程开发。

构架师：大的产品团队有一两个资深工程师专门做整体系统的设计规划。

（3）测试团队角色：

测试团队领导：负责管理测试小组。

测试组长：负责管理测试工程师，制定测试计划等。

测试工程师：负责具体的测试工作。

测试开发工程师：负责测试工具的开发。

（4）产品可用性团队角色：

产品可用性工程师：做使用性能的调查和测试，采访客户或将客户邀请来做调查。

界面设计师：负责具体的界面设计。

产品设计师：负责产品的总体设计，特别是硬件产品。

（5）客户教育或文档团队角色

文档组长：负责管理文档小组。

文档编辑：负责具体的文档编辑和撰写。

以上团队并不是所有的产品队伍都有。比较小的队伍就没有这些专人，有的时候向别的队伍借用，或雇佣临时工。

采用何种团队结构取决于团队要完成的使命，即首先明确目标，然后根据目标确定团队结构。通常，软件项目有三类目标：解决问题、创新、战术执行，它们的特征和适合的团队结构见表8-3。

表 8-3　软件项目目标和适合的团队结构

| 团队 | 主要目标 | | |
| --- | --- | --- | --- |
| | 解决问题 | 创新 | 战术执行 |
| 主要特征 | 信任 | 创新 | 明确 |
| 典型软件工作举例 | 系统的校正和维护 | 新产品开发 | 产品升级 |
| 过程重点 | 着重于问题 | 探索可能性和选择性 | 高度关注有明确角色的任务，成功与失败通常被明确界定 |
| 团队选择标准 | 理解力强、聪明，感觉敏锐，高度诚实 | 睿智的、独立的思考者，做事主动，顽强 | 忠诚、信守承诺，侧重于行动，有紧迫感，积极响应 |
| 适合的软件团队模式 | 业务团队，搜索教授团队，SWAT 团队 | 业务团队，首席程序员团队，臭鼬团队，戏剧团队 | 业务团队，首席程序员团队，特征团队，SWAT 团队，专业运动员团队 |

团队的结构取决于团队目标、组成团队的角色及团队领导者，目标不同，则应选择不同的团队模式。

## 2.团队模式

常见的团队模式有以下几种:

(1)业务团队

业务团队是最常见的团队结构,是由一个技术领导带领的团队。团队成员要面对不同的专业,如开发数据库、制图、测试等。业务团队的结构是典型的等级层次结构,它通过确定一个人主要负责项目中的技术工作来改善与管理部门的沟通。

(2)首席程序员团队

首席程序员团队利用了某些开发者的效率是其他人开发员效率的数倍这一现象。此类团队中,由首席程序员处理大多数的设计和代码,其他团队成员则进行专门的研究。团队中还会有"管理员"、"工具员"、"后备程序员"等角色。

(3)大型团队

大型团队在沟通和协调方面存在着特殊的问题。项目中的人员增加时,沟通的渠道和协调工作也需要增加。沟通渠道数量并非以人数累加,而是与人员数目的平方成正比。实际上,50人的项目也不能保证每个人都能与其他人沟通。可化解成不同的小组进行管理。

(4)臭鼬项目团队

臭鼬项目团队是典型的黑箱管理方式,有惊人的激励效果,团队可按照自己认为合适的方式进行自我的管理,从而调动相关开发者的特别投入。臭鼬项目团队对于创造性最为重要的探索性项目最为适合。

(5)搜索救援团队

搜索救援团队的团队成员熟悉被搜索的领域,有能力立即处理问题,有过硬的知识。搜索救援团队的工作重点在于解决特定的问题。这样结构的团队非常适合重点在于解决问题的项目。

(6)特征团队

特征团队中,开发、质量保证、文档管理、程序管理和市场人员都采用传统的等级报告结构。这种团队结构有授权,责任和平衡的优势。团队能够被明确地授权,团队将会考虑决策中所有必要的观点。这种结构的团队更适合问题解决项目。

(7)特种武器和战术团队

特种武器和战术团队通常是持久的团队。主要工作不是去创新,而是用他们熟知的特定的技术和实践来执行一个解决方案。这种结构更适合战术执行团队。

(8)戏剧团队

戏剧团队以强烈的方向性和很多关于项目角色的协商为特点。核心角色是导演,保持产品的愿景目标和指定人们在各自范围内的责任。团队成员可以塑造他们的角色,锻造项目中他们负责的部分。戏剧团队的优势在创新项目中,可在强烈的中心愿景目标范围内,提供一种方式来整合巨大的团队个人的贡献。适合被很强的个性控制的软件。

### 8.2.2　项目团队的特点及团队精神

#### 1.项目团队的特点

成功团队也具有一些共同的特点:

(1)项目团队的目的性

项目团队这种组织的使命就是完成某项特定的任务,实现某个特定项目的既定目标,因而这种组织具有很高的目的性。项目团队只有与既定项目目标有关的使命或任务,而没有也不应该有与既定项目目标无关的使命和任务。

(2)项目团队的临时性

项目团队在完成特定项目的任务以后,其使命就会终结,项目团队即可解散。在出现项目中止情况时,项目团队的使命也会中止,此时项目团队或是解散,或是暂停工作。如果中止的项目获得解冻或重新开始时,项目团队也会重新工作。

(3)项目团队的团队性

项目团队是按照团队作业的模式开展项目工作的,团队性的作业是一种完全不同于一般运营组织中的部门、机构的特殊作业模式,这种作业模式强调团队精神与团队合作。这种团队精神与团队合作是项目成功的精神保障。

(4)项目团队具有渐进性和灵活性

项目团队的渐进性是指项目团队在初期一般是由较少成员构成的,随着项目的进展和任务的展开,项目团队会不断地扩大。项目团队的灵活性是指项目团队人员的多少和具体人选也会随着项目的发展与变化而不断调整。

除以上特点外,团队的组织还具有其他特点,如结构清晰,岗位明确;有成文或者习惯的工作流程和方法,而且流程简明有效;项目经理对团队成员有明确的考核和评价标准,工作结果公正、公开、赏罚分明;组织纪律性,违反纪律往往会牺牲多数人的利益,因此团队组织是“以人为本”的;相互信任,善于总结和学习。

在软件项目团队中,员工的知识水平一般都比较高。由于知识员工的工作是以脑力劳动为主,他们工作的能力较强,有独立从事某一活动的倾向,并在工作过程中依靠自己的智慧和灵感进行创新活动。他们工作中的定性成分较大,工作过程一般难以量化,因而,不易控制。具体来说,软件项目团队具有以下特点。

(1)工作自主性要求高

IT企业普遍倾向给员工营造一个有较高自主性的工作环境,目的在于使员工在服务于组织战略与目标实现的前提下,更好地进行创新性的工作。但是其缺点是代价高,而且耗时间,公司至少要提前3～6个月就必须确定他们的招聘需求,而且正常情况下,还必须等到学生毕业才能正式雇佣。

(2)人事中介机构

人事中介机构是外部招聘求职者的另一途径。这里,雇主通过与适当的中介机构接触,并告知工作所需的资格。之后,中介机构就承担起寻找和筛选求职者的任务,并会在指定时间向雇主推荐优秀的求职者,以备进一步筛选。

(3)猎头公司

猎头公司是一种专门为雇主“搜捕”和推荐高级主管人员、高级技术人员的公司,他们设法诱使这些人才离开正在服务的企业。猎头公司的联系面很广,而且特别擅长接触那些正在工作,并对更换工作还没有积极性的人。它可以帮助项目管理人员节省很多招聘和选拔高级主管等专门人才的时间。但是,借助于猎头公司的费用要由用人单位支付,而且费用很高。一般情况下,为所推荐的人才年薪的1/4～1/3。

2.团队精神

要想使一个群独立的个人发展成为一个成功而有效的项目团队,项目经理必须付出巨大的努力。决定一个项目成败的因素有很多,但是团队精神是至关重要的。项目团队并不是把一组人集合在一个项目组织中一起工作就能够建立的,没有团队精神建设不可能形成一个真正的项目团队。一个项目团队必须要有自己的团队精神,团队成员需要相互依赖和忠诚,齐心协力地去共同努力,为实现项目目标而开展团队作业。一个项目团队的效率与它的团队精神紧密相关,而一个项目团队的团队精神是需要逐渐建立的。

项目团队的团队精神应该包括下述几个方面的内容。

(1)高度的相互信任

团队精神主要体现在团队成员之间的高度相互信任。每个团队成员都相信团队的其他人所做的和所想的事情是为了整个集体的利益,是为实现项目的目标和完成团队的使命而做的努力。团队成员们真心相信自己的伙伴,相互关心,相互忠诚。同时,团队成员们也承认彼此之间的差异,但是这些差异与完成团队的目标没有冲突,而且正是这种差异使每个成员感到了自我存在的必要和自己对于团队的贡献。管理人员和团队领导对于团队的信任气氛具有重大影响。因此,管理人员和团队领导之间首先要建立起信任关系,然后才是团队成员之间的相互信任关系。

(2)强烈的相互依赖

团队精神还体现在成员之间强烈的相互依赖。一个项目团队的成员只有充分理解每个团队成员都是不可或缺的项目成功重要因素之一,那么他们就会很好地相处和合作,并且相互真诚而强烈地依赖。这种依赖会形成团队的一种凝聚力,这种凝聚力就是团队精神的一种最好体现。每位团队成员在这个环境中都感到自己应对团队的绩效负责,为团队的共同目标、具体目标和团队行为勇于承担各自共同的责任。

(3)统一的共同目标

团队精神最根本的体现是全体团队成员具有统一的共同目标。在这种情况下,项目团队的每位成员会强烈地希望为实现项目目标而付出自己的努力。因为项目团队的目标与团队成员个人的目标相对是一致的,所以大家都会为共同的目标而努力。这种团队成员积极地为项目成功而付出时间和努力的意愿就是一种团队精神。例如,为使项目按计划进行,必要时愿意加班、牺牲周末或午餐时间来完成工作。

(4)全面的互助合作

团队精神还有一个重要的体现是全体成员的互助合作。当人们能够全面互助合作时,他们之间就能够进行开放、坦诚而及时的沟通,就不会羞于寻求其他成员的帮助,团队成员们就能够成为彼此的力量源泉,大家都会希望看到其他团队成员的成功,都愿意在其他成员陷入困境时提供自己的帮助,并且能够相互做出和接受批评、反馈和建议。有了这种全面的互助合作,团队就能在解决问题时有创造性,并能够形成一个统一的整体。

(5)关系平等与积极参与

一个具有团队精神的项目团队,它的成员在工作和人际关系上是平等的,在项目的各种事务上大家都有一定的参与权。一个具有团队精神的项目团队多数是一种民主和分权的团队,因为团队的民主和分权机制使人们能够以主人翁或当事人的身份去积极参与项目的各项工作,从而形成一种团队作业和形成一种团队精神。

（6）自我激励和自我约束

项目团队成员的自我激励和自我约束使得项目团队能够协调一致，像一个整体一样去行动，从而表现出团队的精神和意志。项目团队成员的这种自我激励和自我约束，使得一个团队能够统一意志、统一思想和统一行动。这样团队成员们就能够相互尊重，重视彼此的知识和技能，并且每位成员都能够积极承担自己的责任，约束自己的行为，完成自己承担的任务，实现整个团队的目标。

### 8.2.3　项目团队建设的过程

#### 1.项目团队建设的各个阶段

一个团队的建设包括四个主要的阶段，组建阶段、磨合阶段、规范阶段和执行阶段，如图8-8所示，项目组建的这4个阶段不是简单的单向过程，它可能是反复曲折的过程，而且这四个过程可能会被新人加入打乱节奏，再从头开始。

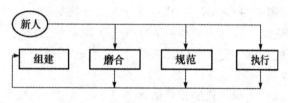

**图 8-8　项目组建的 4 个阶段**

（1）组建阶段

组建（forming）阶段是项目团队开始组建，个体成员组成一个项目团队，相互介绍彼此，相互了解的阶段。此阶段中，项目经理向团队成员介绍项目目标、项目计划以及成员的角色与职责。

（2）磨合阶段

磨合（storming）阶段又称磨合期，此阶段中，团队成员之间合作可能会不尽如人意，个人没有融入团队，团队内没有凝聚力，团队成员可能会出现彼此的竞争或士气低落。

（3）规范阶段

规范（norming）阶段是项目成员逐步接受项目的环境，团队成员之间相互加深了解的阶段，这时，项目团队开始有凝聚力，项目团队成员之间会表现出信任和友谊，共同解决处理项目问题。

（4）执行阶段

执行（performing）阶段是项目团队的完善阶段，成员之间坦诚合作，相互帮助，使得项目有很好的绩效，工作效率提高，这个阶段是项目经理追求的最终阶段。

#### 2.团队建设中的常见问题

团队建设中常常会出现各种各样的问题，例如：项目成立前期招聘和挑选项目团队成员不力；令人不解和困惑的组织结构；项目的执行缺乏控制；团队成员缺少培训；团队成员积极性低，对团队或项目的需要无反应或缺乏兴趣；团队成员缺乏个人的创造性；项目管理者不适当的管理理念；项目缺少成功的规划和开发；项目团队目标不明确或它们不被项目团队成员所接受；分配不公；团队成员的个性问题；其他需要解决的更重要的组织问题；更广的组织文化对团队的管理方法不起支持作用;一支团队的工作是由技能欠佳的成员完成的,或是在没有得到足够的帮助下完成的;团队中过多的"空转";团队的业绩下滑但无人知道原因;以前做出的决策未执行;团队会议没有效果,全部是争论且使人意志消沉。

项目团队的建设并不是一蹴而就的,它需要时间和资源。团队建设过程应该是有计划、长期的一个过程。从项目启动开始,到项目结束,需要始终不断地开展团队建设,提高团队的绩效水平。

### 8.2.4　项目团队成员的培训交流

培训是知识增进和传递的最主要手段,同时也是学习技能和培养良好工作态度的重要途径。通过对成员的培训,能够加强团队成员的专业水平,提高整个项目团队的综合素质、工作技能和水平。同时,还可以通过提高项目成员的技能,提高项目成员的工作满意度,降低项目成员的流动比例和人力资源管理成本。

针对项目的一次性和制约性特点,对于项目成员的培训应该采取"短、平、快"的针对性培训。培训形式主要有两种:第一,岗前培训,主要对项目成员进行一些常识性的岗位培训和项目管理方式等培训;第二,岗中培训,主要是根据开发人员的工作特点,针对操作中出现的实际问题,进行特别的培训,多偏重于专门技术和特殊技能的培训。

项目团队可以要求团队成员在项目执行期间,被安排在同一个办公环境下进行工作。当团队成员被安排到一起时,他们就会有许多机会走到彼此的办公室或工作区进行交流。同样,他们会在如走廊这样的公共场所更经常地碰面,从而有机会在一起交谈,尽管讨论未必总是围绕工作的。另外,项目团队可以定期或不定期地举办一些社交活动,庆祝项目工作中的事件。例如,取得了重要的阶段成果,系统通过测试,或者与客户的设计评审会成功,或者为放松压力而举办的活动。团队为促进社会化和团队建设,可以组织各种活动。例如,下班后的聚会、会议室的便餐、周末家庭野餐、观看一场体育活动或演出等,一定要让团队中的每个人都参加这类活动。也许有些成员无法参加,但一定要邀请到每个人,并鼓励他们参加。团队成员要利用这个机会,尽量与更多的其他团队成员互相结识,增进彼此的了解。要尽量避免让人们形成几个组的小团体,在每次活动中老是聚在一起。参加社会化活动不仅有助于培养起忠诚友好的情感,也能使团队成员在项目工作中更容易进行开放、坦诚的交流和沟通。

除了组织社交活动外,团队还可以定期召开团队会议,在这种会议上可以只讨论与团队相关的问题,而不涉及具体项目,其目的是广泛讨论类似下述问题:作为一个团队,我们该怎样工作?有哪些因素妨碍团队工作(例如,像工作规程、资源利用的先后次序或沟通、组织结构不清晰、管理不适当等)?我们如何克服这些障碍?怎样改进团队工作?项目经理参加团队会议时,对他也应一视同仁,团队成员不应向经理寻求解答,经理也不能利用职权,否决团队的共识。

可以看出,员工要想发展,企业要想壮大,都离不开一些常规和特别的培训,因为这是一种能够让团队成员快速了解公司与项目的有效方式。而且随着社会的进步,培训不再是工作,而是一种理念,要在企业中合理地运作和推行,才能帮助企业更上一层楼。

培训工作的内容制订要考虑各个方面的需求。例如,对于项目上的技术需求,要在项目开始实施前安排相关的技术培训;对于不同工作岗位,不同层次的人员,就要不定期地安排一些业务方面、管理方面、流程方面等不同内容的培训;对于团队成长方面的需求,就有必要开展一些理论和实践相结合的合作、沟通等方面的培训。如果不了解实际的培训需求,可以做个培训需求调查,这样有助于有针对性地开展培训工作。

# 8.3 项目团队管理

### 8.3.1 项目团队的激励管理

项目团队士气是项目成功的一个因素,项目成员的激励是调动成员工作热情非常重要的手段。管理者通过采取各种措施,给予项目成员一定的物质刺激、精神激励,去激发项目成员的工作动机,调动员工的工作积极性、主动性,并鼓励他们的创造精神,从而以最高的效率完成项目,实现项目目标。当然激励一定要因人而异,可以适当参照下面做法:

薪酬激励是指对于软件人员,如果支付的薪酬与其贡献出现较大偏差时,便会产生不满情绪,降低工作积极性,因此,必须让薪酬与绩效挂钩。

机会激励是指在运用机会激励时,要讲究公平原则,即每位员工都有平等的机会参加学习、培训和获得具有挑战性的工作,这样才不会挫伤软件人员的积极性。

环境激励是指企业内部良好的技术创新氛围,企业全体人员对技术创新的重视和理解,尤其是管理层对软件人员工作的关注与支持,都是对软件人员有效的激励。

情感激励是指知识型员工大都受过良好的教育,受尊重的需求相对较高,尤其对于软件人员,他们自认为对企业的贡献较大,更加渴望被尊重。

其他激励,如弹性工作制,由于软件人员的工作自主性特点,宽松、灵活的弹性工作时间和工作环境对于保持创新思维很重要。

#### 1. 激励理论

目前人们提出了很多激励理论,这些理论各自都有不同的侧重点。

(1)马斯洛的需要层次理论

人类在生活中会有各种各样的需要,例如,生存的需要(对物质的需求,满足吃穿住行健康等),心理的需要(寻求友情、归属感、社交、追求荣誉及精神的需要),满足自尊、获得成就、实现自我等各种需要,都能成为一定的激励因素,而导致人们一定的行为或行为结果的发生。马斯洛把人类需要分为 5 个层次,如图 8-9 所示。

图 8-9 马斯洛的需求层次

生理需要是指维持人类自身生命的最基本需要,如吃、穿、住、行、睡等;安全需要是指如就业工作、医疗、保险、社会保障等;友爱与归属需要是指人们希望得到友情,被他人接受,成为群体一分子;尊重需要是指个人自尊心受到他人尊敬及成就得到承认,对名誉、地位的追求等;自我实现需要是人类最高层次的需要,包括追求理想、自我价值、使命感、创造性和独立精神等。

马斯洛将这五种需要划分为高低两级。生理的需要和安全的需要称为较低级的需要,而社会需要、尊重需要与自我实现需要称为较高级的需要。高级需要是从内部使人得到满足,低级需要则主要是从外部使人得到满足。马斯洛建立的需求层次理论表明:对于生理、安全、社会、尊敬,以及自我实现的需求激励着人们的行为。当一个层次的需求被满足之后,这一需求就不再是激励的因素了,而更高层次的需要就成为新的激励因素。人的需要可按等级层次向上或向下移动,当某一个层次的需要失去满足时,可以使这种需要恢复激励。有效管理者或合格项目经理的任务,就是去发现员工的各种需要,从而采取各种有效的措施或手段,促使员工去满足一定需要,而产生与组织目标一致的行为,因而发挥员工最大的潜能,即积极性。

(2)双因素理论

双因素理论是心理学家赫兹伯格在马斯洛需要层次论的基础上提出的。他把人的需要因素分为两大类:保健因素和激励因素。保健因素是指那些与人们的不满情绪有关的因素,例如公司的政策、管理和监督、人际关系、工作条件等。这类因素并不能对员工起激励的作用,只能起到保持人的积极性、维持工作现状的作用,所以保健因素又称为"维持因素"。激励因素是指那些与人们的满意情绪有关的因素。与激励因素有关的工作处理得好,能够使人们产生满意情绪;如果处理不当,其不利效果顶多只是没有满意情绪,而不会导致不满。他认为激励因素主要包括:工作表现机会和工作带来的愉快,工作上的成就感,由于良好的工作成绩而得到的奖励,对未来发展的期望,以及职务上的责任感。如果缺乏诸如高工资或更佳的工作环境等健康因素,则会产生令人不满意的结果;但是如果健康因素已经具备,那么不要试图通过改善它而激励员工。成就、认可度、工作本身、职责及发展都是影响工作满意度和激励员工的因素。

赫兹伯格双因素激励理论具有重要的意义,它把传统的满意或不满意的观点进行了拆解,认为传统的观点中存在双重的连续体:满意的对立面是没有满意,而不是不满意;同样,不满意的对立面是没有不满意,而不是满意。这种理论对管理的基本启示是:要调动和维持员工的积极性,首先要注意保健因素,以防止不满情绪的产生。但更重要的是要利用激励因素去激发员工的工作热情,努力工作,创造奋发向上的局面,因为只有激励因素才会增加员工的工作满意感。

赫兹伯格的双因素理论与马斯洛的理论基本上是一致的。他的保健因素相当于马斯洛的生理和安全两个物质层次的需要,激励因素相当于马斯洛归属、自尊和自我实现三个心理层次的需要。不过,正如马斯洛的需要层次论在讨论激励的内容时有固有的缺陷一样,赫兹伯格的双因素理论也有欠完善之处。像在研究方法、研究方法的可靠性及满意度的评价标准这些方面,赫兹伯格这一理论都存在不足。另外,赫兹伯格讨论的是员工满意度与劳动生产率之间存在的一定关系,但他所用的研究方法只考察了满意度,并没有涉及劳动生产率。

(3)麦格雷戈的 X 理论

麦格雷戈的 X 理论对人性假设的主要内容为:

①人天生是懒惰的,不喜欢他们的工作并努力逃避工作。

②人天生就缺乏进取心,缺乏主动性,工作不愿负责任,没有解决问题与创造的能力,更喜欢经常的被指导,宁愿被领导,避免承担责任,没有什么抱负。

③人天生就习惯于明哲保身,反对变革,把对自身安全的要求看得高于一切。

④人缺乏理性,容易受外界和他人的影响做出一些不适宜的举动。

⑤人生来就以自我为中心，无视组织的需要，对组织需求反应淡漠，反对变革，所以对多数人必须使用强迫以至惩罚、胁迫的办法，去驱使他们工作，方可达到组织目标。

X理论强调需要用马斯洛的底层需求进行激励。这个理论不适合软件项目人员的激励。

X理论就是强势管理。假设你的下属逃避责任、不愿意动脑筋，甚至很讨厌上司给他分派工作，碰到这种下属，就需要一种强势管理。这种强势管理可以对员工产生约束力，提高企业生产效率。但是，X理论忽视了人的自身特征和精神需要，只注重人的生理需要和安全需要的满足，把金钱作为主要的激励手段，把惩罚作为有效的管理方式，麦格雷戈对人的需要、行为和动机进行了重新研究，提出一种新的假设，即Y理论。

（4）麦格雷戈的Y理论

麦格雷戈的Y理论对人性假设的内容有：

①人天生是喜欢挑战的，要求工作是人的本能。

②在适当的条件下，人们能够承担责任，而且多数人愿意对工作负责，并有创造才能和主动精神；如果给予适当的激励和支持性的工作氛围，会达到很高的绩效预期，具有创造力，想象力，雄心和信心来实现组织目标。

③个人追求与组织的需要并不矛盾。只要管理适当，人们能够把个人目标与组织目标统一起来。

④人对于自己所参与的工作，能够实行自我管理和自我指挥；能够自我约束，自我导向与控制，渴望承担责任。

⑤在现代工业条件下，一般人的潜力只利用了一部分。

Y理论认为需要用马斯洛的高层需求进行激励。用Y理论指导管理，要求管理者根据每个人的爱好和特长，安排具有吸引力的工作，发挥其主动性和创造性；同时要重视人的主动特征，把责任最大限度地交给每个人，相信他们能自觉完成工作任务。外部控制、操纵、说服、奖罚，不是促使人们努力工作的唯一办法，应该通过启发与诱导，对每个工作人员予以信任，发挥每个人的主观能动作用，从而实现组织管理目标。

Y理论属于参与管理，如果你有这样的下属，他们愿意接受任务，也喜欢发挥自己的潜力，喜欢有挑战性的工作，作为一名管理者你应该给这样的下属一些机会，让他们参与管理。但是，经过实践人们发现Y理论并非在任何条件下都比X理论优越，管理思想和管理方式应根据人员素质、工作特点、环境情况而定，不能一概而论。这便是超Y理论产生的理论基础。

（5）超Y理论

超Y理论是莫尔斯和洛希在1970年提出的，其主要观点为：

①人们是怀着许多不同的需要加入工作组织的，各自有不同的情况：有的人自由散漫，不愿参与决策和责任，需要正规化的组织机构和严格的规章制度加以约束；有的人责任心强，积极向上，则需要更多的自治、责任和发挥创造性的机会去实现尊重和自我实现的需要。

②组织形式和管理方法要与工作性质和人们的需要相适应，对懒惰、缺乏进取心的人适用X理论管理，而对富有责任心、工作主动的人则适用Y理论管理。

③组织机构和管理层次的划分、职工培训和工作分配、工作报酬和控制程度等，都要从工作性质、工作目标、员工素质等方面进行综合考虑，不能千篇一律。

④当一个目标达到后，应激起员工的胜任感，使他们为达到新的、更高的目标而努力。但是，认真分析和研究之后，人们发现：不论是X—Y理论，还是超Y理论，都存在一个不足之处，就是

其理论研究的出发点,多半是从管理当局与员工对立为基本前提。有鉴于此,便产生了 Z 理论。

(6)Z 理论

Z 理论的提出者是日裔美国管理学家、管理学教授。威廉•大内于 1973 年开始研究日本企业管理,针对日美两国的管理经验,1981 年出版《Z 理论》一书。Z 理论认为,经营管理与员工的目标是一致的,二者的积极性可以融合在一起。

Z 理论是基于日本的员工激励方法,它强调忠诚、质量、集体决策和文化价值。Z 理论的基本思想是:

①企业对员工实行长期或终身雇佣制度,使员工与企业同甘苦共命运,并对职工实行定期考核和逐步提级晋升制度,使员工看到企业对自己的好处,因而积极关心企业的利益和企业的发展。

②企业经营者不单要让员工完成生产任务,而且要注意员工培训,培养他们能适应各种工作环境需要,成为多专多能的人才。

③管理过程既要运用统计报表、数字信息等鲜明的控制手段,而且要注意对人 69 经验和潜在能力进行诱导。

④企业决策采取集体研究和个人负责的方式,由员工提出建议,集思广益,由领导者作出决策并承担责任。

⑤上下级关系融洽,管理者对职工要处处关心,让职工多参与管理。

不同于"性本恶"的 X 理论,也不同于"性本善"的 Y 理论,Z 理论以争取既追求效率又尽可能减少当局与职工的对立,尽量取得行动上的统一。目前管理界还提出了 H 理论,H 即 Haier,海尔创造的是具有中国特色的"H 理论":主动变革内部的组织结构,使其适应员工的才干和能力,而最终实现人企共同发展。

(7)成就需要理论

美国哈佛大学教授、社会心理学家戴维•麦克利兰,则把人的高层次需求归纳为对成就、权力和亲和的需求。

成就需求:争取成功,希望做得最好的需求。

权力需求:影响或控制他人且不受他人控制的需求。

亲和需求:建立友好亲密的人际关系的需求。

不同类型的人有不同的需求,应该给予相应的激励。

(8)ERG 理论

ERG 理论是美国学者奥尔德弗在马斯洛理论研究基础上的修正,他把马斯洛的五个层次需要压缩为 3 个层次,即生存需要、关系需要和成长需要。与马斯洛观点不同的是,ERG 理论认为:在任何时间里,多种层次的需要会同时发生激励作用;如果上一层次的需要一直得不到满足的话,个人就会感到沮丧,然后回归到对低层次需要的追求。ERG 理论比马斯洛理论更新、更有效地解释了组织中的激励问题。

(9)期望理论

北美著名心理学家和行为科学家弗鲁姆认为,人总是渴求满足一定的需要并设法达到一定的目标。这个目标在尚未实现时,表现为一种期望,这时目标反过来对个人的动机又是一种激发的力量,而这个激发力量的大小,取决于目标价值和期望概率的乘积,用公式表示如下:

$$M = \sum V \times E$$

$M$ 表示激发力量,是指调动一个人的积极性,激发人内部潜力的强度。$V$ 表示目标价值,这是一个心理学概念,是指达到目标对于满足其个人需要的价值。对于同一目标,由于各人所处的环境不同,需求不同,其需要的目标价值也就不同。同一个目标对每一个人可能有 3 种效价:正、零、负。效价越高,激励力量就越大。$E$ 是期望值,是人们根据过去经验判断自己达到某种目标的可能性是大还是小,即能够达到目标的概率。目标价值大小直接反映人需要动机的强弱,期望概率反映人实现需要和动机的信心强弱。

这个公式表明:假如一个人把某种目标的价值看得很大,估计能实现的概率也很高,那么这个目标激发动机的力量就会很强烈。

激励理论还有很多,其实不论什么理论,要想激励有效,都要通过三个基本步骤来完成:

①分析激励。不管是针对个体还是针对团队,要产生好的效果,首先必须深入分析他们的需求和期望。

②创建激励环境。良好的环境可以帮助员工发挥最大的潜能,善于运用激励的领导者可以帮助员工超越过去,创造更大的成绩。

③实现激励。对于有成就的员工要实施奖励。有成就的员工包括有进步的,工作表现好的,达到目标的,帮助他人的等,凡是有助于团队建设和项目发展的都应该给予相应的奖励。

一提起激励,大多数人首先想到的就是钱。当然不能忽视物质奖励的力量,但同时也可以运用一些切实可行的软性激励法和相关技巧。

目标激励是指给属下设定切实可行的目标之后跟踪完成。及时认可是指上司的认可就是对员工工作成绩的最大肯定,但认可要及时,采用的方法可以诸如发一封邮件给员工,或是在公众面前表达对他/她的赏识。信任激励是指信任永远是最重要的激励守则之一。荣誉和头衔是指为工作成绩突出的员工颁发荣誉称号,强调公司对其工作的认可,让员工知道自己是出类拔萃的,更能激发他们工作的热情。情感激励是指发掘优点比挑剔缺点重要,即使是再小的成就也一定要赞许。给予一对一的指导是指很多员工并不在乎上级能教给他多少工作技巧,而在乎上级究竟有多关注他/她。读过《杰克·韦尔奇自传》的人,肯定对韦尔奇的便条式管理记忆犹新。这些充满人情味的便条对下级或者是朋友的激励是多么让人感动。

参与激励提供了参与的机会。授权是一种十分有效的激励方式。合理授权可以让下属感到自己受到重视和尊重,在这种心理作用下,被授权的下属自然会激发起潜在的能力和热情。激励集体比激励个人更有效。听比说重要、肯定比否定重要等。

(10)公平理论

公平理论是美国心理学家亚当斯 1963 年提出的,也称为社会比较理论。该理论认为人们都有要求公平对待的感觉。职工不仅会把自己的努力与所得报酬作比较,而且还会把自己和其他人或群体作比较,并通过增减自己付出的努力或投入的代价,来取得他们所认为的公平与平衡。人们往往把自己的结果与投入之比与他人相比较。比较出现三种情况:"其他人"、"制度"和"自我"。"其他人"包括在本组织中从事相似工作的其他人及别的组织中与自己能力相当的同类人,包括朋友、同事、学生甚至自己的配偶等。"制度"是指组织中的工资政策与程序及这种制度的运作。"自我"是指自己在工作中付出与所得的比率。

公平理论启示管理者用报酬或奖励来激励员工时,一定要使员工感到公平合理;应注意横向比较(不仅是本部门,还要考虑平行各部门及社会环境其他类似行业单位。这是在工资结构和工资水平决策及奖励时要特别考虑)公平理解是心理感觉,管理者要注意沟通;职工的某些不公平感可以忍耐一时,但时间长了,一件明显的小事也会引起强烈反应。

2.激励因素

激励因素是指诱导一个人努力工作的东西或手段。激励因素可以是某种报酬或者鼓励,也可以是职位的赏钱或者工作任务和环境的变化。激励因素是一种手段,用来调和各种需要之间的矛盾,或者强调组织所希望的需要而使它比其他需要达到优先的满足。实际上,项目管理者可以通过建立对某些动机有利的环境来强化动机,使团队成员在一个满意的环境中产生做出高质量工作的愿望。激励因素是影响个人行为的东西。但是,对不同的人,甚至是同一个人,在不同的时间和环境下,能产生激励效果的因素也是不一样的。因此管理者必须明确各种激励的方式,并合理使用。

(1)物质激励

物质激励的主要形式是金钱,虽然薪金作为一种报酬已经赋予了员工,但是金钱的激励作用仍然是不能忽视的。实际上,薪金之外的鼓励性报酬、奖金等,往往意味着比金钱本身更多的价值,是对额外付出、高质量工作、工作业绩的一种承认。一般来说,对于急需钱的人,金钱可以起到很好的激励作用;而对另外一些人,金钱的激励作用可能很有限。

薪金和奖金往往是反映和衡量团队成员工作业绩的一种手段,当薪金和奖金的多少与项目团队成员的个人工作业绩相联系时,金钱可以起到有效的激励作用。而且,只有预期得到的报酬比目前个人的收入更多时,金钱的激励作用才会明显,否则奖励幅度过小,则不会受到团队成员的重视。而且,当一个项目成功后,也应该重奖有突出贡献的成员,以鼓励他们继续做出更大的贡献。

当员工渴望职业发展和获得别人尊重时,他对金钱的评价是较低的,这时如果以金钱作为对其工作投入的回报,就不能满足他的期望,甚至引起员工的愤怒,从而造成该员工心理契约的破坏。

(2)精神激励

随着人们需求层次的不断提高,精神激励的作用越来越大,在许多情况下,可能成为主要的激励手段。

①参与感。作为激励理论研究的成果和一种受到强力推荐的激励手段,"参与"被广泛应用到项目管理中。让团队成员合理地"参与"到项目中,既能激励每个成员,又能为项目的成功提供保障。实际上,"参与"能让团队成员产生一个归属感、成就感,产生一种被需要的感觉,这在软件项目中是尤其重要的。

②发展机遇。是否在项目过程中获得发展的机遇,是项目团队成员关注的另一个问题。项目团队通常是一个临时性的组织,成员往往来自不同的部门,甚至是临时招聘的。随着项目的结束,团队多数被解散,团队成员面临着回原部门或者重新分配工作的压力,因此,在参与项目的过程中,其能力是否得到提高,是非常重要的。如果能够为团队成员提供发展的机遇,可以使团队成员通过完成项目工作或者在项目过程中经过培训而提高自身的价值,这就成为一种很有效的激励手段,特别是在 IT 行业,发展机遇往往会成为一些员工的首要激励因素。

③工作乐趣。软件项目团队成员是在一个不断发展变化的领域工作。由于项目的一次性特点,项目工作往往带有创新性,而且技术也在不断进步,工作环境和工具平台也不断更新。若能让项目组成员在具有挑战性的工作中获得乐趣和满足感,也会产生很好的激励作用。

④荣誉感。每个人都渴望获得别人的承认和赞扬,使团队成员产生成就感、荣誉感、归属感,

往往会满足项目成员更高层次的需求。作为一种激励手段,在项目过程中更需要注意的是公平和公正,使每个成员都感觉到他的努力总是被别人所重视和接受的。

(3)其他激励手段

泰穆汗和威廉姆定义了9种项目经理可使用的激励手段:权力、任务、预算、提升、金钱、处罚、工作挑战、技术特长和友谊。研究表明,项目经理使用工作挑战和技术特长来激励员工工作往往能取得成功。而当项目经理使用权力、金钱或处罚时,他们常常会失败。因此,激励要从个体的实际需要和期望出发,最好在方案制定中有员工的亲自参与,提高员工对激励内容的评价,在项目成本基本不变的前提下,使员工和组织双方的效用最大。

### 8.3.2 项目团队的沟通管理

沟通是为了特定的目标,将信息、思想、情感在个人或团体之间传递的过程。软件项目沟通管理是沟通在软件项目上的应用,是现代项目管理知识体系中的九大知识领域之一,它包括保证及时与恰当地生成、搜集、传播、存储、检索和最终处置项目信息所需的过程,为成功所必须的因素(人、想法和信息)提供了一个关键联系。

对于软件项目来说,好的信息沟通对项目的发起和人际关系的改善都有促进作用。具体来说,沟通的作用为:为项目决策和计划提供依据;为组织和控制管理过程提供依据和手段,即提供清晰的需求分析、及时的变更等;有利于和改善人际关系,提高团队意识,增进团队效率。

#### 1.项目沟通的结构

项目沟通的结构主要指三个方面。

(1)沟通的组织形式

沟通的组织形式也就是信息传达的层级结构问题,可以分为三种形式:项目组与上司的沟通、项目组内部的沟通、项目组与客户的沟通。

项目组与上司的沟通一般是项目组委托项目经理来进行的,项目经理在沟通当中存在两重身份。一种是作为公司组织结构中上下级关系,另一种是作为项目组的代表。所以项目经理不但要正确反映项目组的真实情况和存在的问题,还要贯彻执行上司的指示和分配的任务。

项目的沟通大部分还是项目组内部的沟通,而项目组内部的沟通主要是项目经理与项目组成员的沟通,这种沟通一般是项目组成员向项目经理汇报自己的工作,项目经理向项目组成员分配工作任务并进行跟踪和检查。有些大的项目,一个项目组内部可能又分为若干个模块开发小组,每个小组有一个组长,这样就存在组员向组长汇报,组长向项目经理汇报的项目沟通结构。

项目组与客户的沟通是一种与组织外部的沟通。一般来说,客户就是业主,所以项目组必须对客户负责。这种沟通是建立在一种契约关系基础之上,因此项目组的每一个成员与客户进行沟通都代表契约关系的甲方和乙方,这种沟通的主要目的是让客户满意,从而促使客户能够更好地履行合同。

(2)沟通渠道

在软件项目中,沟通渠道就是沟通网络的结构形式。软件项目的沟通网络由信息、发送者、媒介、转发者、接收者等组成,并关系着信息交流的效率,对项目的成功与否有着重大的影响。沟通渠道按组织系统可划分为正式沟通与非正式沟通;按信息传播的方向可划分为上行沟通、下行沟通、平行沟通、越级沟通;按传播媒介的形式可划分为口头沟通、书面沟通、非言语沟通和电子媒介。其中正式组织有链式、轮式、Y 式、环式和全通道式沟通,非正式组织有单线型、传播流言型、概率型和群型。

　　①正式组织。在组织系统内,依据组织明文规定的原则进行信息传递与交流。正式组织具有严肃、规范、权威性、约束力强、易保持传递信息的准确性、保密性等优点,但缺乏灵活性、传递速度较慢、也会失真、扭曲、传递范围受限。正式组织的五种类型如图 8-10 所示,图中每一个圈可看成是一个成员或组织,每一种网络形式相当于一定的组织结构形式和一定的信息沟通渠道,箭头表示信息传递的方向。

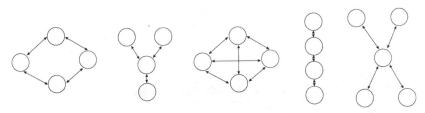

**图 8-10　正式组织沟通渠道**

　　图 8-10 中较常见的为环式沟通渠道和轮式沟通渠道。环式沟通渠道模式指不同成员之间按级依次联络沟通,主管人员与主管人员建立联系,基层工作人员之间与基层主管人员之间建立横向的沟通联系。该模式的最大优点是能提高群体成员的士气,适用于多层次的组织系统。但是其缺点是信息传递速度较慢,准确性较低。

　　轮式沟通渠道模式指主管人员分别同下属部门发生联系,成为个别信息的汇集点和传递中心。只有处于领导地位的主管人员了解全面情况,并由他向下属发出指令,而下级部门和基层公众之间没有沟通联系,他们只分别掌握本部门的情况。该模式在一定范围内具有沟通快速、有效、集中化程度高的优点,适用于一个主管领导者直接管理若干部门,是加强控制、争时间、抢速度的一个有效方法和沟通模式。缺点是成员满意度和积极性不高。较好的为全通道式沟通模式,该模式是一个开放式的信息沟通系统,其中每一个成员之间都有一定的联系,彼此十分了解,有利于集思广益,提高沟通的准确性。民主气氛浓厚、合作精神很强的组织一般采取这种沟通渠道模式。

　　实际上,采用何种沟通渠道的关键是何种是最适合项目团队的,也可以改变沟通的结构和方式,多种沟通渠道混合使用。

　　②非正式组织。正式沟通渠道只是信息沟通渠道的一部分。在一个组织中,还存在着非正式的沟通渠道,有些消息往往是通过非正式渠道传播的,其中包括小道消息的传播。非正式组织不是以组织系统,而是以私人的接触来进行沟通。这种交流未经管理层批准,不受等级结构的限制。非正式组织的沟通渠道能满足某些成员的社会需要,且速度快、灵活方便、内容多样、形式不拘一格,在一定程度上有助于项目沟通。但是,非正式组织的沟通随意性强,带有较强的感情色彩,难于控制,信息不确切,容易失真扭曲,导致小集团、小圈子,影响组织的凝聚力和人心稳定。

　　(3)沟通模型

　　沟通的基本模型如图 8-11 所示,它表明了两方之间信息的发送和接收。信息源对信息进行编码后,把信息通过某种媒介(如文字、电话等)传给接收者。该沟通模型的关键组件构成如下。

①信息源:产生某种运动状态和方式(即信息)的源事物,为沟通主体。

②编码:将思想或概念转化为人们可以理解的语言、行为。

③传播媒介:传达信息的方法或工具。

④解码:将信息再次转化为有意义的思想或概念。

⑤接收者:信息发送的目标,为沟通客体。

⑥干扰:影响、干扰信息传输和理解的任何东西。

⑦反馈:检查沟通双方对传输信息的理解。

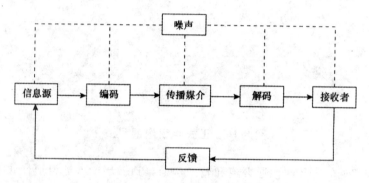

**图 8-11　沟通的基本模型**

在考虑软件项目沟通时,需要考虑沟通模型的各项要素。使用这些要素与项目利害干系者进行沟通,通常会面临许多挑战。例如在管理一个软件项目,该项目开发一种绿色农产品销售平台,该产品针对的是农产品批发市场的批发商。最近听说客户将项目进度报告称为"甲骨文",因为它们看起来深奥又简短。项目组成员如要成功地与其他项目干系人就技术概念进行沟通,就必须要用可以理解的文字而不是大量的缩写或专有名词对信息进行编码,使用各种技术将信息发送,并由接收方对信息进行解码。在此期间产生的任何干扰都会影响信息本意。

**2.项目沟通管理的作用**

对于项目来说,要科学地组织、指挥、协调和控制项目的实施过程,就必须进行信息沟通。沟通对项目的影响往往是潜移默化的,所以,在成功的项目中人们往往注意不到沟通所起的重要作用,只有在失败项目的痛苦反思中,却最能看出沟通不畅的危害,而且往往是比较关键的一个部分。没有良好的信息沟通,对项目的发展和人际关系的改善,都会形成一种制约作用。沟通失败是软件项目求生路上最大的拦路虎。常常能听到的典型例子是某某集团耗资几千万的 ERP(Enterprise Resource Planning,企业资源计划)项目最终弃之不用,原因是开发出的项目不是用户所需要的,没提高用户的工作效率不能达到用户心中所想。不难看出,造成这种尴尬的局面的根本原因是沟通失败。当一个项目组付出极大的努力,而所做的工作却得不到客户的认可时,是否应该冷静地反思一下双方之间的沟通问题?软件项目开发中最普遍现象是一遍一遍的返工,导致项目的成本一再加大,工期一再拖延,为什么总是出现这样的情况,原因还是沟通不到位。项目沟通的作用表现为以下几个方面。

(1)决策和计划的基础

项目经理要想做出正确的决策,必须以准确、完整、及时的信息作为基础。通过项目内、外部环境之间的信息沟通,就可以获得众多的变化的信息,从而为决策提供依据。

(2)组织和控制管理过程的依据和手段

在项目内部,没有好的信息沟通或情况不明,就无法实施科学的管理。只有通过信息沟通,掌握项目各方面的情况,才能为科学管理提供依据,才能有效地提高项目班子的组织效能。

(3)建立和改善人际关系必不可少的条件

信息沟通、意见交流,可将许多独立的个人、团体、组织贯通起来,成为一个整体。信息沟通是人的一种重要的心理需要,是人们用以表达思想、感情与态度,寻求同情与友谊的重要手段。畅通的信息沟通,可以减少人与人的冲突,改善人与人、人与团队之间的关系。

(4)项目经理成功领导的重要手段

项目经理通过各种途径将意图传递给下级人员,并使下级人员理解和执行。如果沟通不畅,下级人员就不能正确理解和执行领导意图,项目就不能按经理的意图进行,最终导致项目混乱甚至项目失败。因此,提高项目经理的沟通能力与成功领导关系极大。

(5)信息系统本身是沟通的产物

软件开发过程实际上就是将手工作业转化成计算机程序的过程。不像普通的生产加工那样有具体的有形的原料和产品,软件开发的原料和产品就是信息,中间过程间传递的也是信息,而信息的产生、收集、传播、保存正是沟通管理的内容。可见,沟通不仅仅是软件项目管理的必要手段,更重要的是软件生产的手段和生产过程中必不可少的工序。

(6)软件开发的柔性标准需要沟通来弥补

软件开发没有具体的标准和检验方法,软件的标准柔性很大,往往在用户的心里,用户满意是软件成功的标准,而这个标准在软件开发前很难确切地、完整地表达出来。因此,开发过程项目组和用户的沟通互动是解决这一现实问题的唯一办法。

综上所述,沟通的成败决定整个项目的成败,沟通的效率影响整个项目的成本、进度,沟通不畅的风险是软件项目的最大风险之一。

### 3. 项目沟通的原则

项目经理作为项目信息的发言人,应确保沟通信息的准确、及时、有效和完整。

(1)准确

在沟通过程中,必须保证所传递的信息准确无误;语言文字明确、肯定;数据表单真实、充分;避免似是而非、模糊不清。不准确的信息既毫无价值,还有可能引起混乱,导致接收者的误解,甚至作出错误的判断和行为,给项目带来负面影响。

(2)及时

项目具有时限性,必须保持沟通快捷、及时地传递。这样当出现新情况、新问题时,才能保证及时通知给有关各方,使问题得到迅速解决。如果信息滞后,时过境迁,客观条件发生了变化,信息也就失去了传递的价值。

(3)有效

信息的发送者应以通俗易懂的方式进行信息传递与交流,避免使用生僻的、过于专业的语言和符号。信息的接收者必须积极倾听,正确理解和掌握发送者的真正意图,并提供反馈意见,只有这样才能实现沟通的目标。

(4)完整

首先必须保证沟通信息本身的完整性,否则,就会误导他人。其次,必须保持沟通过程的完整性,不能扣押信息,尽量保持信息传递渠道的完整性。

### 4.项目沟通管理的方法

沟通中一个重要内容是协商,协商是指与他人交换意见以便得出结论或达成共识,为了达成共识可能需要进行直接的协商或者通过一些辅助手段进行协商,调解和仲裁就是协商的两种辅助手段。项目在许多层次、许多观点上会有多次的协商,在一种典型项目的尽心过程中,项目工作人员需要就以下全部或部分内容进行协商:

- 范围、成本和进度目标。
- 范围、成本或进度的变动。
- 合同条款。
- 任务分配。
- 资源等。

在项目的实施过程中可以根据项目的具体情况,采取合适的沟通方法和沟通技术。

(1)传统的沟通方式

在一个组织中,进行沟通的方式是多种多样的,在什么场合采取什么样的沟通方式要随机制宜,因人而异。一般常用的沟通方式有发布指示、信息公告、会议制度、个别交流等。

①发布指示。发布指示一般是上级对下级发布工作任务安排、指导方针及决策精神等。发布指示一般是单向的,不需要很多的回馈信息。这种沟通方式往往带有强制性,信息传递速度快,而且准确。信息发布的具体形式可能有文件方式、公示的方式和口头方式。为了保证发布的指示的正确性和可靠性,通常要采用书面的方式。在所有的沟通当中,指示影响的速度和效果都是很大的,所以一项指示在发布前必须经过充分的考虑,以保证其正确性。

②信息公告。一个组织需要定期或根据需要向组织内部或外部公布其运营状况,尤其是上市公司必须定期公布。不同的信息是要求在一定范围之内进行公布的,其主要目的是让相关人员了解组织的相关状况,有时候是为了宣传组织,有时候也可能是澄清事实等。信息公告的具体形式大致有提交相关报表、公告栏、发布会、网站公布等。信息公告这种沟通方式涉及面广,有时可能造成社会影响,对组织的形象影响也较大。

③会议制度。指导和领导工作的实质是处理人际关系,而人与人之间的沟通是人们思想、情感的交流,开会就是提供交流的场所和机会。

会议的具体形式通常有传统的会议室会议、电话会议和视频会议等。开会是一种非常正规的沟通方式,它一般有一个或多个议题及要达到的目标,有会议主持人和特定的参与人员。并不是所有的会议都能够达到既定目的,所以一个成功的会议通常要注意:必须有一个明确的目标和任务,并准备充分;参与人员事先应该查阅了会议准备的相关资料;会议有一个明确并可进行控制的议程;会议主持人必须明确并控制会议应该做什么,应该不做什么;会议应该有记录;会议形成的决议应该有人进行跟踪和检查。

④个别交流。个别交流一般针对的是个别人的问题或者是必须进行非常深入沟通才能解决的问题而采取的一种沟通方式。这种沟通方式往往能触及问题的实质,比较容易达成共识,但影响范围较狭窄。通常采取的具体形式有个别交谈、即时通信、邮件等。

个别交流的目的应该是为了工作,为了合作和团队利益,而不是为了私人目的,更不要成为拉帮结派的一种手段。对于个人交流,了解交流对方的性格特点、做事方式很重要,另外交流的地点也要注意,否则不但不会有好的结果,还可能把关系进一步搞僵。

(2)网络时代的沟通方式

①电子邮件。自从网络进入人们的工作和生活之中后,电子邮件已经成为了现代人不可缺少的通信方式,它基本取代了传统的纸质信件。电子邮件比纸质的邮件传递速度快,而且可以结合图片、声音及文档附件一起发送。电子邮件不会给对方造成干扰,而且可以和其他管理系统紧密结合,如配置管理、办公系统等。利用电子邮件可以实现远距离沟通,这样适合项目组成员不在同一地点办公的情况,在公司、家里、外地都可以方便地实现彼此沟通,并且成本低廉。不过目前网上垃圾邮件很多,在一定程度上浪费了处理邮件的时间,另外邮件实时性不是很高,对于马上需要响应的问题得结合其他方式告之对方,以便即时查看并回复。

②主题论坛。主题论坛是现在流行的BBS,它比较适合大家对于某问题进行公开讨论的沟通方式,项目组可以为此建立一个相互讨论的平台。论坛讨论一般不会像语音那样对别人的工作造成影响,不过论坛很难像面对面交谈那样有感染力。如果组织不好很容易沦为大家发泄不满的场所。

③即时通信。即时通信已是网络生活、工作、社会的重要组成部分,它不但可以像电话一样实现点对点的即时通信,还可以实现多方通信;不但可以用文字,还可以通过声音、图片和视频进行沟通。即时通信已经成为很多人生活中不可缺少的通信方式,对于一些年轻人,它已经成为首选的通信方式。如腾讯的QQ和微软的MSN,不但是年轻人人手必备的联系工具,而且上至老人,下至小孩子也会使用。把即时通信方式用于网络的沟通,确实会带来许多便利,既有电子邮件的方便和低廉成本,又有电话的实时性,对别人也没有什么干扰。但是,即时通信很容易把工作和生活的事情混在一起,成为大家的聊天工具,分散开发人员的注意力,如果没有节制的话,把与朋友、同学和亲人的交流也带人到项目的工作中,就会在不知不觉中浪费大量开发时间。

④网络博客。博客是一种用来发表个人观点和进行思想交流的网络交流方式。一个博客就是一个网页,它通常是由简短且经常更新的内容所构成,这些张贴的文章都按照年份和日期排列。博客的内容和目的有很大的不同,从网络评论,到个人日记、照片、诗歌、散文,甚至科幻小说的发表等都可以在博客中体观。有些博客是个人心中所想之事的发表,也有些博客则是一群人基于某个特定主题或共同利益领域的集体创作。由于沟通方式比电子邮件、讨论群组更简单和容易,博客已成为家庭、公司、部门和团队之间一种普遍的沟通工具,因为它已逐渐被应用在企业内部网络中。在项目内部也可以建立自己的博客。对于一些设计思路、疑难解答及相关文档,以及一些测试结果等都可采取博客方式进行发布和交流。利用博客的沟通方式,比较有利于将一些思维和口头上的东西持久化,形成积累和共享。一个项目组可以在公司的博客网页中开辟一个项目组的Blog频道,这样既减少项目组维护的工作量,又利于全公司范围内的沟通交流。

⑤微信。微信是2011年经腾讯公司推出的一个为智能手机提供即时通讯服务的免费应用程序,提供类似于Kik免费即时通讯服务的免费聊天软件。微信支持跨通信运营商、跨操作系统平台通过网络快速发送免费(需消耗少量网络流量)语音短信、视频、图片和文字,同时,也可以使用通过共享流媒体内容的资料和基于位置的社交插件"摇一摇"、"漂流瓶"、"朋友圈"、"公众平台"、"语音记事本"等服务插件。用户可以通过手机、平板、网页快速发送语音、视频、图片和文字。微信提供公众平台、朋友圈、消息推送等功能,还通过摇一摇、搜索号码、附近的人、扫二维码方式添加好友和关注公众平台,同时微信帮将内容分享给好友以及将用户看到的精彩内容分享到微信朋友圈。这款适宜现代社会人联络的软件一经推出,便受到了广大用户的热烈支持,目前

已成为最新最受欢迎的交流沟通工具。

5.项目管理中的沟通障碍

在项目管理工作中,存在着信息的沟通也就必然存在沟通障碍。项目经理的任务在于正视这些障碍,采取一切可能的方法来消除这些障碍,为有效的信息沟通创造条件。

一般来讲,项目沟通中的障碍主要是主观障碍、客观障碍和沟通方式的障碍。

(1)主观障碍

主观障碍主要包括如下几种情况:

①个人的性格、气质、态度、情绪、见解等的差别,使信息在沟通过程中受个人主观心理因素的制约。人们对待人和事的态度、观点和信念的不同造成沟通的障碍。在一个组织中,员工常常来自于不同的背景,有着不同的说话方式和风格,对同样的事物有着不一样的理解,这些都造成了沟通的障碍。在信息沟通中,如果双方在经验水平和知识结构上差距过大,就会产生沟通的障碍。沟通的准确性与沟通双方间的相似性也有着直接的关系。沟通双方的特征,包括性别、年龄、智力、种族、社会地位、兴趣、价值观和能力等相似性越大,沟通的效果也会越好。同样的词汇对不同的人来说含义是不一样的。

②直觉选择偏差所造成的障碍。接收和发送信息也是一种知觉形式。但由于种种原因,人们总是习惯接收部分信息,而摒弃另一部分信息,这就是知觉的选择性。知觉选择性所造成的障碍既有客观方面的因素,又有主观方面的因素。客观因素如组成信息的各个部分的强度不同,对受讯人的价值大小不同等,都会致使一部分信息容易引人注意而为人接受,而另一部分则被忽视。主观因素也与知觉选择时的个人心理品质有关。在接受或转述一个信息时,符合自己需要的、与自己有切身利害关系的,很容易听进去,而对自己不利的、有可能损害自身利益的,则不容易听进去。凡此种种,都会导致信息歪曲,影响信息沟通的顺利进行。

③经理人员和下级之间相互不信任。这主要是由于经理考虑不周,伤害了员工的自尊心,或决策错误所造成,而相互不信任则会影响沟通的顺利进行。上下级之间的猜疑只会增加抵触情绪,减少坦率交谈的机会,也就不可能进行有效的沟通。

④沟通者的畏惧感及个人心理品质也会造成沟通障碍。在管理实践中,信息沟通的成败主要取决于上级与下级、领导与员工之间的全面有效的合作。但在很多情况下,这些合作往往会因下属的恐惧心理及沟通双方的个人心理品质而形成障碍。一方面,如果主管过分威严,给人造成难以接近的印象,或者管理人员缺乏必要的同情心,不体恤下级,都容易造成下级人员的恐惧心理,影响信息沟通的正常进行;另一方面,不良的心理品质也容易造成沟通障碍。

⑤信息传递者在团队中的地位、信息传递链、团队规模等因素也都会影响有效的沟通。许多研究表明,地位的高低对沟通的方向和频率有很大的影响。例如,人们一般愿意与地位较高的人沟通。地位悬殊越大,信息趋向于从地位高的流向地位低的。

(2)客观障碍

客观障碍主要包括:如果信息的发送者和接收者空间距离太远、接触机会少,就会造成沟通障碍;社会文化背景不同、种族不同而形成的社会距离也会影响信息沟通;信息沟通往往是依据组织系统分层次逐渐传递的。然而,在按层次传达同一条信息时,往往会受到个人的记忆、思维能力的影响,从而降低信息沟通的效率。信息传递层次越多,它到达目的地的时间也越长,信息失真率则越大,越不利于沟通。另外,组织机构庞大,层次太多,也影响信息沟通的及时性和真实性。

（3）沟通联络方式的障碍

沟通联络方式的障碍主要包括如下几种情况：

①语言系统所造成的障碍。语言是沟通的工具，人们通过语言文字及其他符号等信息沟通渠道来沟通。但是，语言使用不当就会造成沟通障碍。这主要表现在：误解，这是由于发送者在提供信息时表达不清楚，或者是由于接收者接收信息时不准确；表达方式不当，如措辞不当、丢字少句、空话连篇、文字松散、使用方言等，这些都会增加沟通双方的心理负担，影响沟通的进行。

②沟通方式选择不当，原则、方法使用不灵活所造成的障碍。沟通的形态往往是多种多样的，且它们都有各自的优缺点。如果不根据实际情况灵活地选择，沟通就不会畅通。

要真正做到有效沟通，不仅要遵守沟通原则，尽量主动积极地沟通，还要消除沟通中常见的障碍。因此提倡大家不要不敢和上级沟通，不要说不确定的话，不要对下属缺少热忱，不要忽视沟通技巧。

### 6.项目沟通计划编制

项目沟通计划是项目整体计划中的一部分，其作用非常重要，但也常常易被忽视。在很多项目中由于没有完整的沟通计划，导致在实际工作时产生混乱现象。沟通计划编制包括信息传达、绩效报告和管理收尾，它需要确定项目干系人的信息和沟通需求，包括什么人在什么时间，需要什么样的信息，这些信息以什么方式传达，由谁传达等。编制项目沟通计划的过程就是对项目全过程中信息沟通的内容、沟通方式和沟通渠道等方面的计划与管理。具体包括几个方面的内容：①信息的来源；②信息收集的方式和渠道；③信息的传递对象；④信息的传递方式和渠道；⑤信息本身的详细说明；⑥信息发送的时间表；⑦信息的更新和修改程序；⑧信息的保管和处理程序。

在编制沟通计划时应重点做好以下工作。

（1）沟通需求分析

在编制项目沟通计划时，最重要的是理解组织结构和做好项目干系人分析。项目经理所在的组织结构通常对沟通需求有较大影响，例如当组织要求项目经理定期向项目管理部门作进展分析报告时，那么沟通计划中就必须包含这条。项目干系人的利益要受到项目成败的影响，因此他们的需求必须予以考虑。最典型也最重要的项目干系人是客户，而项目组成员、项目经理及他的上司也是较重要的项目干系人。所有这些人员各自需要什么信息、在每个阶段要求的信息是否不同、信息传递的方式上有什么偏好，都是需要细致分析的。例如，有的客户希望每周提交进度报告，有的客户除周报外还希望有电话交流，也有的客户希望定期检查项目成果，种种情形都要考虑到，分析后的结果要在沟通计划中体现并能满足不同人员的信息需求，这样建立起来的沟通体系才会全面、有效。一般而言，项目中关键的四种人员对信息有如下需求。

项目经理负责项目目标及制约因素，例如，进度、成本、质量性能要求等；人力、物力、财力等落实情况；客户的具体要求；项目经理的职责与权限。

客户主要负责项目建议书；项目团队主要人员的情况；项目实施计划；项目进度报告；项目各个阶段交付物等。

管理层负责项目计划；项目收益；项目资源需求；项目进度报告等。

项目成员涉及项目目标及制约因素；项目交付结果及衡量标准；项目工作条例、程序；奖励政策等。

（2）信息的传达方式

在沟通计划中应明确在干系人之间往返传递信息所使用的各种技术和方法。从信息迫切性、技术可能性和项目团队的适用性三方面综合考虑，来确定何种技术或方法最好。常用的信息分发工具和技术有：①沟通技能；②信息检索系统，可设置手工档案、计算机数据库、项目管理软件，供干系人查阅文件；③信息分发系统，包括各种项目会议、计算机网络、传真、电子邮件、可视电话会议及项目间网络等。发送项目信息可以有不同的方式，例如正式的、非正式的、书面的和口头的方式。

确定发送各种项目信息最适当的方式是很重要的，有效、清晰地传递信息主要取决于下列因素。

①对信息要求的紧迫程度。例如，项目的成功是否依赖于不断更新的信息，在需要时是否能够马上获得。

②技术的取得性。例如，项目已有的系统是否满足要求。

③预期的项目环境。例如，所建立的通信系统是否适合项目参加者的经验和专业调整？是否需要进行广泛的培训和学习。

④项目经理及其团队沟通项目信息时，应注重建立关系的重要性。当需要沟通的人员数目增加时，沟通的复杂性也随之增加。

（3）工作汇报的方式

发布的信息包括：项目介绍、项目报告、项目记录等。项目介绍是向所有项目干系人提供信息，介绍的形式要适合听众的具体情况。项目报告应提供有关范围、进度、费用、质量的信息，也有的项目要求有关风险和采购方面的信息。项目记录包括状况报告、说明所处阶段、进度预算状态；进程报告说明已完成工作进度的百分比；预测即预计将来的状态和进展。绩效报告包括收集和发送有关项目朝预定目标迈进的状态信息。项目团队可以使用挣值分析表或其他形式的进展信息，来沟通和评价项目绩效。状态评审会议是项目沟通、监督和控制的重要一部分。

（4）项目管理收尾

当项目或项目阶段因达到目标或因其他原因而终止时要做好结尾工作。管理收尾包括生成、收集与发送相应的信息，使项目或阶段正式完成。具体包括三点：①项目档案；②项目满足客户需求确认结尾；③吸取教训等信息。在结尾过程，除了要注意使客户满意外，还应当使干系人都感到满意。这是现代项目管理特别注意的，是强调以人为本的体现，也是系统工程的方法论追求的效果。为了突出这一思想，2004版的项目管理的知识体系已经把沟通管理结尾这个过程变更为"应对干系人"，因为项目到了最后结尾，结果好坏最终的判断是来自干系人。

### 8.3.3　项目团队的冲突管理

冲突就是项目中各种因素在整合过程中出现了不协调的现象。冲突管理是创造性地处理冲突的艺术。冲突管理的作用是引导这些冲突的结果向积极的、协作的、而非破坏性的方向发展。在这个过程中，项目经理是解决冲突的关键。她的职责是在做好冲突防范的同时，在冲突发生时分析冲突来源，运用正确的方法来解决冲突，并通过冲突来发现问题和解决问题，促进项目工作更好地展开。

1.项目冲突的来源

在项目团队工作中,冲突一般来讲主要有六种来源,即工作内容、资源分配、项目成本、先后次序、组织问题、个体差异。

(1)工作内容

关于如何完成工作、要做多少工作或者以怎样的标准完成,项目团队成员会有不同的意见,从而导致冲突。例如在一个研制一种工序记录系统的项目中,一些团队成员认为要应用条形码技术,而另外一些成员却认为使用键盘数据输入即可,这就是一个关于工作技术方法的冲突。

(2)资源分配

冲突可能会由于分配某个成员从事某项具体工作任务,或者因为某项具体任务分配的资源数量多少而产生。在一个研制工序记录系统的项目中,承担开发应用软件任务的成员可能希望从事数据库工作,因为这能给其一次拓展知识和能力的机会。进度计划冲突可能来源于对完成工作的次序及完成工作所需时间的不同意见。例如,在项目计划阶段,一位团队成员预计他完成工作需要 6 周时间,但项目经理却限制他必须在 4 周内完成任务。

(3)项目成本

在项目进程中,经常会由于工作所需成本的多少产生冲突。例如,一家市场调研公司为客户进行一项全国范围的调查,并向客户提出了预计费用。但当项目进行了约 75% 工作以后,又告诉客户这一项目的费用可能会比原先预计的多出 20%。

(4)先后次序

当某人员同时被分配在几个不同项目中工作,或者当不同人员需要同时使用某些有限的资源时,就可能会产生冲突。例如,某位成员被分配到公司的一个项目团队中工作,利用其部分时间简化公司某些工作规则,但是,其正常的工作量突然增加,无法在项目任务上花费预期的时间,因而使这一工作进程受阻。项目任务和正常工作,哪项应该优先?

(5)组织问题

有各种不同的组织问题会导致冲突,特别是在团队发展的震荡阶段。例如,对项目经理建立关于文件记录工作及审批的某些规程有无必要,会有不同意见。冲突也会由于项目中沟通的缺乏,或者缺少信息交流以及无法及时做出决策等情况而产生。

(6)个体差异

由于项目团队成员在个人价值及态度上的差异而使成员内部产生冲突。例如,在某个项目进度落后的情况下,某位项目成员晚上加班以使项目按计划进行,就可能会讨厌另一个成员总是按时间下班回家而不管项目的进度计划。

项目过程中有些时候可能会没有冲突。有时,也会有来源不同的冲突需要处理。冲突在项目工作中是不可避免的,但如果正确处理,也有有利的一面。

2.项目冲突的处理

冲突可以通过多种方式解决,项目经理在处理冲突中将担当非常重要的角色,如果冲突处理得恰当,冲突就会展现其有利的一面,从而使暴露出的问题及早得到重视,激起相关议题的讨论,澄清项目成员们的观念以促进团队建设,迫使成员寻求新的方法以更好地解决项目中出现的问题。然而,若冲突处理不当,则会对项目团队产生不利的影响,如使项目沟通受阻,使成员不大愿意倾听或不尊重别人的意见,破坏团队的团结,降低相互的信任度和开放度。布莱克、穆顿、基尔曼和托马斯这些研究人员描绘了五个处理冲突的模式,即回避或撤退、逼迫或强制、圆滑、妥协、面对。除此之外,仲裁或裁决、沟通和协调、发泄等都是解决冲突的有效模式。处理项目冲突的方式通常有以下几种:

(1)调停或消除

调停或消除的方法就是尽力在冲突中找出意见一致的方面,最大可能地忽略差异,有可能伤害感情和写作的话题不予讨论。这种方法认为,人们之间的相互关系要比解决问题更重要。尽管这一方法能缓和冲突形式,但是并没有将问题彻底解决。

(2)回避或撤退

回避或撤退是指使项目经理卷入冲突的其他成员从冲突情况中撤退或让步,以避免发生实际或潜在的争端。例如,如果某个人与另一个人意见不同,那么第二个人只需沉默就可以了,但是这种方法会使得冲突积聚起来,并且在后来逐步升级以至造成更大的冲突,因此这种方法是最不令人满意的冲突处理模式。

(3)沟通

信息的来源不一,得到的信息不全面是项目冲突产生的主要原因之一。针对这种情况,应该加强信息的沟通和交流,了解并掌握全部情况,并在此基础上进行谈判、协调和沟通。这种方式要求冲突双方采取积极态度,消除消极因素。

(3)圆融

圆融是指尽力在冲突中找出意见一致的方面,最大可能地淡化或避开有分歧的领域,不讨论有可能伤害感情的话题。这种方法认为,成员之间的相互关系要比解决问题本身更重要。这一方法能对冲突形势起缓和作用,但不能彻底解决问题。

(4)折中

团队成员通过协商,分散异议,寻求一个调和折中的解决冲突的方法,使冲突各方都能得到某种程度的满意。但是,这种方法并不是一个很可行的方法。例如,在预计项目任务的完成时间时,有的成员认为需要十几天,而有的成员却认为只要五六天就行了,这时,如果采用折中模式,认为项目可在十天内完成,这样的预计也许并不是最好的预计。

(5)面对

面对是指项目经理直接面对冲突,既要正视问题的结果,也非常重视成员之间的关系。拥有一个良好的项目环境是使这种方法有效的前提,在这种环境中,成员之间相互以诚相待,他们之间的关系是开放和友善的,他们以积极的态度对待冲突,并愿意就面临的冲突进行沟通,广泛交换意见,每个成员都以解决问题为目的,努力理解别人的观点和想法,在必要时愿意放弃或重新界定自己的观点,从而消除相互间的分歧以得到最好、最全面的解决方案。在面对过程中可以采取相应的措施来避免或缩小某些不必要的冲突,如让项目团队参与制订计划的过程;明确每个成员在项目中的角色和职责;进行开放、坦诚和及时的项目沟通;明确工作规程等。

在上述五种处理冲突的方式中,"面对"是项目经理最喜欢和最经常使用的解决问题方法,该方法注重双赢的策略,冲突各方一起努力寻找解决冲突的最佳方法,因此也是项目经理在解决上级冲突时青睐的方法;其次是以权衡和互让为特征的"折中",这种方式则更多地用来解决与职能部门的冲突;排在第三位的是"圆融";"调停或消除"排在第四位;"回避或撤退"则是项目经理最不愿意采用的方法,排在最后。然而这种排位并不是绝对的,因此在项目冲突的处理过程中,项目经理可根据实际需要对各种方式进行组合,使用整套的冲突解决方式。例如,如果采用"折中"和"圆融"模式不会严重影响项目的整体目标,项目经理就可能把它们当作有效策略:虽然"撤退"是项目经理最不喜欢的方式,但用在解决与职能经理之间的冲突上却很有效;在应付上级时,项目经理更愿意采取立即妥协的方式。另外从某种程度上说,面对实际上有可能包含了所有的冲突处理方法,因为面对的目标是找到解决问题的方法,因此在解决某个冲突中可以采用撤退、妥协、强制或圆滑模式以使冲突最终得到有效的解决。

(6)仲裁或裁决

在项目冲突无法界定的情况下,冲突双方可能争执不下,这时可以由领导或权威机构经过调查研究,判断孰是孰非,仲裁解决冲突;有时对冲突双方很难立即做出对错判断,但又急需解决冲突,这时一般需要专门的机构或专家做出并不代表对错的裁决,但裁决者应承担起必要的责任。这种方式的长处是简单、省力;但要求权威者必须是一个熟悉情况、公正、明了事理的人,否则会挫伤成员的积极性,降低效益,影响项目目标的实现。这种解决问题的方法常常很奏效,其中有两个原因:一是把冲突双方召集在一起,能够使各方了解并不是只有他们自己才面临问题;二是仲裁或裁决的会议可以作为冲突各方的一个发泄场所,防止产生其他冲突。

(7)宣泄

上面所列的项目冲突管理的方式,在很大程度上并没有从根本上消除已有的冲突,其冲突只不过是得到一定程度的缓解,原有的冲突在新的环境条件下可能死灰复燃,使冲突越来越深,甚至导致新的冲突。针对以上方式的不彻底性、消极看待和处理冲突的缺陷,德国社会学家齐美尔提出了"宣泄"理论,有利于彻底地解决冲突。采取发泄的项目冲突管理方式要求项目负责人或管理者创造一定的条件和环境,使不满情绪有一定的渠道、途径和方式发泄出来,使项目的运行稳定有序。

在项目冲突中,项目经理可以扮演参与者、裁决者或协调者。当项目经理作为项目的管理者时,要防止卷入纷争和冲突中去,不要陷入参与者的角色。若作为裁决者,项目经理不得不权衡利弊并对问题的最终解决做出结论性判断,冲突一方必然产生对立、怨恨,最终以生成管理者与员工间新的冲突而告终。在项目对抗性冲突中,协调者才是项目经理应该扮演的角色。项目经理解决冲突的破坏性影响的关键环节是防止冲突各方在坚持自己观点上走得太极端,他应该为冲突双方的争论提供基本的原则,帮助他们分离和定义产生冲突的核心问题;向双方询问大量问题,不直接提供答案,而是帮助推进达成两方满意的解决方法,促使他们自己解决冲突。

如前所述,冲突的强度在项目的不同阶段有不同表现,项目经理如果能够预见冲突的出现并了解它们的组成及其重要程度,对冲突管理的理论及实验经验有深刻的了解,形成自己的冲突管理思想体系和方法体系,并在管理项目冲突的过程中综合地加以运用,就有可能避免或减少潜在冲突的破坏性影响,增加冲突的建设性有利影响。

# 第9章　软件项目软、硬件资源管理

## 9.1　软件资源管理概述

在软件项目开展过程中,需要大量的硬件设备和软件系统及软件开发工具作为实现目标系统的软硬件支撑环境,合理有效地分配和利用这些资源是软件项目管理的重要内容。

软件资源包括操作系统软件、数据库管理系统、集成开发环境以及软件项目阶段性成果,如可行性论证、需求规和说明书、系统设计报告、重要的业务功能的编码实现等。前三大类软件系统是软件项目开发过程中必须具备的基础性软件,这些软件一般是一次性安装好后多次使用,软件资源管理的主要任务是安全保存,并保持软件的随时可用状态。同时,这些软件版本的变化及各版本间的兼容性等问题,需要在保管的过程中详细注明,以方便项目组成员正确地使用。软件项目阶段性成果在整个软件项目结束之前都有可能发生变化,由此会产生不同的版本,这就需要详细记录软件的修改标识和详细信息,最大限度地减少使用过程中的错误,提高工作效率,这就是所谓软件配置管理。

### 9.1.1　软件资源概述

软件资源是指各种媒体化的教学材料和支持教学活动的工具性软件,是教学资源的重要组成部分之一。软件资源包括操作系统软件、数据库管理系统、集成开发环境以及软件项目阶段性成果,如可行性论证、需求规和说明书、系统设计报告、重要的业务功能的编码实现等。前三大类软件系统是软件项目开发过程中必须具备的基础性软件,这些软件一般是一次性安装好后多次使用,软件资源管理的主要任务是安全保存,并保持软件的随时可用状态。同时,这些软件版本的变化及各版本间的兼容性等问题,需要在保管的过程中详细注明,以方便项目组成员正确地使用。软件项目阶段性成果在整个软件项目结束之前都有可能发生变化,由此会产生不同的版本,这就需要详细记录软件的修改标识和详细信息,最大限度地减少使用过程中的错误,提高工作效率,这就是所谓软件配置管理。

就软件资源的形式来看,可以分为以下三类。

(1)印刷类资源

印刷类资源是最传统、最方便的教学材料,包括教科书、讲义、挂图等。这种材料具有制作成小较小,容易获收,且形象直观等特点。

(2)电子类资源

电子类资源是根据教学要求,用声音和图像来表达教学内容的材料。这类材料包括幻灯片、投影胶片、电影胶片、VCD、CD 光盘、录像带、录音带等.它们的特点是呈现教学内容的形式多样,生动活泼,声像并茂,理论与直观性融合好,便于理解。虽然这类材料制作的费用相对较高,而且复制也相对困难,但与相关媒体设备相配合,具有非常优良的教学效果。

（3）数字化软件资源

数字化软件资源是近年来计算机多媒体技术与网络技术发展的产物，是通过计算机和网络等传输渠道。在教学过程中及时提供的数字化课程教学文件、信息及各类教学素材、题库、课件、工具软件等，具有形式多样、信息海量、内容丰富、更新快速、廉价等特点。

随着科技的发展，新的传播媒体不断问世，储存知识、传授知识、获取知识的手段更多、更先进。由此带来的数字化软件资源的形式也变得更为丰富。因此，对数字化软件资源的管理也引起包括学科专家、教育工作者在内的各方而人士的关注。

### 9.1.2　数字化软件资源的管理

数字化软件资源多数是为教学目的而专门设计和开发的，按教学内容的相关性可以将软件资源分为内容特定软件资源、内容相关软件资源、内容无关软件资源。

内容特定软件资源是指根据教学目标设计的，表现特定的教学内容，反映一定教学策略的教学软件，如课件、网络课程、测试与练习题、案例、教学数据库等。

内容相关软件资源是指与课程内容有部分相关的软件，如教学参考资料、教育游戏软件、电子百科、电子词典及一些辅助性教学软件。

内容无关软件资源是一些用于支持学习活动的工具性软件。如课件开发工具、通信工具等。其本身又叫以划分为认知工具、写作工具、知识管理工具、通信工具等。

事实上软件资源的分类不是绝对的，由于其复杂性和多样性，所以它们之间的边界比较模糊，人们对它的理解也各不相同，从而会出现大量不同层次、不同属性的软件资源，因而不易管理和利用。

#### 1. 规划与建设

数字化软件资源的建设一般有两个途径：一个是从外部购买或引进，另一个是自行研发。目前的商业软件业十分发达。产品种类繁多，优劣各异。即使在同类产品中也存在各自的优势和不足。因此，在规划时应多角度深入地了解产品特点，尽量避免盲目选型。对于单价在 10 万元及 10 万元以上的软件还需进行专家论证，设备相关管理部门审核后，报主管校长审批。另外，互联网上的免费教学资源作为外部引进的方法十分可取。可快速有效地丰富校园网的教学软件资源库。当然，每个学校都有自己的办学特色，建设适合自身发展的校园网络教学环境. 单靠引进是不够的，所以校园网教学软件资源的建设主要还是靠自主研发。自主开发教学软件资源的途径为：

①对学校原有可利用的传统印刷类、电子类资源进行数字化，并整合成适合于多媒体和计算机网络教学的教学资源。

②组织开发队伍根据教学需要进行学科教学软件资源的自主建设。

#### 2. 集中管理与资源共享

一般内容相关或无关软件资源存在通用性，如通信工具、电子词典、课件开发工具等软件资源的通用性毋庸置疑。而即使是而向某一学科领域的应用软件也存在通用性，不同的学科项目的特殊性一般只是体现在某些模块的不同，从软件开发向的角度来考虑，也希望开发出一个能适应较为广泛的用户群体的商业软件。因此，通常可以购买一套软件（尤其是资源库、素材库等），或一套使用许可证(或者相对较少数量),在集中管理的基础上通过校园局域网实现资源共享。这不仅节约投资.还有助于打破资源壁垒。推动不同学科用户之间的信息交流、资源整合。

3.数字化软件资源管理系统

数字化软件资源管理系统又称数字化资源管理软件。随着数字化教学资源的增多,管理面临着前所未有的挑战。因而,资源整合、统一检索等成为教育技术界热烈讨论的焦点。解决数字化资源的管理问题,很重要的一点是需要借助于现代化的管理软件。目前国内此类软件和国外相比仍自较大的差距。

(1)编目与检索

面对各种文件类型的多媒体资源和各种格式的数据库资源,怎样实现对这些资源的有效编目,并通过科学合理的方式呈现给学习者,同时又使不同的数据库有不同的使用方法,不同的检索界面有不同的收录范围?怎样使学习者充分了解这些资源与使用方法,使它们的价值得到充分的发挥呢? 如何满足学习者越来越迫切地对关联资源的参考链接信息的需求?

由 Ex Libris 公司推出的 MetaLib/SIX 就是一款优秀的数字化资源的管理和利用工具,此软件的主要功能就是为用户提供统一的检索平台,实现跨库检索,同时还提供资源编目模块,帮助有效管理和呈现资源。该软件还与链接软件集成工作,为用户提供链接扩展服务,为异构平台的数字资源间提供链接服务,揭示资源间的内容逻辑关联。此外软件还提供版权和用户权限的管理、个人知识管理工具等功能。目前国内很多高校的数字化图书馆采用了该软件或类似的管理软件,但涉及多媒体资源的类型不多,如对视频、音频、动画、图形图像、课件等资源的编目、检索及参考链接很少涉及。

(2)元数据的创建、存储、转换与发布

元数据是对数据资源的描述,即关于数据的数据。元数据可以为各种形态的信息资源提供规范、普遍的描述方法和检索工具,为分布的、由多种资源组成的信息体系提供整合的工具与纽带。离开元数据的数字资源将是一盘散沙,无法提供有效的检索和管理。我国于 2000 年制定了一个比较完整的网络教育技术标准体系,简称 CELTS,目前包含以下五类标准项目:指导性标准、学习环境相关标准、学刊资源相关标准、学习者相关标准、教育管理相关标准。其中,学习资源相关标准中的学习对象元数据就对教育资源元数据提出应用规范,为数字化教学资源库提供语义基础及资源的各种属性描述。数字化教学资源库通过管理元数据而管理资源,并通过元数据定义资源库的信息结构、组织结构,决定资源库的信息组织和利用方式,同时元数据还是实现跨资源库语义互操作的基础。

当前不管是外部引进的资源还是自行研发的资源,都有多种形式,所以除了 MARC 数据记录外,还会创建和利用到其他类型的元数据。对这些数据进行存储、检索和转换等处理,也将成为数字化资源的日常管理项目。在各种类型的数字化资源管理软件中,很多都体现出了对元数据资源作各种处理的考虑。独立的该类产品在国外也已初见端倪,产品的侧重点各有不同,但是不十分多。

### 9.1.3　视频、音频教材的保管与转换

通过多渠道收集视频、音频教材,如组织学科教师自行开发编制。根据教学需要有计划地订购正规音像出版社出版发行的视频、音频教材。通过交流、复制等方式收集兄弟单位编制的高质

量视频、音频教材,通过卫星电视接收的视频、音频教材。这些属于电子类的软件资源由于设备的原因通常以模拟磁记录的形式存储于各类磁带中。如录音带、录像带等。因此,在保存时需注意四大环境因素:防止灰尘、避开磁场、控制温度和湿度。其中规范的要求是磁带与磁场源之间的距离不得少于 76 mm、环境温度应控制在 15℃～27℃、相对湿度控制在 40%～60%。同时,对需存放的视频、音频教材还需进行规范的编目,如磁带套、盒上需标注带编号、档号、软件名称、版小号、文件数、密级、编制人、编制日期等标识,录像带盒上需标注带编号、档号、片名、放映时间、摄制单位、摄制日期、规格、制式、语别、密级等标识,录音带盒上需标注带编号、档号、讲话人姓名及其职务、主要内容和录制日期、密级、讲话时间等,以便查找归类。

以磁带方式保存的视频、音频教材,要传递这种信息必须利用电视网或广播等形式不利于信息的流通,而且它们正遭受着物理的、化学的侵害,温度、湿度、光线、有害气体正在围攻脆弱的模拟磁记录,磁带在变形、磁粉在脱落、磁轨在削弱、存储寿命短。随着多媒体技术的发展。许多设备所采用的技术已被淘汰,一旦设备消亡,这些教材将永远消失。因此,要做到视频、音频教材在计算机网络上流通,一定要将磁带上的模拟格式转换成数字格式。

在数字化转换过程中,先把采集自录像机、摄像机或其他信号源的模拟视频、音频信号经过图像卡、声卡转换成数字信号,再经过数字压缩后形成数据流存储到硬盘中。若使用的是数字录像机,采集时不需要经过 A/D 转换,可直接采集数字信号到硬盘。信息采集完毕后,按创作人员的创作意图运用非线性编辑软件 Adobe Premiere 对存储在硬盘中的视频、图像、音频等各种数据进行编辑,加上动画、字幕、特技等综合处理,并根据需要生成一定视频格式,同时保存在硬盘中。

如果视频、音频教材转换后需发布在网上资源库供用户点播,则转换时最好生成流媒体,常见的流格式有 ∗.asf、∗.rm、∗.ra、∗.qt、∗.sw 等类型。在生成流格式的时候,一定要将珍贵素材另转换为 ∗.avi 格式。avi 文件的数据量大、占大空间、计算机读取费时,视频、音频信息转换成 ∗avi 格式主要是为了保存资料,而不是为了在网上传递。

# 9.2　软件资源的复用

## 9.2.1　软件资源的复用方式

软件复用技术不仅可以提高软件生产率和软件质量,而且也是降低开发成本、缩短开发周期的重要途径。目前,该技术已成为软件工程学科的一个研究热点。软件资源的主要复用方式有源代码复用、目标代码复用、设计结果复用、分析结果复用、类模块复用和构件复用。

1.复用源代码

属最低级别复用,无论软件复用技术发展到何种程度,这种复用方式将一直存在。不过它的缺点也很明显,一是程序员需要花费大量的精力读懂源代码;二是程序员经常会在复用过程中因不适当地更改源代码而导致错误的结果。

2.复用目标代码

复用目标代码是目前用得最多的一种复用方式。几乎所有的计算机高级语言都支持这种方式,它通常以函数库的方式来体现。这些函数库均能提供清晰的接口,程序员只需弄清函数库的接口及其功能即可使用,从而减少软件开发人员研读源代码的时间,有利于提高软件开发效率。此外,这些函数库一般都经过编译,程序员对其不需进行任何修改,从而减少了因修改源代码带来的错误,可极大地提高应用系统的可靠性。但是,这种形式的复用可能会受限于所用编程语言,很难做到与开发平台完全无关。同时由于程序员无法修改函数库源代码,软件复用的灵活性将降低。目标代码级复用最根本的缺点是无法与数据结合在一起,软件开发人员无法在软件工程实践活动中大规模引用。

### 3.复用设计结果

这种形式是对某个应用系统的设计模型(即求解域模型)的复用。它有助于把一个应用系统移植到不同的软硬件平台上。例如,当某一应用程序的用户需求与另一系统相同或相近时,可以采用此种软件复用方式,以加快工程进度,节约建设成本。

### 4.复用分析结果

复用分析结果是更高级别的软件复用。当用户需求未改变,而系统体系结构发生根本改变时,可以复用系统的分析模型。

### 5.复用类模块

类模块的复用是随着面向对象技术的发展而产生的一种新的软件复用技术形式。面向对象的程序设计语言一般都提供类库。类库与库函数一样,都是经过特定开发语言编译后的二进制代码,然而它与库函数有着本质的区别,主要表现在以下几点:

(1)独立性强

类模块都是经过反复测试、具有完整功能的封装体,其内部实现过程对外界是不可见的。

(2)高度可塑性

一个可复用软件不可能满足任何一个应用系统的所有设计需求,这就要求可复用的软件必须具备良好的可塑性,能够根据系统需求进行适应性修改。类可以继承、封装和派生,这使得类模块能够根据特定需求进行扩充和修改,使得软件的复用性及可维护性得到大大增强,大规模的软件复用也将得以实现。

(3)接口清晰、简明

类具有封装性,软件开发人员无须了解类的实现细节,只须清楚类提供的对外接口,就可复用类提供的功能或方法。

根据类的特性,类模块复用又可进一步分为以下三种方式:

(1)实例复用

这是类最基本的复用方式。软件开发人员只需使用适当的构造函数,就可创建类的实例,然后向所创建的实例发送消息,启动类提供的相应的服务,完成需要的工作。

(2)继承复用

类的继承性允许子类在继承父类的属性和方法的基础上,可以添入新的属性和方法。这样,软件开发人员不仅可以对类进行安全的扩充、修改以满足系统需求,还可降低每个类模块的接口复杂度,呈现出一个清晰的继承过程,也使子类的可理解性得到提高。

（3）多态复用

在应用系统运行时，由类的多态性机制启动正确的方法，去响应相应的消息，使得对象的对外接口更加简单，降低了消息连接的复杂程度，使软件复用更加简单可靠。

### 9.2.2　软件复用的实施过程

认识到复用的意义后，每一个有远见的软件业务组织都应该把复用做为其每个软件过程的一个不可缺少的部分。在这里，我们将以软件开发组织为例，探讨其引入软件复用的实施过程的一种可行方案。

考虑了引入复用的软件开发方法迥然不同于过去的方法，复用更加难以实施，向组织中引入复用需要进行周密的计划，并得到管理者的支持和积极推动，因为它很可能需要企业在组织结构、文化和软件技术方面进行相应的变化。为了获得系统地复用的效果，必然要将诸多应用开发项目和界定并开发可复用构件联系在一起。因为当其应用于多个系统领域时，才会工作得最好，在这些系统中，存在更多对构件进行复用和从复用投资中取得回报的机会。实施复用的范围越广，取得的效果会更好。这时，就必须彻底审视开发单位原有的经营方式和组织结构，需要重新思考有关软件开发的每一件事情。必要时，在开发过程等方面要作出与复用要求相适应的重大变革。

首先，要认识到可复用构件实际上是开发单位的"资产"（Asset），需要投资获得，并用来生产应用软件。也就是说，此项投资在以后的复用过程中将得到回报。为此，需要认真界定出可复用资产，开发它们，并进行打包、编制文档，以方便应用工程师复用。

其次，开发单位必须建立新的系统工程过程，使开发者有机会来思考和确定复用方案，使应用工程师有机会挑选所需的可复用构件。

根据近几年的经验，复用界（包括复用的研究界和实践界）已经提出了一系列针对复用的过程模型。理想情况下，复用的实施过程应该跨越项目团队或组织的界限，在多个范围间进行，每个过程均强调并行的轨迹。图 9-1 给出的一种可行方案也不例外。

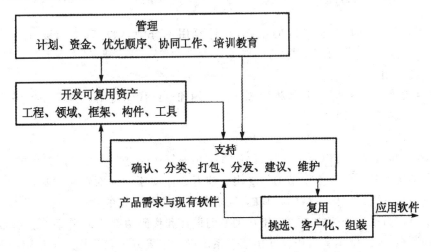

**图 9-1　实现软件复用的一种过程组织方案**

图 9-1 说明系统的软件复用分 4 个并行的过程，由开发可复用资产、管理、支持和复用 4 个

过程组成。工作在可复用资产开发过程中的是构件开发者和领域工程师,工作在应用项目开发过程中的是应用工程师。这4个过程的具体内容如下。

**1. 开发可复用资产**

此开发过程要界定并提供可复用资产,以满足应用工程师的需要。可复用资产的来源可以是新开发的、再建设的、购置的。这一过程的活动包括清理现有的应用软件和资产,列出其详细清单,并进行分析;进行领域分析;体系结构定义;评估应用工程师的需求;进行技术改革;可复用资产的设计、实现、测试和打包等。

**2. 复用**

复用过程是使用资产来生产客户合同应用软件的过程。此过程的活动包括:检验领域模型;收集和分析最终用户的需求;从可复用资产中挑选合适的构件,并进行必要的客户化调适;设计和实现可复用资产未覆盖到的部分;组装出完整的应用软件,对之进行测试。

**3. 支持**

支持过程的任务是全面支持可复用资产的获取、管理、维护工作。此过程的活动包括:对所有提供的可复用资产进行确认;对构件库进行分类编目;通告和分发可复用资产;提供必要的文档;从应用工程师处收集反馈信息和缺陷报告。

**4. 管理**

管理过程从事计划、启动、资金等资源分配、跟踪,并协调这几个过程。管理过程的活动包括:对新资产的获取工作进行优先性排队;安排其生产日程;分析其影响,解决有关的矛盾;进行员工理念教育和技术培训;进行统筹协调与指挥。

### 9.2.3 软件复用的粒度

按照复用粒度大小和抽象层次的不同,软件复用可分为小粒度、中粒度和大粒度复用三大类。

(1)小粒度复用

小粒度复用是指小规模复用,如程序源代码复用和目标代码复用,主要表现为函数、子程序、面向对象中的类、方法的复用。

(2)中粒度复用

中粒度复用是指中等规模复用,如软件设计结果的复用。进一步按复用粒度的大小,又分为两种:微体系结构的复用和宏体系结构的复用。前者是注重于如何对系统的局部行为进行要领建模和解释;而后者则以宏体系结构为基础,注重系统的全局结构的建立。在面向对象的程序设计中,微体系结构由描述相关的类及其相互关系的设计和代码两部分组成;而宏体系结构的复用对象则是组成系统的各微体系结构及其相互关系。设计结果复用和分析结果复用均属于中粒度复用。

(3)大粒度复用

大粒度复用是指大规模复用,如应用于系统的复用。复用对象是独立开发的应用程序或子系统。在复用过程中,它们不能进行任何修改和扩充。通过一些标准协议,可使这些大粒度构件复用程序协同工作,共同实现某些功能。类模块复用和构件技术属于大粒度复用。

目前,人们对小粒度复用进行了长期的研究和实践,发现这类复用方式有许多局限性。所以,人们转向中、大粒度复用的研究,并且发现,通过中粒度复用,软件开发人员在开发一个新的软件系统时,可以利用已有的需求分析、设计的思想和结果;通过大粒度复用,可以利用已有的系统来组建新的应用系统。设计新的应用系统时,只需考虑各子系统相互作用的框架结构,而不必关心设计和实现的细节,从而缩短了开发时期,降低了开发成本。

### 9.2.4　可复用软件资源的管理

为提高软件生产率和软件质量,需要把有重用价值的软件模块或构件收集起来,再把相关资料组织在一起,标注说明,建立索引,从而建立可复用的软件构件库。

建立可复用的软件构件库,当项目开发需要时,就可以根据具体情况,对软件构件进行加工,以构成所需的软件系统。目前流行的软件复用思想正是如此。其具体方法是通过利用现有的构件技术建立可复用的软件构件库。因而,软件构件库的建立、使用和维护,是实现可复用软件资源管理的主要内容。

#### 1. 构件资源的分类

构件资源的分类是以构件分类体系为依据对构件进行的一种预处理。在分类体系中,可按构件的标准、使用范围、系统类型、应用领域、应用场合、功能和粒度等属性对构件进行划分。

根据构件是否满足标准,可将构件分为两种:一种是可以跨平台、跨语言使用的标准构件,如ActiveX 构件和 COBRA 构件;另一种则是某个特定环境中使用的专用构件,如只能在 Delphi、Visual Basic 和 PowerBuilder 等环境下才能使用的窗口、菜单、用户对象和模板等。

根据使用的范围,可将构件分为通用构件和领域专用构件。根据构件适用的操作系统类型,可以划分为基于 Windows、UNIX/Linux 等的构件。根据构件适用的计算机应用领域,可以分为数据库、网络、多媒体和人工智能等领域的构件。根据构件服务的业务领域,可以分为工商、银行和电信等各个业务领域的构件。根据构件的功能分类,如数据库领域中的数据查询构件、报表构件等。根据构件粒度的大小,可分为大、中、小型构件。大粒度构件可实现高级功能,而小粒度构件则功能相对简单些。

一个构件的典型的分类可以用以下特征集来描述:

①对象,即构件实现或操作的软件工程抽象。

②功能,构件提供的过程或动作。

③算法,与某个功能或对象相关联的特殊方法名,如冒泡排序法就是一种算法。

④构件类型,构件所处的特定的软件开发阶段,如编码阶段、设计阶段及需求分析阶段等。

⑤语言,构造构件所用的方法或语言。

⑥环境,构件专用的软硬件或协议。

通过对构件的各个特征分类即可完成构件分类,建立构件库,用户可据此来检索构件。表9-1 为一个遍历构件的分类模式。

表 9-1  遍历构件的分类模式

| 构件标识 | AOOO0001 |
|---|---|
| 功能 | 遍历 |
| 算法 | 二进制查找 |
| 构件类型 | Code |
| 语言 | C++ |

上述分类模式还可以进一步进行修改和扩充。表 9-2 给出了一种更详细的分类模式。

表 9-2  构件的详细分类模式

| 构件标识 | 构件作用对象 | 构件作者 |
|---|---|---|
| 构件名称 | 构件作用领域 | 构件完成日期 |
| 构件功能描述关键字 | 构件应用场所 | 构件最近一次修改日期 |
| 所用数据结构 | 特别需求信息 | 辅助软件 |
| 数学模型 | 错误处理及异常信息 | 可用的文档描述及测试用例描述 |

2.检索构件库

系统开发人员根据自己的需要从构件库中查找与之匹配的构件的过程,称之为可复用构件的检索。

检索步骤通常如下:

①系统分析员对需求进行综合分析,得到理解后的需求,压缩问题空间。

②以形式化的语言表达需求,并构造查询条件。查询条件可以是简单的字符串搜索命令或组合的 SQL 查询语句,也可是复杂的构件检索语言规约。

③针对可复用的构件库,按照某种分类方法将构件按照标准划分为构件类,对构件类的编码进行描述并建立索引。

④通过构件匹配算法将需求表达与构件库中的编码描述进行比较,从而查找出精确匹配或模糊匹配的构件。

匹配结果是指检索后得到的符合要求的构件集合。其内容可能是与用户需求精确匹配的构件,也可能存在与给定用户需求不完全匹配的构件。此时,需要对这些构件进行适当改造,以满足用户的需求。图 9-2 所示构件检索模型给出了一个构件检索模型。

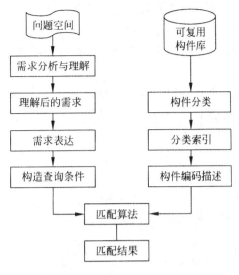

图 9-2　构件检索模型

# 9.3　CASE 工具

### 9.3.1　CASE 工具概述

自 20 世纪 40 年代电子数字计算机出现之后,软件开发一直约束了计算机的广泛应用。为缓解"软件危机",60 年代末提出了软件工程的概念,要求人们采用工程的原则、方法和技术开发、维护和管理软件,从此产生了一门新的学科,即软件工程。

制造业、建筑业的发展告诉我们,当采用有力的工具辅助人工劳动时,可以极大地提高劳动生产率,并可有效地改善工作质量。在需求的驱动下,并借鉴其他业界发展的影响,人们开始了计算机辅助软件工程的研究。早在 80 年代初,就涌现出许多支持软件开发的软件系统。从此,术语 CASE 被软件工程界普遍接受,并作为软件开发自动化支持的代名词。

从狭义范围来说,CASE 是一组工具和方法的集合,可以辅助软件生存周期各个阶段的软件开发;广义地说,CASE 是辅助软件开发的任何计算机技术,其中主要包含两个含义,一是在软件开发和维护过程中提供计算机辅助支持;二是在软件开发和维护过程中引入工程化方法。

从学术研究的角度来讲,CASE 吸收了 CAD、操作系统、数据库、计算机网络等许多研究领域的原理和技术,把软件开发技术、方法和软件工具等集成为一个统一而一致的框架。由此可见,CASE 是多年来在软件开发方法、软件开发管理和软件工具等方面研究和发展的产物。

从软件产业的角度来讲,CASE 是种类繁多的软件开发和系统集成的产品与软件工具的集合。其中,软件工具不是对任何软件开发方法的取代,而是对它们的支持,旨在提高软件开发效率,增进软件产品的质量。

此外,CASE 是一种通用的软件技术,适用于各类软件系统的开发。总之,CASE 工具不同于以往的软件工具,主要体现在以下几个方面。

①支持专用的个人计算机环境。

②使用图形功能对软件系统进行说明并建立文档。

③将软件生存期各阶段的工作连接在一起。

④收集和连接软件系统中从最初的需求到软件维护各个环节的所有信息。

⑤用人工智能技术实现软件开发和维护工作的自动化。

典型的 CASE 通常由图形工具、描述工具、原型化工具、查询和报表工具、质量保证工具、决策支持工具、文档出版工具、变换工具、生成器、数据共享工具、安全和版本控制工具中的全部或部分工具组成。

### 1. CASE 工具的分类

随着 CASE 术语的出现,人们不加区分地把软件工具和 CASE 工具等同地予以使用。严格地说,CASE 工具是除操作系统之外的所有软件工具的总称。关于对 CASE 工具的分类,可以依据不同的分类模式。

（1）从对软件过程支持的广度分类

1993 年,Fuggetta 依据 CASE 工具对软件过程的支持范围,将其分为三类,如图 9-3 所示。

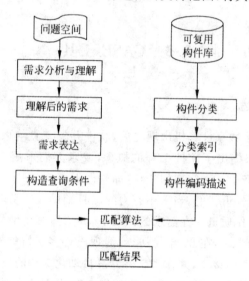

**图 9-3　CASE 工具的分类**

工具:支持单个任务,例如,检查设计的一致性,编译一个程序,比较测试结果等。

工作台:支持某一软件过程或一个过程中的某些活动,例如,需求规约、软件设计、软件测试等。工作台一般以或多或少的集成度,由若干个工具组成。

环境:支持某些软件过程以及相关的大部分活动。环境一般以特定的方式,集成了若干个工作台。其中,环境主要分为集成化环境和过程驱动的环境。集成化环境对数据集成、控制集成、表示集成等提供基本支持;而以过程为中心的环境通过过程模型和过程引擎,为软件开发人员的开发活动提供必要的指导。

显然,工具、工作台以及集成化环境在其构造中,采用的是一类支持软件开发的 CASE 技术。市面上大多数 CASE 产品是基于这类技术的,其中关于系统建模、软件设计和编程的工具是质量、用效最好的 CASE 工具。而以过程驱动的环境在其构造中,采用的是一类支持软件开发过程管理的 CASE 技术,通常基于这类技术的 CASE 产品包含了前一类 CASE 技术和功能,但至今仍然还不算是成熟的。

（2）从支持的活动分类

按支持的活动对 CASE 工具进行分类。如表 9-3 所示。

表 9-3　基于支持活动的 CASE 工具分类

| 支持活动 | 工具 |
| --- | --- |
| 需求分析 | 数据流图工具,实体—关系模型工具,状态转换图工具,数据字典工具,面向对象建模工具 |
| 概要设计 | 分析、验证需求定义规约工具,程序结构图(SC 图)设计工具,面向对象设计工具 |
| 详细设计 | HIPO 图工具,PDL(设计程序语言)工具,PAD(问题分析图)工具,代码转换工具 |
| 编码工具 | 正文编辑程序,语法制导编辑程序,连接程序,符号调试程序,应用生成程序,第四代语言,OO 程序设计环境 |
| 维护与理解 | 静态分析程序,动态覆盖率测试程序,测试结果分析程序,测试报告生成程序,测试用例生成程序,测试管理工具 |
| 配置管理 | 程序结构分析程序,文档分析工具程序,理解工具源程序—PAD 转换工具,源程序—流程图转换工具,版本管理工具变化管理工具 |

（3）从功能角度分类

最常用的分类方法,包括信息工程工具、过程建模和管理工具,项目计划工具、风险分析工具、项目管理工具、需求跟踪工具、度量和管理工具、文档工具、系统软件工具、质量保证工具、数据库管理工具、软件配置管理工具、分析和设计工具、原形和仿真工具、界面设计和开发工具、原型工具、编程工具、集成和测试工具、静态分析工具、动态分析工具、测试管理工具、客户/服务器测试工具、再工程工具等。

（4）从支持的范围分类

可以分为窄支持、较宽支持和一般支持工具。窄支持指支持过程中特定的任务,如创建一个实体关系图,编译一个程序等;较宽支持指支持特定的过程阶段,例如设计阶段;一般支持是指支持覆盖软件过程的全部阶段或大多数阶段。

2.软件自动化

CASE 的实质是为软件开发人员提供一组优化集成的且能大量节省人力的软件开发工具,其目的是实现软件生存各环节的自动化并使之成为一个整体。

传统的软件技术有两种类型:工具与方法。软件工具大多数是独立的、依赖于计算机的,而且主要集中在软件生存期的实现阶段。软件方法包括手工的软件开发方法,如结构化分析、结构化设计和结构化程序设计。这些方法限定了软件开发的逐步规格化过程。

CASE 技术是软件工具和软件方法的结合。它不同于以前的软件技术,因为它强调了解决整个软件开发过程的效率问题,而不仅仅是实现阶段。由于跨越了软件生存期的各个阶段,因此,CASE 也是一种最完美的软件技术,CASE 着眼于软件分析和设计以及程序实现和维护的自动化,从软件生存期的两端解决了软件生产率的问题。

由于手工的结构化方法实在太冗长乏味,而且需要花费很多人力,因此,在实际的开发过程中很少能够完全按照其要求去做。而 CASE 通过自动画出结构化图形,自动生成系统的文档,使手工的结构化方法得到实际的应用。

3. CASE 的作用

归纳起来,CASE 有如下三大作用,这些作用从根本上改变了软件系统的开发方式。

①一个具有快速响应、专用资源和早期查错功能的交互式开发环境。

②对软件的开发和维护过程中的许多环节实现了自动化。

③通过一个强有力的图形接口,实现了直观的程序设计。

CASE 技术的最终目标是通过一组集成了的软件工具实现整个软件生存期的自动化。但是,目前还没有达到这一目标。

4. CASE 工具实例

CASE 工具所做的事情比以往的软件工具要多得多。它们实现了许多软件并发和维护工作的自动化。CASE 工具的实例有很多,如:

①画图工具,画出结构化的视图并生成用图形表示的系统规格说明。

②报告生成工具,建立系统的规格说明和原型。

③数据辞典、数据库管理系统和报告生成工具,存储、报告和查询技术信息、项目管理系统信息。

④规格说明检查工具,自动监测系统规格说明的完整性、语法正确和一致性。

⑤代码生成工具,根据图形化的系统规格说明,自动生成可执行的代码。

⑥文档资料生成工具,产生结构化方法所需的各种技术文档和用户系统文档。

虽然工具是 CASE 的重要组成部分,但是 CASE 技术并不仅仅是指软件工具,而是对整个软件环境的重新定义。CASE 改变了软件开发环境的一个主要原因是因为 CASE 工具一般都在工作站的环境下运行,使软件开发成为一个高度交互的过程,因此,在系统需求定义这样的前期工作中就可以开始进行查错。

### 9.3.2 集成化的 CASE 环境

1. CASE 集成环境

"集成"的概念首先用于术语 IPSE(集成工程支持环境),而后用于术语 ICASE(集成计算机辅助软件工程)和 ISEE(集成软件工程环境)。工具集成是指工具协作的程度。集成在一个环境下的工具的合作协议,包括数据格式、一致的用户界面、功能部件组合控制和过程模型。

(1)界面集成

界面集成的目的是通过减轻用户的认知负担而提高用户使用环境的效率和效果。为达到这个目的,要求不同工具的屏幕表现与交互行为要相同或相似。表现与行为集成,反映了工具间的用户界面在词法水平上的相似(如鼠标应用和菜单格式等)和语法水平上的相似(如命令与参数的顺序和对话选择方式等)。更为广义的表现与行为定义,还包含两个工具在集成情况下交互作用时,应该有相似的反映时间。

界面集成性的好坏还反映在不同工具在交互作用范式上是否相同或相似。也就是说,集成在一个环境下的工具,能否使用同样的比喻和思维模式。

(2)数据集成

数据集成的目的是确认环境中的所有信息(特别是持久性信息)都必须作为一个整体数据能被各部分工具进行操作或转换。衡量数据的集成性,我们往往从通用性、非冗余性、一致性、同步性和交换性五个方面去考虑。

(3)控制集成

控制集成是为了能让工具共享功能。在此给出了两个属性来定义两个工具之间的控制关系。

供给:一个工具的服务在多大程度上能被环境中另外的工具所使用。

使用:一个工具对环境中其他工具提供的服务能使用到什么程度。

(4)过程集成

过程为开发软件所需要的阶段、任务和活动序列,许多工具都是服务于一定的过程和方法的。我们说的过程集成性,是指工具适应不同过程和方法的潜在能力有多大。很明显,那些极少做过程假设的工具(如大部分的文件编辑器和编译器)比起那些做过许多假设的工具(如按规定支持某一特定设计方法或过程的工具)要易于集成。在两个工具的过程关系上,具有三个过程集成属性:过程段、事件和约束。

**2.集成 CASE 的框架结构**

这里给出的框架结构是基于美国国家标准技术局和欧洲计算机制造者协会开发的集成软件工程环境参照模型以及 Anthony Wasserman CASE 工具集成方面的工作。

(1)技术框架结构

一个集成 CASE 环境必须如它所支持的企业、工程和人一样,有可适应性、灵活性以及充满活力。在这种环境里,用户能连贯一致地合成和匹配那些支持所选方法的最合适的工具,然后他们可以将这些工具插入环境并开始工作。

我们采用了 NIST/ECMA 参考模型来作为描述集成 CASE 环境的技术基础。在参考模型里定义的服务有三种方式的集成:数据集成、控制集成和界面集成。数据集成由信息库和数据集成服务进行支持,具有共享设计信息的能力,是集成工具的关键因素。

控制集成由过程管理和信息服务进行支持,包括信息传递、时间或途径触发开关、信息服务器等。工具要求信息服务器提供三种通信能力,即工具—工具、工具—服务、服务—服务。

界面集成由用户界面服务进行支持,用户界面服务让 CASE 用户与工具连贯一致地相互作用,使新工具更易于学会和使用。

(2)组织框架结构

工具在有组织的环境下是最有效的。上述技术框架结构没有考虑某些特定工具的功能,工具都嵌入一个工具层,调用框架结构服务来支持某一特殊的系统开发功能。

组织框架结构就是把 CASE 工具放在一个开发和管理的环境中。该环境分成三个活动层次:

①在企业层进行基本结构计划和设计。

②在工程层进行系统工程管理和决策。

③在单人和队组层进行软件开发过程管理。

组织框架结构,能指导集成 CASE 环境的开发和使用,指导将来进一步的研究,帮助 CASE 用户在集成 CASE 环境中选择和配置工具,是对技术框架的实际执行和完善。

3. 集成 CASE 环境的策略

集成 CASE 环境的最终目的是支持与软件有关的所有过程和方法。一个环境由许多工具和工具的集成机制组成。不同的环境解决集成问题的方法和策略是不同的。Susan Dart 等给出了环境的 4 个广泛的分类。

①以语言为中心的环境,用一个特定的语言全面支持编程。

②面向结构的环境,通过提供的交互式机制全面地支持编程,使用户可以独立于特定语言而直接地对结构化对象进行加工。

③基于方法的环境,由一组支持特定过程或方法的工具所组成。

④工具箱式的环境,它由一套通常独立于语言的工具所组成。

这几种环境的集成,多采用传统的基于知识的 CASE 技术,或采用一致的用户界面,或采用共同的数据交换格式,来支持软件开发的方法和过程模型。目前,一种基于概念模型和信息库的环境设计和集成方法比较盛行,也取得了可喜的成果。

### 9.3.3 CASE 工具的选择与评价

作为采用过程的重要一步——CASE 工具的评价与选择,是对 CASE 工具的质量特性进行测量和评级,以便为最终的选择提供客观的和可信赖的依据。

CASE 工具作为一种软件产品,不仅具有一般软件产品的特性,如功能性、可靠性、易用性、效率、可维护性和可移植性,而且还有其特殊的性质,如与开发过程有关的需求规格说明支持和设计规格说明支持、原型开发、图表开发与分析、仿真等建模子特性;与管理过程有关的进度和成本估算、项目跟踪、项目状态分析和报告等特性;与维护过程有关的过程或规程的逆向工程、源代码重构、源代码翻译等特性;与配置管理有关的跟踪修改、多版本定义与管理、配置状态计数和归档能力等特性,与质量保证过程有关的质量数据管理、风险管理特性等。所有这些特性与子特性都是 CASE 工具的属性,是能用来评定等级的可量化的指标。

早在 1995 年,国际标准化组织和国际电工委员会发布了一项国际标准,即 ISO/ IEC 14012《信息技术 CASE 工具的评价与选择指南》。它指出:软件组织若想在开发工作开始时选择一个最适当的 CASE 工具,有必要建立一组评价与选择 CASE 工具的过程和活动。评价和选择 CASE 工具的过程,实际上是一个根据组织的要求,按照 ISO/IEC 9126《信息技术软件产品评价质量特性及其使用指南》中描述的软件产品评价模型所提供的软件产品的质量特性和子特性,以及 CASE 工具的特性进行技术评价与测量,以便从中选择最适合的 CASE 工具的过程。

技术评价过程的目的是提供一个定量的结果.,通过测量为工具的属性赋值,评价工作的主要活动是获取这些测量值,以此产生客观的和公平的选择结果。评价和选择过程由 4 个子过程和 13 个活动组成。

1. 初始准备过程

这一过程的目的是定义总的评价和选择工作的目标和要求,以及一些管理方面的内容。它由 3 个活动组成。

（1）设定目标

提出为什么需要 CASE 工具？需要一个什么类型的工具？有哪些限制条件（如进度、资源、成本等方面）？是购买一个，还是修改已有的，或者开发一个新的工具？

（2）建立选择准则

将上述目标进行分解，确定作出选择的客观和量化准则。这些准则的重要程度可用做工具特性和子特性的权重。

（3）制定项目计划

制定包括小组成员、工作进度、工作成本及资源等内容的计划。

2. 构造过程

构造过程的目的是根据 CASE 工具的特性，将组织对工具的具体要求进行细化，寻找可能满足要求的 CASE 工具，确定候选工具表。构造过程由 3 个活动组成。

（1）需求分析

了解软件组织当前的软件工程环境情况，了解开发项目的类型、目标系统的特性和限制条件、组织对 CASE 技术的期望，以及软件组织将如何获取 CASE 工具的原则和可能的资金投入等。

明确软件组织需要 CASE 工具做什么；希望采用的开发方法，如面向对象还是面向过程；希望 CASE 工具支持软件生存期的哪一阶段；以及对 CASE 工具的功能要求和质量要求等。

根据上述分析，将组织的需求按照所剪裁的 CASE 工具的特性与子特性进行分类，为这些特性加权。

（2）收集 CASE 工具信息

根据组织的要求和选择原则，寻找有希望被评价的 CASE 工具，收集工具的相关信息，为评价提供依据。

（3）确定候选的 CASE 工具

将上述需求分析的结果与找到的 CASE 工具的特性进行比较，确定要进行评价的候选工具。

3. 评价过程

评价过程的目的是产生技术评价报告。该报告将作为选择过程的主要输入信息，对每个被评价的工具都要产生一个关于其质量与特性的技术评价报告。这一过程由 3 个活动组成。

（1）评价的准备

最终确定评价计划中的各种评价细节，如评价的场合、评价活动的进度安排、工具子特性用到的度量、等级等。

（2）评价 CASE 工具

将每个候选工具与选定的特性进行比较，依次完成测量、评级和评估工作。测量是检查工具本身特有的信息，如工具的功能、操作环境、使用和限制条件、使用范围等。可以通过检查工具所带的文档或源代码（可能的话）、观察演示、访问实际用户、执行测试用例、检查以前的评价等方法来进行。测量值可以是量化的或文本形式的。评级是将测量值与评价计划中定义的值进行比较，确定它的等级。评估是使用评级结果及评估准则对照组织选定的特性和子特性进行评估。

（3）报告评价结果

评价活动的最终结果是产生评价报告。可以写出一份报告，涉及对多个工具的评价结果，也可以对每个所考虑的 CASE 工具分别写出评价报告。报告内容应至少包括关于工具本身的信息、关于评价过程的信息，以及评价结果的信息。

4. 选择过程

选择过程应该在完成评价报告之后开始。其目的是从候选工具中确定最合适的 CASE 工具，确保所推荐的工具满足软件组织的最初要求。选择过程由 4 个活动组成。

（1）选择准备

其主要内容是最终确定各项选择准则，定义一种选择算法。常用的选择算法有：基于成本的选择算法、基于得分的算法和基于排名的算法。

（2）应用选择算法

把评价结果作为选择算法的输入，与候选工具相关的信息作为输出。每个工具的评价结果提供了该工具特性的一个技术总结，这个总结归纳为选择算法所规定的级别。选择算法将各个工具的评价结果汇总起来，给决策者提供了一个比较。

（3）推荐一个选择决定

该决定推荐一个或一组最合适的工具。

（4）确认选择决定

将推荐的选择决定与组织最初的目标进行比较。如果确认这一推荐结果，它将能满足组织的要求。如果没有一种合适的工具存在，也应能确定开发新的工具或修改一个现有的工具，以满足要求。

ISO/IEC 14102 所提出的这一评价和选择过程，概括了从技术和管理需求的角度对 CASE 工具进行评价与选择时所要考虑的问题。在具体实践中软件组织可以按照这一思路进行适当地剪裁，选择适合自己特点的过程、活动和任务。不仅如此，该标准还可仅用于评价一个或多个 CASE 工具，而不进行选择。例如，开发商可用来进行自我评价；或者构造某些工具知识库时对所做的技术评价等。

## 9.4 硬件资源管理

### 9.4.1 硬件资源管理概念

硬件资源主要包括服务器、客户机、打印机、扫描仪、光盘、磁盘及一些外设硬设备，这些设备并不是一次性使用的，而是可以在多个项目中重复利用，直至其报废。宿主机是指软件开发阶段所使用的计算机和外围设备。目标机指运行软件产品的计算机和外围设备。其他硬件设备指专用软件开发时所需要的特殊硬件资源。

硬件资源的管理是指硬件设备运行全过程的管理，包括对设备经济状态和技术状态的全面管理。

在项目启动之后，需要购置或继承其他项目完成后遗留的设备，并将这些设备分配给软件项目团队的各个成员，使设备资源得到充分地利用。合理分配硬件设备的使用时间和对象，不仅能够节约项目的成本,而且能够使项目内部团队养成良好的自觉维护所使用设备的习惯。同时,在硬件资源的管理方面,还需要在设备本身的安全检测、设备的安全保密控制等方面做好管理工作。项目团队成员是由各类素质的成员汇集在一起组成的,做好必要的预防工作是有效的管理措施,防患于未然,避免造成重大损失。

### 9.4.2　硬件设备的经济管理和技术管理

#### 1.硬件设备的经济管理

硬件设备的经济管理首先进行的是固定资产的管理。软件开发组织要根据设备的特点要求,制订本组织设备固定资产管理的政策和方法,以使设备生命周期费用最经济、综合效能最高。作为固定资产的硬件设备,一般具有周转速度较慢、价值补偿和实物更新过程在时间上分离、受无形损耗较大等特点,因此硬件资源管理包括硬件设备的计价与硬件设备的折旧两项具体内容。

硬件设备固定资产价值计量标准有三种:原始价值、重置完全价值和折余价值。

折旧随设备固定资产的损耗而逐渐转移到产品成本中。设备固定资产折旧要考虑有形损耗和无形损耗两个因素。计算固定资产的折旧依据的主要是设备的年限、原价和净残值。企业设备固定资产折旧的计算方法有:直线法、工作量法、双倍余额递减法和年限总和法。其中,双倍余额递减法和年限总和法是加速折旧的方法,目的是为了减少企业设备固定资产因竞争和新技术的出现而遭受无形损耗的风险,使企业在进行技术革新、开发新产品和开拓市场方面掌握主动权。

#### 2.硬件设备的技术管理

硬件设备的技术管理包括硬件设备的选择、维护及更新。

(1)设备的选择

设备的选择应满足企业生产经营的需要,综合考虑如下要求:

①高效性,设备能满足企业提高生产效率的要求。

②可靠性,设备在规定条件下和规定时间内达到规定功能的能力。

③维修性,设备要便于维修,能够节省维修费用。具体要求是设备的零部件互换性好,符合通用化、系列化、标准化的要求,结构简单、安排合理,容易拆卸和检查。

④成套性,设备的配套性要好,能够尽快形成生产能力。

⑤适应性,设备对加工对象改变的适应能力要强。

⑥安全性,设备要确保生产使用过程中的安全。

(2)设备的维护与修理

设备在使用过程中的有形磨损可以分为三个阶段:初期磨损阶段、正常磨损阶段和剧烈磨损阶段。为了使设备处于良好状态,保证其正常运转,企业必须对设备进行维护保养和检查修理。设备的维护保养是指对设备进行日常的清扫、检查、润滑、坚固以及调整等工作。其目的是防止设备劣化、维持设备性能。按照工作量的大小,可以把设备维护保养分为日常保养、一级保养、二级保养和三级保养。日常保养是维护保养工作的基础,是不占设备工时的经常性例行维护保养;一、二、三级保养都要占一定的设备工作时间。

设备修理是对由于正常或不正常原因造成的设备故障破坏进行修复的工作。设备修理一般有两种方式:事后修理和预防性计划维修。事后修理是在设备由于磨损不能继续使用时进行的修理。预防性计划维修是在设备已有磨损,但尚未发生故障时根据设备日常检查、定期检查得到的设备技术状态信息,预先按计划进行的修理。这样可以避免因设备故障影响生产而造成重大损失。

设备修理应强化计划预修制、保养修理制和全员生产维修制。计划预修制是为防止设备意外损坏,根据设备的磨损规律,有计划地对设备进行日常维护保养、检查、校正和修理,以保证设备经常处于良好运行状态的一种设备管理制度。其主要内容为:加强日常设备维护保养;按计划定期检查;计划进行小修、中修和大修。

保养修理制是在总结计划预修制基础上建立的一种设备维修制,它由一定类别的保养和修理组成:日常保养、一级保养、二级保养和计划大修。它有利于操作工人和维修工人共同协作,开展设备的各项保养和维修工作。

全员生产维修以设备综合效率为最高目标,建立以设备整个寿命周期为对象的生产维修总系统,建立由设备的计划、使用、保养、维修等所有部门及从企业最高领导到第一线操作工人都参加的设备管理网络,强化生产维修保养的思想,开展生产维修目标管理活动。

(3)设备的改造与更新

设备的不断磨损与设备的有限寿命决定设备改造与更新的必要性。设备的磨损一种是有形的磨损,它造成设备的物质技术劣化;一种是无形磨损,它造成设备的经济性劣化。设备的寿命可分为 3 类:设备的物质寿命,它由设备的有形磨损决定;设备的经济寿命,从设备投入使用到终止使用所经历的时间称为设备的经济寿命,它主要由设备的使用费用决定;设备的技术寿命,设备从开始使用到因为技术落后被淘汰为止所经历的时间,它主要由设备的无形磨损决定。

设备的改造是指应用现代科学技术成果,改变原有设备的结构,或增添新部件、新装置,使原有设备的技术性能和使用指标得到改善,局部或全部达到现代新设备的技术水平的工作总称。企业对设备进行改造,要根据生产经营需要,选择恰当的方式。设备改造的形式主要有改装和现代化改造。设备改装是为满足增加产量或加工要求而对设备的容量、功率、形状进行改造。设备现代化改造是把科学技术新成果应用于企业现有设备,以提高现有设备现代技术水平,如提高设备的自动化程度,实现数控化、联动化;提高设备零部件通用化、系列化、标准化水平,增强其可靠性和维修性;改装设备监测监控装置等。设备现代化改造是设备改造的主要形式。

设备的更新是指企业对设备有形磨损和无形磨损的完全补偿,是对在技术上或经济上不宜继续使用的设备,用新设备更换替代。企业要根据需要,抉择是进行设备的原型更新,还是进行设备的技术更新,或是两者相结合。设备的原型更新是同型号的设备以旧换新,它不具有技术进步性质,因而企业不应仅局限于此种设备更新。设备的技术更新,是用技术更先进的设备更换技术陈旧的设备。它能够恢复并提高设备性能,提高设备现代技术水平,优化企业设备结构,因此它应是企业设备更新的主要形式。

设备改造与设备更新相结合,并以设备改造为主,逐步实现企业设备更新。设备更新应讲究综合经济效益,要尽可能在技术上先进,生产上适用,经济上合理;设备更新应因地制宜,考虑企业自身资源条件,如厂房、技术水平和产品等,全面规划,分期进行。

# 第 10 章　软件项目的配置

## 10.1　软件配置管理概述

软件配置管理（Software Configuration Management，SCM）是加利福尼亚大学圣巴巴拉分校的 Leon Presser 教授在 20 世纪 70 年代初提出的。它是软件项目运作的一个支撑平台，软件配置管理将项目干系人的工作协同起来，实现高效的团队沟通，让工作成果及时共享。这种支撑贯穿于项目的整个生命周期中。图 10-1 为软件配置管理作为支撑平台的简单示意图。

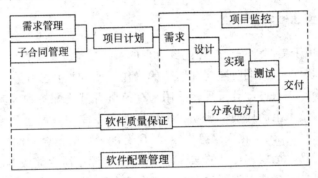

**图 10-1　软件配置管理作为支撑平台**

配置管理（Configuration Management，CM）是在系统生命周期中对系统中的配置项进行标识和定义的过程。该过程通过控制配置项的发布及后续变更，记录并报告配置项的状态及变更请求，从而确保配置项的完整性和正确性。软件配置管理（Software Configuration Management，SCM）是应用于由软件组成的系统的配置管理。软件配置管理是识别、定义系统中的配置项，在软件生命周期中控制它们的变更，记录并报告配置项和变更请求的状态，并验证确保其完整性和正确性的一个过程。

### 10.1.1　软件配置管理过程活动

实施软件配置管理必须要事先的约定与组织、人事、资源等方面的保证。这些是顺利实施配置管理的基础。软件配置管理过程活动如图 10-2 所示。

### 10.1.2　软件配置管理目标

配置管理相当于软件开发的位置管理，软件配置管理的基本目标包括：
①软件配置管理的各项工作是有计划进行的。
②被选择的项目产品得到识别，控制并且可以被相关人员获取。
③已识别出的项目产品的更改得到控制。
④使相关组别和个人及时了解软件基线的状态和内容。

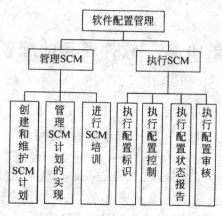

图 10-2　软件配置管理过程活动

### 10.1.3　配置管理环境的建立

配置管理环境是用于更好地进行软件配置管理的系统环境。建立配置管理环境包括建立配置管理的硬件环境和软件环境,同时建立存储库的操作说明和操作权限。其中最重要的是建立配置管理库,简称配置库。软件配置管理库是用来存储所有基线配置项及其相关文件等内容的系统,是在软件产品的整个生命周期中建立和维护软件产品完整性的主要手段。配置库存储包括配置项相应版本、修改请求、变化记录等内容,是所有配置项的集合和配置项修改记录的集合。

从效果上来说,配置库是集中控制的文件库,并提供对库中所存储版本的控制。配置库中的文件是不会变的,任何更改都被视为创建了一个新版本的文件。文件的所有配置管理信息和文件的内容都存储在配置库中。当开发人员使用一个文件时,将某个版本的文件导出到自己的工作目录,然后开始工作,处理完后将文件导入库中,这样就生成了这个文件的新版本。所以,开发人员不可能导出一个文件并同时在配置库中修改文件。

一般存储软件配置项的库分为开发库、受控库和产品库。开发库是开发周期的某个阶段,存放与该阶段工作有关系的信息。受控库是指在软件生存周期的某一个阶段结束时,存放作为阶段产品而释放的、与软件开发工作有关的计算机可读信息和人工可读信息的库。软件配置管理就是对软件受控库中的各软件项进行管理,因此软件受控库也叫作软件配置管理库。产品库是指在软件生存周期的系统测试阶段结束后,存放最终产品而后交付给用户运行或在现场安装的软件的库。

开发库也称为工作空间,它为开发人员提供了独立工作的空间,它可以防止开发人员之间的相互干扰。例如,为修复一个旧版本,如 REL1 中的 bug,开发人员首先需要在自己的开发环境中完全重现 REL1 所对应的源文件和目录结构,也就是说,需要建立一个对应于 REL1 的工作空间。一般有两类工作空间:一类是开发人员的私有空间,在私有空间中,开发人员可以相对独立地编写和测试自己的代码,而不受团队中其他开发人员工作的影响,即使其他人也在修改同样的文件;另一类工作空间是团队共享的集成空间,该空间用于集成所有开发人员的开发成果。

工作空间管理包括工作空间的创建、维护与更新、删除等,工作空间应具备以下几个特点:

①稳定性。工作空间的稳定性指的就是私有空间的相对独立性,在私有空间中,开发人员可以相对独立地编写和测试自己的代码,而不受团队中其他开发人员工作的影响。

②一致性。工作空间的一致性指的是当开发人员对自己的私有空间进行更新时,得到的应该是一个可编译的、经过一定测试的一致的版本集。

③透明性。工作空间的透明性指的是工作空间与开发人员本地开发环境的无缝集成,可将配置管理系统对开发环境的负面影响降到最小。

缺少有效的工作空间管理会造成由于文件版本不匹配而出错和降低开发效率,更长的集成时间等问题。

### 10.1.4　软件配置管理在软件开发中的作用

软件配置管理在软件项目管理中有着重要的地位,软件配置管理工作是以整个软件流程的改进为目标,是为软件项目管理和软件工程的其他领域打好基础,以便于稳步推进整个软件企业的能力成熟度。

软件配置管理的主要思想和具体内容在于版本控制。版本控制是软件配置管理的基本要求,是指对软件开发过程中各种程序代码、配置文件及说明文档等文件变化的管理。版本控制最主要的功能就是追踪文件的变更。它将什么时候、什么人更改了文件的什么内容等信息忠实地记录下来。每一次文件的改变,文件的版本号都将增加,它可以保证任何时刻恢复任何一个配置项的任何一个版本。版本控制还记录了每个配置项的发展历史,这样就保证了版本之间的可追踪性,也为查找错误提供了帮助。

除记录版本变更外,版本控制的另一个重要功能是并行开发。软件开发往往是多人协同作战,版本控制可以有效地解决版本的同步以及不同开发者之间的开发通信问题,提高协同开发的效率。许多人将软件的版本控制和软件配置管理等同起来,这是非常错误的观念。版本控制虽然在软件配置管理中占据非常重要的地位,但这并不是它的全部,对开发者工作空间的管理等都是软件配置管理不可分割、不可或缺的部分。而且,简单地使用版本控制,并不能解决开发管理中的深层问题。软件配置管理给开发者带来的好处是显而易见的,但对于项目管理者来说,他所关心的角度与开发者是不一样的,他更关注项目的进展情况,这不是简单的版本控制能够解决的。项目管理者从管理者的角度去运用软件配置管理中的各种记录数据,将有巨大的收获。从这些记录数据中,我们可以了解到谁在什么时候改了些什么、为什么改;我们可以了解到开发项目进展得如何、完成了多少工作量;我们可以了解到开发工程师的资源是否充分使用、工作是否平衡等。

现在人们逐渐认识到,软件配置管理是软件项目管理中的一种非常有效和现实的技术,它能非常有效地适应软件开发需求。配置管理对软件产品质量和软件开发过程的顺利进行和可靠性有着重的意义。

合理的实施配置管理,软件产品的质量会得到了提高、开发团队能够工作在一个有助于提高整体工作效率的配置管理平台上。如果没有很好地进行配置管理,将会影响成本、进度和产品的规格,没有变更管理,项目就会无限放大。有效的配置管理可以不断命中移动的目标。配置管理是对工作成果的一种有效保护。

软件配置管理是软件开发环境管理部分的核心,有些管理功能(比如过程管理)在最初并不属于软件配置管理,但随着软件配置管理的不断发展,也逐渐成为了软件配置管理的一部分。

## 10.2 版本管理

### 10.2.1 版本管理概述

版本管理也称版本控制,是软件配置管理的核心功能。所有置于配置库中的元素都应该自动予以版本的标识,并保证版本命名的唯一性。版本在生成过程中,将根据预先设定的使用模型自动地分支、演进。除了系统自动记录的版本信息外,为了适应和配合软件开发流程的各个阶段,还需要定义、收集一些元数据来记录版本的辅助信息和规范开发流程,并为今后对软件过程的度量做好准备。如果使用的工具能够提供支持,这些辅助数据能直接统计出过程数据,支持软件过程改进,活动的进行。

对于配置库中的各个基线控制项,应该根据基线位置和状态来设置相应的访问权限。一般来说,对于基线版木之前的各个版本都应处于被锁定的状态,如果需要对它们进行变更,则应按照变更控制的流程来进行操作。

版本控制一般都结合规程和工具,以便管理在软件工程中所创建的配置对象的不同版本。软件配置使得用户能够通过对适当的版本选择来指定可选的系统配置,这一点的实现是通过将属性关联到每个软件版本上,然后通过描述一组所期望的属性来指定和构造的,这些"属性"可以简单到赋予每个对象的标本号,或复杂到用以指明系统中特定类型的功能变化的布尔变量串。

版本控制要求完成的主要任务有:建立控制项;重构任何修订版的某一项或者某一文件;利用加锁技术防止覆盖;当增加一个修订版时要求输入变更描述;提供比较任意两个修订版的使用工具;采用增量存储方式;提供对修订版历史和锁定状态的报告功能;提供归并功能;允许在任何时候重构任何版本;控制权限的设置;渐进模型的建立;提供各种报告。

### 10.2.2 版本管理的内容

版本管理是配置管理的基础,它涉及宣传版本管理、不同版本管理、分支管理。

1. 宣传版本管理

宣传版本是其他开发人员可用的版本。开发人员创建宣传版本以确保配置项能够用于复查、调试其他配置项或者进行全面的检查。例如,许多软件项目的开发是多人并行开发,在开发过程中,某些开发人员要用其他开发人员的工作产品进行调试等。宣传版本标志着配置项已经达到了相对稳定的状态,一旦创建了宣传版本,其他人员就可以利用它的库进行调试。

通常,项目要求代码的宣传版本不包括编译错误,但很少会做出其他限制,以此来鼓励小组间交换工作产品。如将编译无误的版本向使用该工作产品的小组或成员宣传。创建了宣传版本就不能改动了,只能发布新的宣传版本。创建宣传版本的开发人员可以继续修改,但其他开发人员只能使用已发布的宣传版本,直至创建它的开发人员经过修改发布新的宣传版本,或提交测试小组等质量控制小组进行质量评估,发现错误并修正后再更新宣传版本。

对宣传版本的管理还包括工作区的管理。通常,可将工作区划分为技术员工作区、服务器工作区、新手工作区、专家工作区等,而每个开发人员都有自己相对独立的工作区。对每个开发人员而言,一般都在各自的工作区进行开发,私有工作区是不受控的,私有工作区的工作产品是在动态变化的,完全由开发人员自己管理。但是,工作区应有相对的独立性,在私有工作区中,开发人员可以相对独立地编写和测试自己的代码,而不受团队中其他开发人员工作的影响。

2.分支管理

分支管理是在软件开发时,对不同的分支分开进行配置管理,分支之间具备相对的独立性。分支管理涉及主干与分支的概念,主干是那些各个版本都要用到的子系统,分支是专为不同版本开发的子系统。但是,开发到一定的时候,分支要与主干合并生成不同产品的发布版本,合并总是需要依赖配置管理工具的支持来完成的。

在串行开发模式和并行开发模式中,配置管理都可以用分支管理策略。例如,开发一个ERP系统,财务管理子系统、人力资源管理子系统、库存管理子系统都需要用到工作流引擎、报表功能,那么可将工作流引擎、报表作为主干,财务管理子系统、人力资源管理子系统、库存管理子系统作为不同的分支进行配置管理。

目前,许多软件都是采用并行开发,甚至是异地并行开发。例如,微软的许多产品,可能会同时在全球的多个研发中心并行开发,在中国进行汉化中文版开发,在韩国进行韩文版开发,在西班牙进行西班牙文版开发。在并行开发这些不同版本时,主要代码都是一样的,不同的是要支持不同文字版本的操作系统,不同文字的排版方式、输入法、排序法等。在这种情况下,总是用到分支管理。

在分支管理中,分支的标识非常重要。如果分支划分不合适,将会给软件的开发、合并等带来混乱。虽然没有可靠的方法来解决这一问题,但可以用以下分支管理的试探法来减小风险。

(1)确定可能的重叠

建立开发分支之后,但又没有开始设计和实现之前,开发人员可以猜测哪里会发生重叠。然后用这些信息指定包含这些重叠的约束条件。这些约束不包括修改重叠涉及的类的接口。

(2)频繁合并

配置管理策略要求负责分支的开发人员经常与主干的最新版本合并,只在分支上创建这些合并而不传送给主干。这些策略规定了这些合并要保证代码还要编译;也就是说,合并不需要解决所有的重叠。这个策略鼓励开发人员尽早找出重叠,并在实际合并前考虑如何解决。

(3)交流可能的冲突

虽然负责不同分支的小组要独立工作,但需要估计到未来的合并中可能会产生的冲突并与有关小组交流。这对考虑所有组的约束条件来改进变化的设计也有好处

(4)将对主干的改动减到最少

将要合并的分支的变化的数量降到最少,就会减少产生冲突的可能性。虽然这个约束条件并不总是可以接受的,但它对限制主干修改错误的变化以及开发分支所有其他变化来说是一个很好的配置管理策略。

(5)将分支的数量减到最少

配置管理分支是不应该滥用的复杂机制。轻率的分支引起的合并工作可能比使用单个分支要花费更多的努力。可能产生重叠和冲突的变化常常相互依赖而且可以相继解决。只有当需要并行开发以及冲突可以调解的情况下才可以使用分支。

### 10.2.3 不同版本管理

不同版本是将要共存的版本。如果某个系统要支持不同的操作系统和不同的硬件平台,那么它就要有多个不同版本;当某个系统要交付不同层次的功能时也需要有多个版本,如专业版、豪华版、标准版等;对于同一产品已有版本的维护和新版本的开发,也需要有多个版本。

1.基本方法

处理不同版本的开发,有两种基本方法,即冗余小组和单个项目。

冗余小组是指一个版本分配一个小组,每个小组给定的需求是一样的,负责对版本的完整设计、实现和测试。不同版本间共享很少的配置项,如用户手册、RAD。

单个项目是指设计将不同项目间共享代码的数量达到最多的子系统分解。对多平台来说,将不同版本的特定代码纳入低层子系统。对多层功能来说,将功能的增加纳入单个和大多数子系统。

选择冗余小组会产生共享需求规格说明的多个较小的项目。选择单个项目导致较大的、多个小组共享核心子系统的单一项目。许多人认为选择冗余小组会在项目中产生重复开发,因为多次设计和实现了系统的核心功能,而这些功能绝大多数看上去是一样的。如果系统设计时,考虑尽可能多的代码可以被不同版本复用,那么看起来选择单个项目更有效。但是,商业开发中经常选择冗余小组来避免组织复杂度。这是因为代码共享对设计能力的要求很高,系统设计人员要充分了解、分析需求,还要考虑到未来可能的变更,在设计系统时,系统设计人员要能够从多个版本中抽象出可共享的子系统或组件。即使如此,代码共享仍然存在许多问题,这些问题如下所示:

(1)单个供应商对多个消费者

负责不同版本的小组使用核心子系统,因此就可能产生不同的要求和需求分歧。核心子系统小组需要统一满足他们的需要。

(2)等待需求变更实现的时间过长

当某个特定版本小组向核心子系统提出变更请求时,批准和实现变更的时间比别的变更要长得多,因为核心子系统小组要保证变更不会影响其他特定版本小组。有时,核心子系统小组也会选择先实现容易的需求和变更,这会使一些较难实现的变更的实现变得遥遥无期。

(3)交叉平台的不一致性

核心子系统产生对特定子系统的约束会影响到对平台的约束。例如,可以在脑海里将某个核心子系统设计成线程化的控制流,而特定版本的用户接口工具则假设成事件驱动流。

(4)系统扩展困难

当系统有较大扩展时,对核心子系统的变更可能会很大,以至于核心子系统修改的工作量很大,甚至要完全重新设计、开发,使得系统扩展变成新系统开发,这往往会导致系统扩展的决策延缓,甚至放弃扩展。

(5)核心子系统的维护成本越来越高

采用单个项目开发时,往往在实现需求变更的方案中,会尽可能考虑各个子系统的变更与扩展的可能性,在设计时,尽可能在核心子系统中实现变更,这导致核心子系统越来越庞大、复杂,维护成本自然也越来越高。

**2.解决问题的方法**

某些情况下,代码共享产生的一些问题可以用以下方法解决,但并不是总能解决。

(1)单个或多个消费者

通过认真进行变更管理就可以解决。如果请求的变更是特定版本的,就不应在核心子系统中解决它。如果请求的变更对所有的版本都有好处,那么就应该只在核心子系统中解决。

但有些时候,即使变更只是特定版本的,也必须在核心子系统中解决。比如,某软件公司的财务管理软件有多个版本,各个版本都需要用到报表,报表属于核心子系统。假如某个版本要求能够实现表间审核,而其他版本都无此要求,但报表提供的接口不支持这一功能,也不提供在特定版本单独开发这一功能的接口支持,那么特定版本也无法单独开发此功能。

(2)等待需求变更实现的时间过长

在确认期间由变更请求涉及的小组把时间缩短。建议的变更在核心子系统的新宣传版本中实现,并发布给请求变更的小组。小组对解决方法进行评估与测试,其他小组先用以前的宣传版本。

如果该变更对核心子系统设计的影响很大,实现变更的工作量很大,甚至要重新设计核心子系统,则仍然无法缩短实现变更的时间。

(3)交叉平台的不一致性

可以在系统设计阶段通过侧重不同版本的独立子系统分解来避免。低层交叉平台不一致性的问题可以在不同特定子系统中解决,这是以对象或内核的交织和不同特定子系统之间的冗余性为代价。如果所有其他方法失败,当所支持的不同版本有相当大的区别时,应考虑独立开发过程路径。

(4)系统扩展困难

不要企图通过修改为某些需求、业务逻辑设计的核心子系统,满足更多类别的需求及业务逻辑。如用友公司开发的平台子系统是为财务管理系统开发的,当用友公司开发人力资源管理系统时,仍用已有的平台子系统,导致人力资源管理系统对平台子系统的变更请求迟迟得不到解决,影响了开发速度,也影响了软件的功能与质量。由此可知,最好重新设计核心子系统,以满足新的产品战略。

(5)核心子系统的维护成本越来越高

核心子系统的设计尽可能采用模块化或面向对象的设计,可使用一些设计模式以适应变化和扩展。

管理共享子系统的多个不同版本是很复杂的。但是,有了系统设计阶段前期的投入,共享代码就有了很多优点。如:提高共享代码的质量、稳定性和维护性,不同版本之间在质量上有着更好的一致性。最后,如果不同版本的数量比较大,早些考虑不同特定版本问题以及设计配置管理机制来满足这些条件就会大大节省时间和成本。

不论是通过建立冗余小组,还是作为单一项目处理不同版本的开发,都涉及多个小组并行开发。因为单个项目开发中,也会将核心子系统及各个子系统分配给不同的开发人员或开发小组进行开发。

若用配置管理工具管理不同版本,需要结合配置管理工具对并行开发、分支、自动合并等的支持。下节将通过一个例子说明如何使用配置管理工具对并行开发、分支、自动合并等的支持管理不同版本。

# 10.3 变更控制

变更是软件开发的固有属性。变更会造成很大的麻烦,如客户不断提出需求变更,导致重新设计和实现系统,造成大量的返工。事实上,软件开发中不可避免会有编码等错误,这就需要修正错误;在开发过程中,随着用户和开发人员逐步掌握更多的信息,也会对已经确定了的设计方案或设计细节进行改进。修改错误或进行改进都是变更。

## 10.3.1 变更控制的步骤

软件开发过程中的变更以及相应的返工,会对产品的质量造成很大的影响,软件变更的不可避免性并不意味着软件可以任意修改。变更管理是软件配置控制的关键活动,配置管理最初就是为了控制变更而提出的,能否解决好变更管理问题是衡量软件组织成熟度的一个标志。

变更管理的核心是一个适合软件开发组织的变更管理规程。不同的软件开发组织需要不同的变更管理规程,变更管理规程也会因项目的具体情况而有不同。例如,某个复杂系统有较高的可靠性需求,变更请求格式有好几页,要求有许多经理的批准,变更审批周期长。而由一个人开发的小系统,变更请求和批准通过非正式的沟通就可以了。

对变更请求的处理还取决于它们的范围和时间安排。在项目的不同阶段,对不同配置项的变更控制也会不同,如在测试阶段对已基线化的需求规格说明书提出变更请求,要修改配置项不仅是需求规格说明书,还会涉及系统设计、详细设计、编码、测试方案等的变更,对变更请求的处理就会严格、复杂许多。

典型的变更管理规程涉及如何提交变更请求,如何对变更请求进行复审以便决定是否实施,由谁实施,如何实施,如何确定变更请求准确实施完成等方面。通常,规范的变更管理过程都应包含以下步骤。

### 1.变更请求

变更请求是实施变更控制的第一步,也是必不可少的一步。变更请求可以由任何人提出,包括用户和开发人员。典型的变更请求有清除缺陷、适应运行平台的变更;软件扩展提出的要求,例如增加功能、提高性能等,对已有功能的优化和改进等。变更请求有多种形式,并且来自不同的地方,如来自内部及外部的错误报告;来自市场及工程部门的功能增强请求;需求、设计及文档变更请求,等等。

### 2.变更请求评审

变更请求评审是根据变更管理规程、项目目标、变更的必要性、变更实现所需的时间、成本利润分析、变更对系统其他部分的影响以及技术可行性等分析评估变更请求。一般由变更控制委员会(CCB)召开相应的评估会议,并根据变更的影响范围,邀请相关人员参加。

如有必要,可以设立不同级别的CCB,对不同层次的变更申请进行控制,在这种情况下,项目组可以在配置管理计划中以树状结构说明其从属结构,并在计划中明确说明CCB的授权范围,在变更管理规程中规定变更由谁评估变更。一般在大型项目中,对已基线化的配置项的变更,由变更控制委员会评审;在较小型项目中,由项目经理评估。

### 3. 批准变更

根据评估决定接受变更或拒绝变更,对接受的变更也会有不同的处理方式,如立即实现变更,或在下一个版本的产品中或下一期项目中再实现变更。不同的企业会根据项目情况将变更分类,对不同类型的变更采取不同的措施。如可以将变更分成下列几种类型:

①增强型:变更要求对已批准的项目功能进行增强。

②改进型:变更不会造成功能更改,但使配置项的维护更加有效率。

③纠错型:变更对错误进行修正。

通常,对纠错型的变更会根据系统的质量标准决定是否批准变更,而对增强型和改进型的变更要根据评估结果决定是否批准变更。

### 4. 实现变更

若接受了变更请求,则开始区分变更的优先级,根据优先级计划变更实现方案,包括技术方案、人员安排、任务分配等。不同企业会根据项目情况区分变更优先级,并对不同优先级的变更采取不同的实现方案。

### 10.3.2　模块变更管理

对于同一软件模块,有时候有不同功能需求问题。此时模块大部分代码相同,只是为实现不同功能,代码有局部的差异。如果把不同功能需求增加为另外的模块,不但增加存储要求,还将使管理难度加大,因而通常的做法是作为模块的变更管理。模块变更管理分为差异代码管理和条件代码管理。

### 1. 差异代码管理

差异代码管理把基本的代码部分和差异代码分开。对基本代码进行维护时,只要不涉及与差异代码的接口,补充简要的防止误用说明后就可以直接进行变更。同样,也可以单独对差异代码进行维护,但不能涉及基本代码部分。差异代码管理的缺点:为使差异代码能方便地产生,基本代码部分可能很复杂;在基本代码与差异代码组成的变更链中,一旦某个元素丢失或损坏,则重建整个链条将非常困难;由于部分模块的生命周期很长,相关的差异代码要维持很长时间,因而差异代码可能会逐渐变大。因此,实用的解决方案是,只对临时性变更采用差异代码管理,而对于与大量代码无关的永久变更,可以通过将模块分成两个或多个部分来处理,公共元素作为一个支持所有使用的相同模块,每个变更都通过增加独立模块来实现。

### 2. 条件代码管理

条件代码管理面对的问题是从几种可供选择的模块中选择一种,以实现特定功能。此时所有情况下的模块都在模块库中,但每次只使用一个。使用条件代码时,只有一个模块,差异表现在条件代码中。条件代码的使用降低了版本组合的数量,如对于有五个不同的内存模块、六个不同的终端输出模块的系统来说,不使用条件代码时共有 30 种不同的配置,而使用条件代码,则只需要两个系统参数和 11 个模块就可以生产所有这些组合。

### 10.3.3　基线管理

基线是软件开发过程中的特定点,其作用是使软件项目各个阶段的划分更加明确,使本来连续的工作在这些点上断开,以便于检查和肯定阶段成果。基线由软件配置项组成,是软件配置管理的基础,为以后的开发工作建立了一个标准的起点。随着软件配置项的建立,产生了一系列基线,如图 10-3 所示,对这些基线必须进行管理和控制。

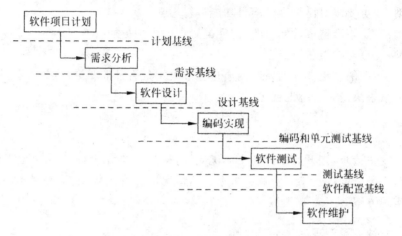

**图 10-3　软件项目各阶段的基线**

在初始基线建立、下一个基线产生之前,所有变更都必须记录下来并文档化。基线建立的时间要视具体情况而定,只要各个开发模块相对独立,相互关联不多,就不需要基线。因为过早的基线会导致程序员不必要的开发步骤,影响其工作效率。但一旦项目各模块联系较多、开始集成,就必须建立基线,进行正式的控制。

基线管理应具有两个基本功能。其一是对基线进行适当控制,禁止任何未经批准的变更。在确定新基线之前,必须用新基线的试行版本对每个建议的变更进行测试,以确保各个变更之间不会相互矛盾。为避免变更带来更多的问题,通常还需要一个综合的回归测试流程,即要求对处于试用期的新基线定期进行回归测试,确保项目在该点进行的所有变更都不会导致其他问题。这个过程一般要使用以前用过的测试用例,出现任何问题都说明新的变更有问题。这时候必须回到变更之前的状态,并责令相关程序员找出其中的问题,然后再进行回归测试。

基线管理的第二个功能是为程序员提供灵活的服务,确保他们能够比较容易地对自己的代码进行修改和测试。通过向程序员提供基线中任何部分的私有工作副本来实现受控的灵活性。程序员根据副本尝试新的变更、进行测试或修复,这样不会干扰其他人的工作。当程序员完成自己的工作,准备将工作结果并人基线并形成新的基线时,必须确保新的变更和其他部分兼容,确保新代码不会导致回归现象,即没有丢失以前的功能。

基线管理过程如图 10-4 所示。

概括起来,对基线变更控制机制的需求有:对基线提出的变更必须经过一定层次的评审;必须确定和理解提出的变更对经费、进度、软件开发和生产造成的影响;变更必须获得相关组织的批准;必须正确实施被批准的变更;一旦变更被批准,必须通知所有受影响的部门。

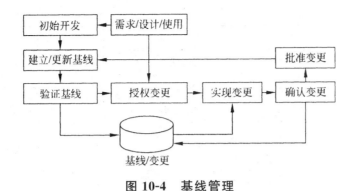

图 10-4　基线管理

# 10.4　配置状态报告与配置审核

### 10.4.1　配置状态报告

　　配置状态报告就是根据配置项操作数据库中的记录,来向管理者报告软件开发活动的进展情况。这样的报告应该是定期进行的,并尽量通过 CASE 工具自动生成,用数据库中的客观数据来真实地反映各配置项的情况。

　　配置状态报告应着重反映当前基线配置项的状态,以作为对开发进度报告的参照。同时也能从中根据开发人员对配置项的操作记录来分析开发团队及成员之间的工作关系。

　　在配置状态报告中,必要的文档记录是不可缺少的,其中配置项状态报告、变更请求、变更日志和变更测试是几种重要的记录文档。表 10-1 至表 10-4 分别给出了这些文档的样例。虽然并非每次变更都需要如此详细的资料,但提供这些完整信息不失为明智的做法。

表 10-1　配置项状态报告

| 配置项名 | |
|---|---|
| 配置项标识 | |
| 当前状态 | |
| 文件名 | |
| 版本号 | |
| 经历的变更 | |
| 存放位置 | |

表 10-2　变更请求记录

| 状态 | 变更号 | |
|---|---|---|
| | 授权者 | |
| | 开始日期 | |
| | 结束日期 | |

| 变更信息 | 变更描述 | |
|---|---|---|
| | 变更方法 | |
| | 变更来源 | |
| | 变更优先级 | |
| 提出人 | | |
| 实现者 | | |
| 实现信息 | 变更类型 | |
| | 规模 | |
| | 软件开发工作量 | |
| | 进度检查点(设计、实现、测试、集成) | |
| 影响到的产品 | | |
| 相关变更 | | |

**表 10-3　变更测试记录**

| 职责 | 开发人员 | |
|---|---|---|
| | 开发经理 | |
| | 测试人员 | |
| 测试标识 | 测试日期 | |
| | 产品名称 | |
| | 使用的测试用例 | |
| | 使用的测试数据 | |
| | 测试配置(软件和硬件) | |
| 测试结果 | 问题报告 | |
| | 测试结果总结 | |

**表 10-4　变更日志记录**

| 变更标识 | 变更号 | |
|---|---|---|
| | 变更日期 | |
| 实现者职责 | 姓名、地址、电话、组织 | |
| 实现 | 源代码和目标代码 | |
| | 文档(编号、页码、变更) | |
| | 变更原因(变更请求编号) | |
| | 变更相关内容 | |
| | 已进行的测试和结果 | |

### 10.4.2　配置审核

根据需求标准或合同协议检验软件产品配置,验证每个软件配置项的正确性、一致性、完备性、有效性和可追踪性,以判定系统是否满足需求的过程称为配置审核。配置审核的目的是检验是否所有的软件产品都已产生,是否被正确地识别和描述,是否所有的变更要求可以根据确定的软件配置管理过程和程序解决。

确定变更是否正确有正式技术审核和软件配置审核两种措施。正式技术审核在软件交付用户前实施,其目的是在任何软件表示形式中发现功能、逻辑或实现的错误。正式技术审核着重检查已完成修改的软件配置对象的技术正确性,它应对所有的变更性,除了那些无价值的变更外。如果发现不了,则说明软件可能已满足定义的软件需求和软件合同的要求。软件配置审核关注的是正式技术审核中未考虑的因素,是正式技术审核的补充,确保软件变更被正确地实施。软件配置审核关注的因素有:

在工程变更顺序中规定的变更是否完成?

每个附加变更是否已经纳入到系统中?

是否进行了正式技术审核?

是否遵循软件工程标准?

变更的软件配置项是否作了特殊标记而得到强调?

软件配置项属性是否反映了变更?

是否注明变更日期和变更执行人员?

是否遵循与变更有关的注释、记录及报告的软件配置管理规程?

相关的软件配置项是否都得到了同步更新?

#### 1.配置审核内容

配置审核包括配置管理活动审核与基线审核两方面的内容。配置管理活动审核用于确保项目组成员的所有配置管理活动都遵循已批准的软件配置管理方针和规程。实施基线审核,则要保证基线化软件工作产品的完整性和一致性,从而复合其功能要求。基线的完整性可从计划纳入的配置项,配置项自身内容的完整性,文档涉及的参考或引用是否存在,需求与设计以及设计与代码的一致性等几个方面考虑。

在软件项目实现过程中,一般审核被认为是一种事后活动,常被忽视。但是在项目初期审核发现的问题,对项目后期工作总是有指导和参考价值的。为了提高审核的效果,应该充分准备好检查单,如表 10-5～表 10-7 所示。

#### 表 10-5　配置管理活动审核表

| 检查项 | 是 | 否 | 备注 |
| --- | --- | --- | --- |
| 是否及时升级工作产品? | | | |
| 是否执行配置库定期备份? | | | |
| 是否定期执行配置管理系统病毒检查? | | | |
| 是否评估配置管理系统满足实际需要? | | | |
| 上次审核中发现的问题是否已全部解决? | | | |

表 10-6　基线审核

| 配置项名称 | |
|---|---|
| 配置项标识 | |
| 版本号 | |
| 一致性 | |
| 完整性 | |
| 备注 | |

表 10-7　审核跟踪

| 问题标识号 | |
|---|---|
| 问题描述 | |
| 状态 | |
| 责任人 | |
| 备注 | |

#### 2.配置审核的类型

配置审核有过程审核、功能审核、物理审核和质量系统审核 4 种形式。在软件项目实现过程中需要进行哪类审核,都要视具体情况而定。下面对 4 种审核形式进行简要的对比阐述。

(1)过程审核

过程审核目的是验证整个开发过程中设计的一致性。执行的活动有硬件、软件接口与软件需求规格说明、软件设计说明的一致性;根据软件验证和确认计划,代码被完全测试;正在开展的设计与软件需求规格说明相匹配;代码与软件设计说明一致。需要的资料包括软件需求规格说明、软件设计说明、源代码预发行证书、批准的变更、软件验证与确认计划及测试结果。结果是表明所有差别的过程审核报告。

(2)功能审核

功能审核目的是为了验证软件项目的功能和性能与软件需求规格说明中定义的需求的是否一致。执行的活动有对照测试数据审核测试文档;审核软件验证和确认报告;保证评审结果已被采纳。需要的资料包括软件需求规格说明、可执行代码预发行证书、测试程序、测试文档、软件验证与确认报告、过程审核报告、已完成的测试及计划要进行的测试。结果是建议批准、有条件批准或不批准的功能审核报告。

(3)物理审核

物理审核目的是验证已完成的软件版本和文档内部的一致性并准备交付。执行的活动有审核软件需求规格说明;功能审核报告已开始实施;软件设计说明完整性样本;审核用户;完整性和一致性手册;软件交付介质和控制。需要的资料包括预发行证书、结构、软件需求规格说明、验收测试文档、用户文档、软件设计说明、批准的变更、批准的产品标号、软件版本及功能审核报告。结果是建议批准、有条件批准或不批准的物理审核报告。

(4)质量系统审核

质量系统审核目的是独立评估是否符合软件质量保证计划。执行的活动有检查质量程序文档;可选择的一致性测试;采访职员;实施过程审核;检查功能审核与物理审核报告。需要的资料包括软件质量保证计划、与软件开发活动有关的所有文档。结果是总体评价与软件质量程序的一致性情况。

## 10.5　软件配置管理计划与工具

### 10.5.1　配置管理计划

软件配置管理计划过程就是确定软件配置管理的解决方案,软件配置管理的解决方案涉及面很广,将影响软件开发环境、软件过程模型、配置管理系统的使用者、软件产品的质量和用户的组织机构。

软件配置管理计划由配置管理者负责制订,它是软件配置管理规划过程的产品,并在整个软件项目开发过程中作为配置管理活动的依据进行使用和维护。首先由项目经理确定配置管理者,配置管理者通过参与项目规划过程,确定配置管理的策略,然后负责编写配置管理计划,配置管理计划是作为项目计划的一部分。

1.软件配置管理计划编制

配置管理的实施需要消耗一定的资源,在这方面一定要预先规划。配置管理实施主要需要两方面的资源要素:一是人力资源,二是工具。

人力方面,因为配置管理是一个贯穿整个软件生存期的基础支持性活动,所以配置管理会涉及团队中比较多的人员角色。比如,项目经理、配置管理员、配置控制委员会、开发人员、维护人员等。但是,工作在一个良好的配置管理平台上并不需要开发人员、测试人员等角色了解太多的配置管理知识,所以配置管理实施集中在配置管理者上。配置管理者是一个比较奇妙的角色,对于一个实施了配置管理、建立了配置管理工作平台的团队来说,他是非常重要的,整个开发团队的工作成果都在他的掌管之下,他负责管理和维护的配置管理系统。如果出现问题的话,轻则影响团队其他成员的工作效率,重则可能出现丢失工作成果、发布错误版本等严重的后果。

对于任何一个管理流程来说,保证该流程正常运转的前提条件就是要有明确的角色、职责和权限的定义。特别是在引入了软件配置管理的工具之后,比较理想的状态就是:组织内的所有人员按照不同的角色要求、根据系统赋予的权限来执行相应的动作。一般说,软件配置管理过程中主要涉及下列的角色和分工。

(1)项目经理

项目经理是整个软件开发活动的负责人,他根据软件配置控制委员会的建议批准配置管理的各项活动并控制它们的进程。其具体职责有:制定和修改项目的组织结构和配置管理策略;批准、发布配置管理计划;决定项目起始基线和开发里程碑;接受并审阅配置控制委员会的报告。

(2)配置控制委员会

负责指导和控制配置管理的各项具体活动的进行,为项目经理的决策提供建议。其具体的职责有:定制变更控制流程;建立、更改基线的设置,审核变更申请;根据配置管理员的报告决定相应的对策。

(3)配置管理员

根据配置管理计划执行各项管理任务,定期向 CCB 提交报告,并列席 CCB 的例会。其具体职责有:软件配置管理工具的日常管理与维护;提交配置管理计划;各配置项的管理与维护;执行版本控制和变更控制方案;完成配置审计并提交报告;对开发人员进行相关的培训;识别软件开发过程中存在的问题并拟就解决方案。

(4)开发人员

开发人员的职责就是根据组织内确定的软件配置管理计划和相关规定,按照软件配置管理工具的使用模型来完成开发任务。

有人把配置管理称为软件开发的一种艺术,配置管理就是对软件开发过程中的产品进行标识、追踪、控制的过程,目的就是为了减少一些不可预料的错误,提高生产率。在实施配置管理的时候,一定要结合企业的实际情况,制定适合本企业适合本项目的配置管理方案。这里给出一些建议:

①对于小的企业或者小的项目,可以通过制定配置管理的过程规则,可以不使用配置管理工具。实现版本管理的功能。当然如果条件允许,使用工具更好。

②对于中小企业或者中小项目,可以通过制定过程规则,同时使用简单的版本管理工具,实现部分配置管理功能。

对于大企业或大项目或异地开发模式,必须配备专门的配置管理人员,同时需制定配置管理严密的过程规则和配置管理工具,尽可能多的实现配置管理功能。

### 2.软件配置管理计划内容

项目的配置管理贯穿于从项目开发活动开始到项目开发软件退役的整个软件生命周期的所需要的规程和活动中,不过一般在项目验收后,软件产品后期维护及修订的配置管理工作会移交给公司的软件配置管理部门进行配置管理,通常这种配置管理的变更率比较低。

在目前的软件开发环境下,规划项目的配置管理计划需要从四个方面着手。

(1)确定项目中的软件配置项

通常而言,对于一个软件开发项目而言,软件配置项是一些特定的、可文档化的工作产品集。这些工作产品是项目在生命周期过程中产生或使用的。一个工作产品可以定义为一个由软件开发项目的功能、活动或任务所产生的任意有形的软件项目。工作产品包括管理计划、测试计划、需求规格、设计文档、编码程序、会议记录、备忘录、进度跟踪和预算数据等。一个软件配置项可以是一个工作产品或是一组相关的工作产品,这些工作产品被当作是一个单一的实体单元置于软件配置管理之下。

由此可见,一个软件配置项是开发的一部分或可交付系统的一部分,需要对它们进行单独的识别、存储、审核、使用、更改、交付或维护。软件配置项受软件配置管理的控制,不仅包括交付给客户的软件产品,还包括为创建软件产品所需的项。

一般被标识为软件配置项或由它们组成软件配置项的软件项有:管理计划,例如项目、进度、成本管理、质量保证、测试、风险管理、配置管理等;需求文档,如项目标书、需求规格说明、客户需求确定书、需求变更记录,或测试文档如测试方案、测试用例、测试记录;用户、维护文档和手册,如使用手册、安装手册、系统备份和恢复手册、维护记录、升级说明等;支持软件,如开发工具、操作系统、文档制作工具、CASE 工具、打包工具软件等;数据字典和各种交叉引用的一些相关的规范等；源代码，包括从外部得到的、可用的代码；可执行程序，包括外部获得的组件或函数库；关系图和建造过程的其他产品；产品发布说明，如版本描述文档、产品宣传资料等；创建和运行产品所使用的数据库；接口控制文档，在一个系统工程的配置管理系统中可能不对这类配置项进行单独维护；任何支持产品开发和运行的项，其中有些项只有可运行的形式。

在实际情况中，有很多软件配置管理所控制的软件配置项并不是交付给客户的。必须受控的变更高峰通常在软件项自身的开发过程中，即在需求和设计文档、源代码和可执行代码、测试文档和相关的数据中。

（2）确定软件项目的基线划分

基线是一个或一些配置项的集合，它们的内容和状态已经过技术的评审，并在生存周期的某一步骤被接受。一旦一些软件配置项已经通过了评审，并正式成为一个初始基线，那么该基线就可以作为产品生存周期下一个开发活动的起点和依据，而在此基线上开展的开发活动最终也要形成下一个基线。对于基线中的软件配置项，可以进行变更，但只能通过软件开发项目所建立的基线变更控制规程进行。

软件开发项目所实现的生存周期模型确定了基线的数目和类型。对于每一个基线，必须建立的文档有如下几种：

①创建基线的事件。

②与基线和配置控制相关联的软件配置项。

③基线的变更条件和记录。

④建立和更改基线及基线中的软件配置项所使用的规程。

⑤批准基线中软件配置项更改的机构应该具有的权限。

⑥如何标识变更，如何将这一变更与基线和其中的软件配置项关联起来。

对于大多数生存周期模型而言，通常存在四种基线。每一种基线都表示一个参照点，可以作为项目进一步开发的起点。在有些情况下，客户依据这些基线进行评审和支付费用。这四种基线是：功能基线、分配基线、开发基线和产品基线。

①功能基线。功能基线是描述系统应该能够执行的功能，是在系统需求评审和系统设计评审之后所建立的配置。通常，它是软件开发项目的初始基线。功能基线中的文档规范了软件配置项的所有必要的功能特性，为表示这些特性的实现所要求的系统层的测试，必要的接口特性、性能需求、质量属性及设计约束，但并不区分哪些是由软件执行的，哪些是由硬件和操作系统完成。

②分配基线。分配基线也称为软件需求基线，它描述了被开发的软件所能执行的功能，是在软件需求评审之后建立起来的配置，是系统分配给软件的需求配置。一般是软件项目组在完成对系统的功能性需求和非功能性需求分析后，经过客户参与评审确定后的软件需求规格说明。

③开发基线。开发基线是一个不断演化和积累的基线，出现于分配基线和产品基线之间。软件开发项目组可以根据项目的需要设置设计基线，也就是说在详细设计完成之后设立的一个基线，包括详细设计报告、概要设计报告、数据库设计等设计文档。

④产品基线。是在经过系统层验证和确认活动，确信可交付的产品满足需求基线中的所有需求项所建立起来的配置。必须进行验证以确保设计文档反映最终的软件配置。因此，产品基线完整地记录了软件的最终版本。对外发布的产品都来源于这一产品基线，并支持产品的发布版本。该基线也是任意后续版本开发的起点。

（3）配置库的规划

软件配置库为实现软件配置管理对软件配置项及其所需要的控制和变更历史功能提供了存储机制,从而可以跟踪软件配置项基线的演化历史,重构任意期望的版本。软件配置库可以采用文件系统来存储配置库中配置项数据,也有采用数据库系统来存放的。

决定配置库的结构是配置管理活动的重要基础。一般常用的是两种组织形式:按配置项的类型分类建库和按任务建库。

按配置项的类型分类建库的方式适用于通用的应用软件开发组织。这样的组织产品的继承性较强,工具比较统一,对并行开发有一定的需求。使用这样的库结构有利于对配置项的统一管理和控制,同时也能提高编译和发布的效率。但由于这样的库结构并不是面向各个开发团队的开发任务的,可能会造成开发人员的工作目录结构过于复杂。按任务建立相应的配置库则适用于专业软件的研发组织。在这样的组织内,使用的开发工具种类繁多,开发模式以线性发展为主,所以就没有必要把配置项严格地分类存储,而增加目录的复杂性。对于研发性的软件组织来说,采用这种设置策略比较灵活。

根据不同的项目,所需要的软件库类型和个数是不相同的,项目所需要控制层的功能也是不同的。通常情况下,一个软件项目要建立三个配置库,如开发库、受控库和产品库。

开发库。在开发库中存放处于变动之中的软件项,或临时性软件项,或半成品。开发库由项目组自行管理,而且,这种管理是非正规的、较宽松的。这种管理主要是为了便于组内信息共享、交流和情况通报,对此暂缓管理。

受控库。在受控库中存放那些在预定时刻其状态应予冻结的软件配置项。对受控库中的软件配置项的状态变更应实施正规的、严格的控制。对受控库的管理包括对每个软件配置项的检入、检出,以及对其功能的可追踪性,各软件配置项的一致性的审核。

产品库。在产品库中则存放那些由取自受控库的软件配置项所构成的指定产品。产品库中的产品应是通过指定测试,确认其能在指定的条件下完成指定功能、性能的软件产品。

对于配置库的物理配置可以通过配置管理工具来设置,如利用 Rational Clear Case 来建立。如果是小型项目,购买专门的配置管理工具成本过高,也可以采用人工管理先为每个配置库创建相应的目录,然后再根据不同类型的配置项建立不同的子目录,分门别类进行管理。

（4）确定变更控制规程

配置管理中的变更控制对于不同类型的配置库有不同的控制规程。下面从开发库、受控库和产品库三个方面介绍应该采用的变更控制规程。

①开发库。

因为开发库是供软件开发人员使用,其中的信息会频繁修改,对它的控制相当宽松。一般来说,由开发人员自己进行维护,配置管理员定期进行检查和督促。一般的控制规程为初始入库、更新开发库、提取开发配置项。

初始入库。开发人员申请将自己的中间工作产品列入开发库中进行配置。配置管理员应该在配置管理计划中对软件开发人员提交的配置项进行完备性、一致性及是否染毒、手续是否齐全、文档是否完整等方面的检查,如果符合要求,配置管理员则为该配置项进行标识、制定存储位置,然后才能进行入库。

更新开发库。在配置管理计划中应该规定软件开发人员用自己最新工作产品更新开发库中的配置项的更新周期,一般来说至少一天一次。这个过程可以由软件开发人员自己完成,但必须有更新记录。

　　提取开发配置项。开发库中的配置项也是开发人员第二天进行开发的基础,所以软件开发人员要继续进行开发工作,就必须先从开发库中提取相应的配置项。也就是说,只有在开发库中的配置项才是可靠的。所以在配置管理计划中应该规定,开发人员在开始一天的开发工作之前必须从开发库中 Check Out 昨天自己 Check In 的配置项,以此为基础进行开发。而且每个人的Check Out 都必须有状态记录。

　　②受控库。

　　受控库中存放的配置项一般是经过评审的,因此是可靠的。所以要进行变更必须慎重。一般其变更规程要规定三个变更步骤:提出变更、实施变更、重新入库。首先,需要变更的人提交书面的变更请求,项目经理和配置管理员确定变更的影响范围。然后,配置管理员提出需要变更的配置项,当事人实施变更。最后,项目经理组织相关人员对变更内容进行审核,由测试人员进行测试,并经过配置管理员的审定入库,形成新的版本号。

　　在整个过程中,规定配置管理员要进行变更的跟踪和记录。

　　③产品库。

　　产品库中配置项都是需要向项目外部发布的,它一般不存在对配置项的直接修改。即使要修改,也要等到下一个版本的产品发布时,才提供修改后的配置项。一般有三个步骤:发布准备,提出发布申请版本及配置项清单;形成产品,相关人员对配置清单进行审定,配置管理员根据版本号从配置库中提取相应的配置项,并经过相关人员对每个配置项进行审核后,配置管理员在产品库中形成新的版本的产品;产品发布。从产品库中提出所需版本的产品,复制到相应的介质上,并形成相应文档,进行包装,形成具体的产品。

### 3.软件配置管理计划大纲

　　Rajeev T Shandilya 给出了一个模拟配置管理计划的大纲,以便于软件项目进行配置管理时作为参考。但它只是根据一般情况得出的一个模拟范例,在具体使用时,需根据项目的实际情况进行适当变更。

| 配置管理计划大纲 |
| --- |
| 1 引言 |
| 　1.1　目的 |
| 　1.2　范围 |
| 　1.3　定义 |
| 　1.4　参考资料 |
| 　1.5　剪裁 |
| 2 软件配置管理 |
| 　2.1 组织 |
| 　2.2 责任 |
| 　2.3 配置管理与软件过程生命周期的关系 |

| |
| --- |
| 2.3.1 与项目中其他机构的接口 |
| 2.3.2 其他项目机构的配置管理责任 |
| 3 功能 |
| 3.1 配置标识 |
| 3.1.1 规约的标识 |
| 文件和文档的标签方案和编号方案 |
| 如何标识文件和文档之间的关系 |
| 标识跟踪方案的描述 |
| 何时一个文件或文档的标识号进入控制状态 |
| 标识方案如何处理各种版本和版次 |
| 标识方案如何处理硬件、应用软件、系统软件及支持软件 |
| 3.1.2 变更控制表的标识 |
| 每个使用的表格的标号方案 |
| 3.1.3 项目基线 |
| 标识项目的各种基线 |
| 对于创建的每个基线,提供如下的信息:何时及如何创建、谁来授权变更、谁来验证、该基线的目的、其包含什么内容 |
| 3.1.4 库 |
| 使用的标识机制和控制机制 |
| 库的类型及数目 |
| 备份及灾难的计划和规程 |
| 各种损失的恢复过程 |
| 保存的政策和规程 |
| 哪些需要保存、为谁保存、保存多久 |
| 信息如何保存 |
| 3.2 配置控制 |
| 3.2.1 变更基线的规程 |
| 3.2.2 变更请求的处理规程和批准变更的分类方案 |
| 变更报告的编制 |
| 变更控制流程图 |
| 3.2.3 被赋予变更控制责任的组织 |

| |
|---|
| 3.2.4 变更控制委员会,描述并提供如下信息: |
| 　　规章 |
| 　　成员 |
| 　　作用 |
| 　　规程 |
| 　　批准机制 |
| 3.2.5 界面、层次结构及多个变更控制委员会之间的通信职责(如果有多个配置控制委员会的话) |
| 3.2.6 确认在整个生命周期内控制层次如何变动(如果有变动的话) |
| 3.2.7 如何处理文档的修订工作 |
| 3.2.8 用于执行变更控制的自动化工具 |
| 3.3 配置状态报告 |
| 3.3.1 项目媒体的存储、处理和发布 |
| 3.3.2 需报告的信息类型及对该信息的控制 |
| 3.3.3 需要提交的报告、报告的对象及报告的内容 |
| 3.3.4 版本发布处理,包括如下信息:版本内容、何时提交给谁、版本的载体、版本中的已知问题、版本中的已知修订以及安装指导 |
| 3.3.5 必需的文档状态核算和变更管理状态核算 |
| 3.4 配置审核 |
| 3.4.1 审核次数及何时审核;对于每个审核,提供如下信息:属于哪个基线(若它是基线或基线的组成部分时)、谁来审核、审核的内容、审核中配置管理组织及其他组织的作用以及审核的正式程度如何 |
| 3.4.2 配置管理支持的所有评审,对于每个评审,提供如下信息: |
| 　　待评审的材料 |
| 　　评审中配置管理及其他组织的职责 |
| 4 配置管理里程碑 |
| 　　定义项目配置管理的所有里程碑 |
| 　　描述配置管理里程碑和软件开发过程如何联系在一起 |
| 　　制定达到每个里程碑的条件 |
| 5 培训 |
| 　　制定培训的类型和数量 |
| 6 分承担方与销售商的支持 |
| 　　描述所有分承担方和销售商的支持和接口(如果有的话) |

### 10.5.2 配置管理工具

1.配置管理工具概述

软件配置管理工具是一个初级的小型软件配置管理工具。为了用好这个工具,需要配置管理员和软件项目组成员共同努力,各负其责。一般情况下,软件公司有一名专职的配置管理员,称为公司配置管理员,项目组中有一名兼职配置管理员,称为项目配置管理员,他们既有分工,又有合作。

(1)软件配置管理员的任务

在 VSS 配置管理服务器上,安装软件配置管理工具 VSS、建立各项目组的软件基线库、建立项目组每个成员的软件开发库、建立公司的软件产品库。

建立软件配置管理的工作账号。在软件基线库中,建立项目组的账号;在软件开发库中,建立项目组内各个成员的账号;在软件产品库中,建立公司的账号和项目组的账号。

坚持软件配置管理的日常工作。每天用光盘及时备份配置库中的内容,每周向高级经理报告配置管理情况。

授权。三个库有三级不同的操作权限,不同角色按授权范围在不同的库上操作:软件开发库由项目组成员操作;软件基线库由项目配置管理员操作;软件产品库由公司配置管理员操作。

(2)软件开发库的管理

在项目研制工作开始时,就要建立起系统的软件开发库。软件项目组的每个成员,在软件开发库中对应一个文件夹,该文件夹中有三个子文件夹,组员有权读写自己文件夹的内容。项目组长对组员的文件夹拥有读的权利,但没有写的权利。

Document 子文件夹,用于存放文档;Program 子文件夹,用于存放程序和数据;Update 子文件夹,用于存放当日工作摘要,当日工作文件名为 YYYY/MM/DD。

软件开发库由开发者使用,阶段性的工作产品在评审和审计后,由项目配置管理员将它从软件开发库中送入软件基线库,公司配置管理员每天用可擦写光盘备份软件开发库一次。

(3)软件基线库的管理

在项目研制工作开始时,软件配置管理员就建立起每个项目的软件基线库。软件基线库必须发挥阶段性成果(阶段性的工作产品配置项)的受控作用。每个软件项目组在软件基线库中对应一个文件夹,该文件夹中有三个子文件夹:Document 子文件夹,用于存放基线文档;Program 子文件夹,用于存放基线程序和数据;Update 子文件夹,用于存放基线更改记录。

软件基线库由项目配置管理员管理。项目组长对软件基线库拥有读的权利。软件版本产品经过系统测试与验收测试后,由公司配置管理员及时将它从软件基线库中送入软件产品库,同时删除软件基线库中的该软件产品。公司配置管理员定时或在事件驱动下,用可擦写光盘备份软件基线库。

(4)软件产品库的管理

软件项目组的全体成员都无权读写软件产品库。只有软件中心主任、项目组长和公司配置管理员共同录入各自的密码后,才有权读写本项目的软件产品文件夹。每个项目组在软件产品库中对应一个文件夹,该文件夹中有来两个子文件夹:Document 子文件夹,用于存放软件产品文档;Program 子文件夹,用于存放软件产品程序和数据。

对于同一软件的不同版本软件产品,公司配置管理员应该及时送入软件产品库。

软件产品库由公司配置管理员管理。若要对产品进行改进,必须经公司分管领导同意并批准,软件中心主任、软件项目组长和公司配置管理员共同录入各自的密码后,才能将该软件产品复制到软件开发库,由项目组对产品进行改进。

公司配置管理员应及时用光盘备份软件版本产品两份,分别存放在两个物理上不同的地方。软件版本产品删除源程序中的注释后打包,形成面向市场的软件产品,经过特别的包装和复制后,以公司名义统一向客户发布。

(5)项目组人员的任务

项目组人员的任务如下:坚持在软件开发库中进行软件开发工作。在软件开发库中修改文件后,必须做 Check in 处理。在 Update 子文件夹中,坚持做当日更改摘要,以反映项目进度。

(6)项目组长的任务

除了项目组成员的任务之外,项目组长还要协助配置管理员,做好软件基线库和软件产品库的配置管理工作。

(7)几种常用的软件配置管理工具

随着企业对配置管理的重视,配置管理工具越来越多,这些配置管理工具可以分为三个级别:版本控制工具、项目级配置管理工具、企业级配置管理工具。

版本控制工具:是入门级的工具,如 CVS、Visual Source Safe。项目级配置管理工具:适合管理中小型的项目,在版本管理的基础上增加变更控制、状态统计的功能,如 PVCS。企业级配置管理工具:在实现传统意义的配置管理的基础上又具有比较强的过程管理功能,如 CLEARCASE、ALLFUSION Harvest 等。

2. Rational Clear Case

Rational 公司推出的软件配置管理工具 Clear Case 是一个高级的大型软件配置管理工具,主要用于 Windows 和 UNIX 开发环境,适合于大型 IT 企业的软件配置管理,价格也比较昂贵。

Clear Case 提供了全面的配置管理功能:版本控制、工作空间管理、建立管理和过程控制,而且无须软件开发者改变他们现有的环境、工具和工作方式。

(1)控制版本

Clear Case 的核心功能仍然是版本控制,表现方式是对软件开发过程中一个文件或一个目录的发展过程进行追踪。Clear Case 可以对所有文件系统对象进行版本控制,同时还提供了先进的版本分解和综合功能,用于支持团队的并行开发。因而,Clear Case 提供的能力已远远超出资源控制的范围,它还可以帮助开发团队在开发软件时,为所处理的每一种信息类型建立一个安全可靠的版本历史记录。

①支持广泛的文件类型。Clear Case 不仅可以对软件组件的版本进行维护和控制,也可以对非文本文件的目录版本进行维护。用户可以定义自己的元素类型,也可以使用 Clear Case 中的预定义类型。在存储时,Clear Case 可以利用增量算法将文本文件存储在一个特殊结构的文件容器中,或采用标准的压缩技术控制任何操作系统文件,这比以往的存储形式节省了 50%～70%的存储空间。

②在版本树中观察元素发展的过程。在 Clear Case 中,文件版本的组织体现在版本的树结构中。每一个文件都可以通过"Check out—Edit—Check in"的命令形成多个版本,还可以包含

多层分支和子分支。

③对目录和子目录进行版本控制。Clear Case 可以对目录和子目录进行版本控制,允许开发者对其数据的组织发展过程进行追踪。目录版本对一些改变进行控制,如建立一个新文件,修改文件名,建立新的子目录或在目录间移动文件等。

Clear Case 也支持对目录的自动比较和归并操作。

④数据存储在一个可访问的版本对象库中。Clear Case 把所有版本控制的数据存放在一个永久、安全的存储区中,这个存储区被称为版本对象库,它相当于 VSS 中的"软件基线库"。项目团队可以决定它们所需要的版本对象库数量,可以决定什么样的目录或文件需要维护。版本对象库不仅是一个可连接的文件系统,而且也是网上资源,主机可以连接到任意一个版本对象库。

Clear Case 的操作可以建立时间记录,这些记录被存储在版本对象库数据库中,用来描述该操作的属性,包括"谁做的、做什么、什么时候做、在哪个地方做及为什么做"等。

(2)管理工作空间

Clear Case 给每一位开发者提供了一致灵活的可重用工作空间域。它采用名为 View 的新技术,通过设定不同的视图配置规格,帮助程序员选择特定任务的每一个文件或目录的适当版本,并显示它们。View 使开发者能在资源代码共享和私有代码独立的不断变更中达到平衡。

①版本间的透明访问。Clear Case 提供了对版本进行透明访问的功能。通过版本对象库机制,Clear Case 可以让开发者和应用者以一种标准文件目录树的形式访问版本对象库。

Clear Case 能与 Windows 资源管理器完美集成,使开发人员不必进入 Clear Case 界面就可直接完成相关操作。这项功能比 VSS 强。

②从其他主机平台访问视图。在局域网中,未安装 Clear Case 的机器也可使用 Clear Case 所控制的数据。例如,一台 Clear Case UNIX 主机通过一种特殊的视图输出版本对象库,网上其他主机则可通过 NFS 机制连接它,从而使开发人员能在未安装 Clear Case 的主机平台上读写视图。但是有一点必须注意,未安装 Clear Case 的主机必须重新注册或使用安装了 Clear Case 的 UNIX 主机上的 X-Windows 系统进行检入、检出操作。

(3)建立管理

使用 Clear Case 构造软件的处理过程可以和传统的方法兼容。对 Clear Case 控制的数据,既可以使用自制脚本,也可以使用本机提供的 make 建立程序。Clear Case 的建立工具 clearmake(支持 UNIX)和 omake(支持 Windows NT)为构造提供了重要特性:自动完成任务,保证重建的可靠性和存储时间,支持并行的分布式结构的建立。此外,Clear Case 还可以自动追踪,建立产生永久性的资料清单。

(4)过程控制

软件开发的策略和过程,由于行业和开发队伍的不同而有很大差异,但是有一点是肯定的:提高软件质量,缩短产品投放市场的时间。Clear Case 为团队通信、质量保证、变更管理提供了非常有效的过程控制和策略控制机制。这些过程和策略控制机制充分支持质量标准的实施与保证,如 CMM 和 ISO 9000。Clear Case 可以通过有效的设置来监控开发过程,这体现在以下几方面:

①为对象分配属性。其强有力的查询工具允许用户查找各种版本的文件。

②超级链接。超级链接可追溯到所有的元素变量、特定的版本,或者对象中的某一部分。

③历史记录。Clear Case 自动记录下重要的状态信息,当对象发生变更时,它会收集"谁、何

时、为什么、用户注释,以及其他"的重要数据。系统也会保留创建、释放项目时的类似信息。

④定义事件预触发机制。事件预触发机制监视每一种特定 Clear Case 操作或操作类的使用。触发可要求在执行某个操作命令之前对它进行检查,据此判断是继续执行,还是取消操作。事件发生后触发机制好像一个监视器,它会在某个命令执行后或给某个对象赋予属性后,把这些动作通知给用户。

⑤访问控制。控制数据的读、写权限;同时,它还对文件系统下的物理存储施加保护,有效地制止那些试图逃避 Clear Case 而可能破坏原始操作系统存储的小动作。

⑥查询功能:Clear Case 中有一个 find 命令,它使开发者能迅速获知当前项目的状态。

综上所述,Clear Case 支持全面的软件配置管理功能,给那些经常跨越复杂环境进行复杂项目开发的团队,带来巨大效益。Clear Case 的先进功能直接解决了开发团队原来所面临的一些难以处理的问题,并且通过资源重用,帮助开发团队使其开发的软件更加可靠。

在日益激烈的市场竞争中,Clear Case 作为规范的软件配置管理工具能完全满足软件开发人员的需求,同时规范了软件开发的科学管理体制。

**3. 软件配置管理工具的选择**

选择什么样的配置管理工具一直是大家关注的热点。确实,与其他的一些软件工程活动不一样,配置管理工作更强调工具的支持;缺乏良好的配置管理工具,要做好配置管理工作是会非常困难的。

具体说,在配置管理工具的选型上,可以综合考虑一些因素。

(1)经费

市场上现有的商业配置管理工具,大多价格高昂。到底是选用开放源代码的自由软件、还是采购商业软件,如果采购商业软件,选择哪个档次的软件,这些问题的答案,都取决于可以获得的经费量。一般,如果经费充裕采购商业的配置管理工具会让实施过程更顺利一些,其工作界面通常更简单和方便,与流行的集成开发环境相比通常也会有比较好的集成,实施过程中出现与工具相关的问题也可以找厂商解决。如果经费有限,可以采用自由软件。其实,无论在稳定性还是在功能方面,CVS 的口碑都非常好,很多组织成功地在 CVS 上完成配置管理的工作。

(2)商业性

工具的市场占有率。大家都选择的东四通常会是比较好的,而且市场占有率高也通常表明该企业经营状况会好一些。

工具本身的特性,如稳定性、易用性、安全性、扩展能力等。在投资前应当对工具进行仔细的试用和评估。比较容易忽略的是工具的扩展能力,在几个、十几个人的团队中部署工具是合适的,但当规模扩大到几百人在依赖这个工具时,这个工具还能不能提供支持。

厂商的支持能力。工具使用过程中一定会出现一些问题,有些是因为使用不当引起的,但也有些是工具本身的毛病。这样就会影响到开发团队的工作进度。而如果厂商具备服务支持,那么就能随时找到厂商的专业技术人员帮助解决问题。

# 10.6　基于构件的配置管理

### 10.6.1　软件的复用

软件项目的开发过程一般包含需求分析、设计、编码、测试和维护等几个阶段。当每个项目的开发都是从头开始时,则开发过程中必然存在大量的重复劳动,如用户需求获取的重复、需求分析和设计的重复、编码的重复、测试的重复和文档工作的重复等。软件项目通常包括如下三类成分:

①基本构件,是特定于计算机系统的构成成分,如基本的数据结构、用户界面元素等,它们可以存在于各种软件项目中。

②领域共性构件,是软件项目所属领域的共性构成成分,它们存在于该领域的各个软件项目中。

③应用专用构件,是每个软件项目的特有构成成分。

项目开发中的重复劳动主要在于前两类构成成分的重复开发。

软件复用是指重复使用"为了复用目的而设计的软件"的过程,它既不同于软件版本升级,也不同于软件在小同平台上的移植,真正的软件复用技术是将某软件或其中构件用于不同领域、功能各异的,应用系统中,快速实现应用系统的开发,从而提高软件生产率,提高系统的性能、可靠性和互操作性,减少开发代价和维护代价。

软件复用是在软件开发中避免重复劳动的解决方案,其出发点是应用系统的开发不再采用一切"从零开始"的模式,而是以已有的工作为基础,充分利用过去应用系统开发中积累的知识经验,消除重复劳动,避免重新开发可能引入的错误,将开发的重点集中于应用的特有构成成分,从而提高软件开发的效率和质量。

基于构件的复用是目前最为流行的软件复用。通过软件复用,在应用系统开发中可以充分地利用已有的开发成果,消除了包括分析、设计、编码和测试在内的许多重复劳动,从而提高了软件开发的效率。同时,通过复用高质量的已有开发成果,避免了重新开发可能引入的错误,从而提高了软件的质量。

具体来说,软件复用是指在两次或多次不同的软件开发过程中重复使用"为了复用目的而设计的软件元素"的过程。这里所说的软件元素包括程序代码、测试用例、用户界面、数据、设计文档、需求分析文档、项目计划、体系结构甚至领域知识。其中,软件元素的大小被称为是重用的粒度。重用的软件元素大,则说明重用的粒度大;重用的软件元素小,则说明重用的粒度小。与软件复用的概念相关,重复使用软件的行为还可能是重复使用"并非为了复用目的而设计的软件元素"的过程,或在一个软件项目的不同版本间重复使用代码的过程。这两类行为都不属于严格意义上的软件复用。相应地,可复用软件是指为了复用目的而设计的软件。

软件复用可从多角度进行考察。按照复用对象的不同,可以将软件复用分为产品复用和过程复用。产品复用指复用已有的软件元素,通过已有软件元素的集成得到新系统;过程复用指复用已有的软件开发过程,使用可复用的应用生成器来自动或半自动地生成所需系统。过程复用依赖于软件自动化技术的发展,目前只适用于一些特殊的应用领域。产品复用是目前现实的、主流的途径。按照复用方式的不同,可以将软件复用分为黑盒复用和白盒复用。黑盒复用指对已有软件元素不需进行任何修改、直接进行复用,这是理想的复用方式;白盒复用指已有软件元素并不能完全符合用户需求,需要根据用户需求进行适应性修改后才可使用。在大多数应用的集成过程巾,软件元素的适应性修改是必须的。

### 10.6.2　软件构件技术

分析传统制造业,其基本模式是生产符合标准的零部件以及将标准零部件组装为最终产品。其中,构件是核心和基础,复用则是必需的手段。实践表明,这种模式是产业化、规模化的必由之路。标准零部件生产业的独立存在和发展是产业形成规模经济的前提,机械、建筑等传统行业以及年轻的计算机硬件产业的成功发展均是基于这种模式,因此也充分证明了这种模式的可行性和正确性。构件生产与组装的模式是软件产业发展的良好借鉴,软件产业要发展并形成规模经济,标准构件的生产和构件的复用是关键因素。这也正是软件复用受到高度重视的根本原因。

构件是指软件系统中可以明确辨识的构成成分,而可复用构件是指具有相对独立的功能和可复用价值的构件。

#### 1.构件技术的主要技术

软件构件技术主要包括以下几种:

(1)构件获取

构件获取是指有目的的构件生产和从已有系统中挖掘提取构件的过程。构件的获取可以商业采取,也可以利用项目承包商和合作伙伴开发,或者在领域工程和再工程的基础上从已有的业务系统中发掘和提炼以及组装可复用构件或并针对新需求重新自主开发新构件

(2)构件模型

构件模型是构件本质特征及构件间关系的抽象描述,它是构件组装和相应基于构件的软件开发方法的基础。在所有构件模型中,3C 模型是学术界普遍认同的一个具有指导性作用的构件模型。该模型从概念、内容和语境三个方面来对构件概念进行抽象描述,"内容"是概念的具体实现"语境"是描述构件和外围环境在概念级和内容级的关系,语境刻画构件的业务环境

(3)构件描述

构件描述以构件模型为基础,解决构件的精确描述、理解及组装问题。对构件的描述可用系统化和标准化的用语表示,也可用自然语言进行描述对构件的描述必须清晰,无二义性,且容易理解。

构件的描述一般由两部分组成:

①构件类型信息说明:包括构件的功能类型、目标对象、源对象、中间对象、系统类型、活动类型、业务类型等。

②构件实现说明及配置特征:包括接口信息及使用方法说明、核心算法说明、实现语言、开发方法、运行环境、构件版本号、制作时间、关联构件、参考构建等。

(4)构件分类与检索

构建分类与检索研究构件分类策略、组织模式及检索策略,建立构件库系统,支持构件的有效管理。对构件的检索从构件的表示出发有人工智能力法、超文本方法和信息科学检索的方法。根据复杂度和检索效果的不同,则可分为基于文本的和基于规约的。编码检索信息科学的方法有枚举、刻面、属性值、关键字和正文检索等。

(5)构件组装

当从构件库检索到候选构件后,了解候选构件的功能初步判定候选构件与需求的匹配程度,筛选候选构件集对初选构件还要在满足约束条件的上下文的环境中测试构件语法及语义的正确性以及一致性,对已匹配的构件进行再匹配,使其符合当前的业务环境。将符合业务环境的构件组装到系统的构架中,装配成系统的功能模块。一般要将检索出的原子构件尽量绑定成较大的复合业务构件,再根据构件的接口进行装配。

组装构件时,有时必须编写粘接代码。这些代码可以通过数据转换等手段来消除构件间接口的不兼容问题,使底层构件的功能按需激发,从而提供把不同的构件结合在一起的功能。

(6)标准化

构件模型的标准化为构件在不同的运行环境移植提供了保障,而构件库系统的标准化能够为理解构件和构件库提供帮上,也是构件库互操作的前提和基础。

总而言之,真正意义上的基于构件的软件开发应该在分析、设计、实现和系统部署等不同阶段,在函数、对象、模块、框架、服务进程和程序等不同粒度上,从构件构架的开发、描述、浏览、组装、定制等不同方面对构件组装提供全方位的支持。

### 2.构件实现规范与标准

构件的集成和装配对构件的标准化提出了要求。为便于构件的复用,目前业界已经提出了多种构件的模型及规范,形成了若干有影响的构件技术。这其中就有微软公司的 COM/OLE,对象管理组织的跨平台的开放标准 CORBA、OpenDoc,另外还有软件构件技术的良好支持编程语言 Java。这些技术的流行为构件提供了实现标准,也为构件的集成和组装提供了很好的技术支持。下面分别予以简单介绍。

(1)组件对象模型

组件对象模型是微软公司开发的一种构件对象模型,它为单个应用中使用不同厂商生产的对象提供了规约。对象连接与嵌入(OLE)是组件对象模型的一部分,因而目前应用最为广泛。在这种软件开发方法中,应用系统的开发人员可在组件市场上购买所需的大部分组件,因而可以把主要精力放在应用系统本身的研究上。

(2)公共对象请求代理体系结构(CORBA)

CORBA 是由对象管理组织于 1991 年发布的一种基于分布对象技术的公共对象请求代理体系结构,其目的是在分布式环境下,建立一个基于对象技术的体系结构和一组规范,实现应用的集成,使基于对象的软件组件在分布异构环境中可以复用、移植和互操作。

CORBA 是一种集成技术,而不是编程技术。它提供了对各种功能模块进行构件化处理并将它们捆绑在一起的粘合剂。一个对象请求代理提供一系列服务,它们使可复用构件能够和其他构件通信,而不管它们在系统中的位置。当用 CORBA 标准建立构件时,这些构件在某一系统内的集成就可以得到保证。再者基于 CORBA 规范的应用屏蔽了平台语言和厂商的信息,使得对象在异构环境中也能透明地通信。对于 CORBA 定义的通用对象服务和公共设施,用户还可以结合其特殊需求来构造应用对象服务,以提供企业应用级的中间件服务系统。

(3)开放式文档接口(OpenDoc)

OpenDoc 是 1995 年 3 月由 IBM、Apple 和 Novell 等公司组成的联盟推出的一个关于复合文档和构件软件的标准,定义了为使某开发者提供的构件能够和另一个开发者提供的构件相互操作而必须实现的服务、控制基础设施和体系结构。由于 OpenDoc 的编程接口比 OLE 小,因此 OpenDoc 的应用程序能与 OLE 兼容。

（4）Java

Java 是近几年随着 Web 风行全球而发展起来的,其外观类似 C＋＋,内核类似 SmallTalk 的纯面向对象语言。Java 和 Web 的结合带来了移动的对象、可执行的内容等关键概念。Java 具有体系结构中立的特性,使 Java 程序可不需修改甚至不需重编译而在不同的平台上运行。Java 的新版本还加入了远程方法调用的特性,此功能在效果上提供了类似 CORBA 的 ORB 的功能。Java 的这些特性使其成为软件构件技术的良好支持工具,用 Java 书写的构件将具有平台独立性和良好的互操作件。

**3. 基于构件的软件开发应用**

基于构件的软件开发以构件的复用和构件构件获取为核心,主要涉及两个过程:构件的开发过程和应用过程。构件的开发过程是软件开发人员对领域结构进行分析,提取可重用的软件资源制作领域软件构件,并通过构件管理加入到构件库;构件的应用过程是构件复用的工具根据用户提供的问题描述,通过构件管理设施,把构件登录到客户端供用户使用,生成最终系统。

在构件复用模型中,构件制作提取是前提,构建的管理是核心,构件复用进而生成最终系统是最终目的。

软件复用是解决软件危机、提高软件生产效率和质量的途径,基于构件的软件开发则是软件复用的主要形式。图 10-5 是基于构件的软件开发的示意图。

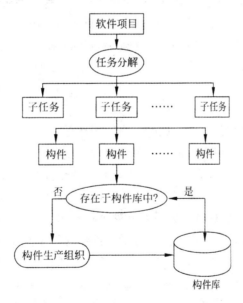

**图 10-5　基于构件的软件开发**

在基于构件的软件开发过程中,构件生产组织和软件项目开发组织之间严格按照生产者与消费者间的关系进行任务分工。构件生产组织负责生产、提供构件,并把构件存储到构件库中。项目开发组织不再编程,而是通过从构件库请求所需的构件集成组装而得到最终所需的系统。构件生产组织的活动分为同步活动和异步活动。同步活动指配合软件项目组织的活动,接受构件查找请求或定制请求,异步活动指有目的的构件生产或对同步活动中的构件进行再工程,以提高构件的可复用性。

### 10.6.3 基于构件的版本管理

1.版本管理的粒度

版本管理是软件配置管理的基础和核心。传统的版本管理以文件作为管理的基本粒度,记录、维护每个文件的演化历史。在大型软件系统的开发中,往往包含较多文件,这使得以文件为粒度的传统版本管理的工作量很大,且不易于描述文件间内在的组合关系。目前基于构件软件开发方法的应用越来越广泛,物理上表现为多个文件之集合体的构件是系统的有机构成成分,在开发过程中是作为一个原子单位使用的,系统的开发者关心的是构件整体的开发、演化、组装和维护。

大粒度的开发方法对版本管理提出了许多新的要求,具体要求为:应能有效存储和管理构件演化历史;操作模型应有利于体现构件的整体性,降低系统开发的复杂程度;需要保证并行开发构件时的正确性,同时不减少项目组协同工作的灵活性。

为适应软件开发中的新变化,提出了以构件为粒度的版本管理。与以文件为粒度的版本管理相比,以构件为粒度的版本管理有以下特点:①构件的抽象级别比文件高。构件是应用系统中可以明确辨识的构成成分,记录、维护构件的版本比文件的版本管理更有意义。②构件的粒度可以比文件大很多。一个项目中可能有诸多分布的逻辑单元,这些逻辑单元与构件相对应,构件的数量较少且整体逻辑意义明显,可以更清晰地体现项目的演化历史。③在构件基础上,可以体现出系统的层次性、构造性等特征,同时构件版本管理也可以满足对文件版本的管理需求,使版本管理既有大粒度,又有灵活性。

2.构件版本的管理

构件是软件系统中多个相关文件构成的一个逻辑整体,如一个完整的功能模块。构件版本表明了构件的演化过程。构件版本不但反映了其组成的变化,同时也反映了组成文件的版本变化,即增加和删除构件中的文件或者组成文件发生版本演化都会引起构件版本的演化。

基于构件的版本管理系统仍然采用"先检出后修改再检入"的基本操作模型,但操作的基本单位不再是文件,而是构件。软件开发人员对构件进行操作时,需要先将构件烈版本库检出到工作空间,在工作空间完成对构件的相应操作,而后将操作的结果检入到版本库。如果该操作导致构件的组成成分发生了变化,或者导致其中的文件发生了版本变化,则构件也演化为新的版本。以构件版本为粒度的版本管理系统记录和管理了开发人员对构件修改的历史。

正如基于文件的版本管理有分支、文件的比较及合并,基于构件的版本管理也有相应的动作:分支、比较及合并,其基本过程和前者类似。但构件版本的比较分为两个层次:底层是文件级的比较,通过比较不同版本文件的具体内容得到文件内容的差异;上层是构件级的比较,通过比较构件不同版本组成成分来获取构件整体的变化情况。

构件的不同版本间具有较大的内容相似性,为降低存储冗余,不同版本应该使用增量存储方式,即只存储新版本和旧版本间变化的部分。

3.并发控制机制

版本管理系统应该为软件项目组共同开发软件系统提供管理支持。多个开发人员可以分工开发不同构件,也可以同时开发同一构件。为了保证协同开发的安全性和正确性,必须解决构件开发过程中的并发控制问题。在基于文件的版本管理中,版本控制与并发控制的基本单位都是文件,开发人员可以在检出时对文件加锁,以防其他人对该文件进行修改。检入时,生成文件新版本并对文件解锁。在基于构件的版本管理中,如果把并发控制的单位定为构件,在需要修改时对构件加锁,会导致其他人员无法同时修改构件和构件中的任何文件,降低工作效率。

针对上述情况,一种较好的管理办法就是版本控制与并发控制单位的分离,即以构件为版本控制单位,以文件为并发控制单位。这样一来,在基于构件的软件开发过程中,既能有效存储和管理构件演化历史,又能保证并行开发构件时的正确性,同时不减少项目组协同工作的灵活性,满足了基于构件的开发对版本管理提出的新需求。

### 10.6.4　基于构件的配置管理

基于构件的软件开发的特点是软件的构造性和演化性:新系统是通过复用已有构件构造出来的;构件在使用之前需要根据需求进行修改;已有系统也要根据需求的变化而不断演化成新的系统。

这种开发方式对配置管理提出了许多新的需求:配置管理应支持构件的概念,能够对构件进行管理;已有构件不一定能完全符合用户的要求,需要经过适应性修改后才能使用;有些构件需要从头开发,配置管理应该能够维护构件修改和开发的历史;新系统通过构件集成和组装得到,配置管理应该能够反映这种系统构造方式,维护构件组装的历史;系统和构件的开发需要多人参与,配置管理应提供并发控制机制,支持多人并行开发;系统和构件要随需求的变化而不断进行演化,有时还会有多个演化方向并存,配置管理应该能够对系统和构件的演化进行变化控制,并维护多个演化方向。

1.相关概念

配置管理系统中的构件是指为通过某种结构组织起来的一组密切相关文件的集合,这个构件概念支持各种形态的构件。

配置是指一组配置项的集合,其中每个配置项可以是一个构件,也可以是一个配置,配置具有自包含性。配置可以表示基于构件的软件开发中的组合构件,也可以表示组装出来的系统。

为配置及其所有子配置中的构件都选定一个特定版本,就得到了配置的一个基线,该操作称为基线操作。配置的基线表示组合构件或系统的一个版本。

2.管理系统模型

图 10-6 是基于构件的配置管理模型。下面对配置支持和高层管理功能进行描述。

配置支持是建立在构件的基础上的。在构件的基础上定义配置,在已有的构件和配置的基础上定义更大的配置,直至定义出表达整个系统的配置。不断定义配置的过程体现了构件组装的过程。通过基线操作,开发人员就可以得到各个组合构件和系统的版本。

高层管理功能建立在构件的版本控制和配置支持的基础上,能够进一步满足基于构件的软

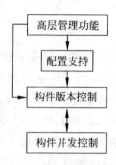

**图 10-6  基于构件的配置管理模型**

件开发中的其他管理需求。高层管理功能包括构造支持、审核控制、统计报告、变化控制、过程控制以及团队支持等。

构造支持是指构件和系统的构造及部署。对于构件,只要保留进行构造所需的文件就可以了。组合构件和系统是用配置表示的,在配置中记录与构造相关的信息,可以通过构件组装工具完成系统构造。在分布式系统中,对于使用各种分布对象技术的软件构件,配置管理可以辅助正确地进行构件的分布,称为系统部署。

审核控制分为两个层次:构件层和组成构件的文件层。在进行审核时,审核人员既可以在构件层进行初步的审计,也可以在文件层进行深入的审核。

统计报告分为两个层次:构件层和文件层。构件层的报告概括性高,文件层的报告深入细致。

变化控制分为两个层次:构件变化控制和配置变化控制。构件变化控制是和构件版本控制一起完成的,配置变化控制要涉及多个构件的检出和检入。配置的变化包含多个构件的变化和多个子配置的变化。

过程控制可用于两个阶段:构件的开发/修改阶段和构件组装阶段。两个阶段的过程控制可以用统一的过程模型来描述和实施。

团队支持包括工作空间管理、并行开发管理和远程开发管理。工作空间管理可以保证多个开发人员开发同一构件时不相互干扰;并行开发可分为构件间的并行开发和构件内的并行开发;对于远程开发,涉及文件传输的操作有构件检出、构件检入和构件更新。

3. 优越性

基于构件的配置管理比传统配置管理具有优越性,主要表现为:

①构件是一个逻辑概念,它有明确的逻辑含义,记录和维护构件的版本更有实际意义。

②构件的粒度可以比较大,对大粒度的单位进行版本控制更适合现代大规模软件的开发。

③构件是有结构的,构件版本控制可以满足对文件的版本控制需求。

④构件组装是基于构件的软件开发的一个重要环节,基于构件的配置可直接支持构件组装。

# 第11章 软件项目收尾与验收管理

## 11.1 项目收尾概述

项目收尾工作是项目全过程的最后阶段,无论是成功、失败或被迫终止的项目,收尾工作都是必要的。如果没有这个阶段,一个项目就很难算全部完成。对于软件项目,收尾阶段包括了软件的验收、正式移交运行、项目评价等工作。在这一阶段仍然需要进行有效的管理,适时作出正确的决策,总结分析项目的经验教训,为今后的项目管理提供有益的经验。

### 11.1.1 软件项目的结束

项目结束就是项目的实质工作已经停止,项目不再有任何进展的可能性,项目结果正在交付用户使用或者已经停滞,项目资源已经转移到了其他的项目中,项目团队正在解散的过程。

项目结束有两种情形:一是项目任务已顺利完成、项目目标已成功实现,项目正常进入生命周期的最后一个阶段——结束阶段,这种状况下的项目结束为项目正常结束,简称项目终结;二是项目任务无法完成、项目目标无法实现而提前终止项目实施的情况,这种状况下的项目结束为"项目非正常结束",简称项目终止。

#### 1. 项目成功与失败的标准

评定项目成功与失败的标准主要有三个,分别为:是否有可交付的合格成果;是否实现了项目目标;是否达到项目客户的期望。如果项目产生可交付的成果,而且符合实现预定的目标,满足技术性能的规范要求,满足某种使用目的,达到预期的需要和期望,相关领导、客户、项目关系人比较满意,那么这就是很成功的项目。即使有一定的偏差,但只要多方努力,能够得到大多数人的认可,项目也是成功的。但是对于失败的界定就比较复杂,不能简单地说项目没有实现目标就是失败的,也可能目标不实际,即使达到了目标,但客户的期望没能达成,这也是不成功的项目。项目的失败对企业会造成巨大的影响,研究项目失败的原因,以便达到预期的目的是很重要的。

#### 2. 项目终结

项目终结工作与项目刚开始时接受的任务相比,其中有一些会比较烦琐和枯燥无味,无论是项目成员还是客户,无论是项目内部还是项目外部都面临很多的问题。项目收尾时存在着感情和理性两方面的问题。

①感情方面有团队成员和客户两个因素。团队成员因素包括:担心未来的工作,对尚未完成的任务丧失兴趣,项目的移交失去激励作用,丧失组织同一感,转移努力方向等。客户因素包括:丧失了对项目的兴趣,处理项目问题的人员发生了变动,关键人员找不到等。

②理性方面包括内部和外部的因素。内部因素主要有:剩余产出物的鉴定,对突出承诺的鉴定,对项目变化的控制,筛除没有必要的未完成任务,完成工作命令和一揽子工作,鉴定分配给项

目的有形设施,鉴定项目人员,搜集和整理项目的历史数据,处理项目物资等。外部因素主要有:与客户就剩余产出物取得一致意见,获取需要的证明文件,与供应商就突出承诺达成一致、就项目的收尾事宜进行交流,判断客户或组织对留下审计痕迹的数据有无外部要求等。

为了克服可能在项目收尾阶段出现的令人失去兴趣的问题,应该将"项目的结束"视作一个单独项目来看待。这虽然只是一种心理技巧,但是尽力营造与项目开工时同样的热情却是必要的。一旦将收尾阶段作为一个项目,则有很多方法都可以激发员工士气。

### 3.项目终止

当项目出现下列条件之一时可以终止项目。

①项目计划中确定的可交付成果已经出现,项目的目标已经成功实现。

②项目已经不具备实用价值。

③由于各种原因导致项目无限期拖延。

④项目出现了环境的变化,它对项目的未来产生负面影响。

⑤项目所有者的战略发生了变化,项目与项目所有者组织不再有战略的一致性。

⑥项目已没有原来的优势,同其他更领先的项目竞争将难以生存。

### 11.1.2 软件项目收尾管理的过程

一旦决定终止一个项目,项目就必须有计划、有序地分阶段停止。当然这个过程可以简单地立即执行,即立即放弃项目。但是为了使项目终止有一个较好的结果,有必要对结束过程像对待项目生存期其他阶段一样,认真执行,包括制定结束计划、完成收尾工作、项目最后评审等过程。

#### 1.项目结束计划

项目结束计划其实已经包含在原来制定的项目计划中,只是在项目快要结束的时候,需要重新评审和细化项目结束计划,确保项目的正常结束。

#### 2.项目收尾内容

软件项目收尾时,项目团队要把完成的软件产品移交给用户。用户方要对已经完成的工作成果进行审查,确定各项功能是否能够按照要求完成,应交付的软件产品及其相关成果是否令人满意。总体来讲,在软件项目收尾管理中,需要以下几个方面的工作。

(1)范围确认

项目接收前,重新审核工作成果,检验项目的各项工作范围是否完成,或者完成到何种程度,最后双方确认签字。

(2)质量验收

质量验收是控制项目最终质量的重要手段,依据质量计划和相关的质量标准进行验收,对不合格的不予接收。如果验收人员在审查与测试时发现工作成果存在缺陷,则应当视问题的严重性与开发商协商找出合适的处理措施。如果工作成果存在严重缺陷,则退回给开发商。开发商应当给出纠正缺陷的措施,双方协商第二次验收的时间。如果给验收方带来了损失,应当按合同约定对承包商做出相应处罚。如果工作成果存在轻微缺陷,则开发商给出纠正措施后由双方协商是否需要第二次验收。

项目质量验收看起来属于事后控制,但它的目的不是为了改变那些已经发生的事情,而是试图抓住项目质量合格或不合格的精髓,以使将来的项目质量管理能从中获益。项目质量验收不仅仅是在项目完成后进行,还包括对项目实施过程中的各个关键点的质量评估。

(3)费用决算

费用决算是指对项目开始到项目结束全过程所支付的全部费用进行核算,编制项目决算表的过程。

(4)合同终结

合同终结是指整理并存档各种合同文件。这是完成和终结一个项目或项目阶段各种合同的工作,包括项目的各种商品采购和劳务承包合同。这项管理活动中还包括有关项目或项目阶段的遗留问题的解决方案和决策的工作。

(5)文档验收

检查项目过程中的所有文件是否齐全,然后进行归档。

(6)项目后评价

项目后评价就是对项目进行全面的评价和审核,主要包括确定是否实现项目目标,是否遵循项目进度计划,是否在预算时间内完成项目,项目开发经费是否超支等。

### 11.1.3 软件项目成功收尾的特征

软件项目的收尾管理,要想达到成功的效果,必须满足以下几个基本特征。

①软件通过正式验收。这是收尾成功的第一步。

②项目资金落实到位。项目的运作就是要使软件企业盈利,要保证项目各种资金周转顺畅,必须进行认真的核算。一方面,客户的项目应付款要结清;另一方面,项目团队的开发实施费用要盘结清楚,该签字的要签字认可。实际上,就是一个软件项目资金的"出入账管理",努力实现项目资金方面的"双赢"或"多赢"效果。

③项目总结认真。这是项目可持续发展的必要,也是对项目经理和项目组成员的尊重。当前项目的经验对其他项目是有很好的借鉴意义的,特别是对类似的软件项目,在管理上、技术上、开发过程上都是一笔财富。不仅要对项目的程序代码存储,所有相关文档资料(包括项目合同、开发文档、管理文档、测试报告、总结文档等)也要认真归档。

④要保持良好的客户关系。软件用户的业务经常是在不断变化的,软件要进行维护和升级,这也是软件企业的收益增长点。良好的客户关系,可以使软件企业和客户保持合作关系,为今后的软件项目升级换代,甚至为进行其他相关联软件的开发带来更多的商机。

# 11.2 软件项目验收

### 11.2.1 项目验收前的准备

对软件系统进行测试、试运行后,软件项目就进入了验收阶段,项目交付成果即软件系统也准备正式进入上线运行阶段。再验收之前,项目承担方和用户方都需要做很多准备工作,方能顺利完成验收任务。

1.项目承担方的准备工作

软件项目验收前,项目承担方应做的必要的准备工作有:

(1)项目组自检

合同书内容、软件需求说明书、变更记录、国标及行业标准等是软件项目验收的主要依据。在项目验收准备阶段,项目经理应组织项目团队,对照以上验收的标准和要求,进行必要的自检自查工作,尽最大可能地找到软件系统中存在的问题、漏洞和不足,并尽快予以解决和完善。自检工作主要包括以下三项内容:

①确定参加自检的人员。自检人员通常由项目经理组织开发团队、质量检查员、合同起草和制定人员、预算编制人员以及其他相关成员共同参加。

②制定自检的计划。应按照软件系统的功能层次和性能要求划分并确定自检的顺序,确定自检的方法,编制自检计划。

③执行自检。项目经理要组织参加自检的人员会同软件开发人员对软件的每一个功能逐个进行检查,检查功能的合理性与完整性。检查时应当对照需求说明书与开发文档,发现执行程序与文档的差异。如果存在功能分解或合并情况,那么开发人员应当与用户进行确认,并在开发文档中加以说明。涉及多个业务的功能模块之间应当进行关联测试,检查数据、功能的一致性。在检查中要做好记录,一旦发现问题,必须立即定期解决,并在事后重新按期进行检查。

(2)项目的收尾

无论是子系统还是项目最终交付的软件系统全部内容,收尾是项目临近完工的一段时间内的重要活动,此时绝大部分的开发工作已经完成,剩下的只是一些开发量不大但头绪很多、需要细致耐心处理的工作。收尾工作做不好将影响验收的进行。这个阶段,项目组成员通常有松懈的心理,对项目的热情、重视程度不如项目开始时高涨。所以项目经理在这个阶段要正确处理好团队成员的工作情绪,保质保量地将项目收尾工作做好,做到有头有尾。

(3)源程序整理与系统归档

要求有计划地整理源程序代码,包括清理废弃的程序代码、功能构件等。对已经全部完成的软件系统或子系统,按照软件配置管理的要求,将源程序、可执行程序及其构件进行归类、存储、备份、登记,防止软件丢失、损坏,或者泄露而造成损失。

(4)准备项目验收文档

软件项目验收除了验收开发的软件系统外,还审核验收合同规定的需要提交给用户的全部文档资料。因而,除了在项目实施各阶段做好相关项目文件的编写、收集外,在项目验收准备时,还应当将各阶段的材料汇总、整理、装订成册,形成一整套完整的项目验收文档。

(5)提出验收申请

在验收准备工作完成后,项目组应当向项目用户方和监理方提交申请验收的请求报告,并同时附送项目验收的相关材料,以备项目接收方组织人员进行验收。

2.用户方的准备工作

用户方的准备工作如下:

(1)成立项目验收委员会

在项目验收前,用户方要成立项目验收工作组或项目验收委员会。项目验收委员会通常由用户方、承担方及监理方组成,必要的时候可以聘请一些行业专家对项目进行评价。项目立项之初聘请监理对用户而言是非常值得的,也是非常有效的。监理的工作不仅体现在项目的最终验收阶段,更重要的是在项目开展的各个环节能够进行技术上的把关和进度上的监控,对于整个项目保持高质量的开展非常有益。有关软件项目监理的规定可以参考国际标准和国家标准中关于软件监理规范和信息化工程监理规范等资料。

项目验收委员会的工作职责主要为:审查系统试运行情况报告;审查各种技术资料;对系统运行情况进行复验和技术鉴定,评定系统质量;处理系统交接验收过程中的问题;审核移交系统及文档清单,签订移交验收证书;提交项目验收工作的总结报告和验收鉴定书。

(2)现场准备与软件系统的初步验收

项目验收委员会根据项目承担方送交的验收申请报告,先要组织人员到现场检查运行环境的准备工作,按照开发人员提出的数据准备要求,收集整理相关功能的验收数据,以备系统验收使用,并对软件系统运行情况进行初步的检查和验收。如果检查结果不符合项目目标的要求,应通知承担方尽快进行系统的改进和完善工作。

### 11.2.2　项目验收和范围确认

软件项目结束时,项目团队要把已经完成的软件产品和服务移交给客户、用户或者上级部门。接受方要对已经完成的工作成果重新进行审查,查核项目计划规定范围内的各项工作或活动是否已经完成,应交付成果是否令人满意等。

对客户、用户与上级部门移交的产品是有所不同的。为客户和用户主要提交软件产品、服务及各种用户使用手册、用户操作手册、系统管理员手册等相关文件;而向上级部门提交的成果主要是会议纪要、各类检查表以及各类记录等。在很多团队中,给内部上级部门提交成果一般都不是很重视。其实,内部成果的移交是一笔宝贵的财富,因为它一方面可以为后续项目提供参考,同时也为项目的维护和改进提供依据。

1.项目验收

软件项目的验收包含四个层次。

①开发方按合同要求完成了项目工作内容。

②开发方按合同中有关质量、资料等条款进行了自检。

③项目的进度、质量、工期、费用均满足合同的要求。

④客户方按合同的有关条款对开发方交付的软件产品和服务进行确认。

在正式移交前,客户通常都要对已经完成的工作成果和项目活动进行重新审核,也就是项目的验收。项目验收是检查所完成的软件项目是否符合设计要求的重要环节,也是保证软件产品质量的最后关口。软件项目验收的大致流程如图 11-1 所示。

从图 11-1 中可以看到,软件项目开发后期,开发方首先对软件产品进行测试与调试,提交给客户或者用户后,由客户对软件产品及其测试结果确认合格,客户或者用户出具初验证明;测试项目初验合格之后,项目进入试运行阶段,在试运行阶段所记录的产品缺陷和差异均应在运行期间被更正,并在试运行结束后,由客户双方组织人员共同进行终验,并出具客户的终验证明,这时项目验收才算结束。项目管理进入项目后维护、后评价阶段。

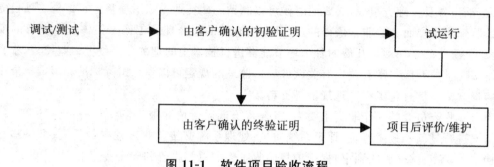

图 11-1　软件项目验收流程

2.范围确认

科学、合理地界定验收范围,是保障项目各方的合法权益和明确各方应承担的责任的基础。项目验收范围是指项目验收的对象中所包含的内容和方面,即在项目验收时,对哪些子项进行验收和对项目的哪些方面、哪些内容进行验收。项目范围的确认是指项目结束或项目阶段结束后,项目团队将其成果交付使用者之前,项目接收方会同项目团队、项目监理等对项目的工作成果进行审查,查核项目计划规定范围内的各项工作或活动是否已经完成、项目成果是否令人满意的项目工作。它要求回顾生产工作和生产成果,以保证所有项目都能准确地、满意地完成。核实的依据包括项目需求规格说明书、工作分解结构表、项目计划及可交付成果等。

若项目提前结束,则应查明有哪些工作已经完成,完成到什么程度,并将核查结果记录在案,形成相关文档。参加交接的项目团队成员和接收人员应在有关文件上签字,表示对已完成项目范围的认可。

进行项目的范围确认时,其依据主要有两个:一是工作成果,即项目计划实施后的结果;二是成果文档。进行项目范围确认时,项目团队必须向接受方出示说明项目成果的文档,如项目计划、技术要求说明书、技术文件、图纸等,供其审查。

范围确认的方法主要是测试方法。为了核实项目或项目阶段是否已按规定完成,需要进行必要的测试、使用已交付的软件产品、仔细检查与核实文档与软件是否匹配等。

项目范围确认完成后,参加项目范围确认的项目团队和接受方人员应在事先准备好的文件上签字,表示接受方已正式认可并验收全部或阶段性成果。一般情况下,这种认可和验收可以附有一定的条件。例如,软件开发项目的移交和验收,可以要求以后发现软件中的问题仍然可以找该软件项目开发人员解决。而实际上,软件项目验收后,还可能有一段相当长的维护期,在维护期中,软件的一些缺陷和错误必须进行解决。

### 11.2.3　项目验收的内容

项目验收是项目组最后一道关口,通过了就意味着项目组已经完成使命,除了后期维护人员以外,其他的项目组成员将离开,从事另外的工作,或进入其他项目组工作。

项目验收不能存在侥幸心理,更不能采取一些手段来蒙蔽客户,以得到客户的认可,从而通过客户的验收。软件系统中存在的问题,客户在使用过程中迟早会发现的,项目验收应该是在客户从心里承认和接受了项目组开发的软件系统,并对项目组的服务感到满意的基础上,按照项目合同的条款,根据实际完成的工程和所提供的产品与服务,认真核对,通过项目验收便是水到渠成的事了。

　　一般工程的验收比较直观,在合同中条款一般写得比较明确,而且具有明确物理特性,可观、可量、可测。但是对软件系统的验收则比较主观一些,虽然在合同中写明了一些需求和性能指标,但是任何软件在实际的需求调研和分析过程中都会对需求有所增删和修改,而且有些需求的满足程度很难界定和测量。正因为软件不像一般工程那样能比较直观进行度量和测量,所以软件系统的验收不但需要客户的配合,还要项目组进行精心准备和组织。为了保证软件系统能够及时顺利地验收,通常需要注意下面几个方面的验收过程。

　　1. 环境验收

　　软件环境主要指在软件合同中规定的在项目中需要使用的系统软件、网络软件、工具软件、安全软件及软件组件包等,这部分内容比较好验收,只要对照购买合同进行逐一核对就行了。不过要注意盗版问题,国内有些客户本身的知识产权意识比较薄弱,在软件系统用到的其他一些软件是需要购买的,但不列入合同经费中,有些软件公司为了迎合客户这种心理,便采用盗版软件,对于这种情况,软件公司可以采用试用版,但必须给客户签订协议,如果不购买正版软件,出现问题将不负责。

　　2. 功能验收

　　软件功能的验收是软件系统验收的主要内容,如果软件系统功能比较多,就很难在短时间内对软件系统的每个功能进行验收,一个成熟的客户会认真地对软件系统的每一项功能根据需求进行验收,即使客户没有注意到,项目组本着对客户负责,也是对自己负责的态度,也应该向客户提供每项软件功能的验收报告。为了得到全面的软件功能验收报告,需要从三个方面进行准备。

　　在软件系统试运行和前期正式上线运行的过程中,准备好软件功能单项验收意见表,在业务操作过程中配合客户对每一项功能进行操作,然后及时对客户已经认可的软件功能进行确认。这样可以完成大部分软件功能的验收确定。

　　对于有些客户一时难以使用到的软件功能,要充分准备好测试数据,与客户一起对软件功能进行测试,以获得客户的认可。另外,要结合软件功能演示和客户对软件的评审,让客户知道和认可软件功能,从而形成对软件功能的正式验收。

　　软件功能的验收工作量很大,过程较长,这需要项目组早做准备,深入到客户的业务当中,把验收工作做细,使得客户能够真正了解和接受软件系统,这样即使存在一些偏差,只要双方本着认真负责的态度,从客户的长远利益出发,一般都会得到客户的理解。

　　3. 质量验收

　　项目质量验收是依据质量计划中的范围划分、指标要求以及协议中的质量条款,遵循相关的质量检验评定标准,对项目的质量进行质量认可评定和办理验收交接手续的过程。质量验收是控制和确认项目最终质量的重要手段,也是项目验收的一项重要内容。

　　质量验收的范围主要包括两个方面,一是项目规划阶段的质量验收,主要检验设计文件的质量,同时项目的全部质量标准及验收依据也是在规划设计阶段完成的,因此,这个阶段的质量验收也是对质量验收评定标准与依据的合理性、完备性和可操作性的检验。二是项目实施阶段的质量验收,主要是对项目质量产生的全部过程的监控。实施阶段的质量验收要根据范围规划、工作分解和质量规划对每一个阶段和任务进行单个的评定和验收,然后根据各阶段和任务的质量验收结果进行汇总统计,最终形成全部项目的质量验收结果。

当进行项目质量验收时,其标准与依据主要如下:

在项目初始阶段,必须在平衡项目进度、成本与质量三者之间制约关系的基础上,对项目的质量目标与需求做出总体性的、原则性的规定和决策。

在项目计划阶段,必须根据初始阶段决策的质量目标进行分解,在相应的设计文件指出达到质量目标的途径和方法,同时指明项目验收时质量验收评定的范围、标准与依据,质量事故的处理程序和奖惩措施等。

在项目实施阶段,质量控制关键是过程控制,质量保证与控制的过程就是根据项目计划阶段规定的质量验收范围和评定标准、依据,在下一个阶段或者任务开始前,对每一个刚完成的阶段或者任务进行及时的质量检验和记录。

在项目收尾阶段,质量验收的过程就是对项目实施过程中产生的每个工序的实体质量结果进行汇总、统计,得出项目的最终的、整体的质量结果。

质量验收产生质量验收评定报告和项目技术资料。项目最终质量报告的质量等级一般分为"合格"、"优良"、"不合格"等多级,对于不合格的项目不予验收。凡是项目的质量检验评定报告经汇总成相应的技术资料,是项目资料的重要组成内容。

### 4. 软件性能的验收

软件的性能验收对于有些项目是难以确认的,项目组更应该创造和把握软件性能测试环境,要让客户切身感受到软件性能指标的具体数据。例如,对软件系统的可靠运行时间的验收,需要客户的系统管理员与项目组一道对软件系统的运行状况进行观察、记录和分析,然后得到实际真实的数据,这样才有说服力。

### 5. 项目资料与验收

项目资料是项目验收和质量保证的重要依据之一,项目资料也是项目交接、维护和后评价的重要原始凭证,在项目验收工作中起着十分重要的作用,因而项目资料验收是项目软件产品验收前提条件,只有项目资料验收合格,才能开始项目软件产品的验收。

在项目的不同阶段,验收和移交的文档资料一般也不相同。在项目初始阶段,应当移交的文档主要有:项目初步可行性研究报告及相关附件、项目详细可行性研究报告及相关附件、项目方案及论证报告、项目评估与决策报告等。但是,并不是所有的软件项目都具备这些文档的。实际上,对于许多规模小的软件项目,文档资料只有其中的很少部分。

项目计划阶段应验收移交归档的资料,大致应该有项目描述资料(范围划分报告,详细设计报告等)、项目计划资料(完整的项目进度计划,质量计划,费用计划和资源计划)等。

项目实施阶段应验收移交归档的资料,大致应该有项目全部可能的外购或者外包合同、标书、全部合同变更文件、现场签证和设计变更等、项目质量记录、会议记录、备忘录、各类通知等、项目进展报告、进度、质量、费用、安全、范围等变更控制申请及签证、现场环境报告、质量事故、安全事故调查资料和处理报告、各种第三方试验、检验证明、报告等。

项目收尾阶段应验收移交归档的资料,主要包括项目测试报告、项目质量验收报告、项目后评价资料等。

项目资料验收的主要依据是:合同中有关资料的条款要求,国家有关项目资料档案的法规、政策性规定和要求,国际惯例等。

项目资料验收的主要程序是:①项目资料交验方按合同条款有关资料验收的范围及清单进行自检和预验收;②项目资料验收的牵头组织方按合同资料清单或档案法规的要求分项——进行验收、清点、立卷、归档;③对验收不合格或有缺损的,应通知相关单位采取措施进行修改或补充;交接双方对项目资料验收报告进行确认和签证。

完成资料验收后,将获得项目资料档案、项目资料验收报告等。

### 6.服务验收

软件服务的验收是一个综合的验收指标,它不但包括客户对软件系统的满意度,还包括对项目组和软件公司的满意度。这种验收不但体现在软件系统的质量中,还体现在项目组平时工作和与客户的交往中。这就需要项目组不但要开发出满足客户需求的高质量的软件产品,还要处理好与客户之间的关系,以良好的工作态度向客户提供软件服务,从客户的立场来考虑问题,诚信相待。项目组与客户之间并不是一种纯粹的契约和金钱的关系,要形成一种良好合作和互赢的关系,这样才能做到客户满意,公司满意,项目组也满意。

项目验收并不是一场简单的考试,它是项目组以前所有工作的一个结果,只要项目组把软件产品做好了,平时的工作做细致了,做实在了,客户自然会认可的,因为客户才是软件系统的最终拥有者和使用者。因此项目组能够提供好的软件产品和售后服务,客户是最大的受益者。

### 11.2.4　项目验收的过程

软件验收应是一个循序渐进的过程,要经历准备验收材料、提交申请、初审、复审,直到最后的验收合格,完成移交工作。其整个流程如图 11-2 所示。

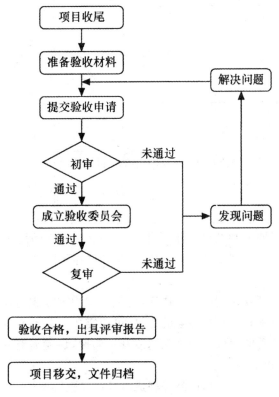

**图 11-2　项目验收流程图**

（1）准备验收材料并提交验收申请

准备好验收材料就可以提交验收申请了。这个申请一般是由项目经理或项目总负责人提交给上级领导、产品经理或市场部、项目管理委员会或产品发布委员会。

根据软件项目的特点，在验收时应收集以下文档。如表 11-1 所示。

表 11-1　开发方资料收集

| 编号 | 名称 | 形式 | 介质 |
|---|---|---|---|
| 1 | 项目开发计划 | 文档 | 电子、纸质 |
| 2 | 软件需求说明书 | 文档 | 电子、纸质 |
| 3 | 系统概要设计说明书 | 文档 | 电子、纸质 |
| 4 | 总体设计说明书 | 文档 | 电子、纸质 |
| 5 | 数据库设计说明书 | 文档 | 电子、纸质 |
| 6 | 详细设计文档 | 文档 | 电子、纸质 |
| 7 | 为本项目开发的软件源代码 | 文档 | 电子、纸质 |
| 8 | FAT&SAT 报告 | 文档 | 电子、纸质 |
| 9 | 试运行报告 | 文档 | 电子、纸质 |
| 10 | 性能测试报告、功能测试报告 | 文档 | 电子、纸质 |
| 11 | 项目实施报告 | 文档 | 电子、纸质 |
| 12 | 培训计划 | 文档 | 电子、纸质 |
| 13 | 服务计划 | 文档 | 电子、纸质 |
| 14 | 维护手册 | 文档 | 电子、纸质 |
| 15 | 用户手册 | 文档 | 电子、纸质 |
| 16 | 应用软件清单 | 文档 | 电子、纸质 |
| 17 | 系统参数配置说明 | 文档 | 电子、纸质 |
| 18 | 所提供的第三方产品的技术说明和操作、维护资料 | 文档 | 电子、纸质 |
| 19 | 系统崩溃及恢复步骤文档 | 文档 | 电子、纸质 |
| 20 | 技术服务和技术培训等相关资料 | 文档 | 电子、纸质 |

根据软件开发需求说明书和概要设计说明书，编写相关软件的用户满意度调查表，该调查表应该涵盖软件在需求说明书中列举的所有模块，包含软件在不同操作操作系统下的运行情况等。

（2）初审

产品经理或市场部经理在接到验收申请后，组织公司内部专家对项目进行初审。初审的主要目的是为正式验收打好基础。根据专家的建议，可能需要重新整理验收材料，为复审做准备。如果在审核过程中发现严重的软件功能性问题或其他问题，那就需要和技术人员一起讨论解决方法，必要时需要向客户申请项目延期。

（3）成立验收委员会初审通过后，产品经理或市场部经理协调或组织

管理层领导、业务管理人员、客户代表、投资方代表和信息技术专家成立项目验收委员会，负

责对软件项目进行正式验收。

（4）复审

软件承包方或开发方以项目汇报、现场应用演示等方式汇报项目完成情况，验收委员会根据验收内容、验收标准对项目进行评审、讨论并形成最终验收意见。一般来说验收结果可分为验收合格、需要复议和验收不合格三种。对于需要复议的要做进一步讨论来决定是否要重新验收还是解决了争议的问题就可以通过。对于验收不合格的要进行返工，之后重新提交验收申请。

（5）验收合格，项目移交

验收合格之后，就可以着手准备项目验收报告、进行项目移交和用户培训等相关收尾工作了。

### 11.2.5　项目验收的意义

软件项目验收是软件项目的用户方与软件项目承担方认可软件项目成果的根本方式，是全面考核软件项目成果的重要环节。做好软件项目验收工作，对于促进项目及时交付使用、发挥投资效益、总结项目管理经验、促进项目过程的改进都有着重要的意义。

①项目验收标志着软件项目的结束或阶段性结束，是软件项目成果交付给用户，并开始正式使用的标志。因为无论从硬件还是软件方面，软件项目涉及的技术发展都非常迅速，软件项目成果不及时验收和提交正式使用，将很可能导致软件项目的成果失效，并且产生难以分清的责任问题。

②软件项目顺利通过验收，标志着项目的用户方与承担方之间的义务和责任基本结束（可能还存在项目运行阶段的维护问题），各自获得相应的权益；同时，项目团队的全部或主要任务已经完成，可以总结经验，重新开始新的工作。

③项目按计划验收，是保证按合同完成软件成果研制、保证软件项目成果质量的关键步骤。通过验收可以全面考察软件成果质量，发现可能影响软件正常运行的问题和隐患，实事求是地处理软件项目的遗留问题，为软件正常运行和维护提供必要的资料。

总而言之，软件项目验收无论对软件项目用户方还是对软件项目承担方来说都是十分有益而且是必不可少的工作。必须指出的一点是，项目验收结束并不等于双方签订的协议的终止，这是因为软件项目往往还存在后续的维护和升级等问题。很多情况下，项目验收完成后，软件项目的承担方还会在一到三年的时间内给用户提供很多免费服务，如相关培训、系统维护与升级、系统备份等。

## 11.3　项目移交与清算

在项目收尾阶段，如果项目达到预期的目标，那么就是正常的项目验收、移交过程；若项目没有达到预期的效果，并且由于种种原因不能达到预期的效果，则项目已没有可能或没有必要进行下去了而提前终止，这种情况下的项目收尾就是清算，项目清算是非正常的项目终止过程。

### 11.3.1　项目移交

项目移交是指在项目收尾后将全部的软件成品与服务交付给客户和用户，特别是对于软件，移交也意味着软件的正式发布与运行，今后软件系统的全部管理与日常维护工作以及权限将移交给用户。项目验收是项目移交的前提,移交是项目收尾阶段的最后工作内容。

软件项目移交不仅需要移交项目范围内全部软件产品和服务、完整的项目资料档案、项目合格证书等资料,还要移交对运行的软件系统的使用、管理和维护的权利与职责。因此,在软件项目移交之前,对用户方系统管理人员和操作人员的培训是必不可少的,必须使得用户能够完全学会操作、使用、管理和维护本次软件开发的成果——整个软件系统。

软件项目的移交成果包括以下内容。

①已经配置好的系统环境。

②软件产品,例如,软件光盘介质等。

③项目成果规格说明书。

④系统使用手册。

⑤项目的功能、性能技术规范。

⑥测试报告等。

这些内容需要在验收之后完整交付给客户。为了核实项目活动是否按要求完成,完成的结果如何,客户往往需要进行必要的检测、测试、调试、试运行等活动,项目小组应为这些考察活动进行相应的指导和协作。

移交阶段具体的工作包括以下内容。

①对项目交付成果进行测试,可以进行 Alpha 测试、Beta 测试等各种类型的测试。

②检查各项指标,验证并确认项目交付成果满足客户的要求。

③对客户进行系统的培训,以满足客户了解和掌握项目结果的需要。

④安排后续维护和其他服务工作,为客户提供相应的技术支持服务,必要时另行签订系统的维护合同。

⑤签字移交,并提交软件项目移交报告。

软件项目移交以后一般都会有一个维护期,在项目签字移交后,按照合同的要求,开发商还必须为系统的稳定性、系统的可靠性等负责。在试运行阶段为客户提供全面的技术支持与服务工作。

### 11.3.2 项目清算

1.清算的主要依据与条件

对不能成功结束的项目,要根据情况尽快终止项目、进行清算,清算的主要依据与条件为以下几点:

①项目规划阶段已存在决策失误,例如,可行性研究报告依据的信息不准确,市场预测失误,重要的经济预测有偏差等诸如此类的原因造成项目决策失误。

②项目规划、设计中出现重大技术方向性错误,造成项目的计划不可能实现。

③项目的目标已与组织目标不能保持一致。

④环境的变化改变了对项目产品的需求,项目的成果已不适应现实需要。

⑤项目范围超出了组织的财务能力和技术能力。

⑥项目实施过程中出现重大质量事故,项目继续运作的经济或社会价值基础已经不复存在。

⑦项目虽然顺利进行了验收和移交,但在软件运行过程中发现项目的技术性能指标无法达

到项目设计的要求,项目的经济或社会价值无法实现。

⑧项目因为资金或人力无法近期到位,并且无法确定可能到位的具体期限,使项目无法进行下去。

### 2.项目清算程序

项目清算仍然要以合同为依据,项目清算程序为以下几点:

①组成项目清算小组:主要由投资方召集项目团队、工程监理等相关人员。

②项目清算小组对项目进行的现状及已完成的部分,依据合同逐条进行检查。对项目已经进行的并且符合合同要求的,免除相关部门和人员责任;对项目中不符合合同目标的,并有可能造成项目失败的工作,依合同条款进行责任确认,同时就损失估算、索赔方案、拟定等事宜的协商。

③找出造成项目流产的所有原因,总结经验。

④明确责任,确定损失,协商索赔方案,形成项目清算报告,合同各方在清算报告上签证,使之生效。

⑤协商不成则按合同的约定提起仲裁,或直接向项目所在地的人民法院提起诉讼。

项目清算对于有效地结束不可能成功的项目,保证企业资源得到合理使用,增强社会的法律意识都起到重要作用,因此,项目各方要树立依据项目实际情况,实事求是地对待项目成果的观念,如果清算,就应及时、客观地进行。

## 11.4　软件项目后评价

项目后评价通常在项目竣工以后项目运作阶段或项目结束之前进行。项目后评价是指对已经完成的项目的目的、执行过程、效益、作用和影响所作的系统和客观地分析,通过项目活动时间的检查总结,确定项目预期的目标是否达到,项目是否合理有效,项目的主要效益指标是否实现;通过分析评价找出失败的原因,总结经验教训;并通过及时有效的信息反馈,为未来新项目的决策提出建议,同时也为后评价项目实施中出现的问题提出改进意见,从而达到提高投资效益的目的。

### 11.4.1　项目后评价的特点及方法

#### 1.项目后评价的特点

项目后评价是相对项目前期准备阶段的评估而言的,两者在评估原则上无太大的区别。但是,两者的评价时点不同,目的也不同,方法上也存在着一定差别。前期评估是在项目起点预测是否可立项,后评价是在项目完成后总结并预测未来。

同样,项目后评价有别于项目中间评估、竣工验收、项目审计检查和一般性的工作总结。这些工作的进行有利于后评价工作的开展,但代替不了后评价的作用和要求。

软件项目后评价具有以下几个特点:

(1)探索性

软件项目后评价要分析公司现状,发现问题并探索未来的发展方向,因而,要求项目后评价人员有较高的素质和创造性,能够把握影响软件项目效益的主要因素,并提出切实可行的改进措施。

（2）全面性

项目后评价是对项目实践的全面评价，是对项目立项决策、设计、实施、运营等全过程进行的系统评价，这种评价不光涉及项目生命周期的各阶段而且还涉及项目的方方面面，包括经济效益、社会影响、环境影响、项目综合管理等方面，因此是比较系统、比较全面的技术经济活动。

（3）反馈性

项目后评价的结果需要反馈到决策部门，作为新项目立项和评估的基础，并作为调整投资计划和政策的依据，这是后评价的最终目标。因此，后评价结论的扩散和反馈机制、手段和方法成为后评价成败的关键因素之一。

（4）合作性

项目后评价需要更多方面的合作，如专职的技术经济人员、项目经理、公司经营管理人员、投资项目主管部门等，各方面融洽合作，项目后评价才能顺利进行。

（5）独立性

独立性是指评价不受项目决策者、管理者、执行者和前评估人员的干扰，不同于项目决策者和管理者自己评价自己的情况。它是评价的公正性和客观性的重要保障。没有独立性，或独立性不完全，评价工作就难以做到公正和客观，就难以保证评价及评价者的信誉。为确保评价的独立性，必须从机构设置、人员组成、履行职责等方面综合考虑，使评价机构既保持相对的独立性又便于运作，独立性应自始至终贯穿于评价的全过程，包括从项目的选定、任务的委托、评价者的组成、工作大纲的编制到资料的收集、现场调研、报告编审和信息反馈。只有这样，才能使评价的分析结论不带任何偏见，才能提高评价的可信度，才能发挥评价在项目管理工作中不可替代的作用。

（6）可信性

后评价的可信性基于评价的权威性、独立性，评价者应具有广泛的阅历和丰富的经验，并基于资料信息的可靠性和评价方法的实用性。为增强评价者的责任感和可信度，评价报告要注明评价者的真实姓名、所用资料的来源、评价所用的方法，使报告所用的分析和得出的结论有充分可靠的依据。

（7）实用性

后评价的主要目的是为决策服务的，因此后评价报告应该针对性强，具有可操作性，即实用型。后评价报告文字要简明扼要，避免运用过多的专业术语。报告要突出重点，并能满足各方面的要求。报告所提出来的措施应有具体的要求。

**2. 项目后评价的主要方法**

软件项目后评价一般采取比较法，即通过项目产生的实际效果与决策时预期的目标比较，从差异中发现问题，总结经验和教训。项目后评价方法具体又可以概括为以下四种。

（1）影响评价法

项目建成后，测定和调研在各阶段所产生的影响和效果，以判断决策目标是否正确。

（2）效益评价法

把项目产生的实际效果或项目的产出，与项目的计划成本或项目投入相比较，进行盈利性分析，以判断项目当初决定投资是否值得。

（3）过程评价法

把项目从立项决策、设计、采购直至建设实施各程序的实际进程与原订计划、目标相比较，分析项目效果好坏的原因，找出项目成败的经验和教训，使以后项目的实施计划和目标的制订更加切合实际。

（4）系统评价方法

将上面 3 种评价方法有机地结合起来，进行综合性的评价。

### 11.4.2　项目后评价的基本范围

#### 1.目标的后评价

项目目标和目的的评价的主要任务是对照项目可行性研究和评估中关于项目目标的论述，找出变化，分析项目目标的实现程度及成败的原因，同时还应讨论项目目标的确定是否正确合理，是否符合发展的要求。项目目标评价包括项目宏观目标、项目建设目的等内容，通过项目实施过程中对项目目标的跟踪，发现变化，分析原因。通过变化原因及合理性分析，及时总结经验教训，为项目决策、管理、建设实施信息反馈，以便适时调整政策、修改计划，为续建和新建项目提供参考和借鉴。

#### 2.决策阶段的后评价

对项目前期决策阶段的后评价的重点是对项目可行性研究报告、项目评估报告和项目批复批准文件进行评价，即根据项目实际的产出、效果、影响，分析评价项目的决策内容，检查项目的决策程序，分析决策成败的原因，探讨决策的方法和模式，总结经验教训。

项目可行性研究报告后评价的重点是项目的目的和目标是否明确、合理；项目是否进行了多方案的比较，是否选择了正确的方案；项目的效果和效益是否可能实现；项目是否可能产生预期的作用和影响。在发现问题的基础上，分析原因并得出结论。

对项目评估报告的后评价是项目后评价最重要的任务之一。严格地说，项目评估报告是项目决策的最主要的依据，投资决策者按照评估意见批复的项目可行性研究报告是项目后评价对比评价的根本依据。因此，后评价应根据实际项目产生的结果和效益，对照项目评估报告的主要参数指标进行分析评价。对项目评估报告后评价的重点是项目的目标、效益和风险。

#### 3.实施过程的后评价

项目实施过程的后评价包括项目的合同执行情况分析，工程实施及管理，资金来源及使用情况分析与评价等。项目实施过程的后评价应注意前后两方面的对比，一方面要与开工前的工程计划对比；另一方面还应把该阶段的实施情况可能产生的结果和影响与项目决策时所预期的效果进行对比，分析偏离度。在此基础上找出原因，提出对策，总结经验教训。但由于对比的时点不同，对比数据的可比性需要统一，这也是项目后评价中各个阶段分析时需要重视的问题之一。

（1）项目资金使用的分析评价

对项目资金供应与运用情况的分析评价是项目实施管理评价的一项重要内容。一个项目从决策到实施建成的全部活动，不仅是耗费大量活劳动和物化劳动的过程，也是资金运动的过程。项目实施阶段，资金能否按预算规定被使用，对降低项目实施费用关系极大。通过对投资项目评价,可以分析资金的实际来源与项目预测的资金来源的差异和变化。同时要分析项目财务制度和财务管理的情况,分析资金支付的规定和程序是否合理并有利于费用的控制,分析建设过程中资金的使用是否合理,是否注意了节约、做到了精打细算、加速资金周转、提高资金的使用效率。

(2)工程实施及管理评价

项目实施阶段是项目开发从书面的设计与计划转变为实施的全过程,是项目建设的关键,项目团队应根据批准的项目计划组织设计,应按照设计方案、质量、进度和费用的要求,合理组织实施,做到计划、设计、实施三个环节互相衔接,资金、人员、设备按时落实,实施中如需变更设计,必须取得项目监理和项目经理等相关组织和人员的同意,并填写设计变更、工程更改,做好原始记录。对项目实施管理的评价主要是对工程的成本、质量和进度的分析评价。工程管理评价是指管理者对工程 3 项指标的控制能力及结果的分析。这些分析和评价可以从工程监理和业主管理两个方面进行,同时分析领导部门的职责。

(3)合同执行的分析评价

执行合同是项目实施阶段的核心,因此合同执行情况的分析是项目实施阶段评价的一项重要内容,这些合同包括系统设计、设备采购、项目实施、工程监理、咨询服务和合同管理等。项目后评价的合同分析一方面要评价合同依据的法律规范和程序等,另一方面要分析合同的履行情况和违约责任及其原因。在项目合同后评价中,对工程监理的后评价是十分重要的评价内容。后评价应根据合同条款内容,对照项目实绩,找出问题或差别,分析差别的利弊,分清责任,得出结论。

4.项目影响评价和项目持续性后评价

对项目影响和项目持续性的后评价应根据项目运营的实际情况,对照项目决策所确定的目标、效益和风险等有关指标,分析竣工阶段的工作成果,找出差别和变化及其原因。项目竣工后评价包括项目完工评价和系统运营准备等。

### 11.4.3 项目后评价的内容

在软件项目管理中,项目后评价的评价内容主要包括以下几个方面。

1.项目目标

项目后评价所要完成的一个重要任务是评定项目立项时,原来预定的目的和目标的实现程度。在项目立项时,会确定一些可量化的描述项目目标的指标。项目后评价要对照这些指标,检查项目的实现情况和有关变更,分析偏差产生的原因,以判断目标的实现程度。

另外,目标评价要对项目原定决策目标的正确性、合理性和时间性进行分析评价。有些项目原定的目标不明确或不符合实际情况,项目实施过程中可能会发生重大变化,项目后评价要给予重新分析和评价。

2.项目效益

项目效益后评价是在完成项目后对项目投资经济效果、环境影响以及社会影响进行再评价,可分为财务评价、经济评价和影响评价。其主要的分析指标有内部收益率、净现值、投资回收期、贷款偿还期等项目盈利能力和清偿能力等指标。

在进行软件项目效益后评价分析时,需要以长远的观点,从多个视角来观察。一些大型综合性的企业信息系统项目的建设周期都比较长,经济效益一般在运行 6～12 个月或更长时间以后才显示出来。

### 3. 项目管理

项目管理后评价是以项目目标和效益后评价为基础,结合其他相关资料,对项目整个生命周期中各阶段管理工作进行评价。其目的是通过对项目各阶段管理工作的实际情况进行分析研究,作出比较和评价,了解目前项目管理工作的水平并通过总结经验教训使之不断改进和提高,为更好地完成后续项目目标服务。项目管理后评价包括项目的过程后评价、项目综合管理后评价以及项目管理者评价。

### 4. 项目团队

在对项目的过程和结果进行后评价的同时,不能忽略了对项目完成主体——项目团队的评价,包括对项目团队成员以及项目经理的评价,并要适时地对他们给以激励措施。

对项目团队成员的评价,由项目经理牵头负责完成。评价估的结果,要发给团队成员本人,帮助其不断地提升;也要发给项目成员的直接经理,帮助其为该成员制订合适的培训和发展计划;同时,还要发给项目管理办公室,作为更新人力资源库的参考依据之一。

在软件项目经理的评价方面,对诸如组建团队、沟通管理、冲突管理、激发和调动项目组成员的积极性等作为项目经理在团队管理方面的职责内容,需要重点评估。通常,对项目经理的评估由项目管理办公室牵头负责完成,评估结果要送给项目经理本人,帮助其不断地提高管理水平;同时,要发给项目经理的直接上司,帮助其为该项目经理制订合适的培训和发展计划;项目管理办公室会把此评估结果作为评定项目经理级别的依据之一。

以上所有对项目团队成员与项目经理的评价结果,都要存入项目管理文件,同时评估结果也将存入项目管理文件中。

### 5. 项目影响

对于工程建设型项目,一般需要从经济影响、环境影响、社会影响和持续性评价 4 个方面分别对项目影响进行后评价。由于通常软件项目对环境和社会影响是间接的,人们更关注的是经济影响和持续性评价。

另外,软件项目在某些方面表现得非常特殊,如它包含的技术含量高,给项目后续的维护和升级增加了相当的难度。这时需要对接受投资的项目业主现有技术储备和发展潜力进行评估,若持续性不强,应及时安排相应的技术培训。此外,软件项目中的许多资源、工作是可以复制或重复的,具有重复性的项目,必然会节省后续项目开发的时间和资源。

#### 11.4.4　项目后评价的实施

##### 1. 项目后评价的工作程序

一般来讲,项目后评价的工作程序需要包括以下基本阶段:

①接受项目后评价任务,签订评价协议。项目后评价单位接受和承揽到后评价任务委托后,

首要任务就是与业主或上级签订评价协议,以明确各自在后评价中的权利和义务。

②成立项目后评价小组,制订评价计划。项目后评价协议签订后,后评价单位就应及时任命项目负责人,成立后评价小组,制订后评价计划。项目负责人必须保证评价工作客观、公正,因而,不能有业主单位的人兼任;后评价小组的成员必须具有一定的后评价工作经验;后评价计划必须说明评价对象、评价内容、评价方法、评价时间、工作进度、质量要求、经费预算、专家名单和报告格式等。

③设计调查方案,聘请有关专家。调查是评价的基础,调查方案是整个调查工作的行动纲领,它对于保证调查工作的顺利进行具有重要的指导作用。一个设计良好的调查方案不但要有调查内容、调查计划、调查方式、调查对象、调查经费等内容,还应包括科学的调查指标体系。因为只有用科学的指标,才能说明所评项目的目标、目的、效益和影响。

④信息收集与整理。对于一个在建或已建项目来说,业主单位在评价合同或协议签订后,都要围绕被评价项目,给评价单位提供材料。这些材料一般称为项目文件。评价小组应组织专家认真阅读项目文件,从中收集与未来评价有关的资料。

⑤开展调查,了解情况。在收集项目资料的基础上,为了核实情况,进一步收集评价信息,必须去现场进行调查。一般来说,去现场调查才能了解项目的真实情况,这不但能了解项目的宏观情况,而且要能了解具体项目的微观情况。

⑥实施评价,形成后评价报告。在阅读文件和现场调查的基础上,要对已经获得的大量信息进行消化吸收,形成概念,写出报告。

⑦提交后评价报告,反馈信息。后评价报告草稿完成后,送项目评价执行机构高层领导审查,并向委托单位简要通报报告的主要内容,必要时可召开小型会议研讨有关分歧意见。项目后评价报告的草稿经审查、研讨和修改后定稿。正式提交的报告应有"项目后评价报告"和"项目后评价摘要报告"两种形式,根据不同的对象上报或分发这些报告。

2. 项目后评价报告的编写

对项目后评价报告的编写要求一般有:

①后评价报告的编写要真实反映情况,客观分析问题,认真总结经验。

②评价报告的文字要求准确、清晰、简练,少用或不用过分专业化的词汇。

③为了提高信息反馈速度和反馈效果,让项目的经验教训在更大的范围内起作用,在编写评价报告的同时,还必须编写并分送评价报告摘要。

④后评价报告是反馈经验教训的主要文件形式。为了满足信息反馈的需要,便于计算机输录,评价报告的编写需要有相对固定的内容格式。

# 11.5　合同收尾

软件项目的合同收尾就是通常所说的项目验收。根据合同中的需求一项项的核对,检验是否完成了合同所有的要求。合同收尾过程涉及评估软件项目产品是否具备了可交付功能,内容包括诸如对开发记录进行更新以反映最终结果、将更新后的记录进行归档供将来项目使用等管理活动。

合同收尾考虑了项目或项目阶段适用的每项合同。在多阶段项目中,合同条款可能仅适用于项目的某个特定阶段。在这些情况下,合同收尾过程只对该项目阶段适用的合同进行收尾。在合同收尾后,未解决的争议可能需进入诉讼程序。合同条款和条件可规定合同收尾的具体程序。

合同收尾指买方通过其授权的合同管理员向卖方发出合同已经完成的正式书面通知。合同收尾过程支持项目收尾过程,因为两者都要验证所有的工作和交付的成果是否可以接受。合同收尾包含了产品核实和行政收尾两方面的内容:产品核实是核实已经完成的工作,行政收尾是对合同记录进行更新。

有三种方式都可以结束合同:①成功完成;②相互协商同意结束,但没有成本结算;③实质性违约。

# 第12章 软件项目管理新技术与新进展

## 12.1 外包软件项目管理

软件企业为了降低成本、转移风险、培育自身核心竞争力以及弥补某些特殊领域研发能力的不足,会将部分软件业务进行外包。提高软件业务外包过程的成熟度,控制其过程的扰动因素,使过程趋于规范化,可以保证外包软件的质量。

### 12.1.1 软件外包的现状与问题

#### 1.全球软件外包市场现状

随着社会化大生产的发展,社会分工愈加细化,越来越多的企业开始寻求自身的核心竞争力,逐步走专业化发展道路。而世界经济的发展,使得各国、各地区间的产业关联度不断增加,全球软件技术和软件产品的升级周期不断缩短,世界软件市场的需求大大膨胀。

越来越多的软件企业采用外包方式开展业务。通过将自己不擅长的工作或工序外包出去,企业可以将更多的精力专注于自身的核心业务,同时节省开支,提高效率。IDC 统计数据表明,仅美国在全球软件外包市场规模中就占据了 65% 的市场份额,加上欧洲等国家的客户,这一比例将上升至 85%。以美国为首的英文软件外包将持续占据全球软件外包的绝大部分市场。

全球软件外包的发包市场主要集中在北美、西欧和日本等国家,其中美国占 40%,日本占 10%。外包接包市场主要是印度、爱尔兰等国家。其中,美国市场被印度垄断,印度拥有比美国多一倍的科技类毕业生,人力资源丰富不说,而且成本比美国本土软件成本低 40%~60%。印度软件业 80% 的收入依赖软件外包业务,印度已经成为软件外包的第一大国。而欧洲市场则被爱尔兰垄断。除此之外,以色列和中国也是软件外包的主要市场。

爱尔兰和以色列精于系统结构软件,且提供多语言服务,但成本较高。中国软件外包市场成本很低,特别擅长支持老版本软件。现在,菲律宾、巴西、俄罗斯、澳大利亚等国家也加入了世界软件外包的竞争行列。

中国软件外包企业加入国际外包市场,使全球的软件外包市场发生了变化,中国拥有巨大的软件市场,是世界公认的软件开发资源。Gartner 研究公司 2004 年初发表的研究报告预测中国将成为又一个外包前沿阵地,预测在 2007~2010 年间,中国将成为世界上最大的外包市场。

#### 2.软件外包在我国的劣势

由于外包市场的利润及其空间都很诱人,国内不少软件企业都纷纷把目光瞄向欧美、日本等国外市场,以期分享软件外包这块大蛋糕。但是,发达国家的软件业已经发展到一个相对成熟的阶段,而在我国,大部分软件企业还未达到国际化的标准。另外中国是一个具有悠久文化历史的国家,这种与西方迥然不同的文化背景以及随之带来的其他影响,都不可避免的成为软件外包的障碍。

作为硬件生产大国,以中国为制造基地的 IT 硬件出口已位列全球三甲。然而中国的软件产业在世界市场上的竞争力却相当有限:中国盒装软件(Packaged Software)的销售额只占全球销售额的 0.7%;软件服务产值则其占世界总量的 0.2%;作为世界软件外包生产中心的印度,近四年的软件出口额都数倍于中国,占全球市场的 20%,美国进口的 62%。

这些数字仅仅说明了差距的一个方面,事实上,现阶段中国的软件外包还处在初级阶段,却已经出现了诸如运作不成熟、缺乏软件质量管理的经验等种种的劣势。这些现象必须引起我们的重视。

而同样是地处于亚洲的发展中国家,我国的国情与印度有着很多的相似之处,但是印度却在软件外包产业中大有作为,很快发展成世界级的软件外包生产中心。那么,我们的不足究竟在哪儿呢? 对这一问题,业内很多专家学者都在进行研究和探讨。有专家认为发展软件外包有四大短期内不可逾越的障碍:

(1)语言的先天不足

外包离不开交流,印度人的语言优势是毋庸置疑的,而在这方面,中国人就难免相形见绌了,毕竟英语不是我们的母语。

(2)不同的政治制度以及法制体系带来的心理阻隔

由于历史渊源,受英国政治传统影响深刻的印度与各国,与英联邦国家有着方方面面的密切联系,对国际政治、法律体系的充分理解使其在国际经济交往中游刃有余;加上与欧美国家拥有相近的法制系统和社会制度,印度在美国获得了更大的合作空间和信任,在一些涉及美国高新技术、国防军事等保密的大订单上更倾向于印度。

(3)教育体制乃至文化心理造成的人才差异

印度的教育部门较少受到官僚部门的制约和管理,是相对独立和多元化的,因而构造了一个十分完备且多元化的教育体系,能够很好地把高、中、低三个层次的人员结合起来;然而反观中国所谓科班出身的大学生们,眼高手低几乎成了他们的通病,并且在国内的教育环境下,学生们相互比较的是个人的能力,对团队台作的概念认知程度较差,也不太重视动手实践这一重要环节。

(4)中国外派人员很难获得签证

美国对中国的签证审查制度近年来日趋苛刻,中国人很难获取美国签证的事实,也让那些需要前往国外客户方工作的国内程序员不能及时到达,使得我们的软件企业常常无法按合同如期服务于美国企业,从而损失已得订单。

以上这些因素,与我国的政治经济历史文化等密切相关,要克服这些障碍,绝非一朝一夕所能达到。除此之外,软件行业还存在其他一些劣势。如,我国大多数软件企业标准化程度不高,软件开发质量管理体系欠缺。目前国内通过 ISO 9000 系列认证的软件企业为数不多,而通过国际软件业共同认定的 EICMM 系列认证的,则更是凤毛麟角。全球软件公司中能够获得 CMM 最高级别第 5 级认证的只有 7% 左右,到 2001 年已有的 58 家 CMM5 级企业中,中国只有 5 家软件企业位列其中,通过 CMM2 的中国企业也不过 50 家左右。

另一方面,由于存在一些急功近利的思想,我国各地方软件企业遍地开花,数量增长很快,但普遍"小、散、软",大多是小规模、作坊式的生产模式,无法形成规模,自然就缺乏竞争力。2005年第一份麦肯锡季度报告中指出,在中国有大约 8 000 家软件服务提供商,但是只有五家公司员工超过 2 000 名。因为没有规模,国内软件企业欠缺科学化的项目管理流程。因而造成了质量不稳定和成本的提高;因为没有规模,国内的小公司根本无力承接动辄需要几百人甚至上千人开发的大项目；因为没有规模，国内找不到真正意义上的出口龙头企业，软件出口联盟也就难见成效；因为没有规模，软件外包的行业整合度极低，无法形成纵向分工的产业特质。这导致了产品种类单一、低水平竞争和产品质量不高等问题，不利于软件公司的长期战略性发展。

再加上中国企业严重缺乏国际市场的开拓能力，各层次人才不均衡、管理水平低下；单个企业无明显的自身特色；企业之间的合作又仅仅处于自发阶段，不能形成集群优势。

这样，中国软件企业的国际竞争力就难以保证。

3.软件外包在我国的优势

尽管中国的软件产业面临着如此多的困难，但它同样也具有自己的优势。

（1）与国家的发展水平密切相关

软件产业的发展水平与国家的发展水平密切相关，软件要与产业密切结合才能得到发展。我国良好的政治经济环境以及优惠的政策为软件业的发展提供了很好的机会。《鼓励软件产业和集成电路产业发展的若干政策》（简称"18号文件"）中对软件产业大致有七个方面的扶持政策，其中包括人才、投融资、税收和进口等各方面优惠政策。中国软件行业协会提供的数据显示：自2000年6月24日18号文件正式发布以来，到2004年12月31日，根据18号文精神，累计退税达130亿人民币，国内软件企业实现销售额2 300亿人民币，出口达到26亿美元。

（2）在宏观层面上拥有持续性的优势

相对于印度，我们在更宏观的层面上拥有持续性的优势。虽然中国目前的软件行业总产值远小于印度，在软件开发管理等方面也存在诸多的不足，但是我们拥有世界上最大的市场和增长最快的国民经济，这将为软件产业的发展提供了强有力的支持。全国各地众多的基础设施（水、电、宽带网络等）齐备，适于投资的城市为国外企业提供了更多的选择空间。另外，我国在硬件及信息基础设施方面实力雄厚，这也为软件产业的发展奠定了良好的基础。由于国外软件大公司对于中国市场越来越感兴趣，必然要在国内设立研发机构，这样就能为中国培养一批有编写大型程序经验、有趣好沟通能力的软件人才。而我国高校培养出的正规软件人才，有着良好的计算机软硬件基础，在经过一段时间的锻炼之后，将逐渐成熟起来，成为我国软件产业中的支柱力量。因此，中国经济本身所散发出的吸引力和自身软件人才的不断成熟，为今后中国软件产业的发展创造了外在条件。

（3）低成本优势越来越明显

随着印度的外包成本的增加，中国越来越体现出了低成本的优势。虽然从战略发展上看，成本优势只是竞争战略的初级阶段，但是这一优势可以为我们争取几年的发展时间，为将来我们形成自己的竞争优势创造条件。

### 12.1.2 软件业务外包工具

软件外包过程支撑工具作为一种技术基础设施，能够很好地支持、管理并规范化软件外包过程。它的使用将使得外包过程的透明度好，实现资源和开发过程的记录、共享和公开，按照各个阶段的不同负责人实现责任到位、责任分立，使得能够真实有效地记录和实施外包过程。软件外包过程支撑工具的范围很广，包括一切有助于外包过程的资源，它将提供外包过程流程工具，为外包过程提供指导，使得软件企业有据可依，便于更有效地管理外包过程。其他工具的配套使用也将很好地有助于实施外包过程。

　　CMM 共包含 18 个关键过程域和很多关键实践。结合软件外包过程的特点和企业实践分析,本研究提取了七个基本的外包过程支撑工具。外包过程支撑工具的基本构成包括七个部分:软件过程流程工具、过程文档工具、评审工具、人员管理工具、配置管理、过程数据库以及培训。

　　(1)软件过程流程工具

　　一般是按软件外包的各个阶段来组织的,在各个阶段中划分活动,然后再划分为可操作的检查项,它的作用是要通过清晰地记录在实施外包过程中发生的所有活动及活动的执行者,来严格地管理外包过程。

　　(2)过程文档工具

　　过程文档工具是软件易于使用和维护的基础。过程文档工具为外包过程文档提供编写模板,保证软件企业外包各个阶段过程能够遵照一个标准化的文档编写规程,这样既使得编写文档者有章可循,降低编写难度,又便于使软件企业外包软件的各种文档有统一的格式。该工具还负责对文档进行管理。企业定制过程文档之后可以在该工具所提供的环境内编写、修改文档。

　　(3)评审工具

　　评审工具提供标准的评审规程,项目可以对之裁剪,最后形成外包项目的评审规程,软件人员可以使用它来进行评审并记录评审的情况。它要求外包过程的每个阶段和活动必须经过必要的评审步骤才能继续下一阶段和活动的工作,这样能保证每个阶段的质量。对各个阶段和活动质量的控制将有效地抑制问题在阶段和活动之间的传播。

　　(4)人员管理工具

　　人员管理工具的作用在于对实施外包过程的人员进行管理,包括分配不同阶段和活动的相关人员,明确其职责。当人员执行了某项活动之后,记录人员配置的相关信息,这样做的目的是明确各个阶段和活动的执行人和负责人,便于责任的分析和处理。

　　(5)软件配置管理(SCM)

　　软件配置管理主要是管理外包软件系统的配置变化。在项目进行中,外包业务的发展要经历很多状态,必须维护程序的状态信息才能正确地管理程序的发展。软件配置管理使整个外包软件产品演进过程处于一种可视状态。开发人员、测试人员、项目管理者和质量保证组可以方便地从软件配置管理中得到有用的信息。软件配置管理在外包过程中的目的是建立和维护整个软件外包过程中软件产品的完整性。具体地讲,实施软件配置管理应达到如下几个目标:

　　①软件配置管理活动是有计划的。

　　②选定的软件工作产品是已标识的、受控制的和适用的。

　　③已标识的软件工作产品的变更是受控的。

　　④受影响的组和个人得到软件基线的状态和内容的通知。软件配置管理的活动可以归结为配置识别、变更控制、配置状态统计和配置审核四个主要功能。

　　(6)过程数据库

　　记录(PDB)以往外包项目的经验和教训,存放从项目获得的过程数据和文档。这些数据可以为新的项目所使用,用于项目计划、估计、进度、质量分析、监控及其他方面。构成外包过程的基础,过程数据库涵盖了技术数据库和文档数据库,文档主要指配置管理类文档、人员管理类文档和评审类文档等。

　　(7)培训

　　培训是贯穿整个外包过程的重要因素。外包过程涉及不同的活动,需要不同人员参与合作,并要采用不同的过程工具和方法。因此,在活动进行之前,对过程人员进行相关的培训,是过程质量的重要保证。

过程支撑工具的相互关系如图 12-1 所示,过程流程工具是核心,它记录和管理外包过程中所实施的各项活动;过程文档工具对外包过程提供支持;评审工具评审并记录外包过程;人员管理工具对实施软件过程的人员的身份进行记录和处理;配置管理追踪记录各项活动;过程数据库以以往外包项目经验和教训对当前外包项目提供支持和指导;培训是过程人员素质和过程质量的重要保障。这七个工具是最基本的,从根本上保证了外包过程质量。当然还可以添加其他工具,其目的都是支持外包过程的规范化实施。

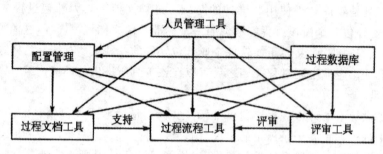

图 12-1　软件外包过程支撑工具关系图

### 12.1.3　软件外包过程

#### 1.软件外包决策过程

在软件外包过程中,"外包什么"是软件企业面临的最重要、也是最困难的决策之一。如果决策失误,损失的不仅是资金,更可能丧失软件企业的竞争优势和持续竞争能力。外包是影响公司发展的战略,而不仅仅是企业降低成本的战术。因此,在外包决策过程中,软件企业需要对待确定业务进行相关技术估计,构建外包决策模型,从而确定外包业务。另外,企业要制订软件外包计划和外包验收计划,为后续阶段过程做准备。软件外包决策过程的模型如图 12-2 所示。

（1）软件外包决策过程的输入

①来自先前阶段的输入。

在外包进行之前,软件企业通常已经完成了项目整体的系统和软件需求分析以及系统设计,并制定了软件项目开发计划。因此,从过程控制的角度看,外包决策过程的输入主要包括系统和软件需求说明书、软件项目开发计划以及软件标准和规程等。

系统和软件需求规格说明书是用户需求的总体体现,是软件开发的指导性文件,待外包模块的需求也包含在其中。系统需求规格说明书描述了软件系统的总体功能和性能需求,并对将要开发的软件系统的整体运行需求和与数据相关的规定给出了全面的要求,从中可以提取待外包模块的相关要求;软件需求规格说明书详细描述了项目各个模块的功能和性能需求。原则上讲,如果软件企业和分承包方合作开发的软件系统完全实现了软件需求规格说明书的要求,那么从产品本身来看,这个软件产品将是合格的产品。

软件项目开发计划是指软件企业管理软件项目的全面计划。该计划规定了整个软件体系的工作内容、资源需求与配置、项目预算以及项目具体的实施计划。该计划从总体上把握了整个软

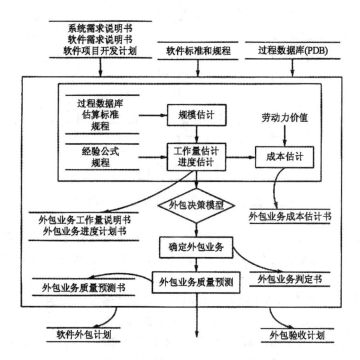

**图 12-2　软件外包决策过程模型**

件过程的人员、设备等资源的组织和使用,并严格规定了软件活动的时间进度,明确了交付期限。软件外包计划应以软件项目开发计划为依据和指南。

软件标准和规程包括技术标准和管理标准。技术标准主要指软件企业在软件生命周期过程和外包过程中采用的技术相关指南和规范,技术人员要以此为指导进行软件工作;管理标准和规程涉及软件工作组之间的管理和同行评审的协调等,它同样适用于外包过程。软件标准和规程是软件企业软件质量改进和提高的指南。

②来自过程数据库的输入。

过程数据库中包含了以往相似项目的经验和教训,提供了外包业务决策过程一切过程数据、工具和方法,以及外包决策过程中的技术估计方法、工具、人员配置和管理方法等。

(2)软件外包决策过程的主要活动

①外包决策过程活动分析。

外包决策过程最重要的活动就是外包业务的确定,即软件企业首先对软件项目进行相关的技术估计活动。在此基础上,软件企业分析自身软件过程能力,参考外包决策模型,判定业务是否需要外包。然后预测外包业务质量,并制订软件外包计划。

软件过程是不能孤立分割的,不同的阶段过程之间有着千丝万缕的联系。考虑到后面的阶段过程,软件企业在外包决策过程还要对待外包业务进行质量预测。质量预测和相关估计活动是未来对分承包方进行监控的基础。另外,企业还要制订软件验收计划,为后期的验收阶段做准备。

②软件外包业务相关估计活动。

首先,软件企业需要对业务模块进行一系列技术估计活动,这是外包央策过程的基础活动,包括软件外包业务规模估计、软件外包业务工作量估计、软件补包业务进度估计和软件外包业务成本估计。四个估计之间的关系,如图 12-3 所示。

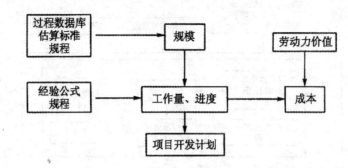

**图 12-3　规模、工作量、进度和成本预测关系图**

工作量估计是外包决策过程的重要活动,只有正确科学地对业务的工作量进行估计,后续工作才能进行。软件企业与分承包方之间的合同是依赖于成本、进度和工作量估计的。没有这些技术估计活动,后续阶段的工作很难进行。

在一个软件项目中,成本和用于编写软件所花费的工作量是成比例的。编写软件时,人力是最重要的消费因素。因此,成本通常用人月和人天来估计。使用对每单元工作量标准的换算率可以把估计的工作量转换为实际的成本。当然,这个换算率要考虑其他成本,如硬件和框架成本。业务进度估计是基于工作量估计的。完成了工作量估计,业务进度计划就容易安排了。没有好的工作量估计,为软件项目制订一个有效的计划是不可能的。

估计的基本活动是获得已在开发的软件的一些特征值为形式的输入,同时结合从过程数据库中提取的相似项目,完成估计活动。软件估算的步骤为:首先根据软件企业的过程数据库和规模估算标准,按照估算规程估算软件规模;然后以规模作为输入,代入经验公式,得到软件的工作量和进度估算,结果根据企业的实际情况进行调整,对结果的调整必须按照一定的规程和依据标准以及组织的经验数据库进行,调整后的结果就是对工作量和进度的估算;然后根据这些数值,决定人力的投入,以及项目的成本;最后这些数值为软件外包计划提供依据。

③外包业务的确定。

外包决策过程最重要的过程活动是外包业务的确定,前期的相关估计活动是围绕如何确定外包业务进行的,是确定外包业务的必要基础。

从时间维度来看,不同的外包决策会对软件企业产生短期、中期和长期影响。

·短期运作影响:包括外包对公司运作效率的影响;外包相对于内制节约成本的额度;外部分承包方相对于本企业内部完成有较高的生产率;分承包方提供服务的水平高低。

·中期战术影响:包括外包相对于内制对企业整体运作的影响程度;对于外包出去的模块,企业能够对其有效控制的程度;外包可以将本企业的经营风险转移给分承包方的程度,从而由双方共同负担风险。

·长期战略影响:外包对企业核心竞争力的影响程度;外包会使企业丧失学习提高的能力,并进而逐步丧失自身竞争力。

因此,我们可以构建软件外包决策时间维度模型,如图 12-4 所示。依据该模型,软件企业可以判断不同决策对企业的影响。

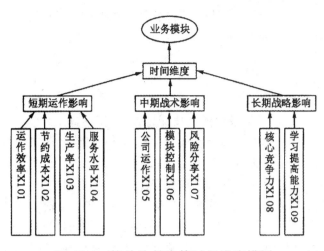

图 12-4　软件外包决策时间维度模型

④外包业务质量预测。

确定了外包业务后,软件企业需要对外包业务进行质量预测,这是为后续的监控过程和验收过程做准备的。

首先,过程数据库组从 PDB 中寻找以往相似成功项目,参考其制定的不同阶段和活动的质量目标及业务总体质量目标,以及在外包不同阶段企业使用的质量管理方法;然后结合当前外包业务的实际定量和定性特征,以 PDB 经验为参考,为当前外包业务设定阶段质量目标和总体质量目标。

质量管理的最终目标是实现量化质量控制。量化质量管理有两个关键方面:设定质量目标和量化管理软件过程,以便实现质量目标。量化的管理过程需要为项目中的不同阶段设定中间目标;如果在项目的实际执行中实现了这些中间目标,就可以实现质量目标。这些中间目标可以用于量化的监督项目的执行。

根据以上的分析,软件质量预测的方法与业务工作量和进度的估计十分相似。首先要为外包的软件设定质量目标,根据这个目标,估计出在项目各个阶段应该选择的参数及其值,即建立里程碑。在外包业务执行中,测量参数的实际值与预测级别进行比较,以确定外包业务是否沿着预期的道路运行,或是否需要采取一些行动来保证最终的软件具有预期的质量。

⑤外包验收计划的制订。

验收计划是软件企业进行接受验证的主要依据和指南,它也可能简化为检查步骤,用以证明交付产品符合要求。验收计划的制订要结合项目工作量估计、进度、成本估计和质量预测。首先定义验收门限,即只有满足某些条件时,分承包方的交付产品才能进入验收过程;测试检查点的设定,即软件企业进行验收的路径指南;最终接受准则的制订以及软件产品综合评审内容和准则的制订。

⑥软件外包计划的制订。

软件外包计划为软件外包过程和软件外包项目的管理提供了一个合理的基础和可行的工作计划,它是外包管理的基础。

软件外包计划是基于前期的技术活动的,它涵盖了工作量估计结果、进度安排和质量预测。另外,软件外包计划还涉及外包风险的管理。在外包过程中,软件企业可能会遭受一些风险,如分承包方进度受阻、人事变动、开发计划变更等,软件企业需要识别各类风险,对其进行控制。

(3)软件外包决策过程的输出

过程的输出与其过程活动相关,因此,软件外包决策过程的输出有:

①外包业务判定书:记录决策业务模块配置标识,阐述外包决策过程和决策模型,记录活动参与组及其作用,以及最终外包决策结果。

②外包业务工作量说明书:记录业务模块配置标识,阐述其工作量估计过程、方法、影响因素、参与组,论述整体工作量的估计,以及不同阶段和不同业务活动的工作量估计。

③外包业务进度计划书:记录业务模块配置标识,阐述其进度估计过程、方法、参与组,论述项目的整体进度安排,以及不同业务活动的进度安排。

④外包业务成本估计书:记录业务模块配置标识,详细阐述其估计过程、方法、影响因素、参与组,论述项目的整体成本估计,以及不同阶段和不同业务活动的成本分布和估计。

⑤外包业务质量预测书:记录业务模块配置标识,详细阐述其工作量、进度和成本估计结果,结合PDB中相似项目的质量预测和最终项目质量反馈结果,导出整体业务的质量预测,以及不同业务活动的质量预测。

⑥软件外包计划:从整体上宏观把握外包软件计划,内容涉及项目设计、问题跟踪、进度安排、成本估计、质量预测,在不同工程活动中的人员安排和相关职责,指明定期评审内容和评审周期、里程碑评审关键点。

⑦软件外包验收计划:软件企业的验收规则。

### 2.分承包方的选择和评价过程

在上一阶段软件外包决策过程中,软件企业完成了外包业务的相关技术估计活动,确定了需要外包的软件业务,并预测了外包业务的质量,制定了软件外包计划。接下来,软件企业就面对"外包给谁",即软件分承包方企业的选择和评价问题。能否选择一个优秀的分承包方将直接影响软件外包的成败。因此,分承包方的选择和评价过程是软件企业业务外包过程的重要阶段。分承包方的选择和评价过程的模型如图12-5所示。

(1)分承包方选择和评价过程的输入

①来自外包决策过程的输入。按照过程的观点,上一个过程的输出部分或全部输入到下一个过程。在此,外包决策过程的输出部分输入到分承包方选择和评价过程。来自外包决策过程的输入有:外包业务判定书;外包业务工作量说明书;外包业务进度计划书;外包业务成本估计书;外包业务质量预测书;软件外包计划。

②来自分承包方企业的外包业务竞标书。分承包方应严格按照软件企业质量要求,提交合格、详尽的竞标书。分承包方提交的竞标书的好坏,直接影响其竞标结果。

通常竞标书包括两个部分:技术部分和商业部分。技术部分基本描述与软件项目执行相关的事宜。竞标书的商业部分主要处理所有关于财务的事宜。分承包方应列出项目整体价格和具体业务价格明细表、付费进度。一般情况下,在每个关键点进行付费,或者按月付费。一部分费用可能要滞后到交货和安装,等到维护期结束后再付款。

③来自过程数据库的输入。PDB有软件企业合作伙伴的资料信息库,从中可以检查分承包方企业历史记录。企业管理者可以借鉴其信誉记录。结合业界背景资料进行评估判断。PDB记录了软件企业以往分承包方选择案例,企业可以从中寻找相似成功选择过程,研究其选择和评

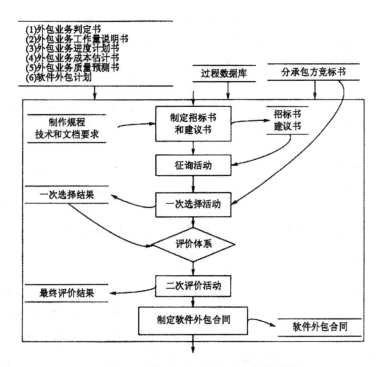

**图 12-5　分承包方选择评价过程模型**

估方法,为本次分承包方选择和评价过程提供指导。

(2)分承包方选择和评价过程的主要活动

①选择和评价过程活动分析。分承包方的选择和评价过程包含一系列活动。首先,软件企业要宣传待外包业务,向业界企业阐述业务规模、工作量、成本、进度和质量等要求,这要求企业设计有效的招标书和建议书,这是征询活动的重要内容。参与竞标的分承包方企业需要提交竞标书。软件企业通过评估竞标书,进行一次选择活动;在此基础上,软件企业构建二次评价体系,对分承包方企业进行系统的评价,这是分承包方选择和评价的关键阶段。通过二次评价,软件企业能够选择出适合的分承包方。最后,双方订立外包合同,明确双方的责任义务,完成选择过程。

②招标书和建议书的制定。招标书是软件企业宣传外包业务的文件,它向分承包方传达软件企业即将进行外包的项目,阐述外包项目的规模和成本等基本信息。建议书是比较重要的文件,它详细论述软件企业对分承包方的要求,指出对竞标书的要求。软件企业按照规程和文档要求,制定招标书和建议书。软件企业的建议书的好坏,会直接影响分承包方对外包业务的理解和竞标书的制定,并影响分承包方竞标策略。

③征询活动。分承包方选择和评价过程的第一步是征询过程。软件企业首先了解业界背景,寻找合格的分承包方,并列出征询名单;然后向征询名单内的企业发布外包业务招标书和建议书,再对响应者进行筛选。要使分承包方了解回应的最迟时间,以及回应的规则和形式。同时,软件企业根据响应的分承包方企业,确定双方合作关系。

④分承包方选择活动。分承包方二次评价活动:依据软件外包计划,软件企业分析分承包方竞标书,评估其完成外包业务的能力,内容涉及工作量评估、进度评估、成本评估等,以此作为分承包方一次选择的主要依据。

分承包方二次评价活动:二次评价活动是分承包方选择过程的核心活动。在该活动中,软件企业构建分承包方选择评价模型,最终评价选择出合适的分承包方企业。

⑤制定软件外包合同。软件企业与分承包方合作,商讨外包合同内容和条款。合同内容包括技术和商业两个部分。

⑥过程活动的参与组。分承包方的选择和评价过程需要 SEPG、软件质量组、过程数据库组、人员管理组和过程文档组共同参与。

(3)分承包方的选择和评价过程的输出

①分承包方选择和评价结果。包括过程参与组的记录;所有的参加竞标的软件分承包方的记录;评估所用的指标体系和模型;评估所用方法的记录;最终选择的分承包方企业记录。

②软件外包合同。由软件企业的 SEPG、软件质量组和分承包方外包管理人员共同协商外包合同条款,对合同草本进行评审和修订,最后确定正式软件业务外包合同。

### 3.对分承包方的管理和交流过程

在分承包方进行外包业务的工作过程中,软件企业需要对分承包方进行管理和交流,跟踪其软件开发过程的活动和缺陷,监督其工作量、进度和成本情况,确保双方软件质量信息的畅通。当分承包方软件过程出现质量偏差时,及时采取纠正措施,实现对分承包方软件过程的有效控制。这是保证外包软件质量的必然措施,其模型如图 12-6 所示。

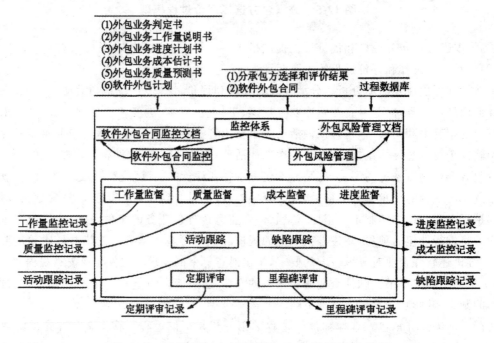

**图 12-6  对分承包方的管理和交流过程活动模型**

(1)对分承包方的管理和变流过程输入

①来自分承包方选择和评价过程的输入。包括分承包方选择和评价结果和软件外包合同。

②来自外包决策过程的输入。包括外包业务判定书;外包业务工作量说明书;外包业务进度计划书;外包业务成本估计书;外包业务质量预测书;软件外包计划。

③来自过程数据库的输入。从 PDB 中寻找以往相似的成功项目,提取项目监督和跟踪过程

的成功经验,监控工具和方法,项目评审规程,项目监控过程中的人员配置和管理方法。

(2)对分承包方的管理和交流过程活动

对分承包方的管理和交流过程,其实质就是监控和跟踪分承包方软件过程,保证分承包方软件过程稳定性,从而保证最终软件产品的质量。因此,软件企业就需要构建监控体系。监控体系是该过程的核心,一切监控和跟踪活动都是以体系为指导,并且为体系服务的。同时,对分承包方的监督和控制活动要严格按照软件外包合同和软件外包计划进行,这是监控体系的核心规程,一切监控活动都要以此为指导。

①监控体系。

监控体系是监控过程的规程和指南,它可以从整体上来监控分承包方开发过程和管理过程,保证双方软件质量信息的畅通,及时纠正理解偏差,保证分承包方软件过程稳定性,从而保证最终软件产品的质量。对分承包方的管理和交流活动都是依据监控体系的要求进行的,监控体系是该过程的核心。

②软件外包合同监控。

合同监控是指软件企业以外包合同为基准监控分承包方的过程活动。软件企业要足够深入地监控分承包方的活动,保证其活动被管理并与合同要求一致;软件企业和分承包方工程组保持不断的交流,双方共同认可并实施执行约定;所有关于合同的变更在合同生命期内得到管理。合同监控是其他监控和跟踪活动的基础。

③外包风险管理。

风险管理的目的是尽早识别风险,然后调整外包策略,提出风险管理方案。风险识别包括基于历史数据和估计决定风险对软件质量、运行、进度和成本的影响。分析风险对外包策略和实践的影响,如分析风险的起因和风险的影响,最后提出风险控制策略。风险管理是基于活动跟踪和监控以及评审的,如果在任何监控活动中发现异常情况,应立即采取措施,消除风险。

④工作量监督。

工作量是软件项目的一个最基本的参数,它直接决定项目的成本。所以工作量监督是一项关键活动。工作量监督的规程是软件外包合同和外包业务工作量估计书。分承包方企业定期向软件企业提交周活动报告,说明花费在各个任务上的工作量。同时,软件企业自行采集分承包方工作量数据,估计已完成的总工作量和不同模块的工作量,判断工作量是否符合要求。如果发现了偏差,双方应共同探讨原因,提出改进措施。

⑤进度监督。

进度监督要相对简单一些,因为进度是按照时间来划分阶段的,关于进度的信息相对容易采集。分承包方应按照合同进度安排,在特定的关键点和时间点向软件企业提交阶段进度报告和模块进度报告,阐述项目进展情况。软件企业结合外包业务进度计划书和软件外包合同,分析判断分承包方进度情况。如果发现了偏差,双方应共同探讨原因,提出改进措施。

⑥成本监督。

在分承包方进行软件过程中,软件企业要密切监督其业务成本。分承包方应按照合同安排,定期向软件企业提交阶段成本报告和模块成本报告,阐述项目开支情况。软件企业结合外包业务成本估计书和软件外包合同,分析判断分承包方成本情况。

⑦质量监督。

质量监督是保证外包软件质量的关键活动。分承包方企业定期向软件企业提交周活动报告,说明各个模块开发过程的质量情况和遇到的问题,以及解决方案。同时,软件企业到分承包方企业去采集质量数据,评估业务质量状况,对比外包业务质量预测书和软件外包合同,判断是否出现质量偏差情况。如果发现了偏差,双方应共同探讨原因,提出改进措施。

⑧活动跟踪。

针对不同的阶段和活动,SEPG 技术人员进驻分承包方企业,检查已计划好的任务的状态,并记录这个状态。定期(每周)举行会议,讨论项目的活动问题。

⑨缺陷跟踪。

缺陷信息在软件项目中起着非常重要的作用,缺陷和软件质量有直接关系。在 ISO 9001 标准中,缺陷跟踪是有明确要求的。缺陷是在项目的某些工作产品中发现的,其存在会给项目带来反作用。分承包方应按照缺陷的严重程度对缺陷进行分类,并且必须向软件企业提交严重的和主要的两类缺陷信息,并详细阐述相关的解决方法。这些信息对项目管理是非常重要的。软件企业结合 PDB 的历史数据和经验,对比外包业务质量预测书和软件外包合同,对当前项目质量进行分析。

⑩定期评审。

执行定期的状态或协调评审以监督分承包方在管理方面的能力,包括对照分承包方的开发计划,评审分承包方的技术、成本、人员配置和进度等性能;评审对项目至关重要的资源;跟踪分承包方的当前状态,并与分承包方开发机会中的估计进行比较;分析分承包方的 SEPG 和其他组之间的依赖关系和承诺;分析主承包方和分承包方之间的关键的依赖关系和承诺;分析不符合外包合同的问题;分析与分承包方有关的项目风险;分析不能由分承包方内部解决的矛盾;安排和评审措施条款,并跟踪到结束。评审依据为软件外包合同和软件外包计划。

⑪里程碑评审。

根据软件业务外包合同进行正式的工程项目评审,评价分承包方的软件工程任务完成的情况和结果。包括评审分析分承包方关于软件活动的承诺、计划和状态;评审阶段业务的工作量、进度、成本和质量;识别重大问题的措施和决策;分析软件风险;适时精炼分承包方的软件开发计划。评审依据为软件外包合同和软件外包计划。里程碑评审周期由软件企业和分承包方企业商讨安排,软件企业起主导作用。

(3)对分承包方的管理和交流过程输出

①软件外包合同监控文档。在合同监控过程中,会产生一系列中间文档,包括数据采集记录、模块标识记录、参与组记录文档、结果报告文档。

②外包风险管理文档。在风险管理过程中,会产生一系列中间文档,包括数据采集记录文档、模块标识记录文档、风险监控参与组记录文档、风险监控分析结果文档、风险控制措施文档。

③工作量监控记录。软件企业记录项目期内工作量监控的一系列周活动报告,报告应详细说明花费在各个任务上的工作量和业务整体工作量,分析项目的整体工作量情况,分析项目是否达到工作量估计,并分析相关原因。记录工作量监控的参与组、工具和方法。

④进度监控记录。记录分承包方项目整体进度,详细记录不同阶段和不同活动的进度,对比合同进度安排,分析进度偏差原因。记录进度监控中的参与组以及相关的工具和方法。

⑤质量监控记录。记录分承包方模块质量监控情况,对比外包业务质量预测书,分析质量偏差原因。记录质量监控中的参与组以及相关的工具和方法。

⑥成本监控记录。记录分承包方项目整体成本,详细记录不同阶段和不同活动的成本,对比

合同成本估计,分析成本偏差原因。记录成本监控中的参与组。

⑦活动跟踪记录。记录项目过程中所有工程活动的状态变化,分析活动偏差的原因。记录参与组、监控工具和方法。

⑧缺陷跟踪记录。记录缺陷,按照缺陷的严重程度对缺陷进行分类,详细记录分承包方提交的严重的和主要的两类缺陷信息,并详细记录其解决方法。记录在缺陷生命周期内任何对缺陷进行分析修改的操作和规范、参与的人员、所用工具等。

⑨定期评审记录。记录分承包方的技术、成本、人员配置和进度等,记录分承包方的资源配置,记录分析不符合外包合同的问题;记录过程中的项目风险;记录分析不能由分承包方内部解决的矛盾和相关的评审措施条款。记录定期评审中的主要过程活动、参与组以及评审工具和方法。

⑩里程碑评审记录。记录分承包方关于软件活动的承诺、计划和状态;记录分承包方识别重大问题的措施和决策;记录软件风险,记录精炼分承包方软件开发计划的过程、相关工具和参与人员。记录里程碑评审中的主要过程活动、参与组以及相关的工具和方法。

**4. 软件外包验收过程**

验收过程是外包过程的最后一环,也是关键的一环。该阶段过程将验收分承包方提交的软件产品,并决定是否接受该产品。因此,软件企业需要构建验收体系,对分承包方软件产品进行综合评审和功能测试,判定产品质量。考虑到未来的外包项目,软件企业还要对分承包方进行综合评审,其模型如图 12-7 所示。

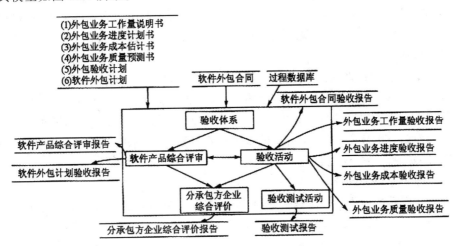

图 12-7　软件外包验收过程模型

(1)软件外包验收过程的输入

①来自先前过程的输入。

来自决策过程,包括外包业务工作量说明书;外包业务进度计划书;外包业务成本估计书;外包业务质量预测书;外包验收计划;软件外包计划。

来自分承包方的选择和评价过程,如软件外包合同。

②来自过程数据库的输入。

从过程数据库中寻找以往相似的成功项目,借鉴项目验收过程的验收体系、验收工具和方法,为当前项目的验收提供指导。

(2)软件外包验收过程的主要活动

①验收过程主要活动分析。

验收过程首先要构建验收体系,验收体系是验收过程活动的基础和指南,验收过程的一切活动都是构建在验收体系的基础上的。它主要包括软件产品综合评审、功能测试活动。另外,考虑到未来的外包业务,需要对分承包方软件过程能力进行最终综合评价。

②构建验收体系。

验收是一个特殊的检查点,是软件产品交付前的最后一次检查,主要从最终使用和系统集成的角度对软件产品进行评审。验收的目的是向用户证明软件产品是可靠的,并且与整个软件系统能够很好地集成兼容。因此,验收必须在满足用户要求的条件下进行,必须有用户或用户代表参加;在正常的运行条件下进行,必须有用户或用户代表参加;在正常的运行条件下进行软件产品的安装、运行,以确定该软件产品是否符合用户的要求。

③软件产品综合评审。

软件产品交付前,软件企业对分承包方软件产品从开发阶段开始到完成验收测试的各个环节的工作、相关技术和管理文件、各阶段的评审记录和可靠性测试结论等进行全面的复查,对软件的可靠性是否全面实现需求定义、满足用户和系统要求作出综合评价。评价的度量方法和验收准则在外包合同中规定。评价结论将作为最后验收软件的依据。

④验收活动。

软件企业依据软件外包合同和外包验收计划,对分承包方提交的软件产品进验收,内容包括:工作量验收;进度核实;成本验收;软件质量测试。针对不同阶段和业务活动,严格审查,对比实际结果和当初估计,如果出现问题,积极分析偏差原因,寻求解决方案。

⑤验收测试活动。

验收测试是技术类活动,主要是指功能测试。功能测试是在分承包方软件投入运行前,对软件需求分析、设计规格说明和编码的最终复审,是质量保证的关键步骤。可以这样说,功能测试是为了发现错误而执行程序的过程。或者说,功能测试是根据软件开发各阶段的规格说明和程序的内部结构而精心设计一批测试用例(即输入数据及预期的输出结果),并利用这些测试用例去运行程序,以发现程序错误的过程。

⑥分承包方企业综合评价。

在完成软件产品的验收和评审以后,软件企业需要对分承包方企业的外包过程和外包能力进行综合评价。评价过程要综合分承包方选择和评价系列记录、分承包方跟踪和监控记录,结合外包业务工作量、质量、进度和成本验收报告,采用一定的工具和方法,对分承包方进行综合评价。评价方法和组织过程可以参考过程数据库中成功的相似案例,评价结果入库,对未来进行指导。

(3)软件外包验收过程的输出

①软件外包合同验收报告。

结合软件外包合同条款,对分承包方提交的产品进行技术分析和商务分析,将分析结果与外包合同比较,评价比较结果,分析偏差原因,最后给出技术验收报告和商务验收报告。

②外包业务工作量验收报告。

依据外包业务工作量说明书,结合 PDB 的成功经验,详细阐述分承包方提交软件的整体工作量、不同阶段和业务活动的工作量,分析实际工作量和估计工作量的偏差原因,给出外包业务工作量最后验收结果,并给出最后评分。

③外包业务进度验收报告。

依据外包业务进度计划书,结合 PDB 的成功经验,详细阐述分承包方提交软件的整体进度、不同阶段和业务活动的进度,分析实际进度和估计进度的偏差原因,给出外包业务进度最后验收结果,并给出最后评分。

④外包业务成本验收报告。

依据外包业务成本估计书,结合 PDB 的成功经验,详细阐述分承包方提交软件的整体成本、不同阶段和业务活动的成本,分析实际成本和估计成本的偏差原因,给出外包业务成本最后验收结果,并给出最后评分。

⑤外包业务质量验收报告。

依据外包业务质量预测书,结合 PDB 的成功经验,详细阐述分承包方提交软件的整体质量、不同阶段和业务活动的质量,分析实际质量和估计质量的偏差原因,给出外包业务质量最后验收结果,并给出最后评分。

⑥验收测试报告。

依据外包验收计划书,结合 PDB 的成功经验,选择测试模块,安装验收测试步骤,设计测试用例,选择测试方法,评估测试结果。分析实际质量和估计质量的偏差原因,提出反馈措施。给出测试用例报告、测试结果报告,并给出最后评分。

⑦软件外包计划验收报告。

依据软件外包计划书,结合 PDB 的成功经验,详细阐述分承包方提交软件的开发计划、不同阶段和业务活动的开发计划,分析实际计划和估计计划的偏差原因,给出外包业务开发计划的最后验收结果,并给出最后评分。

⑧软件产品综合评审报告。

由评审专家小组为主,结合 PDB 的成功经验。评审分承包方从开发阶段开始到完成验收测试的各个环节的工作、相关技术和管理文件,各阶段的评审记录和可靠性验收测试结论等,寻找软件产品任何软件功能、逻辑或实现方面的错误,分析评审结果,并给出最后评分。

⑨分承包方企业综合评价报告。

综合分承包方选择和评价系列记录、分承包方跟踪和监控记录,结合外包业务工作量、质量、进度和成本验收报告,采用一定的方法,对分承包方进行综合评价。评价方法和组织过程可以参考过程数据库中成功相似案例,评价结果入库,对未来进行指导。评价报告包括以下四个部分:

- 分承包方外包管理能力评价报告。
- 分承包方软件过程能力评价报告。
- 分承包方外包业务质量综合评价报告。
- 分承包方信誉评价报告。

### 12.1.4　软件外包品质保证体系

1. 外包品质保证体系的结构

外包品质保证体系结构如图 12-8 所示。

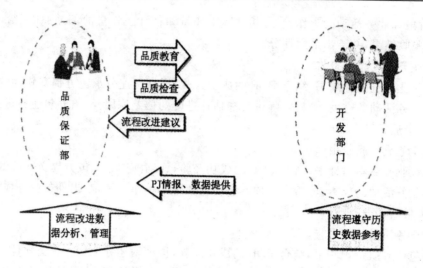

**图 12-8　外包品质保证体系结构**

品质保证体系以品质管理标准和其他相关标准为基础,所有项目都根据这些标准要求来开展,在实际的项目开展过程中还是难免会出现各种各样的问题。针对这些问题,由品质保证部主要通过两方面的途径来解决:品质教育和品质检查。在标准改版后,会对相关人员进行教育,确保相关人员充分了解标准的内容。项目进行中,根据项目情况对项目的进展情况进行检查,以确保项目根据标准来开展。同时,项目组将给品质保证部提供项目情报、品质数据以及标准执行的建议。

以品质保证部为责任部门进行项目数据收集、分析,并把数据保存到企业财产数据库进行管理。这些数据将反馈给项目组以供参考,同时也对标准的改进提供反馈。

2.品质保证体系的特点

品质保证体系有着比较鲜明的特点,正是因为这些特点,使得它能够得以全面的实施,不断的完善,达到良好的效果。

(1)高层重视,自上而下,先固化后优化

对方针的具体解释中有这样一句话:提高质量就是提高效率,保证质量就是保证效益。在"品质保证体系"建立初期,为了保证实施的效果,一般由董事长亲自兼任品质保证部的部长。

"品质保证体系"的实施是自上而下实行的,每个项目都需要无条件的严格执行。这样就确保了所有项目管理的一致化和透明化。比如:任何一个项目的 VSS 管理都是一致的,文件命名的方法也是相同的,当项目有人员变化或新项目开始时,大家都不会对新项目的管理方式感到陌生,无形中提高了整个企业项目管理的效率。慢慢地大家都习惯于这样的管理方法,把这种管理方法已经固化在员工的思想中了。

当然,让每个项目实行同样的项目管理流程也会对比较特殊的项目带来管理上的不便。解决办法是实施裁减方案,也就是说,特殊的项目可以根据裁减指南对"品质保证体系"的内容进行裁减,得出适合本项目的管理方法。同时,在全体员工的努力下,企业的"品质保证体系"也在不断地被完善和优化,它将给我们的项目管理提供越来越多的指导。

(2)品质保证部的第三方角色

品质保证部从管理上不从属于开发部门,独立地对项目实施状况进行检查和监督。通过表

12-1 所示的方式客观地报告项目状况。

表 12-1　品质保证部的第三方角色

| 报告对象 | 报告名称 |
|---|---|
| 总经理 | PJ 警报 |
| 开发部长 | 品质检查报 |
| 项目经理 | 指摘事项管理表(SQA) |

### 3.外包品质保证体系的运作方式

下面让我们看看"品质保证体系"在项目中的运作方式,如图 12-9 所示。

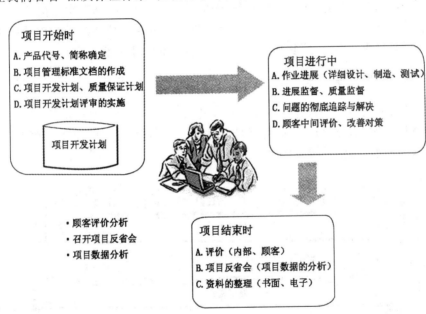

图 12-9　品质体系在项目中的运作方式

(1)项目开始时

首先由品质保证部给新的项目发行"制番"(项目的代号)和略称。然后由项目组做成项目管理的标准目录,完成项目开发计划。最后,由部长、项目经理、SQA 等相关人员对项目开发计划进行评审。

(2)项目进行中

项目组根据项目计划开展作业。品质保证部 SQA 人员对项目的进度和品质状况进行检查和监督,当有问题时提出并彻底地跟踪。在过程中,向客户请求中间评价,反馈给项目组。

(3)项目结束时

项目组要向客户请求顾客评价,对项目过程和结果进行反省,并总结和提供项目的品质数据。最后,还要对项目资料进行整理,提供给品质保证部归档保存,品质保证部 SQA 人员将项目提供的数据收集、整理到公司的财产数据库中,以提供新的项目参考。

## 12.2 净室软件工程

净室软件工程(Clean Room Software Engineering,CRSE)是一种在软件开发过程中强调建立正确性需求以代替传统的分析、设计、编码、测试和调试周期的软件工程方法。CRSE 实质上是这样一个过程模型,在代码增量积聚到系统的同时进行代码增量的统计质量验证。采用 CRSE 方法使我们在软件开发过程中,在产生严重的错误之前将其消除在萌芽状态。

净室基础理论建立于 20 世纪 70 年代末 80 年代初。资深数学家和 IBM 客座科学家 Harlan Mills 阐述了将数学、统计学及工程学上的基本概念应用到软件工程领域的设想,从而为 CRSE 方法学奠定了科学基础。CRSE 综合了 Dijkstra 的结构化编程、Wirth 的逐步求精法以及 Pamas 模块化程序设计的某些思想。净室软件工程遵循的基本原则是:在第一次正确地书写代码增量并在测试以前验证它们的正确性,借此来避免对高成本的软件维护及纠错过程的依赖。其过程模型是在代码增量聚集到系统过程的同时进行代码增量的统计质量检验。

### 12.2.1 净室开发过程

净室方法实质上是增量式软件过程模型的一个变种。一个"软件增量的流水线"由若干小的、独立的软件团队开发。每当一个软件增量通过认证,它就被集成到整体系统中。因此,系统的功能随时间而增加。净室过程模型如图 12-10 所示。

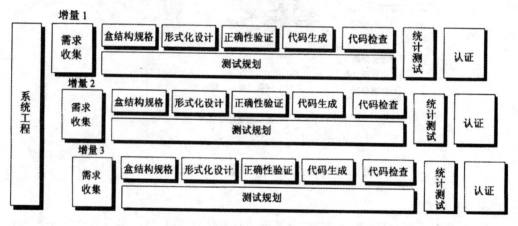

**图 12-10 净室过程模型**

净室方法使用增量软件模型,每个软件增量通过以下的 9 个净室开发阶段来实现。

1.增量策划

制定一个采用增量策略的项目计划,确定每个增量的功能、预计规模以及净室开发进度表。

2.需求收集

为每个增量编制一个更为详细的客户级需求描述。

3. 盒结构规格说明

使用盒式结构的规格说明来进行分析和设计建模。一个"盒结构"或称"盒子"在某个细节层次上封装系统。通过逐步求精的过程,盒子被细化为层次,其中每个盒子具有引用的透明性。这使得分析员能够分层次地划分一个系统,从顶层的本质表示开始转向底层的特定实现细节中,从而进行形式化设计。

4. 形式化设计

通过使用盒结构方法,净室设计就成为规格说明的自然、无缝的扩展。虽然可以清楚地区分两个活动,但是对规格说明(称为"黑盒")在一个增量内进行迭代求精仍然类似于体系结构设计和构件级设计(分别称为"状态盒"和"清晰盒")。黑盒刻画系统行为或系统部件的行为,状态盒以类似于对象的方式封装状态数据和操作,清晰盒包含了对状态盒的过程设计。

5. 正确性验证

通过使用盒结构的规格说明进行分析和设计建模,CRSE 强调将正确性验证(而不是测试)作为发现和消除错误的主要机制。净室团队对设计及代码进行一系列严格的正确性验证活动。验证从最高层次的盒结构(即规格说明)开始,然后移向设计细节和代码。正确性验证的第一层次通过应用一组"基准问题"来进行,如果这些不能证明规格说明的正确性,则使用更形式化的数学验证手段。

6. 代码生成、检查和验证

首先,将某种专门语言表示的盒结构规格说明翻译为适当的程序设计语言。其次,使用标准的查找技术来保证代码和盒结构语义的相符性以及代码语法的正确性。最后,对源代码进行正确性验证。CRSE 的真正特性是对软件工程模型运用了形式化的验证手段。

7. 统计测试的规划

分析软件的预计使用情况,规划并设计一组测试用例,以测试使用情况的"概率分布"。

8. 使用统计测试

由于对软件进行穷举测试是不可能的,因此,要设计有限数量的测试用例。使用统计技术执行由统计样本获得的概率分布而来导出的一系列测试。这里的统计样本是从来自目标人群的所有用户对程序的所有可能执行中抽取的。

9. 认证

一旦完成验证、检查和使用测试,并且纠正了所有的错误,则开始对过程增量进行集成前的认证工作。

## 12.2.2　功能规格说明

通过使用盒结构规格说明方法,净室软件工程遵从操作分析的原则。一个"盒"在某个细节层次上封装了系统(或系统的某些方面)。通过逐步求精的过程,盒被精化为层次,其中每个盒具有引用透明性,即"每个盒规格说明的信息内容足以定义其细化信息,不需要以来任何其他盒的实现"。这使得分析员能够按层次划分系统——从顶层的基本表示到底层实现的特定细节。盒有3种类型,即黑盒、明盒和状态盒。

### 1.黑盒

黑盒刻画系统行为或系统部件的行为,根据一组规则对特定事件作出某种反应,可表示系统或系统某部分。黑盒规约表示了对触发和反应的抽象,如图12-11所示。输入(触发)S的序列$S^*$,通过函数f变换为输出(反应)R。

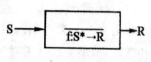

图 12-11　黑盒规格说明

对简单的软件部件而言,f可以是一个数学函数,但一般情况下并非数学函数,这时就需要通过形式化语言来描述。黑盒封装数据及操作,与类的层次一样,黑盒规约可以分层展示,其中低层盒继承其上层盒的属性。

### 2.状态盒

状态盒是状态机的一种简单通用化,它以类似于对象的方式封装状态数据和操作,即通过盒式规约表示输入、输出和黑盒的历史变化状态数据。状态是某种可观测到的系统行为模式,当进行处理时,一个系统对事件(触发)作出反应从当前状态转变到新状态,当转变进行时,可能发生某个动作。状态盒使用数据抽象来确定这种状态的转变及转变产生的动作(反应)。状态盒可与黑盒结合使用,外部的输入(激发)S与内部系统状态T共同作用于黑盒,结果输出R、T,如图12-12所示。

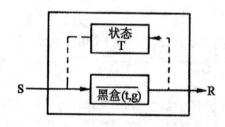

图 12-12　状态盒规格说明

状态盒可用数学描述如下:

$$g:S*\times T*\to R\times T$$

这里g是和特定状态t连接的子函数。当整体地考虑时,状态函数对(t,g)定义了黑盒函数。

### 3.明盒

明盒(又译清晰盒)定义了状态盒的过程结构,原状态盒中的子函数由结构化编程所替代。

例如,当图 12-12 黑盒中的 g 被细化为一个选择结构时,就成为如图 12-13 所示的明盒。明盒可以进一步细化为更低层的明盒,在细化的同时,也对盒规约的正确性进行形式化验证。

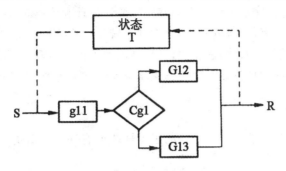

**图 12-13　明盒规格说明**

### 12.2.3　净室设计

净室软件工程中使用的设计方法主要运用结构化程序设计的原理。但是,在这里结构化程序设计被应用得更严格。

对基本的处理函数(在规格说明的早期求精中描述)进行求精,其方法是"将数学函数逐步扩展为逻辑连接词和子函数构成的结构,这种扩展一直进行下去,直到有标识出来的子函数可以用程序设计语言直接表达实现"。

使用结构化程序设计方法对函数进行求精很有效,但是,对数据设计如何呢? 这里,可以使用一组基本的设计概念,程序数据被封装为由子函数提供服务的一组抽象。使用数据封装、信息隐蔽和数据类型概念进行数据设计。

#### 1.设计的精化和验证

净室设计主要使用自顶向下、逐步细化的结构化方法,由顶层的盒逐步细化到底层的盒。在细化过程中,盒中函数表示为逻辑连接词(如,if—then—else)和子函数构成的结构,这样不断地细化下去,直至所有标识出来的子函数可以用程序设计语言直接表示。对于数据则通过数据封装、信息隐蔽等手段封装为一组由子函数提供服务的抽象体,同时还要把一组通用的正确性条件附加到结构化程序设计上,每精化一步,也同时进行正确性验证。验证状态盒规约时要验证每个规约与其父辈黑盒规约定义的行为相一致;对清晰盒规约的验证也要保证与其父辈状态盒一致。验证由整个净室团队参与,这样可使实施验证本身所产生错误的可能性更小。例如,如果函数 f 为被精化为 g 和 h 两个依次顺序执行的子函数,则对 f 的所有输入其正确性验证条件是:执行 g 以后再执行 h,能全部完成且仅完成 f 的所有功能吗?

如果一个函数 p 被精化为 if<c>then q else r 的条件形式,则对 p 的所有输入其正确性验证条件如下:

①当条件<c>为真时,q 能全部完成且仅完成 p 的功能吗?

②一旦条件<c>为假,r 能全部完成且仅完成 p 的功能吗?

如果一个函数 m 被精化为循环,则对 m 的所有输入其正确性条件如下:

①循环能保证正常结束吗?

②退出循环以后能全部完成且仅完成 m 的功能吗?

由于结构化编程仅限定为 3 种基本结构,所以正确性验证是有限的,即使程序有无限的执行路径,也可以在有限步骤内完成验证。在净室团队验证设计和代码时,团队全体认同会使得生产的软件几乎没有或根本没有任何缺陷。每个软件系统无论多大均可精化为更小的子系统,其中高层的正确性验证与低层的验证方法相同,虽然高层的验证可能需要更多的时间,但并不需要更多的理论。基于函数验证的理论使得净室方法比单元测试更有效、更快捷。

2.设计验证的优点

对清晰盒设计的每一步求精进行严格的正确性验证有许多显著的优点,Linger 对这些优点分析如下。

①它将验证简化为一个有限的过程。在清晰盒中,以嵌套的、顺序的方式组织控制结构,这就自然地定义了一个层次,该层次显示了必须被验证的正确性条件。在子证明的层次结构中,"替代公理"允许我们将指定的函数用其控制结构的细化来替换。例如,在图 12-14 中的指定函数 f1 的子证明需要证明:操作 g1、g2 与指定函数 f2 的组合对数据的操作效果与 f1 相同。注意,f2 代替了在证明中对它求精的所有细节。这一替代的证明参数对当前的控制结构而言是局部的。事实上,软件工程师可以以任意顺序执行证明。

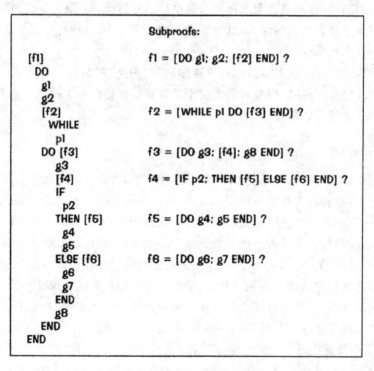

图 12-14　带有子证明的设计

②再怎么强调将验证简化为有限过程对质量产生的正面效果都不过分。除了那些最微不足道的程序,即使所有程序都具有无限数目的可执行路径,也可以在有限步骤内对它们进行验证。

③它使得净室团队验证设计和代码的每一行。在正确性定理的基础上,团队可以通过小组分析和讨论来执行验证,并且对于一些生命关键或任务关键的系统,有时需要向用户提供额外的

信心,此时可用该技术生成书面的证明。

④它达到几乎零缺陷的水平。在团队的评审过程中,每个控制结构的每个正确性条件被依次验证。每个团队成员必须就每个条件都是正确的达成共识,这样只有团队的每个成员均未能正确地验证某条件时,才有可能出现错误。基于个体验证取得无异议的全体认同,这一要求使得生产的软件在其第一次运行前几乎没有或根本没有缺陷。

⑤它具有可伸缩性。每个软件系统,不管有多大,均具有顶层的由顺序、选择和循环结构构成的清晰盒过程。通常每个过程均调用一个有数千行代码的大的子系统,并且每个子系统也具有自己的顶层的指定函数和过程。所以,这些高层控制结构的正确性条件的验证方法与低层结构的相同。高层的验证可能需要更多的时间(这是值得的),但它不需要更多的理论。

⑥它产生出比采用单元测试更好的代码。单元测试仅仅检查从很多可能的路径中选出的测试路径的执行效果。基于函数验证的理论,净室方法可以验证所有数据的每个可能的结果,因为虽然一个程序可能有很多可执行路径,但它只有一个函数。验证也比单元测试更有效,可以在几分钟之内检查大多数验证条件,但单元测试要花费大量时间去准备、执行和检查。值得注意的是,设计验证最终必须应用到源代码本身,此时,通常将其称为正确性验证。

### 12.2.4　净室测试

计算机程序的用户没有必要去了解设计的技术细节。程序用户可见的行为通常是由用户产生的输入和事件所驱动的。但是,在复杂系统中,输入和事件的范围是非常广泛的。什么样的用例子集能够充分验证程序的行为?这是统计使用测试关注的第一个问题。

净室通过测试用例的统计样本来验证其是否满足软件需求。测试前,先分析软件每个增量的规约(黑盒),定义一组导致软件改变其行为的触发(输入或事件),通过和用户交流、建立使用场景和对应用领域的总体了解,为每个触发赋予一个使用概率,再按照使用的概率分布为每个触发集合生成测试用例集。例如,使用净室软件工程体系开发了一个软件增量,已经标识出如表12-2所示的5个触发,通过分析,得到了每个触发的概率。为了更简单地选择测试用例,这些概率被映射到1~99的数字区间。

**表 12-2　程序的触发及其概率分布示例**

| 触发名称 | 概率(%) | 区　　间 |
|---|---|---|
| A | 50 | 1~49 |
| Z | 15 | 50~64 |
| Q | 15 | 65~79 |
| T | 15 | 80~94 |
| P | 5 | 95~99 |

为了得到符合使用概率分布的测试用例序列,在1~99间生成一系列的随机数,假定生成了下面的随机数序列:

13—94—22—24—45—56
81—19—31—69—45—9
38—21—52—84—86—97

根据表 12-2 可以得到下面的测试用例：

A—T—A—A—A—Z

T—A—A—Q—A—A

A—A—Z—T—T—P

测试小组执行上面的测试用例,再根据系统规约来验证软件行为,记录测试时间及测试间隔时间,利用间隔时间,认证小组可以计算出平均失效时间 MTTF。如果一个长的测试序列测试正常,则可判定软件的 MTTF 较低,可靠性较高。

### 12.2.5 净室认证

在净室软件工程体系中,所谓认证是指通过使用平均失效时间 MTTF 来度量软件构件和完整增量的可靠性。

可认证的软件构件的潜在影响远远超出了单个净室项目的范围,可复用的软件构件可以和它们的使用场景、程序触发以及概率分布一起存储。在描述的使用场景和测试体系下,每个构件都具有一个经过认证的可靠性。对于那些希望使用这些构件的人来说,这些信息是十分宝贵的。

认证方法包括 5 个步骤：

①必须创建使用场景。

②说明使用概貌。

③从使用概貌中生成测试用例。

④执行测试,记录并分析失效数据。

⑤计算并认证可靠性。

净室软件工程的认证需要创建 3 个模型。

①取样模型。软件测试执行 m 个随机测试用例,如果没有错误发生或只有少于指定数量的错误发生,则通过认证。

②构件模型。对由 n 个构件组成的系统进行认证,构件模型使得分析员能够确定构件 i 在完成前失效的概率。

③认证模型。设计并认证系统的整体可靠性。

通过使用上面 3 个模型对测试结果进行计算,净室认证小组就得到了交付软件所需的信息,包括认证所需的 MTTF。基于使用模型的统计测试和认证提供了软件产品和过程质量的度量标准,由于使用模型是基于规范而不是基于代码的,因此,该方法能够在工程早期阶段应用,因而更有价值。

## 12.3 敏捷软件开发管理

在软件开发过程中,团队成员经常面对快速变化带来的挑战,并被不断膨胀的、繁杂无用的步骤、规则和文档所困扰。针对这些情况,一些专家通过研究揭示出软件工程具有某些反传统工程学的特征和规律;一些专家结成敏捷联盟发表异于传统开发方法的敏捷宣言;一些专家从实践经验中概括出敏捷过程、技术和方法。于是,在世界范围内自发地形成了一套以"敏捷"为特征的软件工程体系。敏捷软件工程体系精简了软件开发环节和产物,直奔软件开发的主题,具有快速响应变化的能力,可以让软件开发团队摆脱上述种种困扰。该体系的亮点主要有:敏捷宣言

（Agile Manifesto，AM）、敏捷原则（Agile Principles，AP）、敏捷过程（Agile Process，AP）、敏捷团队（Agile Teams，AT）、敏捷建模（Agile Modeling，AM）、特征驱动软件开发（Feature Driven Development，FDD）、自适应软件开发（Adaptive Software Development，ASD）和极限编程技术（eXtreme Programming，XP）等。

### 12.3.1　敏捷软件开发概述

敏捷可以看做是对变化中的和不确定的周边环境所作出的一种适时反应。对于软件业来说，变化和不确定性是最令人烦恼的词汇。软件工程自诞生以来，一直试图通过技术和管理手段来降低软件项目的不确定性。人们先后发明了结构化程序设计方法、面向对象的方法学以及 CMM/CMMI 模型等。这些新的技术和方法确实有助于化解"软件危机"所带来的负面效应，也促进了软件业的发展。然而，软件开发越来越复杂，越来越庞大，这些传统的重量级（heavy weight）方法的副作用，如组织臃肿、办事低效、官僚主义等也越来越明显。

相对于重量级方法，软件业一直存在另一种声音，那就是轻量级（light weight）方法，其目标是以较小的代价获得与重量级相当的效果。最负盛名的轻量级方法是所谓的极限编程 XP。XP 是 Extreme Programming 的缩写，从字面上可以译为极端编程或极限编程。但 XP 并不仅仅是一种编程方法，也不是照中文字面理解的那种不可理喻的"极端"化做法。实际上，XP 是一种审慎的（deliberate）、有纪律（disciplined）的软件生产方法。XP 植根于 20 世纪 80 年代后期的 Smalltalk 社区。90 年代，Kent Beck 和 Ward Cunningham 把他们使用 Smalltalk 开发软件的项目经验进行了总结和扩展，逐步形成了一种强调适应性和以人为导向的软件开发方法。

### 12.3.2　敏捷软件开发原则

敏捷软件开发（Agile software Development Methods，ASDM）不是一个具体的过程，而是一个涵盖性术语。ASDM 用于概括具有类似基础的软件开发方式和方法，其中包括极限编程 XP、自适应软件开发、水晶方法族、动态系统开发方法、特征驱动的开发以及 SCRUM 等方法。敏捷开发团队及其成员必须具备下列特点：基本的软件相关技能；对所选敏捷过程的全局知识；共同目标；精诚合作；对不确定问题的决断能力；相互信任和尊重；自我组织能力。为了支持软件开发团体实施敏捷开发方法，敏捷联盟提出了"四个价值观"和"十二个指导原则"。

ASDM 方法的四个价值观如下：

①人及其相互作用要比过程和工具更值得关注。

②可运行的软件要比无所不及的各类文档更值得关注。

③与客户合作要比合同谈判更值得关注。

④响应需求变化要比按计划行事更值得关注。

敏捷软件工程体系的核心思想可以用敏捷联盟的敏捷宣言来概括。敏捷宣言宣称：个体和交互胜过过程和工具；可以工作的软件胜过面面俱到的文档；客户合作胜过合同谈判；响应变化胜过遵循计划。

敏捷联盟还定义了如下的 12 条敏捷原则。

①我们最优先要做的是通过尽早的、持续的交付有价值的软件来使客户满意。

②即使到了开发的后期，也欢迎改变需求。敏捷过程利用变化来为客户创造竞争优势。

③经常性地交付可以工作的软件，交付的间隔可以从几个星期到几个月，交付的时间间隔越

短越好。

④在整个项目开发期间,业务人员和开发人员必须天天在一起工作。

⑤围绕被激励起来的个体来构建项目,给他们提供所需的环境和支持,并且信任他们能够完成工作。

⑥在团队内部,最有效果和效率的传递信息方法就是面对面的交谈。

⑦工作的软件是首要的进度度量标准。

⑧敏捷过程提倡可持续的开发速度。负责人、开发者和用户应该能够保持一个长期的、恒定的开发速度。

⑨不断地关注优秀的技能和好的设计会增强敏捷能力。

⑩简单——只做必须的,这是艺术。

⑪最好的构架、需求和设计出于自组织团队。

⑫团队会不定期地进行反省和调整,以求更有效地工作。

此外,敏捷方法实施中一般采用面向对象技术或其他接口定义良好的开发技术。另外,它还强调在开发中要有足够的工具,如配置管理工具、建模工具等的支持。

### 12.3.3 敏捷过程模型

敏捷过程模型是一个渐进型开发过程,它将开发阶段的 4 个活动分析、设计、编码和测试结合在一起,消除了软件过程中不必要的步骤和提交物,在全过程中采用迭代增量开发、反馈修正和反复测试的策略。敏捷软件开发生存周期划分为用户故事、体系结构、发布计划、交互、接受测试和小型发布 6 个阶段,其中"用户故事"代替了传统模型中的需求分析,由用户用自己领域中的词汇准确地表达自己的需求而无须考虑任何软件开发技术细节。采用这种开发模型的软件过程如图 12-15 所示。

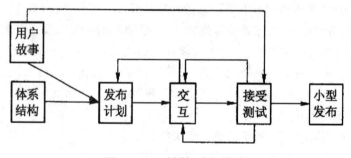

图 12-15　敏捷过程模型

1. 敏捷过程的规则

敏捷过程遵循以下简便易行的规则。

①有计划地开发(Planning Game):计划是持续的、循序渐进的。每两周,开发人员为下两周候选特性估算成本,客户则根据成本和价值来选择要实现的特性。

②小版本发布(Small Releases):每个版本既要尽可能得小,又要能满足尽可能多的需求。

③用隐喻(Metaphor)沟通:因为用户业务术语开发人员不熟悉,软件开发术语用户又不理解,因此开始要先明确双方都能理解的隐喻,以避免歧义。隐喻能让项目参与人员对一些抽象的

概念理解一致。

④简单设计(Simple Design)：设计保持与当前的系统功能相匹配、尽量简单、能通过所有的测试、不包含任何重复，既能表达编者思想，又能用尽可能少的代码实现。

⑤测试驱动开发(Test-Driven)：开发人接到任务后，首先要制定出该任务的测试用例，实现该任务的标志是能确保全部测试用例正确工作。所有的测试用例都要保留下来并应用到下一步的集成测试中。

⑥勇于重构(Refactoring)：随时利用重构方法改进已经腐化的代码，保持代码尽可能的干净、具有表达力。

⑦结对编程(Pair Programming)：每个产品代码都是由两个程序员并排坐在一起在同一台计算机上构建的。

⑧持续集成(Continuous Integration)：经常保持系统完整集成，当一段新代码签入(Check in)后，要和原来已经签入的代码完全集成在一起。

⑨代码集体所有(Collective Code Ownership)：任何结对的程序员都能改进任何代码。没有人对任何一个特定的模块或技术独占，人人都可以参与任何其他方面的开发。

⑩规范编码(Coding Standard)：系统中所有的代码看起来就好像是由单独一人编写的。

⑪客户现场参与(On-Site Customer)：客户在开发现场；客户负责编写需求并为每次迭代提供反馈。

⑫每周工作 40 小时(Forty Hour Week)：编程是愉快的，今天工作今天完，不轻易加班，小版本的设计也是为了能在单位时间内完成。

敏捷软件工程体系不过分地强调分析和设计，在生存周期中编码活动开始得较早，它认为运行的软件比详细的文档更重要。其核心思想是交流(Communication)、简单(simplicity)、反馈(Feedback)和勇气(Courage)。即成员之间要经常进行交流，在尽量保证质量的前提下力求过程和代码的简单化；来自客户、开发人员和最终用户的具体反馈意见可以提供更多的机会来调整设计，保证把握正确的开发方向；勇气则要表现在上述的交流、简单、反馈和重构的原则之中。

2.典型敏捷过程模型

(1)极限编程 XP

XP 是一组简单、具体的实践，这些实践结合形成了一个敏捷开发过程。XP 是一种优良的、通用的软件开发方法，项目团队可以拿来直接采用，也可以增加一些实践，或者对其中的一些实践进行修改后再加以采用。XP 始于五条基本价值观：交流(communication)，反馈(feedback)，简洁(simplicity)，勇气(courage)和尊重(respect)。在此基础上，XP 总结出了软件开发的十余条做法或实践，它们涉及软件的设计、测试、编码、发布等各个环节。XP 过程的关键活动包括：过程策划、原型设计、编码及测试。与其他 ASDM 轻量级方法相比，XP 独一无二地突出了测试的重要性，甚至将测试作为整个开发的基础。每个开发人员不仅要书写软件产品的代码，同时也必须书写相应的测试代码。所有这些代码通过持续性的构建和集成可为下一步的开发打下一个稳定的基础平台。XP 的设计理念是在每次迭代周期仅仅设计本次迭代所要求的产品功能，上次迭代周期中的设计通过再造过程形成本次的设计。

(2)水晶方法族(Crystal Methods,CM)

CM 由 Alistair Cockbum 在 20 世纪 90 年代末提出。之所以是个系列，是因为他相信不同类型的项目需要不同的方法。它们包含具有共性的核心元素,每一个都含有独特的角色、过程模式、工作产品和实践。虽然水晶系列不如 XP 有那样好的生产效率,但会有更多的人接受并遵循它的过程原则。

(3)自适应软件开发(Adaptive Software Development,ASD)

ASD 由 Jim Highsmith 在 1999 年正式提出。ASD 强调开发方法的自适应(Adaptive),这一思想来源于复杂系统的混沌理论。ASD 不像其他方法那样有很多具体的实践做法,它更侧重为 ASD 的重要性提供最根本的基础,并从更高的组织和管理层次来阐述开发方法为什么要具备适应性。ASD 自适应软件开发过程的生命周期包括三个阶段:思考(自适应循环策划及发布时间计划)、协作(需求获取及规格说明)、学习(构件实现、测试及事后剖析)。

(4)SCRUM 方法

SCRUM 是一种迭代的增量化过程,用于产品开发或工作管理。它是一种可以集合各种开发实践的经验化过程框架。在 SCRUM 中,把发布产品的重要性看做高于一切。该方法由 Ken Schwaber 和 Jeff Sutherland 提出,旨在寻求充分发挥面向对象和构件技术的开发方法,是对迭代式面向对象方法的改进。SCRUM 过程流包括:产品待定项、冲刺待定项、待定项的展开与执行、每日 15 分钟例会、冲刺结束时对新功能的演示。

(5)特征驱动的开发(Feature Driven Development,FDD)

FDD 由 Peter Coad、Jeff de Luca、Eric Lefebvre 共同提出,是一套针对中小型软件开发项目的开发模式。此外,FDD 是一个模型驱动的快速迭代开发过程,它强调的是简化、实用。FDD 易于被开发团队接受,适用于需求经常变动的项目。FDD 方法定义了五个过程活动:开发全局模型、改造特征列表、特征计划编制、特征设计与特征构建。

(6)动态系统开发方法(Dynamic System Development Method,DSDM)

DSDM 倡导以业务为核心,快速而有效地进行系统开发。实践证明,DSDM 是成功的敏捷开发方法之一。在英国,由于 DSDM 在各种规模的软件开发团体中的成功,它已成为应用最为广泛的快速应用开发方法。DSDM 不但遵循了敏捷方法的原理,而且也适合于那些坚持成熟的传统开发方法又具有坚实基础的软件开发团体。DSDM 的生命周期包括:可行性研究、业务研究、功能模型迭代、设计和构建迭代、实现迭代。

### 12.3.4 敏捷设计原则

敏捷团队几乎不进行预先设计,因而也就不需要一个成熟的初始设计。他们依靠变化来获取活力,更愿意保持设计尽可能的简单和干净,并使用许多单元测试和验收测试作为支援。这样既保持了设计的灵活性,又易于理解。团队利用这种灵活性,持续地改进设计,使得每次迭代得到的设计和系统都恰如其分。为了改变软件设计中的腐化味,敏捷开发采取了以下面向对象的设计原则来加以避免,这些原则如下。

①单一职责原则(SRP):就一个类而言,应该仅有一个引起它变化的原因。

②开放—封闭原则(OCP):软件实体应该是可以扩展的,但是不可修改。

③替换原则(LSP):子类型必须能够替换掉它们的基类型。

④依赖倒置原则(DIP):抽象不应该依赖于细节,细节应该依赖于抽象。

⑤接口隔离原则(ISP):不应该强迫客户依赖于它们不用的方法。接口属于客户,不属于它所在的类层次结构。

⑥复用发布等价原则(REP):复用的粒度就是发布的粒度。

⑦共同封闭原则(CCP):包中的所有类对于同一类性质的变化应该是共同封闭的。一个变化若对一个包产生影响,则将对该包中的所有类产生影响,而对于其他的包不造成任何影响。

⑧共同复用原则(CRP):一个包中的所有类应该是共同复用的。如果复用了包中的一个类,那么就要复用包中的所有类。

⑨无环依赖原则(ADP):在包的依赖关系图中不允许存在环。

⑩稳定依赖原则(SDP):朝着稳定的方向进行依赖。

⑪稳定抽象原则(SAP):包的抽象程度应该和其稳定程度一致。包可以用做包容一组类的容器,通过把类组织成包,我们可以在更高层次的抽象上来理解设计。我们也可以通过包来管理软件的开发和发布,目的就是根据一些原则对应用程序中的类进行划分,然后把那些划分后的类分配到包中。

敏捷设计是一个过程,不是一个事件。它是一个持续地应用原则、模式及实践来改进软件的结构和可读性的过程。它致力于保持系统设计在任何时间都尽可能得简单、干净和富有表现力。当软件开发需求变化时,软件设计会出现坏味道。当软件中出现下面任何一种气味时,表明软件正在腐化,这时就要勇于重构。

- 僵化性:系统很难改动,改一处就要改多处。
- 脆弱性:改一处会牵动多处概念无关的地方出问题。
- 牢固性:很难解开系统的纠结,使之成为一些可复用的构件。
- 粘滞性:做正确的事比做错误的事要难。
- 不必要的复杂性:设计中含有不具任何直接好处的基础结构。
- 不必要的重复性:设计中含有重复结构,而该结构本可用单一的抽象统一。
- 晦涩性:很难阅读和理解,不能很好地表达意图。

# 12.4　面向服务的软件工程

面向服务的体系结构目前被普遍认为是一种非常重要的开发模式,特别是对于业务应用系统而言。它有很强的伸缩性,因为服务可以由本地提供商提供,或从外部供应商那里获得。服务可以使用任何编程语言实现。通过将遗留系统包装成服务,公司能保护其对有价值软件的投资,并且使这些软件可用于更加广阔的应用范围。SOA 允许公司的不同部门使用不同的平台和实现技术,而它们是可以进行互操作的。最重要的也许是,建立基于服务的应用允许公司和其他机构进行合作,并利用彼此的业务功能。因此,像供应链系统,例如一家公司可以订购来自另一家公司的货物,这种包含广泛的跨公司边界的信息交换系统很容易自动实现。

### 12.4.1　Web 服务的标准

图 12-16 给出了已经建立的一些支持 Web 服务的关键标准。原则上讲,面向服务的方法可以应用在使用任何其他协议的情形下;实际中,Web 服务是主要的应用场合。尽管 Web 服务进行信息交换不依赖任何特殊的传输协议,但实际上,HTTP 和 HTTPS 协议是最常用的。

图 12-16　Web 服务标准

　　Web 服务协议覆盖了面向服务的体系结构的所有方面:从基本的服务信息交换(SOAP)机制到编程语言标准(WS-BPEL)。这些标准全部基于 XML——一种人类和计算机都可识别的标记语言,它允许定义结构化的数据,其中文本用一个有意义的标识符来标记。XML 有一系列的支持技术,例如用于模式定义的 XSD,它用于扩展和处理 XML 描述。Erl 提供了一个很好的概述,介绍了 XML 技术以及它们在 Web 服务中的作用。

　　简要地说,面向 Web 服务的体系结构的主要标准有:

### 1. SOAP

　　这是一个支持服务之间通信的消息交换标准。它定义服务之间进行消息传递必需的和可选的构件。

### 2. WSDL

　　Web 服务定义语言(WSDL)标准定义了一种接口定义的方式,服务提供者据此定义到这些服务的接口。本质上,它允许以一种标准的方式定义服务(服务操作、参数和它们的类型)的接口和它的绑定。

### 3. UDDI

　　UDDI(通用描述、发现和集成)标准定义了服务描述的构件,这种构件可用来发现服务是否存在。它们包括的信息主要有:服务提供者、所提供的服务、服务描述(通常用 WSDL 表达)的位置以及业务关系的信息。UDDI 注册处使服务的潜在用户能够发现哪些服务是可用的。

### 4. WS-BPEL

　　这是一个工作流语言的标准,工作流语言用来定义包括多个不同服务的过程程序。

　　这些重要标准受到一系列 SOA 的更专业方面的标准的支持。存在着非常多的支持标准,因为它们希望在不同类型的应用中支持 SOA。这些标准的例子包括:

　　①WS-Reliable Messaging 是一个确保消息将会传递一次且只一次的消息交换标准。

　　②WS-Security 是一套支持 Web 服务安全的标准,包括指定安全政策定义的标准和覆盖数

字签名使用的标准。

③WS-Addressing 定义在一条 SOAP 消息中如何表达地址信息。

④WS-Transactions 指定在分布的服务之间的事务应该如何协调。

### 12.4.2　服务开发过程

服务开发过程在面向服务的应用开发中是可复用的。它和构件工程非常类似。服务工程师必须确保服务代表可复用的抽象,能用于不同系统的抽象。他们要设计开发与此抽象关联的有用的一些功能,而且必须确保服务是健壮和可靠的,以便使它能够在不同的应用中可靠地运行。他们必须为服务提供文档,以便服务能被需要的用户所发现和了解。

在服务工程过程中有三个逻辑阶段,如图 12-17 所示。它们分别是:

①可选服务识别。在此我们识别那些需要实现的服务,并定义服务需求。

②服务设计,在此我们设计逻辑服务接口和 WSDL 服务接口。

③服务实现和部署,在此我们实现并测试服务,使之可用。

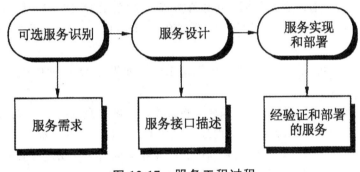

图 12-17　服务工程过程

1. 可选服务识别

面向服务的计算的基本理念是服务应该支持业务过程。由于每个机构都有很多的过程,因此存在许多可能的服务可以加以实现。可选服务识别涉及理解和分析机构的业务过程,来决定哪些可复用服务需要用以支持这些过程。

下面给出在可以找出的服务中定义的三种基本服务类型:

(1)实用服务

这些服务实现某些一般性的功能,可被用于不同的业务过程。实用服务的一个例子是货币转换服务,通过访问它可以计算一种货币(例如美元)对另外一种货币(例如欧元)的兑换。

(2)业务服务

这些服务是与特殊业务功能相关的。大学里的业务功能的例子是学生为一门课程注册登记。

(3)协同或过程服务

这些服务是用于支持更一般的业务过程的,这些业务过程总是包含不同的角色和活动。公司里的协同服务的例子是订货服务,允许完成一个包含厂商、产品以及付款方式的订单。

Erl 也建议将服务看做是面向任务的或面向实体的。面向任务的服务是与某项活动关联的,而面向实体的服务就像对象——与某个业务实体关联,这样的业务实体的例子如,一张工作申请表。

在可选服务识别阶段,目标应该是找出那些逻辑上相关的、独立的且可复用的服务。Erl 的分类在这方面是有帮助的,它给出了如何通过对业务实体和业务活动的观察来发现可复用的服务。然而,就像对象和构件的识别过程很困难一样,可选服务的识别也是很困难的。必须考虑所有可能的候选者,然后通过一系列关于它们的问题来分析它们是否像是有用的服务。对于可复用服务的问题可以从以下几个方面进行考虑。

①对一个面向实体的服务,它是与单个用于不同业务过程的逻辑实体关联的吗?通常情况下,在必须支持的实体上都执行哪些操作?

②对一个面向任务的服务,该任务是在机构中由不同的人执行的吗?当提供单个支持服务时要发生不可避免的标准化问题,他们愿意接受吗?

③服务是独立的吗?也就是说,它在多大程度上依赖于其他服务的可用性?

④对于它的操作,服务必须维护状态吗?如果是这样的话,需要一个数据库用于状态维护吗?通常,依赖于内部状态的系统与那些可以在外部维护状态的系统相比,可复用性较低。

⑤服务能被机构外面的客户使用吗?举例来说,一个与目录关联的面向实体的服务可以既在内部访问又可以由外部访问吗?

⑥服务的不同用户可能有不同的非功能性需求吗?如果有,那么就应该实现不只一个版本的服务。

这些问题的答案有助于去选择和精炼那些将被实现为服务的抽象。然而,决定哪个是最好的服务并没有公式化的方法,因此服务识别是一个基于技术和经验的过程。

可选服务识别过程的输出是一组找到的服务以及相关的需求。功能性服务需求需要定义服务应该做什么。非功能性需求需要定义服务的信息安全、性能和可用性需求。

2.服务接口设计

一旦选择了可选服务,服务工程过程的下一个阶段就是设计服务接口。这包括定义与服务关联的操作以及它们的参数。也需要仔细地考虑如何设计服务的操作和消息,使得完成服务请求一定要发生的消息交换的次数最少。必须确保在一个消息中尽可能多地携带所要传递给服务的信息,而不采用同步的服务交互。

应该记住服务是无状态的,管理特定服务的应用状态是服务用户的职责,而非服务本身的责任。因此我们可能需要在服务之间通过输入输出消息传递状态信息。

服务接口设计有三个阶段:

第一阶段:逻辑接口设计,找出与服务关联的操作、这些操作的输入和输出以及与这些操作关联的异常。

第二阶段:消息设计,设计由服务发送和接收的消息的结构。

第三阶段:WSDL 开发,用 WSDL 语言将逻辑设计和消息设计翻译成抽象接口描述。

第一阶段的逻辑接口设计,从服务需求开始,定义操作名称和与服务关联的参数。在这个阶段,也要定义当一个服务操作被调用时可能出现的异常。

定义异常和异常如何传达给服务用户是特别重要的。服务工程师不知道他们的服务将会被如何使用,且假定服务用户将会完全理解服务描述通常并不明智。输入消息可能是不正确的,所以应该定义异常向服务客户报告不正确的输入。在可复用的构件开发中,将所有异常处理交给构件的用户通常是个好的做法——服务开发者不应该在如何处理异常上强加自己的观点。

一旦建立了有关服务应该做什么的非正式的逻辑描述,下一个阶段就是定义输入和输出消息的结构以及在这些消息中所使用的类型。XML 不适合在这个阶段中使用。作者认为用 UML 或者编程语言例如 Java 来将消息表示为对象更好。它们能人工或自动地转换为 XML。图 12-18 显示了目录服务中的 getDelivery 操作的输入和输出消息的结构。

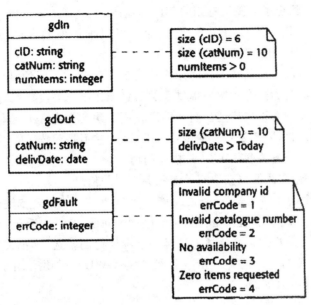

**图 12-18　输入和输出消息的 UML 定义**

注意作者是如何把细节加入到描述中的——通过用约束注解 UML 图表。它们定义了表示公司和目录项的字符串的长度,指定项目数必须大于 0,交付必须在当前日期之后。注解也显示了与每个可能的故障关联的错误代码。

服务设计过程的最后阶段是将服务接口设计翻译成 WSDL。WSDL 表示很长且很详细,因此在这个阶段也很容易出错。大部分的支持面向服务开发的编程环境(比如 Eclipse 环境),包含能将逻辑接口描述翻译成它对应的 WSDL 表示的工具。

3.服务实现和部署

一旦找到了可选服务并且设计了它们的接口,服务工程过程的最后阶段就是服务实现。实现可能涉及使用某个标准的编程语言,例如 Java 或 C♯编写服务程序。这两种语言现在都包括广泛支持服务开发的库。

另外一种做法是,可以通过使用现存构件开发服务,或如同在下面所要讨论的使用遗留系统进行开发。这意味着已经证明了是有用的软件资产能被更加广泛地利用。对于遗留系统的情形,它可能意味着系统功能能被新的应用访问。新的服务也可以通过定义现有服务的组合来开发。

服务一经实现,那么在部署它之前,必须通过测试。这包括检查和划分服务输入,创建反映这些输入组合的输入消息,然后检查输出是否是预期的。在测试中应该总是去尝试产生异常,来检查服务是否能够应付无效输入。现在各种不同的测试工具都能得到，这些工具可以检查和测试服务，并能从 WSDL 描述生成测试。然而，这些只能测试服务接口与 WSDL 的一致性，不能测试服务的功能行为是否与定义一致。

服务部署是过程的最后阶段，包括在 Web 服务器上部署此服务。绝大多数服务器软件的存在使这一步变得非常简单。你只需在特定目录下安装包含可执行的服务的文件，然后它会自动变得可用。如果希望服务是公用的，那么就必须写一个 UDDI 描述，这样潜在用户就能够发现服务了。Erl 在他的书中给出了一篇很有用的 UDDI 概述。

现在有许多 UDDI 描述的公用注册处，企业也可以维护他们自己私有的 UDDI 注册处。UDDI 描述由许多不同类型的信息组成：

①提供服务的企业的详细信息。这对用户信任来说是至关重要的，服务的用户必须确信服务将不会表现出恶意的行为。有关服务提供者的信息能让用户去检查他们的资质。

②服务提供的功能的非正式描述。它帮助潜在用户决定服务是否是他们想要的。然而，功能描述使用的是自然语言，因此是对服务做什么的描述，它不是无歧义的语义描述。

③有关在哪里找与服务关联的 WSDL 描述的信息。

④订阅信息，允许用户注册以获取有关对服务更新的信息。

UDDI 描述的一个潜在问题是，服务的功能行为是通过自然语言描述非正式给出的。自然语言描述便于阅读，但是容易引起误解。为了解决这个问题，有一支活跃的研究团体正在研究如何定义服务语义。最有前途的语义描述方法是基于本体论的描述，即描述中的术语的特定含义是在本体论中得到定义的。人们开发了一种被称为 OWL-S 的语言用于描述 Web 服务本体（OWL-Services-Coalition，2003）。

### 4.遗留系统服务

遗留系统的功能是可以复用的。构件实现仅需要提供到那个系统的通用接口即可。对服务最重要的使用之一就是为遗留系统实现这样的"包装"。这些系统于是能通过 Web 访问，并与其他应用集成。

举例说明这一点，设想一家大公司维护着其设备库存和相关保养的一个数据库。它跟踪在不同设备上的诸多信息，包括所产生的维护请求，安排了哪些常规维护，维护是在什么时间完成的，执行维护花费了多少时间，等等。此遗留系统最初是用来为维护人员产生日常的维护清单的，但是随着时间的推移，新的功能被不断添加进来。它们提供有关维护每件设备的花费的数据和帮助外部承包商所执行的维护工作进行估价的信息。系统作为客户机－服务器系统运行，专用客户端软件装在 PC 上运行。

公司现在希望能让维护人员从便携终端实时访问此系统。维护人员直接用花在维护上的时间和资源去更新系统，并通过查询系统来发现他们的下一步维护工作。除此之外，呼叫中心人员要求访问系统，以记录维护请求和检查它们的状态。

增强系统以支持这些需求事实上是不可能的，所以公司决定为维护人员和呼叫中心人员提供新的应用。这些应用依赖遗留系统，遗留系统将被用做实现多个服务的基础。在图 12-19 中，作者用了 UML 模式来说明一个服务。新应用仅与这些服务交换消息来访问遗留系统的功能。

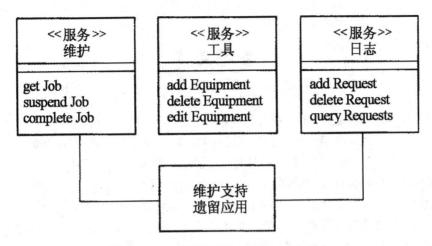

**图 12-19　对遗留系统提供访问的服务**

所提供的一些服务是：

①维护服务包括的操作有：根据施工号码、优先级和地理位置来检索一项维护工作；将已经执行的维护上传到数据库。它也支持一个操作将已经启动但是未完成的维护暂停。

②工具服务这包括添加和删除新设备的操作，修改数据库中与设备关联的信息的操作。

③日志服务包括为服务添加一个新请求、删除维护请求和查询未完成请求的状态。

# 参考文献

[1]覃征等.软件项目管理(第2版).北京:清华大学出版社,2009.

[2]张友生.系统集成项目管理工程师辅导教程.北京:电子工业出版社,2009.

[3]王强,贾素玲;木林森.IT软件项目管理.北京:清华大学出版社,2004.

[4]朱少民.软件质量保证和管理.北京:清华大学出版社,2007.

[5]孙志安等.软件可靠性工程.北京:北京航空航天大学出版社,2009.

[6]阳王东等.软件项目管理方法与实践.北京:中国水利水电出版社,2009.

[7]熊伟,丁伟儒.软件质量管理新模式.北京:中国标准出版社,2008.

[8]郭宁,周晓华.软件项目管理.北京:清华大学出版社;北京交通大学出版社,2007.

[9]扈延光.现代质量工程.北京:北京航空航天大学出版社,2008.

[10]张凯.软件开发环境与工具教程.北京:清华大学出版社,2011.

[11]秦航,杨强.软件质量保证与测试.北京:清华大学出版社,2012.

[12]刘伟.软件质量保证与测试技术.哈尔滨:哈尔滨工业大学出版社,2011.

[13]胡铮.软件测试与质量保证技术.北京:科学出版社,2011.

[14]普雷斯曼著;郑人杰等译.软件工程:实践者的研究方法(第6版).北京:机械工业出版社,2007.

[15]刘大有.知识科学中的基本问题研究.北京:清华大学出版社,2006.

[16](英)Ian Sommeville著;程成等译.软件工程.北京:机械工业出版社,2007.

[17](英)Bob Hughes Mike Cotterell著;廖彬山,周卫华译.软件项目管理.北京:机械工业出版社,2010.

[18]吴吉义.软件项目管理理论与案例分析.北京:中国电力出版社,2007.

[19]洪伦耀,董云卫.软件质量工程(第二版).西安:西安电子科技大学出版社,2008.

[20]陈志田.质量管理基础(第三版).北京:中国计量出版社,2007.

[21]罗国勋.质量工程与管理.北京:高等教育出版社,2009.

[22]杨根兴,蔡立志,陈昊鹏,蒋建伟.软件质量保证、测试与评价.北京:清华大学出版社,2007.

[23](美)布劳德(Braude,E.J.).软件设计——从程序设计到体系结构.北京:电子工业出版社,2007.

[24]王映辉.大规模软件构架技术.北京:科学出版社,2003.

[25]李千目,许满武,张宏等.软件体系结构设计.北京:清华大学出版社,2008.

[26]康一梅.软件项目管理.北京:清华大学出版社,2010.